HISTOIRE DES PLANTES

MONOGRAPHIE

DES

TACCACÉES

BURMANNIACÉES, HYDROCHARIDACÉES

COMMELINACÉES

XYRIDACÉES, MAYACACÉES, PHYLIDRACÉES

ET

RAPATÉACÉES

PAR

H. BAILLON

PROFESSEUR D'HISTOIRE NATURELLE MÉDICALE A LA FACULTÉ DE MÉDECINE DE PARIS
DIRECTEUR DU JARDIN BOTANIQUE DE LA FACULTÉ, PRÉSIDENT DE LA SOCIÉTÉ LINNÉENNE DE PARIS

ILLUSTRÉE DE 68 FIGURES DANS LES TEXTES

DESSINS DE FAGUET

PARIS
LIBRAIRIE HACHETTE ET Cie
BOULEVARD SAINT-GERMAIN, 79
LONDRES, 18, KING WILLIAM STREET, STRAND

1894

HISTOIRE DES PLANTES

MONOGRAPHIE

DES

AMARYLLIDACÉES

BROMÉLIACÉES

ET

IRIDACÉES

PAR

H. BAILLON

PROFESSEUR D'HISTOIRE NATURELLE MÉDICALE A LA FACULTÉ DE MÉDECINE DE PARIS
DIRECTEUR DU JARDIN BOTANIQUE DE LA FACULTÉ, PRÉSIDENT DE LA SOCIÉTÉ LINNÉENNE DE PARIS

ILLUSTRÉE DE 106 FIGURES DANS LES TEXTES

DESSINS DE FAGUET

PARIS
LIBRAIRIE HACHETTE ET Cie
BOULEVARD SAINT-GERMAIN, 79
LONDRES, 18, KING WILLIAM STREET, STRAND

1894

HISTOIRE DES PLANTES

MONOGRAPHIE

DES

AMARYLLIDACÉES

BROMÉLIACÉES

ET

IRIDACÉES

15404. — Imprimeries réunies, rue Mignon, 2, Paris.

HISTOIRE DES PLANTES

MONOGRAPHIE

DES

AMARYLLIDACÉES

BROMÉLIACÉES

ET

IRIDACÉES

PAR

H. BAILLON

PROFESSEUR D'HISTOIRE NATURELLE MÉDICALE A LA FACULTÉ DE MÉDECINE DE PARIS
DIRECTEUR DU JARDIN BOTANIQUE DE LA FACULTÉ, PRÉSIDENT DE LA SOCIÉTÉ LINNÉENNE DE PARIS

ILLUSTRÉE DE 106 FIGURES DANS LES TEXTES

DESSINS DE FAGUET

PARIS

LIBRAIRIE HACHETTE & Cie

BOULEVARD SAINT-GERMAIN, 79

LONDRES, 18, KING WILLIAM STREET, STRAND

1894

CXXIII

AMARYLLIDACÉES

I. SÉRIE DES AMARYLLIS.

Autrefois, la plupart des plantes de ce groupe étaient considérées comme des *Amaryllis;* mais aujourd'hui on n'a plus conservé dans ce genre que l'*A. Belladona* L., que nous n'étudierons pas tout d'abord, à cause de la légère irrégularité de ses fleurs déclinées. Il nous paraît préférable d'analyser avant tout un type à fleurs parfaitement régulières, type indigène et assez communément cultivé chez nous, l'*A. lutea* L., dont on a fait un genre *Sternbergia*[1] (fig. 1, 2).

Nous y remarquerons d'abord un réceptacle creux, en forme de sac à orifice étroit, réceptacle dans lequel est complètement inclus l'ovaire infère et adné, tandis que sur les bords de l'orifice s'insère un périanthe gamophylle et pétaloïde, qui a la forme d'un entonnoir. Son tube varie de longueur suivant les espèces, et son limbe est formé de deux verticilles de trois folioles imbriquées, dont trois extérieures représentent le calice, et trois intérieures, alternes, la corolle. Les étamines, insérées à la base de ces folioles et plus courtes qu'elles, leur sont superposées : trois plus longues aux pétales, et trois aux sépales. Chacune d'elles se compose d'un filet subulé et d'une anthère introrse, oblongue, dressée, attachée au filet par son dos, et à loges libres en bas, déhiscentes par deux fentes longitudinales[1]. L'ovaire infère a trois loges superposées aux sépales, et est surmonté d'un style grêle, creux, dont le sommet stigmatifère est presque entier ou partagé en trois petits lobes finalement étalés. Dans l'angle interne de chaque loge ovarienne s'insèrent, en nombre indéfini, des ovules anatropes, horizontaux ou ascendants, disposés sur deux séries verticales. Le fruit est d'abord un peu charnu; puis il se dessèche et finit

1. Waldst. et Kit., *Pl. rar. hung.*, II (1805), 172, t. 159 (non Art.). — W., in *Berl. Mag.*, II, 26. — Herb., *App.*, 38; *Amar.*, 78. — Nees, *Gen. Fl. germ.*, *Monoc.*, III, n. 5. — Endl., *Gen.*, n. 1270. — K., *Enum.*, V, 698. — Bak., in *Trim. Journ.* (1878), 166; *Handb. Amar.*, 28. — Pax, in *Engl. et Prantl Pflanzenfam.*, *Lief.* 10, 11, 5, p. 107.

le plus souvent par s'ouvrir sur le dos des loges. Les graines sont nombreuses, presque sphériques, souvent pourvues d'un épaississement arilliforme, qui se détache en blanc sur le tégument crustacé et noirâtre. Elles renferment un albumen charnu et un petit embryon cylindroïde, voisin du hile.

Le *S. lutea* est une herbe vivace de l'Europe tempérée et de la

Sternbergia lutea.

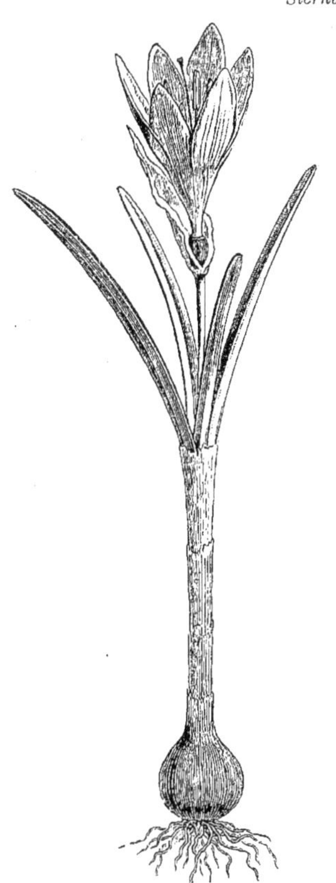

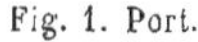

Fig. 1. Port.

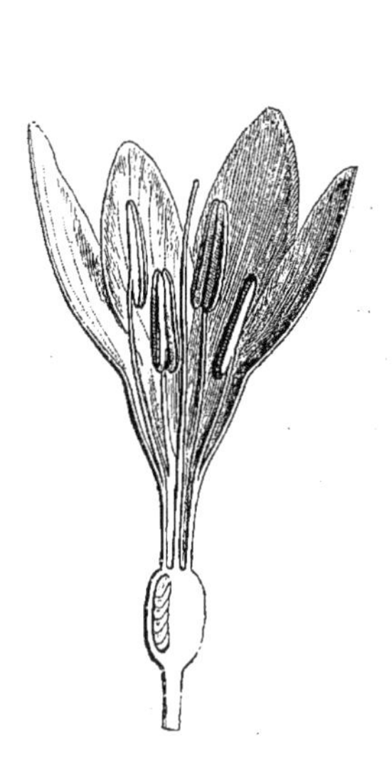

Fig. 2. Fleur, coupe longitudinale.

région Méditerranéenne africaine et asiatique. Elle a pour portion souterraine un bulbe tuniqué qui porte inférieurement des racines adventives. Les feuilles basilaires, en petit nombre, sont loriformes, rectinerves. Elles sont contemporaines des fleurs[1] qui, en automne,

1. Jaunes, peu ou point odorantes, moyennes ou grandes et belles.

sortent de terre, solitaires au sommet d'un pédoncule comprimé. Au-dessous de la fleur, il porte une spathe membraneuse et translucide, tubuleuse à sa base et s'ouvrant plus haut d'un côté[1] à l'époque de l'épanouissement.

Les caractères de la plante qui précède appartiennent à un sous-genre *Oporanthus*[2] qui avait été élevé au rang de genre et qui comprend deux espèces. Dans les *Sternbergia* proprement dits, qui sont aussi au nombre de deux, les fleurs sont portées par un pédoncule beaucoup plus court; elles s'épanouissent en automne, tandis que les feuilles ne se développent qu'au printemps suivant, et leur périanthe a un tube bien plus allongé et cylindrique. Ce sont des plantes de l'Europe orientale et de l'Asie austro-occidentale. Le genre comprend donc en tout quatre espèces[3] vivaces.

Très voisins des *Sternbergia* et rangés dans une même sous-série (*Sternbergiées*), avec des fleurs solitaires au sommet d'une hampe plus ou moins allongée, sont les *Cooperia* et *Zephyranthes*, genres américains, et les *Apodolirion* et *Gethyllis*, genres de l'Afrique méridionale. Dans ces derniers, le nombre des étamines peut s'élever jusqu'à dix-huit, par suite de dédoublements.

Leucoium æstivum.

Fig. 5. Inflorescence.

Galanthus nivalis.

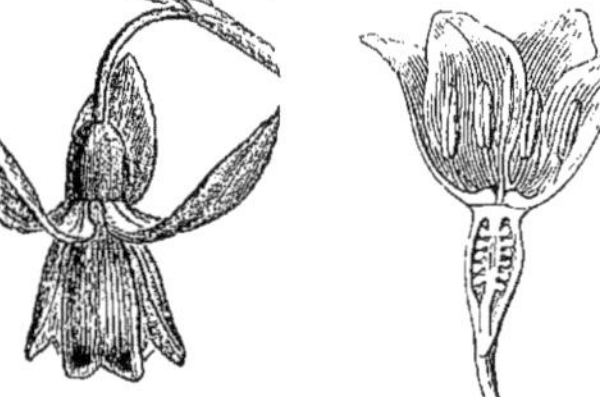

Fig. 3, 4. Fleurs. Fig. 6. Fleur, coupe longitudinale.

Les Perce-neige ou *Galanthus* (fig. 3, 4) donnent leur nom à une

1. Elle est formée de deux bractées unies jusqu'à la fin par la base et dont l'extrême sommet est souvent distinct avant l'anthèse.

2. HERB., *App.*, 38; *Amar.*, 73, 188.

3. L., *Spec.*, 420 (*Amaryllis*). — RED., *Lil.*, t. 148. — SIBTH., *Fl. græc.*, t. 310, 311. — BIEB., *Fl. taur.-cauc.*, III, 255 (*Amaryllis*). — REICHB., *Ic. Fl. germ.*, t. 372, 373. — REG., *Gartenfl.*, t. 576. — BOISS., *Diagn. or.*, II, 97; *Fl. or.*, V, 146. — TIN., in *Guss. Syn.*, II, 811. — KER, in *Schult. Syst.*, VII, 794. — GREN. et GODR., *Fl. de Fr.*, III, 252. — *Hortic. franç.* (1861), t. 22 (*Oporanthus*). — *Bot. Reg.*, t. 2008. — *Bot. Mag.*, t. 290 (*Amaryllis*).

sous-série (*Galanthées*). Ils ont des fleurs solitaires et pendantes au bout d'une hampe qui porte plus bas deux bractées involucrantes. Le périanthe supère est formé de folioles indépendantes : trois sépales pétaloïdes et trois pétales alternes, bien plus courts, dressés et échan-

Narcissus (Eunarcissus) poeticus.

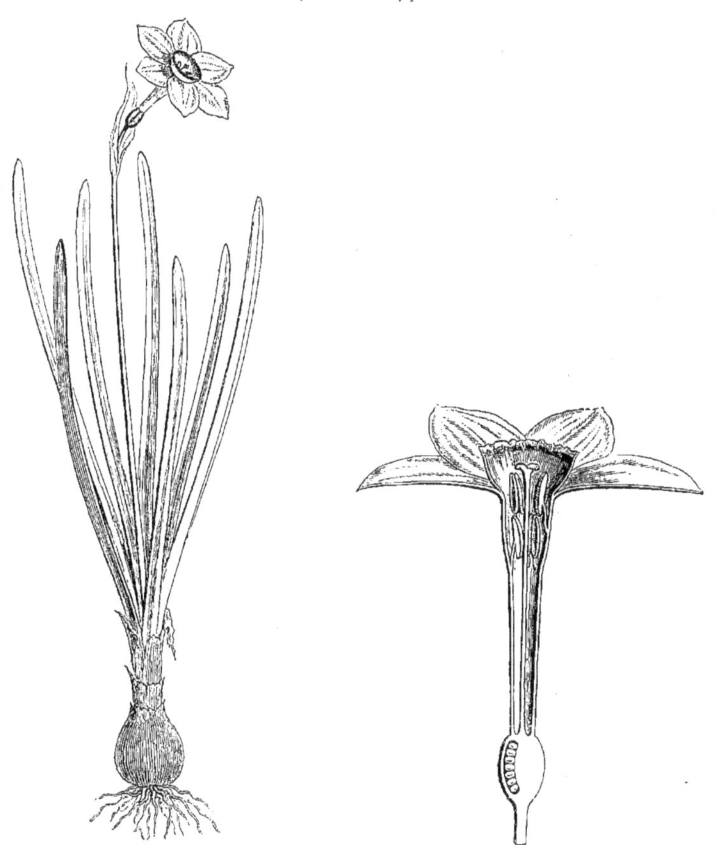

Fig. 7. Port. Fig. 8. Fleur, coupe longitudinale.

crés au sommet. Les étamines épigynes ont une anthère pyramidale et apiculée, qui s'insère par sa base sur un court et mince filet.

Les Nivéoles (fig. 5, 6), qui sont très voisines des Perce-neige, ont les pétales égaux ou à peu près aux sépales. Leurs anthères sont linéaires-obliques, et leur style se dilate en massue. Leurs fleurs sont tantôt solitaires et tantôt groupées en cyme unipare.

Le *Lapiedra*, plante rare d'Espagne et du Maroc, a des cymes pluriflores et des pétales égaux aux sépales. Mais ses anthères sont ovoïdes-globuleuses, petites, et leur base est bilobée, les loges étant indépendantes l'une de l'autre dans leur portion inférieure.

Narcissus (Ajax) Pseudo-Narcissus.

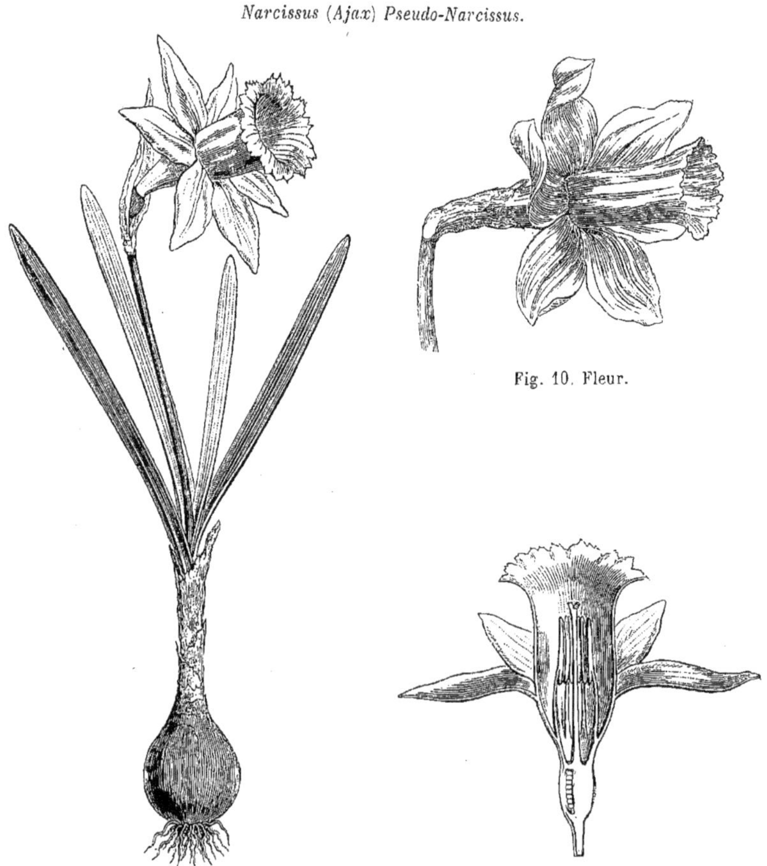

Fig. 9. Port.

Fig. 10. Fleur.

Fig. 11. Fleur, coupe longitudinale.

Les Narcisses (fig. 7-18) sont le type d'une sous-série (*Narcissées*) dans laquelle les fleurs ont, au-dessus de l'ovaire, un tube généralement allongé. Leurs étamines sont disposées sur deux séries : les alternipétales insérées plus haut que les autres. Elles ont des anthères qui s'insèrent au milieu de leur dos ou plus bas. En dehors de l'androcée, le tube se prolonge en un organe supplémentaire, nommé couronne, collerette ou godet, et qui présente toutes les variations de taille, depuis un simple anneau, comme dans le N. de Broussonet, jusqu'à un grand sac pétaloïde et membraneux, comme dans notre vulgaire Porillon (fig. 9-11) et le N. Bulbocode. L'ovaire infère a les loges multiovulées, et il devient un fruit loculicide. La fleur est

Narcissus (Hermione) Tazetta.

Fig. 12. Inflorescence. Fig. 13. Fleur, coupe longitudinale. Fig. 14. Gynécée.

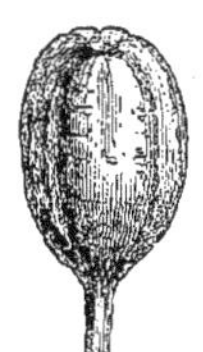

Fig. 15. Fruit.

Fig. 16. Fruit déhiscent.

Fig. 17. Graine.

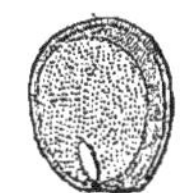

Fig. 18. Graine, coupe longitudinale.

souvent solitaire au sommet de la hampe, avec une sorte d'involucre formé primitivement de deux bractées. Mais dans d'autres espèces, chacune de ces bractées a une fleur axillaire; et dans le N. à bouquets (fig. 12-18), l'inflorescence est formée de cymes unipares et pluriflores. Tout à côté des Narcisses se placent les deux genres *Cryptostephanus*, de l'Afrique tropicale occidentale, et *Tapeinanthus*, de l'ouest de la région Méditerranéenne. Le premier a un rhizome et une inflorescence ombelliforme de cymes. Sa collerette est formée de douze étroites écailles insérées à la gorge du périanthe. Le dernier a un périanthe en entonnoir, avec une collerette de six petites écailles entières ou bifides, qui peuvent même faire défaut. C'est une petite herbe bulbeuse qui n'a normalement qu'une feuille à évolution tardive et une ou deux petites fleurs au sommet d'une hampe grêle.

Les *Crinum* (fig. 19-21), plantes souvent très belles, des régions les plus chaudes des deux mondes, servent de type à une sous-série (*Crinées*) et ont des fleurs en cymes ombelliformes, à grand périanthe en entonnoir ou hypocratérimorphe. Leurs étamines, insérées à la gorge, ont des filets libres ou à peine unis à la base, et des anthères allongées, dorsifixes et versatiles. Leurs loges ovariennes renferment de nombreux ovules, ou seulement deux. Leur fruit, sphérique ou hémisphérique, a un péricarpe mince ou coriace, qui finit par se rompre irrégulièrement et laisse échapper des graines subsphériques ou irrégulières, vertes et turgides, à épais albumen charnu.

Le genre *Amaryllis*, jadis si nombreux et aujourd'hui réduit au seul *A. Belladona*, du Cap, se distingue à peine des *Crinum* par le tube court de son périanthe qui n'est pas de couleur blanche et qui a des lobes larges. Ses graines sont aussi turgescentes et vertes.

Le *Vallota*, de l'Afrique australe, a les fleurs des *Amaryllis*, avec le tube presque aussi long que celui des *Crinum* et la gorge pulvinée. Son fruit capsulaire s'ouvre en trois valves; et ses graines, noires et comprimées, sont dilatées en aile à leur base.

Les *Brunsvigia*, également de l'Afrique australe, ont de grandes fleurs de *Crinum* ou d'*Amaryllis*, réunies en cymes ombelliformes. Leur fruit s'ouvre aussi en trois valves, mais il est turbiné, avec trois angles aigus ou aliformes. Leurs graines sont vertes, subsphériques, supportées par un funicule distinct.

Très analogues aux *Brunsvigia* par l'inflorescence, les *Ammocharis* ont un périanthe à tube épais et court, et à lobes du limbe étroits et rétrécis à la base. Leur ovaire en forme de gourde se rétrécit en un col distinct. On ne connaît pas le fruit de cette plante du Cap.

Le *Chlidanthus*, du Pérou, a aussi des fleurs de *Crinum*, jaunes et odorantes, à long tube, à limbe teinté de vert. Ses graines sont noires.

Les *Cyrtanthus*, de l'Afrique australe, ont des fleurs à tube deux ou trois fois plus long que le limbe, avec la gorge nue; des cymes ombelliformes, des ovules en nombre indéfini, et des fruits capsulaires à semences noires.

Les *Ungernia*, de l'Asie occidentale, ont la même inflorescence et la même fleur à gorge nue que les *Cyrtanthus*. Mais le tube de leur périanthe est plus court que son limbe; leur fruit est loculicide, et leurs graines sont ailées sur les bords.

Crinum asiaticum.

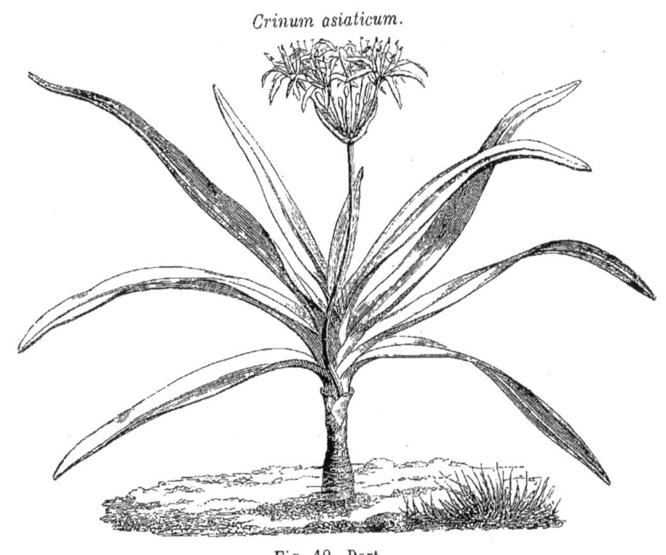

Fig. 19. Port.

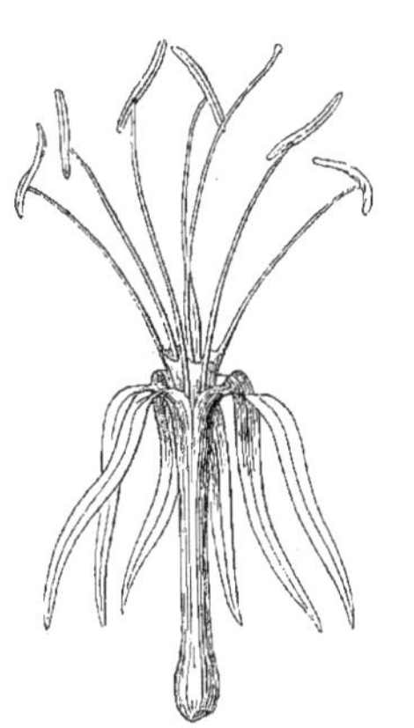

Fig. 20. Fleur.

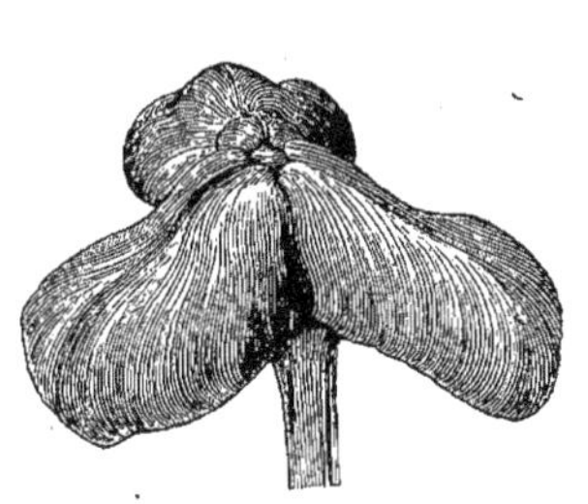

Fig. 21. Fruit.

Les *Anoiganthus*, de l'Afrique australe, ont un périanthe à tube plus court encore. Les étamines ont de longs filets grêles. Les fleurs sont disposées en cyme ombelliforme, et les étamines périgynes ont les anthères allongées.

Les *Imhofia* sont des plantes bulbeuses de l'Afrique australe, qui ont à peu près les fleurs des *Amaryllis*, groupées en cymes ombelliformes, avec un style grêle et une capsule sphérique à angles obtus. Cette capsule est loculicide, et les graines vertes sont sphériques.

On ne peut guère en éloigner les *Lycoris*, de l'extrême orient de l'Asie, qui ont des cymes ombelliformes, un périanthe à tube court,

Pancratium illyricum.

Fig. 22. Fleur.

des graines turgides et noires, en petit nombre, dans un fruit également loculicide.

Dans les *Pancratium* (fig. 22), dont le nom a été donné à une sous-série (*Pancratiées*), les fleurs blanches ressemblent beaucoup à celles des *Crinum*, avec un périanthe en entonnoir dont les divisions sont lancéolées ou linéaires. Mais les étamines ont leurs filets unis dans une grande portion de leur base par une collerette dont les lobes sont entiers ou bifides. Elle a été distinguée de la couronne des

Narcisses, parce qu'elle est plus intérieure qu'elle, étant située au niveau des filets dont elle représente comme des ailes. Mais son origine est au fond la même. L'ovaire infère contient de nombreux ovules; et le fruit loculicide renferme des graines noires et anguleuses-comprimées. Ce sont des plantes bulbeuses de l'ancien monde.

Les *Hyline*, du Brésil, sont des *Pancratium* à périanthe dépourvu de tube et à collerette très courte.

Les *Stenomesson*, des Andes de l'Amérique du Sud, ont aussi à peu près les fleurs des *Pancratium*, mais plus petites, colorées, avec une courte collerette staminale à lobes entiers ou bidentés.

Les *Placea* ont également à peu près des fleurs de *Pancratium*, mais à périanthe décliné, et à étamines unies par une courte collerette presque 6-partite, à lobes émarginés. Ils sont chiliens et ont des cymes de fleurs blanches ou striées de pourpre.

Les *Hippeastrum*, des deux Amériques, jadis confondus parmi les *Amaryllis*, ont un périanthe à tube généralement court, décliné comme l'androcée. A leur gorge se trouve une courte collerette d'écailles plus ou moins distinctes, sur lesquelles s'insèrent en dedans les étamines déclinées. Leurs fleurs sont solitaires ou plus souvent en cymes ombelliformes, parfois très grandes et de coloris intense.

Dans les *Sprekelia*, du Mexique et du Guatemala, les fleurs solitaires sont analogues à celles des *Hippeastrum*, mais à périanthe irrégulier et largement bilabié.

Les *Vagaria*, herbes bulbeuses syriennes, ont des fleurs régulières, à tube plus ou moins long, avec des étamines dont les ailes ont la forme d'un triangle étroit et allongé; ce qui les rapproche beaucoup des vrais *Calliphruria*. Leur fruit est membraneux, et leurs graines peu nombreuses sont ovoïdes ou anguleuses et noires.

Les *Calliphruria*, type d'une sous-série assez distincte (*Calliphruriées*), ont des fleurs régulières, qui rappellent beaucoup celles des *Vagaria*. Leur périanthe en entonnoir a un tube plus ou moins long, et leurs étamines ont, de chaque côté du filet, un prolongement en forme de triangle allongé dans les *Eucalliphruria*. Ces prolongements deviennent plus larges et plus longuement unis entre eux dans les espèces de la section *Eucharis* du même genre, espèces dans lesquelles le tube du périanthe est ordinairement aussi plus long et plus étroit. Ces mêmes ailes se trouvent réduites à des dents dans la section *Microdontocharis* du même genre. Celui-ci ne s'observe que dans les régions septentrionales de l'Amérique du Sud.

Le *Plagiolirion*, également américain, peut être considéré comme un *Calliphruria* dont le périanthe aurait un limbe fort irrégulier.

Dans les *Hymenocallis* (fig. 23, 24), des régions chaudes des deux Amériques, le périanthe est régulier, blanc, à long tube cylindrique, avec une collerette développée entre les filets staminaux. L'ovaire

Hymenocallis (Ismene) calathina.

Fig. 23. Fleur. Fig. 24. Fleur, coupe longitudinale.

a, dans chacune de ses trois loges, deux ovules ascendants, insérés à la base de l'angle interne. Le fruit, épais ou à paroi finalement membraneuse, finit par se déchirer et ne renferme ordinairement qu'une grosse graine, bulbiforme et verte.

Le *Liriopsis*, des Andes, est un *Hymenocallis* à tube du périanthe irrégulier, blanc et court, avec une collerette défléchie.

Les *Eurycles* et les *Calostemma*, océaniens, ont, dans chaque loge, deux ou trois ovules, insérés vers le milieu de l'angle interne, et non à la base. Les loges ovariennes fertiles sont au nombre de trois dans les premiers et d'une seule dans le dernier.

Les *Eustephia* (fig. 25), dont le nom peut s'appliquer à une sous-série (*Eustéphiées*), ont des fleurs dont le périanthe représente un entonnoir étroit, avec un tube court et des lobes longs et dressés. Les étamines, régulièrement insérées au tube, sont indépendantes; mais leur filet porte à droite et à gauche, à partir du bas, une aile étroite qui, au sommet, se dilate le plus souvent en deux lames triangulaires longues et étroites, étalées, à tort décrites comme des soies. L'ovaire a ses trois loges pluriovulées. C'est une herbe bulbeuse des Andes du Pérou.

Eustephia coccinea.

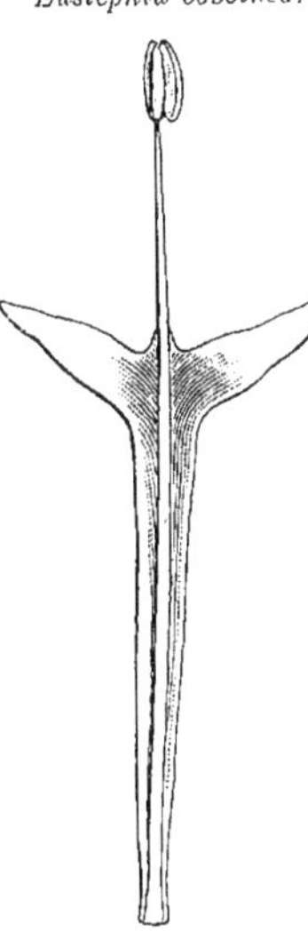

Fig. 25. Étamine.

Les *Phædranassa*, des mêmes régions, ont une aile très étroite en bas et de chaque côté du filet, mais sans dilatation triangulaire en haut. Leurs feuilles sont larges et pétiolées.

Dans les *Leperiza*, plantes également des Andes de l'Amérique méridionale, les filets staminaux sont à peine marginés inférieurement, et le périanthe se dilate subitement au-dessus du tube cylindrique de sa base.

Dans les *Eucrosia* et les *Stricklandia*, des mêmes régions andines, les étamines sont déclinées : longuement exsertes dans les premiers; courtes et à peine exsertes dans les derniers. Leur base calleuse est libre ou légèrement monadelphe.

On a appliqué le nom des *Hæmanthus* (fig. 26, 27) à une sous-série un peu hétérogène (*Hæmanthées*). Ce sont des plantes de l'Afrique tropicale et australe et de l'Arabie, dont les petites fleurs régulières ont un périanthe dressé, à tube à peu près cylindrique et à lobes étroits. Les six étamines, libres et généralement exsertes, s'insèrent à la gorge du périanthe. L'ovaire infère est court, avec seulement un ou deux ovules, d'abord descendants, dans chaque loge. Le fruit est une baie, avec d'ordinaire une seule graine pâle. L'inflorescence involucrée représente aussi un faux capitule de cymes unipares.

Dans la même sous-série se rangent :

Les *Buphane*, de l'Afrique australe, qu'on peut définir des *Hæmanthus* à fruit capsulaire;

Les *Clivia*, du Cap, qui ont le fruit charnu des *Hæmanthus*, mais des fleurs plus grandes, avec des loges ovariennes 5-8-ovulées, et un

Hæmanthus coccineus.

Fig. 26. Port.

rhizome à peine bulbiforme, portant des bases de feuilles et d'épaisses racines fasciculées;

Les *Griffinia*, de l'Amérique tropicale, qui ont, comme les *Buphane*, des loges ovariennes biovulées et une capsule loculicide, mais avec un périanthe violet, de larges feuilles pétiolées et des graines pâles.

Les *Hessea*, de l'Afrique australe, constituent un petit groupe à part, à cause de leurs anthères courtes et dont le filet s'insère au

Hæmanthus abyssinicus.

Fig. 27. Port.

fond du sinus qui sépare inférieurement leurs deux loges. Les pièces du périanthe y sont à peu près libres, tandis qu'elles sont supportées par un tube distinct dans les *Carpolyza*, du Cap, qui ont les mêmes étamines, dans des fleurs également très petites.

Dans les *Strumaria*, de l'Afrique australe, les fleurs, un peu plus grandes, ont un style qui se dilate à sa base; un périanthe à divisions libres jusqu'à l'ovaire; des étamines dont les filets s'unissent irrégulièrement à leur base entre eux et avec le style. Leur fruit est petit, capsulaire, et leurs semences sont vertes et bulbiformes.

Les *Ixiolirion*, plantes d'Orient, constituent à eux seuls une sous-série (*Ixioliriées*) qui relie la présente série à celle des Alstrœmériées. Elles ont un bulbe tuniqué et des fleurs bleues, en cymes dont l'ensemble forme une fausse grappe terminale, irrégulière. Les branches aériennes sont grêles, dressées et portent des feuilles alternes, qui ne sont qu'un diminutif de celles de la base, linéaires et plus nombreuses.

II. SÉRIE DES AGAVE.

Les fleurs hermaphrodites des *Agave*[1] (fig. 28-30) sont régulières et hermaphrodites, avec un réceptacle creux, étroit et allongé, dont la cavité loge l'ovaire infère. Plus haut, il se prolonge en une coupe dont les bords portent le périanthe, c'est-à-dire trois sépales et trois pétales alternes, tous à peu près égaux, valvaires ou légèrement imbriqués dans le bouton. Avec chacune des folioles du périanthe s'insère une étamine superposée, qui est formée d'un filet subulé et d'une anthère exserte, introrse, dorsifixe, recevant le sommet du filet dans une fente ou un puits étroit au fond duquel il s'insère. Les loges de l'anthère versatile, souvent indépendantes en bas, s'ouvrent finalement par une fente longitudinale. L'ovaire a trois loges renfermant de nombreux ovules anatropes, insérés dans leur angle interne, et il est surmonté d'un long style dont l'extrémité stigmatifère est tronquée ou peu renflée, parfois trilobée. Inférieurement, le style se dilate souvent en un cône libre, autour de la base duquel s'ouvrent les orifices excréteurs des glandes nectarifères[2] très développées qui

1. L., *Amœn.* (1751), III; *Gen.*, ed. VI, n. 431. — ADANS., *Fam. des pl.*, II, 57. — J., *Gen.*, 51 (*Bromeliaceæ*). — BATSCH, *Tab.*, t. 138 (*Alooideæ*). — K., *Syn.*, I, 299; *Enum.*, V, 818. — TURP., in *Dict. sc. nat.*, Atl., t. 184. — HERB., *Amar.*, 69. — ENDL., *Gen.*, n. 1297. — JACOBI, *Vers. Syst. Ordn. Agav.*, in *Hamb. Gartenz.* (1864-1866); *Nachtr. Agav.*, in *Abh. Schles. Ges.* (1868, 1869). — BAK., in *Gardn. Chron.* (1877); *Handb. Amar.*, 163. — TERRAC., *Prim. contr. Mon. Agav.* (1885). — B. H., *Gen.*, III, 738, n. 60. — PAX, *Pflanzenfam.*, 117, fig. 79, A.

2. Ces glandes sécrètent un abondant produit, riche en matière sucrée.

occupent l'épaisseur des cloisons ovariennes. Le fruit, souvent d'abord un peu charnu, finit par devenir coriace ou sec, couronné du périanthe persistant, et s'ouvre à partir du sommet par trois

Agave americana.

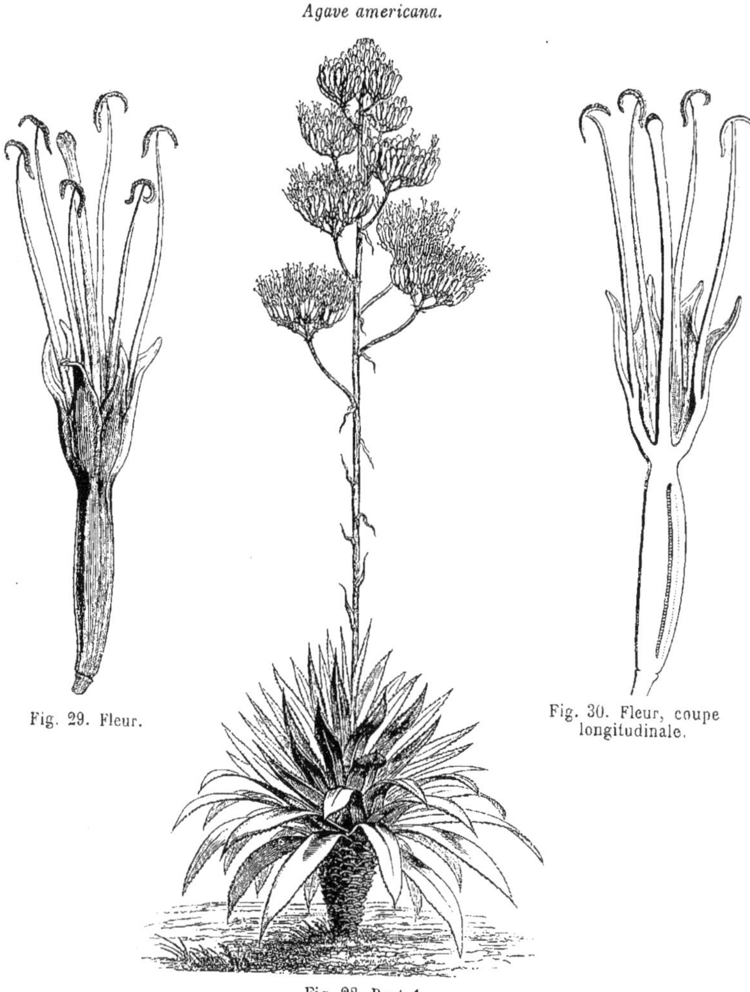

Fig. 29. Fleur.

Fig. 30. Fleur, coupe longitudinale.

Fig. 28. Port $\frac{1}{10}$.

fentes loculicides. Les graines sont nombreuses, superposées, comprimées-aplaties, plus ou moins anguleuses, noires, imbriquées, albuminées.

Il y a des *Agave* qui, par leur port, rappellent les Aloès : ils ont un rhizome court, ou bien une tige ligneuse qui s'élève dans l'air. A la base de la plante ou au sommet de la tige s'insèrent de nombreuses feuilles pressées, coriaces et fibreuses ou charnues, aiguës, terminées en pointe rigide, à dents marginales épineuses; ou bien les bords sont filamenteux; ou encore le limbe moins rigide est entier. L'inflorescence est terminale. Elle consiste en une grande hampe dressée, simple ou ramifiée, portant des bractées. Les fleurs occupent elles-mêmes les bractées supérieures de l'axe ou de ses divisions. Dans l'aisselle de chacune d'elles, elles sont ou solitaires (*Manfreda*[1]), ou en cymes sessiles ou à peu près, bi-pluriflores (*Bonapartea*[2]); ou encore en cymes stipitées et plus ou moins composées (*Euagave*). Le genre renferme de quarante à cinquante espèces[3], souvent variables, qui croissent spontanément dans les régions chaudes et tempérées de l'Amérique du Sud et dans les régions les plus méridionales de l'Amérique du Nord.

Très voisins des *Agave* sont les *Furcræa*, de l'Amérique tropicale, ligneux et non ramifiés, à grandes feuilles aiguës et rigides; à fleurs généralement plus colorées que celles des *Agave*, groupées en grande grappe de cymes, avec un tube très court, des étamines courtes, à base épaissie et strumeuse, de même que la portion inférieure du style. Leur fruit est aussi une capsule loculicide.

Les *Doryanthes*, superbes végétaux ligneux australiens, à très longues feuilles cordiformes et rigides, ont une vaste inflorescence composée, racémiforme ou capituliforme, avec d'énormes fleurs rouges qu'accompagne une grande bractée colorée de même. Le périanthe a un tube épais et court et un limbe à grands lobes étalés ou réfléchis. Le fruit est aussi loculicide.

Les *Beschorneria*, du Mexique, ont à peu près les fleurs des *Agave*, mais étroites, avec un tube presque nul et des étamines qui ne dépassent pas le périanthe. Ce sont des plantes ligneuses, à tiges courtes

1. SALISB., *Gen. pl. Fragm.*, 78. — *Alibertia* MARION. — *Haplagave-singuliflorœ* TERRACC.

2. W., *Enum. H. berol.*, Suppl., 18 (non R. et PAV.). — *Littœa* BRIGN., in *Bibl. ital.*, I, 100. — HECK.-DONNEM., in *Flora* (1820), 45. — *Agave geminiflorœ* ENGELM. — *Aplagave geminiflorœ* TERRACC. Le sous-genre *Cladagave* TERRACC. correspond aux *Chloropsis* HERB. Les fleurs peuvent y être transformées en bulbilles.

3. JACQ., *Ic. rar.*, t. 378. — RED., *Lil.*, t. 328, 329, 485. — ZUCC., in *N. Act. nat. cur.*, XVI, 662, t. 49-51. — MART., *Ausw. Merkw. Pfl.*, t. 13 (*Polianthes*). — TOD., *H. bot. panorm.*, t. 8, 15, 19, 24. — SAUND., *Ref. bot.*, t. 163, 165, 215, 306, 307, 326-328. — WIGHT, *Ic.*, t. 2024. — HEMSL., *Bot. centr.-amer.*, III, t. 87, 88. — S.-WATS., *Bot. Calif.*, II, 142. — BRANDEG., in *Proc. Calif. Acad.*, ser. 2, II, 206. — PETERS., in *Bot. Tidsk.*, XVIII, 260. — T. DYER, in *Kew Bull.* (1892). — TRELEAS., in *Miss. Bot. Gard. Rep.*, III, 167, t. 55, 56. — WILLK. et LGE, *Prodr. Fl. hisp.*, I, 157. — *Bot. Reg.*, t. 1145; (1839), t. 55. — *Bot. Mag.*, t. 1157, 1522, 4934, 4950, 5006, 5097, 5122, 5213, 5333, 5422, 5493, 5641, 5660, 5716, 5893, 5940, 6248, 6292, 6589, 6655, 7027, 7207.

et renflées. Leurs fleurs sont réunies en grappes penchées, simples ou lâchement ramifiées.

Les Tubéreuses (*Polianthes*) sont aussi mexicaines, herbacées et vivaces. Leur rhizome est tubéreux, et leurs fleurs sont disposées en une longue grappe sur un axe simple, géminées dans l'aisselle des bractées. Le périanthe a un tube allongé, droit ou arqué, avec six lobes pétaloïdes, dressés-étalés. Le sommet de l'ovaire proémine sous forme de cône au delà du réceptacle.

Dans le *Prochnyanthes*, plante mexicaine à tige simple et épaisse, les fleurs, qui sont portées par un axe simple, solitaires ou au nombre de deux ou trois dans l'aisselle de chaque bractée, sont verdâtres, avec un tube cylindrique à sa base, puis subitement géniculé et dilaté. Le fruit est membraneux, loculicide.

Les *Bravoa*, mexicains aussi, ont pour tige un bulbe tuniqué, qui porte en bas de grosses racines adventives. Sur l'axe aérien simple, les fleurs sont géminées dans l'aisselle de chaque bractée, avec un périanthe pétaloïde, à tube étroit et long, arqué, non dilaté au sommet. Ses six lobes sont courts, et le sommet de l'ovaire proémine sous forme de voûte dans l'intérieur de la base du tube du périanthe.

III. SÉRIE DES ALSTRŒMÈRES.

Quoique leurs fleurs soient irrégulières, ce qui fait qu'ils sont ici les analogues des Daubéniées et des Pontédériées parmi les Liliacées, les *Alstrœmeria*[1] (fig. 31-34) ont donné leur nom à cette série parce qu'ils l'ont seuls pendant longtemps représentée. Leur réceptacle floral est concave[2], logeant en totalité ou en très grande partie l'ovaire infère, que surmonte un style à branches stigmatifères étroites, et dont les loges renferment des ovules en nombre indéfini, souvent peu considérable, ascendants, anatropes, à micropyle inférieur, extérieur et latéral[3]. Le périanthe est inséré sur les bords du

1. L., *Spec.*, ed. II, 461; *Gen.*, ed. VI, n. 432. — J., *Gen.*, 56. — GÆRTN., *Fruct.*, t. 13. — K., *Syn.*, I, 288; *Enum.*, V, 758. — LINK, *Handb.*, I, 183 (*Tulipaceæ*). — AGH, *Aphor.*, 166 (*Hemerocallideæ*). — HERB., *Amar.*, 88. — ENDL., *Gen.*, n. 1295. — PAYER, *Organog.*, 656, t. 138. — B. H., *Gen.*, III, 736, n. 54. — PAX, *Pflanzenfam.*, 119. — BAK., in *Trim. Journ.* (1877), 259; *Handb. Amar.*, 133. — *Ligtu* ADANS., *Fam. des pl.*, II, 20.

2. Souvent anguleux et à côtes.

3. A double tégument.

réceptacle[1]; il comprend trois sépales pétaloïdes, dissemblables comme forme et comme coloration, valvaires ou n'arrivant même pas au contact par leurs bords auxquels s'interpose une crête dorsale des pétales. Ceux-ci sont imbriqués; et deux d'entre eux, égaux, diffèrent par la taille et la couleur du troisième qui occupe la ligne médiane. Les étamines sont inégales. Toutes ont un filet libre, à sommet atténué qui va s'insérer au fond d'un puits dont est creusée la base de l'anthère, laquelle a deux loges, déhiscentes par des fentes introrses ou submarginales. Le fruit est sphérique ou obovoïde, entouré jusqu'à

Alstrœmeria psittacina.

Alstrœmeria versicolor

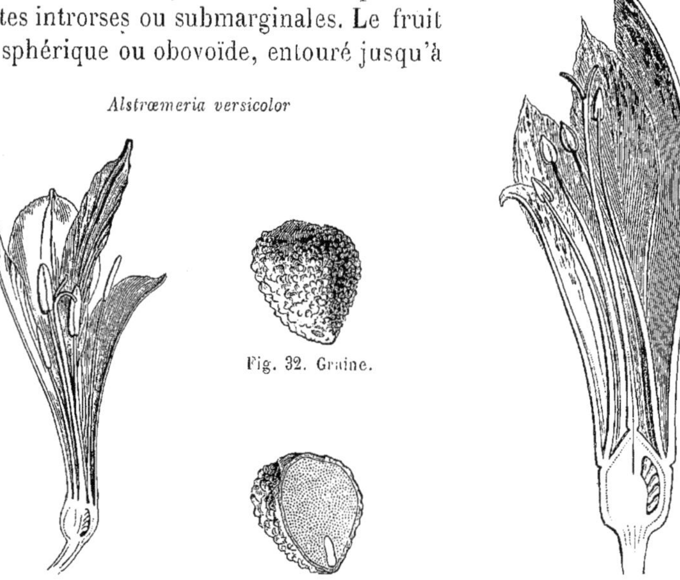

Fig. 32. Graine.

Fig. 31. Fleur, coupe longitudinale.

Fig. 33. Graine, coupe longitudinale.

Fig. 34. Fleur, coupe longitudinale.

une certaine hauteur du réceptacle adné dont le bord est indiqué par un anneau circulaire, surmonté souvent d'une saillie conique, déhiscent à partir de sa base suivant trois fentes qui répondent au dos des loges. Les graines, courtes et souvent rugueuses, ont un albumen charnu et un court embryon intraire.

Il y a une quarantaine d'espèces[2] de ce genre. Leur tige souterraine

1. Il y a souvent, en dehors de l'insertion du périanthe, un petit bourrelet circulaire qui persiste jusque sur le fruit.

2. JACQ., *H. schœnbr.*, t. 465; *H. vindob.*, t. 50. — RED., *Lil.*, t. 46. — R. et PAV., *Fl. per. et chil.*, t. 288, 289. — HOOK., *Exot. Fl.*, t. 64, 65, 181. — SCHENK, in *Mart. Fl. bras.*, III, I, 171, t. 21, 22. — C. GAY, *Fl. chil.*, VI, 81. — PHIL., *Descr. nuev. pl.*, II, 70; *Sert. Mendoc.*, 43. — SWEET, *Brit. fl. Gard.*, t. 267;

est un rhizome chargé de racines adventives. Les branches aériennes sont dressées, simples et foliées, terminées par une inflorescence. Les feuilles sont alternes, souvent rapprochées, sessiles ou pétiolées, membraneuses ou rigides, parfois résupinées par torsion du pétiole. Les fleurs sont disposées en cymes unipares, à ensemble ombelliforme ou irrégulièrement racémiforme, accompagnées de bractées et de bractéoles qui peuvent être entraînées sur le pédicelle. Ce sont des plantes de l'Amérique méridionale chaude et extratropicale.

Très voisins des Alstrœmères auxquelles ils ont été parfois réunis, les *Bomarea*, des deux Amériques, ont des fleurs moins irrégulières ou même à peu près régulières. Leurs racines adventives sont souvent tubéreuses, et leurs branches aériennes herbacées sont ordinairement grimpantes.

Le *Leontochir*, du Chili, a les fleurs à peu près régulières des *Bomarea*, avec les folioles du périanthe longuement atténuées à la base. L'ovaire n'a qu'une loge à trois placentas pariétaux. Les branches aériennes sont dressées, comme celles des Alstrœmères.

IV. SÉRIE DES HYPOXIS.

Les *Hypoxis*[1] (fig. 35, 36) ont une fleur d'Amaryllidée, avec un périanthe de six folioles, surmontant un ovaire infère. Les extérieures sont vertes ou colorées, valvaires; et les intérieures, pétaloïdes, jaunes, sont imbriquées ou indupliquées. Il y a six étamines superposées aux folioles du périanthe, insérées comme celui-ci, formées d'un filet court et d'une anthère linéaire, ovoïde ou sagittée, basifixe, à deux loges parallèles ou divergentes en bas, déhiscentes en dedans ou vers les bords par des fentes longitudinales. L'ovaire infère est partagé en trois loges, complètes ou incomplètes, multiovulées, et surmonté d'un style à trois lobes stigmatifères allongés, divergents ou rapprochés en un corps commun allongé, conique. Le fruit est

ser. II, t. 15, 159, 205, 277. — *Bot. Reg.*, t. 731, 1008, 1410, 1540, 1843; (1839), t. 13; (1843), t. 58. — LODD., *Bot. Cab.*, t. 1054, 1147, 1272, 1295, 1497. — *Bot. Mag.*, t. 139, 2353, 2421, 3033, 3040, 3105, 3350, 3944, 3958.

1. L., *Syst.*, ed. X, 986; *Gen.*, ed. VI, n. 417. — ADANS., *Fam. des pl.*, II, 57 (*Narcisseæ*). — J., *Gen.*, 85. — GÆRTN., *Fruct.*, t. 11, fig. 6. — TURP., in *Dict. sc. nat.*, Atl., t. 185. — ENDL., *Gen.*, n. 1264. — K., *Syn.*, I, 291. — B. H., *Gen.*, III, 717, n. 3. — BAK., in *Journ. Linn. Soc.* (1880), 93. — PAX, *Pflanzenfam.*, 121. — *Niobea* W., *Rel.*, ex SCHULT., *Syst.*, VII, 762. — *Spiloxene* SALISB., *Gen. pl. Fragm.*, 44. — *Ianthe* SALISB., *loc. cit.* — *Franquevillea* ZOLL., *Cat.*, 71. — MIQ., *Fl. ind. bat.*, III, 586.

membraneux, couronné du périanthe desséché, et il s'ouvre circulairement près de son sommet pour laisser échapper des graines de couleur foncée, contenant un albumen charnu ou un peu farineux et un embryon intérieur. On connaît une cinquantaine d'*Hypoxis*[1], plantes de l'Afrique continentale et de ses îles orientales, de l'Asie tropicale, de l'Océanie et des régions chaudes des deux Amériques. Leur tige est un rhizome, parfois épais, ou un bulbe à tuniques fibreuses et réticulées[2]. Leurs feuilles sont alternes, basilaires; et leurs fleurs[3] sont solitaires ou disposées en cymes unipares, ombelliformes, au sommet d'une hampe commune.

Hypoxis erecta.

Fig. 35. Inflorescence. Fig. 36. Fleur, coupe longitudinale.

Les *Curculigo*, des régions tropicales des deux mondes, ont la fleur des *Hypoxis*, avec un ovaire souvent rostré au sommet, et un style à branches stigmatifères apprimées. Leur fruit est charnu, indéhiscent; et leurs inflorescences, sessiles ou pédonculées, sont spiciformes ou capituliformes.

Les *Pauridia*, de l'Afrique australe, sont des plantes naines, à trois étamines fertiles seulement, plus rarement hexandres; le style pourvu à sa base d'appendices particuliers, à petit renflement apical, avec une, deux ou trois branches stigmatifères.

1. JACQ., *Fragm.*, t. 7; *Ic. rar.*, t. 368-372. — LABILL., *Pl. N. Holl.*, t. 108. — SM., *Spicil.*, t. 16. — RED., *Lil.*, t. 169, 170, 350. — ANDR., *Bot. Rep.*, t. 101, 171, 195, 236. — ROYLE, *Ill. himal.*, t. 91. — SEUB., in *Mart. Fl. bras.*, III, I, t. 7. — LODD., *Bot. Cab.*, t. 710, 802, 970, 1074. — LEME, *Jard. fl.*, t. 303. — HOOK. F., *Fl. tasm.*, t. 130. — BAK., in *Trans. Linn. Soc.*, ser. 2, I, 245. — F. LUDW., in *Flora* (1889), 55. — BOLUS, in *Hook. Icon.*, t. 2259. — HEMSL., *Bot. centr.-amer.*, III, 331. — MAXIM., in *Engl. Jahresb.* (1885), 75. — THW., *En. pl. Zeyl.*, 323. — HOOK. F., *Fl. brit. Ind.*, VI, 277. — ENGL., *Hochgebirschfl. trop. Afr.*, 170. — *Bot. Reg.*, t. 159, 663. — *Bot. Mag.*, t. 662, 709-711, 917, 1010, 1223, 3696, 4817, 5690, 6035, 4817, 5690, 6035. — WALP., *Ann.*, VI, 98.

2. Sur leurs réservoirs à mucilage, PIROTT., in *Ann. Ist. Rom.* (1853), 83.

3. Jaunes ou blanches, souvent petites.

V. SÉRIE DES BARBACENIA.

Chez les *Barbacenia*[1] (fig. 37-44), les fleurs sont régulières, avec un réceptacle profond, tubuleux, obconique ou obovoïde, logeant l'ovaire enchâssé dans sa concavité. Au-dessus de lui, le tube floral représente un simple anneau, ou un tube plus long, ou même parfois très long, cylindrique ou en entonnoir. Les sépales colorés sont égaux ou un peu inégaux, dressés-étalés, larges ou atténués à la base, finalement valvaires. Les pétales, semblables ou plus membraneux, sont plus souvent imbriqués ou tordus. Il y a souvent six étamines

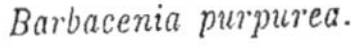
Barbacenia purpurea.

Fig. 37. Fleur.

Fig. 38. Fleur, coupe longitudinale.

épigynes, superposées aux folioles du périanthe. Mais plusieurs d'entre elles peuvent être le siège de dédoublements, de façon qu'il y ait en tout jusqu'à douze et même dix-huit pièces à l'androcée. Celui-ci est souvent alors hexadelphe. Les anthères sont introrses, déhiscentes souvent près des bords. Leurs loges sont adnées au connectif qui fréquemment est attaché par sa base et qui peut aussi se dilater en une lame dorsale plus ou moins pétaloïde et entière ou bilobée à son sommet. L'ovaire infère, à trois loges complètes ou incomplètes, est

1. VANDELL, *Dicc. term.* (1788), fig. 9; *Fl. lus. et bras. Spec.*, 21, t. 1, fig. 2. — ENDL., *Gen.*, n. 1261. — HERB., *Amar.*, 64, 82. — B. H., *Gen.*, III, 740, n. 64. — PAX, *Pflanzenfam.*, 127. — H. BN, in *Bull. Soc. Linn. Par.*, n. 144. — *Visnea* STEUD. (ex ENDL.).

surmonté d'un style à trois lobes stigmatifères de forme et de dimensions très variables. Les placentas multiovulés sont axiles, sessiles, peltés ou stipités, plus ou moins profondément bilobés. Le fruit est une capsule que surmonte le périanthe desséché ou sa cicatrice circulaire. Le réceptacle qui l'enserre est le plus souvent chargé de poils

Barbacenia (Vellosia) gracilis.

Fig. 39. Graine.

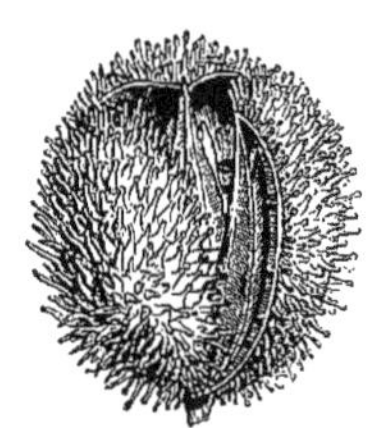

Fig. 40. Fruit déhiscent.

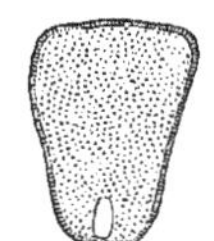

Fig. 41. Graine, coupe longitudinale.

ou d'aiguillons plus ou moins développés; il finit par s'ouvrir longitudinalement, ou vers son sommet, ou à partir de sa base. Les graines sont comprimées, ou anguleuses, ou parfois dilatées en aile d'un côté ;

Barbacenia (Schnitzleinia) amica.

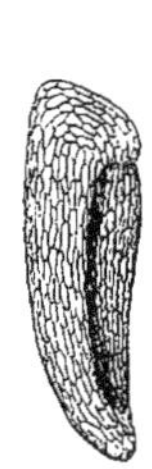

Fig. 42. Fruit.

Fig. 43. Graine.

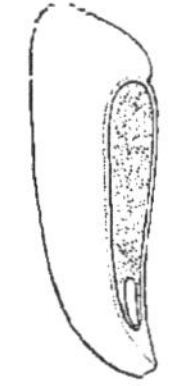

Fig. 44. Graine, coupe longitudinale.

elles ont, sous une enveloppe noirâtre, un albumen charnu, ou dur, ou granuleux, avec un embryon très petit situé vers le sommet de l'albumen qui l'entoure.

Dans les *Barbacenia* proprement dits (*Eubarbacenia*), le tube floral est plus ou moins allongé au-dessus de l'ovaire, assez rarement très court, et l'androcée est hexandre.

Dans les *Radia*[1], de l'Amérique tropicale, la fleur a un très long tube, et le nombre des étamines peut, par dédoublement, s'élever jusqu'à dix-huit.

Dans les *Vellosia*[2], de l'Amérique tropicale, le plus souvent distingués comme genre, le tube est court ou très court, et il y a de six à dix-huit étamines.

Dans les *Xerophyta*[3], brésiliens ou surtout africains et malgaches, il y a six étamines, un tube floral court ou très court, avec souvent des feuilles ténues et rigides, des pédoncules grêles et des fruits qui s'ouvrent quelquefois de bas en haut.

Ainsi compris, le genre se compose d'environ soixante-dix espèces[4], parfois frutescentes et humbles, plus souvent arborescentes, trapues, dichotomiquement ramifiées, à branches chargées de nombreuses gaines foliaires persistantes, durcies, imbriquées. Les feuilles[5], courtes ou allongées, rigides ou membraneuses, dans quelques cas étroites, sont assez souvent piquantes au sommet. Les fleurs[6] sont pédonculées et se dégagent de l'intervalle des feuilles, solitaires ou rapprochées en cymes lâches, jusqu'au nombre de sept à huit.

VI. SÉRIE DES DIOSCORÉES.

Les Dioscorées sont ici, à notre sens, les analogues des Smilacées parmi les Liliacées. Elles n'existent presque pas dans nos régions; mais le groupe auquel elles se rapportent est largement représenté chez

1. A. RICH., in *K. Syn. pl. æquin.*, I, 300 (*Bromeliaceæ*). — *Campderia* A. RICH., in *Bull. Soc. philom.* (1822), 79 (non BENTH.).

2. *Dicc. term.*, fig. 12; *Fl. lus. et bras. Spec.*, 32, t. 2, fig. 12. — A. S.-H., in *Mém. Mus.*, IX, 313 (*Velosia*). — HERB., *Amar.*, 64, 81. — ENDL., *Gen.*, n. 1262. — B. H., *Gen.*, III, 739, n. 63. — PAX, *Pflanzenfam.*, 125, 127, fig. 87, 88.

3. COMMERS. — J., *Gen.*, 50 (*Bromeliaceæ*). — SPRENG., *Syst.*, II, 99 (*Sarmentaceæ*). — ENDL., *Gen.*, n. 1262 *a*. — *Talbotia* BALF., in *Trans. Bot. Soc. Edinb.*, IX, 192. — *Schnitzleinia* STEUD., in exs. abyss. *Schimp.*, n. 1365.

4. MART., *Nov. gen. et spec.*, I, 13, t. 6-9 (*Vellosia*); 17, t. 10-14. — SEUB., in *Mart. Fl. bras.*, III, I, 67, t. 8; 73 (*Vellosia*). — POHL, *Ic. et descr. pl. bras.*, t. 93-100. — PAXT., *Mag.*, XI, 75. — MIK., *Del.*, t. 7 (*Vellosia*). — H. B. K., *Nov. gen. et spec.*, VII, 155 (*Vellosia*). — LEME, *Jard. fleur.*, t. 82, 198, 390. — BAK., in *Trans. Linn. Soc.*, *Bot.*, I, 264, t. 36, fig. 1 (*Xerophyta*); in *Journ. Linn. Soc.* (1875), 235; (1882), 86 (*Xerophyta*). — ENGL., *Hochgebischfl. trop. Afr.*, 171. — MAUR., in *Journ. Morot* (1889), 268. — *Bot. Mag.*, t. 2777, 4136; 5514, 5803 (*Vellosia*). — *Rev. hort.* (1877), 53, fig. 9 (*Xerophyta*). — *Fl. des serres*, t. 348. — HOCHST., in *Flora* (1844), 31 (*Hypoxis*).

5. Sur leur biologie et leur anatomie, WARM., in *Bull. Ac. sc. Copenh.* (1893), c. xvI. 15.

6. Blanches, jaunes, violacées ou pourprées, souvent grandes et belles. Ces fleurs comptent parmi celles dont les glandes septales ovariennes sont le plus largement développées; leur cavité pouvant égaler en diamètre celles des loges.

nous par le *Tamus*[1] (fig. 45-49), dont les fleurs sont dioïques. Dans les mâles, le réceptacle étroit porte un périanthe subrotacé ou courtement urcéolé-campanulé, dont les six[2] lobes représentent trois sépales et trois pétales alternes, souvent un peu plus grands, imbriqués d'abord dans le jeune bouton. Les étamines sont au nombre de six, superposées aux divisions du périanthe et à insertion subhypogynique. Elles ont des filets libres, plus courts que le périanthe, et des anthères courtes, biloculaires, déhiscentes en dedans ou vers les bords par des fentes longitudinales[3]. Le gynécée central est rudimentaire et stérile,

Tamus communis.

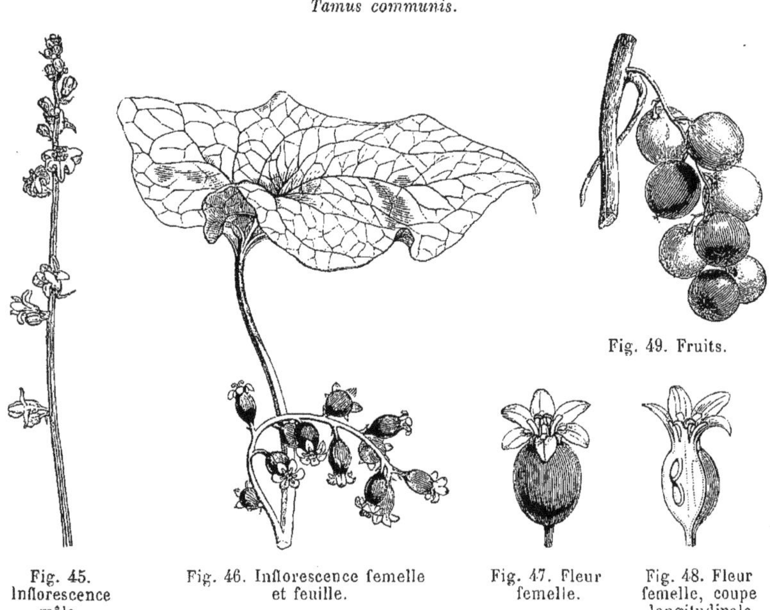

Fig. 49. Fruits.

Fig. 45. Inflorescence mâle.

Fig. 46. Inflorescence femelle et feuille.

Fig. 47. Fleur femelle.

Fig. 48. Fleur femelle, coupe longitudinale.

déprimé et entier, ou à trois lobes superposés aux sépales. Dans la fleur femelle, le réceptacle est creux, en forme de sac ovoïde qui renferme l'ovaire adné et infère. Sur les bords de ce sac s'insèrent les six folioles du périanthe supère, libres et plus étroites que dans la fleur

1. L., *Gen.*, ed. I, n. 750; ed. VI, n. 1119. — ENDL., *Gen.*, n. 1202. — K., in *Abh. Berl. Akad.* (1848), 50; *Enum.*, V, 453. — NEES, *Gen. Fl. germ.*, *Monoc.*, III, n. 1. — B. H., *Gen.*, III, 744, n. 4. — PAX, *Pflanzenfam.*, 136. — *Tamnus* T., *Inst.*, 102, t. 28. — J., *Gen.*, 43 (Asparagées). — J. S.-H., *Expos.*, I, 106 (Smilacées).

2. Çà et là huit, de même que les étamines. Les fleurs sont parfois aussi polygames.

3. Le pollen est ovoïde, avec deux sillons longitudinaux. La membrane externe est ponctuée, à bandes unies. Il y a des Dioscorées dont le pollen n'a qu'un sillon (H. MOHL, in *Ann. sc. nat.*, sér. 2, III, 310).

mâle. Les étamines sont représentées par des languettes stériles, ou font totalement ou en partie défaut. Il y a dans l'ovaire trois loges alternipétales, dont l'angle interne présente un placenta à deux ovules anatropes, finalement superposés et descendants; le micropyle d'abord supérieur et extérieur. Le style est dressé, court, bientôt partagé en trois branches stigmatifères récurvées, émarginées ou bilobées. Le fruit est une baie, surmontée d'une cicatrice, et contenant une ou quelques graines, ovoïdes ou sphériques, dont l'albumen dur renferme un petit embryon excentrique et voisin de l'ombilic[1].

Dioscorea sativa.

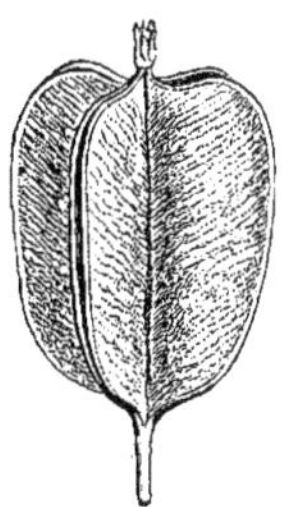

Fig. 50. Fruit.

On distingue deux *Tamus*[2]. Ce sont des herbes vivaces, à souche épaisse et tubéreuse[3]. Il en naît des branches annuelles et herbacées, longues, grêles et volubiles, chargées de feuilles alternes, pétiolées, entières ou trilobées, digitinerves à la base et veinées-réticulées. Les fleurs sont disposées en grappes grêles et lâches, simples ou ramifiées, portant des bractées alternes dans l'aisselle desquelles s'insèrent des cymes unipares, pauciflores, surtout dans les pieds femelles. Le *T. communis* habite l'Europe et l'Asie tempérées, le nord de l'Afrique et l'Amérique septentrionale. L'autre espèce du genre est originaire des îles Canaries.

Rajania hastata.

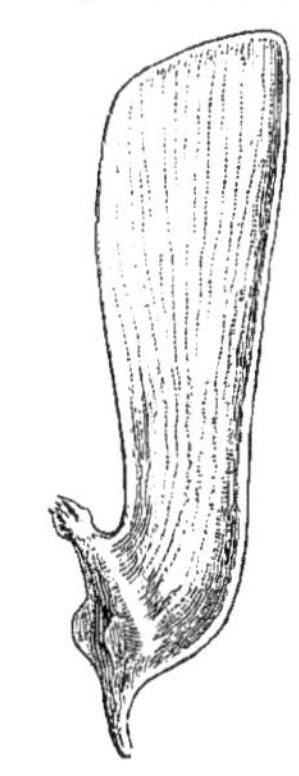

Fig. 51. Fruit.

Tout à côté des *Tamus* se rangent, dans une même sous-série (*Eudioscoréées*), les *Dioscorea* (fig. 50), *Testudinaria* et *Rajania* (fig. 51), qui ont des fruits secs et non charnus. Celui des *Dioscorea* et des *Testudinaria* est régulier, à trois lobes aplatis et aliformes, verticaux. Celui des *Rajania* est réduit à un seul carpelle bien développé, comprimé, à aile supérieure et unilatérale. Les Dioscorées sont de toutes les régions du globe, surtout des pays chauds; les *Testudinaria*, du sud de l'Afrique; les *Rajania*, des Antilles.

On place dans un petit groupe hétérogène (*Sténoméridées*) les *Stenomeris*, ? *Oncus* et *Petermannia*, asiatiques et océaniens, qui sont des lianes, et les *Trichopus*, de l'Inde, qui ont des

1. Sur la dissémination des graines, H. BN, in *Bull. Soc. Linn. Par.*, 334.

2. LAMK, *Ill.*, t. 817. — SIBTH., *Fl. græc.*, t. 958. — WEBB, *Phyt. canar.*, t. 223. — BOISS., *Fl. or.*, V, 344. — REICHB., *Ic. Fl. germ.*, t. 439. — BRANDZ., *Prodr. Fl. rom.*, 447. — GREN. et GODR., *Fl. de Fr.*, III, 235. — H. BN, *Iconogr. Fl. fr.*, n. 206; *Herbor. par.*, 435.

3. Sur le tubercule, QUEVA, in *C. rend. Ass. fr.* (1893), 240.

branches aériennes courtes et dressées, portant une seule feuille. Tous sont plus parfaits que les *Tamus* et *Dioscorea* en ce sens qu'ils ont des fleurs normalement hermaphrodites. Leur ovaire est triloculaire, sauf dans le *Petermannia* qui a des placentas pariétaux. Le fruit est sec dans les *Stenomeris* et *Trichopus*, et charnu, dit-on, dans les *Oncus* et les *Petermannia*.

VII. SÉRIE DES CONOSTYLIS.

Analogues à celles des *Hypoxis*, les fleurs des *Conostylis*[1] (fig. 52-54) sont régulières et hermaphrodites, avec un réceptacle concave au fond duquel l'ovaire est en partie adné, et qui se prolonge au-dessus de lui en un large tube dont la longueur est très variable et peut même

Conostylis serratifolia.

Fig. 53. Fleur.

Fig. 52. Inflorescence.

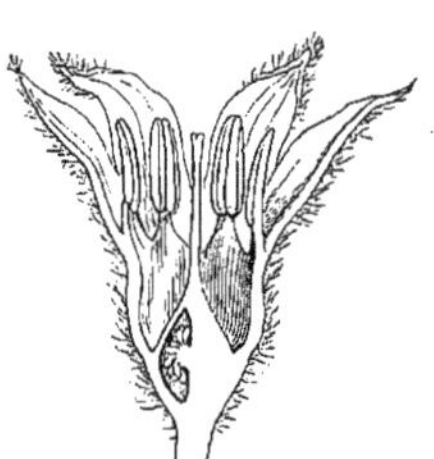

Fig. 54. Fleur, coupe longitudinale.

être presque nulle. Ses bords portent trois sépales triangulaires, épais, valvaires-indupliqués ou n'arrivant pas au contact les uns des autres, et autant de pétales semblables, ou plus petits, ou plus minces. Une étamine est superposée à chacun des lobes du périanthe. Elle s'insère en dedans de sa base et est formée d'un filet court ou allongé, continu avec le connectif d'une anthère introrse, souvent sagittée, dont les loges adnées et distinctes s'ouvrent en dedans par des fentes longitudinales. L'ovaire, libre dans une étendue variable de sa portion supérieure, se continue en cône avec un style dont l'extrémité stigmatifère est presque entière ou partagée en trois dents, lobes ou branches plus ou moins longues. Dans l'angle interne de chaque loge se voit un

1. R. Br., *Prodr.*, 300. — Herb., *Amar.*, 66, 87 (*Lanarieæ*). — Endl., *Gen.*, n. 1258. — B. H., *Gen.*, III, 676, n. 12. — Pax, *Pflanzenfam.*, 124. — *Androstemma* Lindl., *Swan Riv. App.*, 46.

placenta pelté ou stipité, qui supporte un nombre indéfini d'ovules anatropes. Le fruit capsulaire s'ouvre dans sa portion libre par trois fentes qui répondent au dos des loges. Il s'en échappe des graines en nombre infini, ordinairement un peu rugueuses, à albumen charnu dans lequel s'enfonce en partie un petit embryon voisin de l'ombilic.

On connaît une trentaine d'espèces[1] de ce genre. Ce sont des herbes vivaces d'Australie, à rhizome court, portant souvent des stolons, et dont les axes aériens, parfois fasciculés dès la base, sont chargés, à la base ou plus haut, de feuilles rapprochées, souvent distiques, arrondies, linéaires ou comprimées latéralement. Les inflorescences se dégagent d'entre les feuilles, avec un axe court et pauciflore, simple ou ramifié, portant sur ses divisions des cymes ou des glomérules unipares. L'inflorescence et ses fleurs peu volumineuses sont souvent velues, à duvet fréquemment épais, tomenteux ou plumeux.

Les *Styloconus*, australiens aussi, sont fort voisins des *Conostylis*, avec des fleurs plus grandes, penchées, disposées en cymes racémiformes. Leur réceptacle est laineux-plumeux, de même que le périanthe, régulier, à tube droit et cylindrique. L'ovaire est adné au réceptacle, mais seulement au niveau de ses angles, avec des puits interposés là où l'adhérence disparaît.

Les *Tribonanthes*, australiens également, ont des fleurs organisées à peu près comme celles des *Conostylis*, laineuses, avec les divisions du périanthe étalées; un ovaire à peu près libre ou en partie infère; des étamines insérées à la gorge, avec un connectif plus ou moins dilaté en haut, et des loges prolongées en bas en une portion vide de pollen et de forme variable.

Phlebocarya filifolia.

Fig. 55. Fleur.

Fig. 56. Fleur, coupe longitudinale.

Les *Phlebocarya* (fig. 55, 56), herbes vivaces australiennes, ont les folioles du périanthe libres à partir du point où l'ovaire en partie adné devient supère. Leurs loges ovariennes, de bonne heure incomplètes, sont uniovulées.

Les *Anigozanthos* (fig. 57-60), également australiens et vivaces, ont, au contraire, un long tube cylindrique au-dessus de l'ovaire. Ce tube

1. HOOK., *Icon.*, t. 853. — LINDL., *loc. cit.*, t. 6. — FIELD, *Sert. pl.*, t. 33 (*Androstemma*). — A. RICH., *Sert. Astrol.*, t. 28. — F. MUELL., *Fragm. phyt. Austral.*, IX, 50. — BENTH., *Fl. austral.*, VI, 428. — *Fl. des serres*, t. 259. — *Bot. Mag.*, t. 2989.

est plus ou moins arqué, parfois fendu en dessous. L'insertion du périanthe est oblique, et les loges ovariennes sont multiovulées. Les divisions de l'inflorescence, plus ou moins ramifiées, portent des fleurs ordinairement nombreuses et disposées unilatéralement.

Le *Macropidia*, de l'Australie austro-occidentale, a de grandes fleurs analogues à celles des *Anigozanthos*, avec le limbe du périanthe oblique. Mais leur ovaire infère n'a plus qu'un ovule dans chacune de ses loges.

Les *Lanaria*, de l'Afrique australe, ont un périanthe à lobes plus longs que le tube et égaux. Leur ovaire est libre seulement au som-

Anigozanthos flavida.

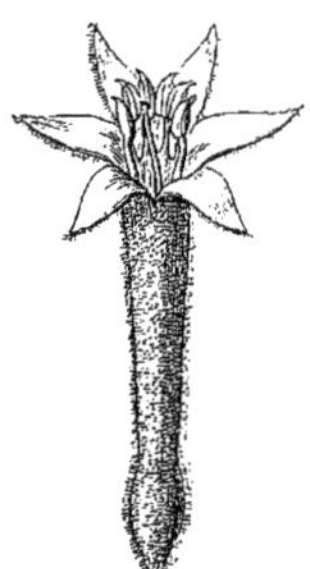

Fig. 57. Fleur.

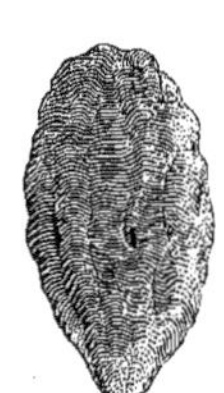

Fig. 59. Graine.

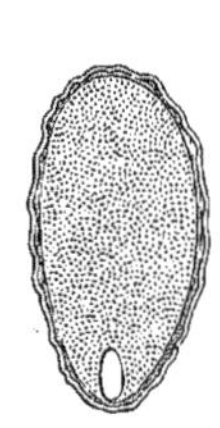

Fig. 60. Graine, coupe longitudinale.

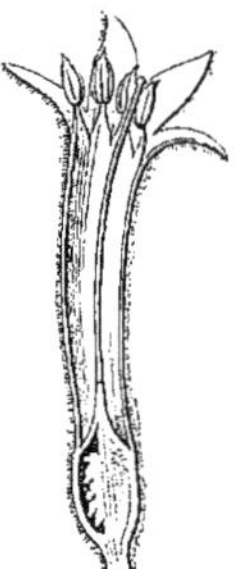

Fig. 58. Fleur, coupe longitudinale.

met, et ses loges incomplètes renferment chacune deux ovules qui, dans le fruit, indéhiscent ou à peine déhiscent, avortent, sauf un seul qui devient une graine à peu près sphérique.

Dans les *Lophiola*, de l'Amérique du Nord, le réceptacle floral étant beaucoup moins concave, l'ovaire est en majeure partie libre. Les loges sont pluriovulées, et le fruit, inclus dans le périanthe, n'est adhérent qu'à la base. L'inflorescence composée est chargée d'un épais duvet blanchâtre. Ce genre relie les *Conostylis* aux *Aletris*.

Les *Conanthera*, du Chili, appartiennent à une petite sous-série particulière (*Conanthérées*) dans laquelle l'ovaire tend à devenir de moins en moins infère. Le périanthe coloré a un tube court ou très court, au-dessus de l'ovaire à moitié infère ; et ce tube porte six étamines à courts filets adnés et à anthères conniventes autour du style, à la façon de l'androcée de certains *Solanum*, avec un acumen simple ou double au sommet de chaque connectif. Les loges ovariennes sont enveloppées par la base des pétales. Les loges ovariennes sont multiovulées, et le fruit est loculicide dans sa portion libre. Ce sont des herbes vivaces, à bulbe tuniqué.

Près des *Conanthera* se rangent quelques types à fleur irrégulière, soit par le périanthe, soit par l'androcée qui n'a d'étamines fertiles que d'un côté de la fleur. Tels sont les *Tecophilæa* et les *Zephyra*, d'Amérique; les *Cyanella* et *Cyanastrum*, d'Afrique.

Les *Aletris*, de l'Amérique du Nord, de l'Asie et l'Océanie tropicales, forment une petite sous-série (*Alétrinées*) rapportée parfois aux Liliacées, parce que le plus souvent le réceptacle a une cavité peu profonde; si bien que l'ovaire n'est infère que dans sa portion tout à fait basilaire. Le périanthe gamophylle est tubuleux ou subcampanulé à sa base. Les ovules sont nombreux sur un placenta axile, ellipsoïde et pelté, et le fruit est loculicide. Ce sont des herbes vivaces, à rhizome court, à feuilles basilaires étroites et à inflorescence terminale en épi.

Les *Odontostomum*, de Californie, ont aussi été attribués aux Liliacées. Dans la petite sous-série (*Odontostomées*) qu'ils constituent à eux seuls, le réceptacle représente un petit plateau à peine creux; si bien que l'ovaire est libre, sauf à sa base adnée. Les six folioles du périanthe gamophylle répondent à autant d'étamines connées à la base, et il y a six écailles subulées alternes, insérées, comme les étamines, à la gorge. Les loges ovariennes sont biovulées, et le fruit est loculicide. Ce genre nous ramène de la sorte aux Liliacées, de même que parmi celles-ci il a fallu placer des genres à ovaire en partie infère, comme celui de tant de Conostylées.

VIII. SÉRIE DES HÆMODORUM.

Dans les fleurs hermaphrodites et régulières des *Hæmodorum*[1] (fig. 61-63), le réceptacle concave a la forme d'une cupule dans laquelle est enchâssé l'ovaire adné, et dont les bords portent un double périanthe trimère et pétaloïde, imbriqué, persistant. Les sépales y sont parfois plus courts que les pétales. A ces derniers sont superposées trois étamines libres, égales ou inégales, dont les anthères

1. SM., in *Trans. Linn. Soc.*, IV, 213. — SPRENG., *Syst.*, I, 158. — ENDL., *Gen.*, n. 1258; *Iconogr.*, t. 98. — B. H., *Gen.*, III, 673, n. 1. — PAX, *Pflanzenfam.*, 95, fig. 65.

sont basifixes, ovoïdes, oblongues ou linéaires, à deux loges déhiscentes par des fentes longitudinales. L'ovaire infère a son sommet aplati ou bombé, tridyme, surmonté d'un style dont le sommet stigmatifère s'épaissit à peine. Dans l'angle interne de chaque loge se voit un placenta épais et pelté sur lequel s'insèrent deux ou trois ovules incomplètement anatropes, à micropyle inférieur et extérieur. Dans le fruit, le plafond loculicide s'élève plus ou moins au-dessus du bord réceptaculaire; si bien que ce fruit devient en grande partie libre. Les graines sont aplaties, orbiculaires ou ellipsoïdes, plus ou moins largement marginées; elles renferment, dans un albumen charnu, un petit embryon intrus, plus ou moins éloigné du hile.

On distingue au moins quinze espèces[1] de ce genre. Ce sont des herbes australiennes, vivaces, dont le rhizome porte des racines fasciculées, souvent épaissies et charnues. Les axes aériens sont parfois

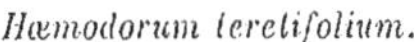
Hæmodorum teretifolium.

Fig. 61. Fleur.

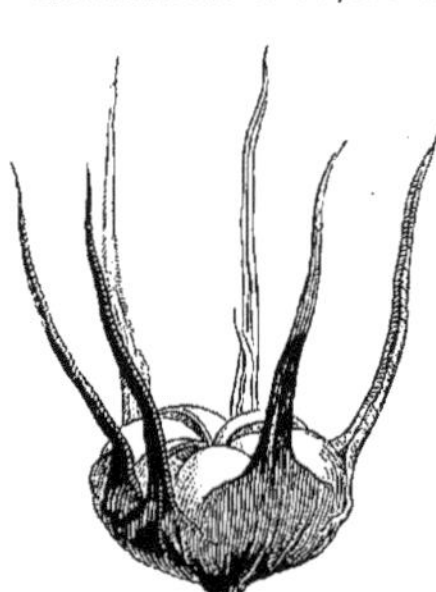
Fig. 63. Fruit.

Fig. 62. Fleur, coupe longitudinale.

renflés à leur base qui peut porter des restes fibreux de feuilles, et s'élèvent verticalement. Les feuilles alternes, équitantes, arrondies ou aplaties latéralement, sont inférieurement engainantes. Plus haut, elles passent graduellement à l'état de bractées alternes. L'inflorescence[2] est une grappe composée de cymes unipares, plus ou moins contractée en capitules ou en épis mixtes.

Les genres qui se rangent à côté des *Hæmodorum* ont l'ovaire plus nettement infère dès le début. Ce sont les *Dilatris* et *Barberetta*, de l'Afrique australe, et les *Gyrotheca*, de l'Amérique du Nord.

1. R. Br., *Prodr.*, 299. — Endl., in *Lehm. Pl. Preiss.*, II, 14. — Spach, *Suit. à Buff.*, III, 109. — Rœm. et Schult., *Syst.*, I, 343, 484. — Hook., *Icon.*, t. 866. — Benth., *Fl. austral.*, VI, 418.

2. Glabre et noircissant en séchant.

Les *Wachendorfia* (fig. 64-66) donnent leur nom à une sous-série (*Wachendorfiées*) dans laquelle, au contraire, le réceptacle n'étant pas concave, le gynécée demeure libre ou à peu près, quoique la fleur soit d'ailleurs construite comme celle des *Hæmodorum*. L'androcée est triandre, et les trois loges de l'ovaire supère sont uniovulées dans les *Wachendorfia*, herbes vivaces de l'Afrique australe, tandis que dans les *Xiphidium*, des deux Amériques, il y a trois étamines et des ovules en nombre indéfini; et que dans les *Schieckia* et *Hagenbachia*, de l'Amérique du Sud, à androcée plus ou moins irrégulier, avec une étamine souvent bien plus développée que les autres, il y a, dans les loges de l'ovaire tridyme, deux ou un plus grand nombre d'ovules.

Wachendorfia thyrsiflora.

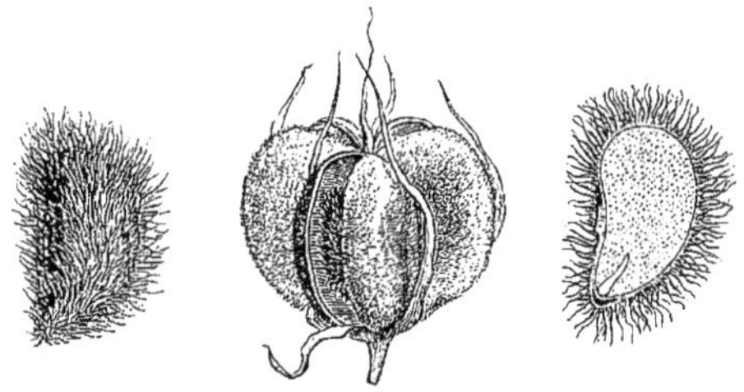

Fig. 65. Graine. Fig. 64. Fruit. Fig. 66. Graine, coupe longitudinale.

Cette famille est celle des Narcisses d'ADANSON[1] et des JUSSIEU[2]. Elle a reçu en 1805 le nom d'Amaryllidées[3], et en 1836 celui d'Amaryllidacées[4]. Au premier abord, elle se distingue, semble-t-il, très nettement des Liliacées par son ovaire infère : il n'en est rien au fond, comme nous l'avons déjà montré plusieurs fois[5]. Il y a des types à ovaire infère qu'on ne peut, pour ne pas rompre des affinités étroitement naturelles, séparer des Liliacées supérovariées; et il y a, parmi les anciennes Hæmodoracées des auteurs, des genres supérovariés et des genres inférovariés, absolument inséparables les uns des autres. La distinction des Liliacées vraies, à gynécée libre, et des Amaryllidacées, à ovaire infère, est purement artificielle; et les deux groupes, ne constituant en réalité qu'une seule famille naturelle,

1. *Fam. des pl.*, II, 55 (*Liliacearum* Sect. 7).
2. B. JUSS., in *H. Trian.* (1759), Ord. 11. — A.-L. JUSS., *Gen.*, 54, Ord. 7. Ces auteurs ont d'ailleurs, aussi bien que le précédent, laissé dans ce groupe des genres à gynécée supère, tels que les *Bulbocodium*, *Tulbaghia*, *Hemerocallis*, *Pontederia*, etc.
3. J. S.-H., *Exp. fam.*, I, 134, t. 21. — ENDL. *Gen.*, 174, Ord. 64. — K., *Enum.*, V, 467. — B. H., *Gen.*, III, 711, Ord. 174. — BAK., *Handb. Amar.* (1888).
4. LINDL., *Nat. Syst.*, ed. II, 328; *Veg. Kingd.*, 155, 155, Ord. 46. — PAX, in *Engl. et Prantl Pflanzenfam.*, II, 5, p. 97. — HERB., *Append.* (1821); *Amaryllidaceæ* (1837).
5. In *Bull. Soc. Linn. Par.*, 1108.

ainsi que le pensaient les anciens, ne peuvent subsister que par le fait d'une convention qui facilite l'étude. Il y a entre les deux un parallélisme absolu : les *Agave* et *Barbacenia* sont ici les analogues des Aloès, *Yucca* et *Dracæna* parmi les Liliacées vraies; les *Dioscorea*, les analogues des Smilacées; les Alstrœmères, les analogues des *Lapageria*, et ainsi de suite[1]. L'ensemble de la famille comprend quatre-vingt-treize genres et environ neuf cents espèces, réparties dans les six séries suivantes :

I. AMARYLLIDÉES[2]. — Plantes pourvues d'un bulbe tuniqué, rarement imparfait, rudimentaire, ou d'un rhizome variable, à hampe portant à son sommet, au-dessus d'une ou plusieurs bractées involucrantes (spathe), une ou plusieurs fleurs disposées en cymes ombelliformes, avec le plus souvent des bractéoles intérieures étroites. — 48 genres.

II. AGAVÉES[3]. — Plantes herbacées ou souvent ligneuses, à rhizome ou à tige aérienne, arborescente ou frutescente, portant de nombreuses feuilles rapprochées en rosette; celles des axes, allongées, petites, bractéiformes ou 0. Axe principal de l'inflorescence terminale simple ou plus ou moins ramifié; les fleurs solitaires, géminées ou groupées en cymes dans l'aisselle des bractées. — 7 genres.

III. ALSTRŒMÉRIÉES[4]. — Plantes vivaces, à rhizome tubéreux ou fibreux, à racines parfois tuberculifères. Axes aériens herbacés, dressés ou volubiles. Inflorescence terminale en cymes ombellées. — 3 genres.

IV. HYPOXIDÉES[5]. — Plantes vivaces, à rhizome peu développé,

1. Les formes exceptionnelles des organes végétatifs entraînent des particularités nombreuses, notamment dans les tiges, de structure anatomique. Voy. p. 24, 26, not. 3, et PAX, *Pflanzenfam.*, 92, 98, 126, 131. — LUIGI RE, *Anat. comp. d. fogl. n. Amar.*, in *Ann. Ist. bot. Rom.*, V, 155, t. 9, 10. — WARM., *Anat. Vellosiacées*, in *Bull. Ac. sc. Copenh.* (1893). — QUEV., *Anat. tige Dioscoréac.*, in *C. rend. Ac. sc.* (31 juill. 1893); *Anat. des bulbilles*, in *C. rend. Ac. sc.* (7 août 1893); *Anat. des feuilles*, in *C. rend. Assoc. fr. av. sc.* (1893), 235. — G. DE CORDEM., *Obs. struct. tige Dioscoréac.*, in *C. rend. Assoc. fr. av. sc.* (1893), 244. — BUCHER., *Beitr. Morph. u. Anat. Dioscoreac.*, in-4 et 5 pl. (1889). — JUNGIN., *Anat. Dioscor.*, in *Bot. Centralbl.* (1889), Bd 38.

2. *Amaryllideæ* J.-S.-H., *Exp. fam.*, I, 134 (1805). — BAK., *Amar.* (1888), Subord. 1. — *Amaryllidiformes* HERB. — *Pancratiformes* HERB. — *Hippeatriformes* HERB. — *Cyrtanthiformes* HERB., in *Bot. Mag.*, App. (1825). — *Amarylleæ* B. H., *Gen.*, III, 712, Trib. 2. — *Coronatæ* BAK., *loc. cit.*, Trib. 1. — *Pancratieæ* BAK., *loc. cit.*, Trib. 3. — *Amaryllidoideæ* PAX, *Pflanzenfam.*, 102.

3. *Agaveæ* SALISB., in *Hort. Trans.*, I (1815), 42 (Ord.). — HERB., *Amar.*, 67, 121 (Subord.). — B. H., *Gen.*, III, 715, Trib. 3. — BAK., *Amar.*, XII, Subord. 2. — *Agavoideæ* PAX, *Pflanzenfam.*, 115, II.

4. SALISB., in *Hort. Trans.*, I, 332 (Ord.). — HERB., *Amar.*, 87 (*Hypoxidearum* Div.). — B. H., *Gen.*, III, 715, Trib. 3. — BAK., *Amar.*, XII, Subord. 2. — *Hypoxydoideæ-Alstrœmerieæ* DUMORT. — PAX, *Pflanzenfam.*, 119. — *Alstrœmeriaceæ*, *loc. cit.* (Ord.).

5. R. BR., in *Flind. Voy.*, II (1814), App., 3, 576 (Ord.). — DUMORT., *An. fam.*, 57 (*Iridariearum* Fam.). — B. H., *Gen.*, III, 712, Trib. 1. — BAK., in *Trim. Journ.* (Trib.). — *Hypoxidoideæ-Hypoxideæ* PAX, *Pflanzenfam.*, 121. — *Hypoxidaceæ* LINDL., *Veg. Kingd.* (1846), 154, Ord. 45.

parfois bulbiforme, ou rarement allongé, épais, chargé de racines adventives. Feuilles basilaires; celles des axes aériens réduites, bractéiformes ou 0. Fleurs solitaires au sommet d'une hampe, ou en cymes capituliformes ou ombelliformes. Folioles du périanthe ordinairement libres. Style souvent épais, pyramidal, à trois sillons. Embryon plus ou moins éloigné du hile. — 3 genres.

V. BARBACÉNIÉES[1]. — Plantes vivaces ou ligneuses, à tige souvent épaisse, élevée et rameuse. Feuilles rapprochées vers le sommet des axes, ordinairement nombreuses, imbriquées, rigides. Fleurs pédonculées, solitaires ou peu nombreuses, se dégageant du milieu des feuilles. Étamines parfois plus nombreuses que 6. Placentas souvent ramifiés, ∞-ovulés. — 1 genre.

VI. DIOSCORÉÉES[2]. — Plantes vivaces, à rhizome ou tubercule souterrain, à branches aériennes ordinairement grêles et volubiles, rarement courtes et dressées. Feuilles ordinairement cordées et digitinerves. Fleurs petites et nombreuses, en grappes ou épis simples ou plus ou moins composés, très souvent unisexuées. — 8 genres.

VII. CONOSTYLÉES[3]. — Plantes vivaces, à rhizome ou bulbe plus ou moins développé, à branches aériennes herbacées, courtes et dressées. Feuilles alternes, ensiformes ou rarement cordées, digitinerves. Fleurs solitaires ou en grappes de cymes, à réceptacle profondément ou souvent peu concave. Ovaire infère, semi-infère ou parfois presque totalement libre. Androcée régulier ou irrégulier, quelquefois unilatéral. — 15 genres.

VIII. HÆMODORÉES[4]. — Plantes vivaces, à rhizome; les branches aériennes dressées, portant des feuilles alternes, étroites. Fleurs régulières ou irrégulières, en grappes ou épis de cymes, à réceptacle concave ou (Wachendorfiées) convexe. Ovaire infère ou libre. Ovules solitaires ou en petit nombre, ou en nombre indéfini, incomplètement

1. *Vellosieæ* REICHB., *Handb.* (1837), 151 (*Hæmodorearum* Subdiv.). — B. H., *Gen.*, 716, Trib. 5. — *Vellozieæ* ENDL., *Gen.*, 172 (*Hæmodoracearum* Sect.). — *Velloziaceæ* PAX, *Pflanzenfam.*, 125 (Fam.).

2. *Dioscoreæ* R. BR., *Prodr.*, I (1810), 294 (Ord.). — LINDL., *Nix. pl.*, 35 (*Smilalium* Ord.). — ENDL., *Gen.*, 157 (*Artorizarum* Ord.). — *Dioscorineæ* H. B. K. (Ord.). — *Dioscoreaceæ* LINDL., *Nat. Syst.*, ed. II, 359; *Veg. Kingd.*, 214, Ord. 68. — B. H., *Gen.*, III, 741, Ord. 176. — PAX, *Pflanzenfam.*, 137 (Fam.). — *Tamideæ* DUMORT. — SPACH, *Suit. à Buff.*, XII, 200 (Trib.).

3. LINDL., *Veg. Kingd.*, 153 (Trib.). — B. H., *Gen.*, III, 672 (*Hæmodorearum* Trib. 2). — *Hypoxidoideæ-Conostylideæ* PAX, *Pflanzenfam.*, 122. — *Conanthereæ* D. DON, in *Edinb. N. Phil. Journ.*, XIII, 256 (*Asphodelearum* Trib.). — B. H., *Gen.*, III, 673 (*Hæmodoracearum* Trib. 4). — *Hypoxidoideæ-Conanthereæ* PAX, *Pflanzenfam.*, 122.

4. *Hæmodoreæ* SALISB., in *Trans. Hort. Soc. lond.*, I (1812), 326 (Ord.). — SPRENG., *Anleit.*, II, I, 240 (*Liliacearum* Div.). — *Hæmodoraceæ* R. BR., *Prodr.*, I (1810), 299 (Ord.). — ENDL., *Gen.*, 170, Ord. 62. — PAX, *Pflanzenfam.*, 9[illegible] (Fam.). — *Hæmodoraceæ-Euhæmodoreæ* B. H., *Gen.*, III, 671, 673, Trib. 1.

anatropes, insérés sur un placenta axile et pelté. Fruit sec, indéhiscent ou déhiscent, supère ou infère. — 8 genres.

Les Amaryllidacées sont des plantes des régions tropicales et tempérées des deux mondes; elles habitent souvent, surtout en Amérique, les montagnes arides de l'Ouest. Ce sont assez fréquemment des plantes arénicoles des côtes et des dunes. En Europe, on observe des espèces des genres *Tamus*, *Narcissus*, *Galanthus*, *Leucoium*, *Lapiedra*, *Sternbergia*, *Pancratium*. Ce dernier genre et les *Crinum* sont communs aussi aux régions tropicales des deux mondes. A l'Asie sont propres les *Ungernia*, *Vagaria*, *Lycoris*. Mais la plus grande partie de la série des Amaryllidées appartient à l'Amérique du Sud et à l'Afrique australe. Les Dioscorées, plantes des pays chauds, ne sont plus représentées que par une petite herbe dans le sud-ouest de l'Europe. La plupart des Barbacéniées et toutes les Alstrœmériées sont américaines. Les Hæmodorées et Conostylées sont en majeure partie de l'Australie et de l'Afrique méridionale. Quelques-unes cependant croissent dans les régions tempérées des deux Amériques. Les Hypoxidées sont des pays chauds et tempérés des deux mondes; mais les *Curculigo* et *Pauridia* n'ont été observés que dans l'ancien.

USAGES[1]. — Il y a plusieurs Amaryllidacées dangereuses : le suc des bulbes est souvent vénéneux dans les *Hippeastrum*, *Hæmanthus*, *Buphane* et *Amaryllis*. L'*A. Belladonna*[2] sert, dit-on, à empoisonner les flèches des Hottentots; mais ils préfèrent, paraît-il, employer à cet usage les bulbes du *Buphane disticha*[3], espèce commune dans les régions orientales de la colonie du Cap, retrouvée à Angola et jusque sur les bords des lacs Nyassa et Tanganika. Au Brésil, les bulbes de plusieurs *Hippeastrum*[4] sont réputés purgatifs, vomitifs, toxiques même, tandis que d'autres, ainsi que ceux de plusieurs *Crinum*, passent pour être astringents. Les *Pancratium maritimum*[5], *illyricum*[6]

1. LINDL., *Veg. Kingd.*, 156, 156. — ENDL., *Enchirid.*, 92, 101, 104. — ROSENTH., *Syn. pl. diaphor.*, 105, 112, 113, 1081.

2. Voy. p. 47, not. 2.

3. HERB., in *Bot. Mag.*, sub t. 2578. — BAK., *Amar.*, 73. — *B. toxicaria* HERB. — *Hæmanthus toxicarius* THUNB. — JACQ., *Fragm.*, t. 39, 40. — KER, in *Bot. Mag.*, t. 1217. — *Amaryllis disticha* L. F. — *Brunsvigia toxicaria* KER, in *Bot. Reg.*, t. 567.

4. Notamment des *H. reginæ* HERB. et *purpureum* O. K. (*H. equestre* HERB.).

5. L., *Spec.*, 418. — RED., *Lil.*, t. 8. — *Bot. Reg.*, t. 161. — GREN. et GODR., *Fl. de Fr.*, III, 262 (*Lis Mathiole, Scille blanche, Petite Scille*).

6. L., *Spec.*, 418. — MILL., *Ic.*, t. 197. — RED., *Lil.*, t. 153. — *Bot. Mag.*, t. 718. — *P. stellaris* SALISB. — *Halmyra stellaris* PARLAT. (*Pancrace d'Illyrie*).

(fig. 22) et quelques autres[1] ont à peu près les mêmes propriétés que la Scille maritime, et l'on retrouve ces propriétés chez plusieurs *Hymenocallis*[2] de l'Amérique tropicale. Nos Narcisses sont tous vénéneux ou suspects. Un excellent vomitif pour les enfants est le Porion[3] (fig. 9-11). Le N. des poètes[4] (fig. 7, 8) n'est guère moins actif. Ses fleurs sont riches en essence odorante et cosmétique, à parfum intense et parfois dangereux; de même que celles du N. à bouquets[5] (fig. 12-18), de la Jonquille[6] et de toutes les espèces dont la fleur n'est pas inodore[7]. Le suc des bulbes des *Crinum* est également vomitif. Celui du *C. asiaticum*[8] (fig. 19-21) sert à traiter les otalgies, les engelures, même les plaies venimeuses[9]. Le *Sternbergia lutea*[10] (fig. 1, 2) a aussi un bulbe âcre, vénéneux, de même que celui de l'*Imhofia sarniensis*[11] et que ceux des *Leucoium vernum*[12] et *æstivum*[13] (fig. 5, 6) et de notre vulgaire Perce-neige[14] (fig. 3, 4) qui a aussi

1. Dans l'Inde, le *P. verecundum* AIT. (*P. biflorum* ROXB.). Le *P. amboinense* L. est l'*Eurycles amboinensis* SALISB. — *Cepa amboinensis* O. K., cultivé dans nos serres et qui passe dans son pays natal pour avoir les mêmes vertus que nos Scilles.

2. Surtout l'*H. caribœa* HERB., *App.*, 14. — BAK., *Amar.*, 125. — *Pancratium caribœum* L. — LODD., *Bot. Cab.*, t. 558. — KER, in *Bot. Mag.*, t. 826. — *P. amœnum* SALISB.; l'*H. patens* HERB.; l'*H. Amancaes* NICHLS. — BAK., *Amar.*, 129. — *Narcissus Amancaes* R. et PAV. — *Ismene Amancaes* HERB. — *Pancratium Amancaes* KER, in *Bot. Mag.*, t. 1224.

3. *Narcissus Pseudonarcissus* L., *Spec.*, 414. — GREN. et GODR., *Fl. de Fr.*, III, 254. — REICHB., *Ic. Fl. germ.*, t. 816. — H. BN, *Tr. Bot. méd. phanér.*, 1405, fig. 497, 3455; *Iconogr. Fr. fr.*, n. 132. — *N. festalis* SALISB. — *Oileus abscissus* HAW. — *Ajax Pseudonarcissus* HAW. (*Aiaut, Jeannette, Marteau, Chaudron, Fleur de coucou, Ponfrit*).

4. *N. poeticus* L., *Spec.*, 414. — RED., *Lil.*, t. 160. — GREN. et GODR., *Fl. de Fr.*, III, 256. — H. BN, *Iconogr. Fl. fr.*, n. 1. — *N. stellaris* HAW. — *N. spathulatus* HAW. — *N. patellaris* HAW. (*Genette, Jeannette, Cou de chameau*).

5. *N. Tazetta* L., *Spec.*, 416. — SIBTH., *Fl. græc.*, t. 358. — H. BN, *Iconogr. Fl. fr.*, n. 141. — *Hermione Tazetta* HAW. (*N. de Constantinople*).

6. *N. Jonquilla* L., *Spec.*, 417 (part.). — RED., *Lil.*, t. 159. — REICHB., *Ic. Fl. germ.*, t. 811. — *Bot. Mag.*, t. 15. — BAK., *Amar.*, 10, n. 10.

7. Les *N. Bulbocodium* L., *triandrus* L., *incomparabilis* MILL., *juncifolius* L., *odorus* L., *serotinus* L., *biflorus* CURT. sont plus ou moins âcres, évacuants, parfois même dangereux.

8. L., *Spec.*, 419 (part.). — KER, in *Bot. Mag.*, t. 1073. — BAK., *Amar.*, 75. — *C. procerum* CAR. — *Bot. Mag.*, t. 2684. — *C. plicatum* LIV. — *Bot. Mag.*, t. 2908.

9. Le *C. zeylanicum* L., *Syst.*, 263. — *C. Wallichianum* RŒM. — *Amaryllis zeylanica* L. — *A. ornata Bot. Mag.*, t. 1171, cultivé en Chine et en Cochinchine, est évacuant, vénéneux à trop haute dose. Le *C. latifolium* L. — *Bot. Reg.*, t. 1297, s'emploie dans l'Inde au traitement des abcès, varices, hémorrhoïdes. Le *C. americanum* L. — *Bot. Mag.*, t. 1034, est âcre, vénéneux. Le *C. distichum* HERB. — *Amaryllis ornata* KER, in *Bot. Mag.*, t. 1253, de Sierra-Leone, passe pour astringent.

10. RŒM. et SCH., *Syst.*, VII, 795. — REICHB., *Ic. Fl. germ.*, t. 373. — GREN. et GODR., *Fl. de Fr.*, III, 252. — *Amaryllis lutea* L. — RED., *Lil.*, t. 418. — *Bot. Mag.*, t. 290. — *Oporanthus luteus* HERB. (*Amaryllis jaune, Faux-Safran, Narcisse d'automne, Vendangeuse*).

11. *Amaryllis sarniensis* L. (part.). — RED., *Lil.*, t. 45. — JACQ., *H. schœnbr.*, t. 66. — *Bot. Mag.*, t. 294. — *A. dubia* HOUTT. — *A. Jacquinii* TRATT. — *Hæmanthus sarniensis* THUNB. — *Nerine sarniensis* HERB., *App.*, 19. — BAK., *Amar.*, 99 (*Guernesienne*).

12. L., *Spec.*, 414. — JACQ., *Fl. austr.*, t. 312. — GREN. et GODR., *Fl. de Fr.*, III, 251. — H. BN, *Iconogr. Fl. fr.*, n. 387. — *Bot. Mag.*, t. 46. — *Erinosma vernum* HERB. (*Nivéole du printemps, Grelot blanc*).

13. L., *Spec.*, 414. — RED., *Lil.*, t. 135. — GREN. et GODR., *Fl. de Fr.*, III, 251. — H. BN, *Iconogr. Fl. fr.*, n. 344. — *Nivaria æstivalis* MŒNCH (*Nivéole d'été*).

14. *Galanthus nivalis* L., *Spec.*, 413. — RED., *Lil.*, t. 200. — GREN. et GODR., *Fl. de Fr.*, III, 250. — H. BN, *Iconogr. Fl. fr.*, n. 70; *Herbor.*

passé pour fébrifuge, émollient, résolutif. Dans l'Afrique tropicale et australe, les *Hæmanthus coccineus* (fig. 26) et *abyssinicus* (fig. 27) sont aussi réputés vénéneux, mais, à faible dose, utiles dans le traitement de l'asthme, des hydropisies. Le *Gethyllis spiralis*[1] sert, au Cap, à traiter les affections de l'intestin, des reins, et l'on dit qu'on mange le fruit du *G. afra*[2]. Les *Alstrœmeria peregrina*[3], *Ligtu*[4], *tomentosa*[5], et bien d'autres[6] sont regardés comme dépuratifs, au Pérou et au Chili. On mange le rhizome de plusieurs espèces, notamment de l'*A. edulis*[7]. Le *Bomarea Salsilla*[8] est bien plus estimé encore comme substitutif des Salsepareilles. Les *Agave* sont les plus utiles des Amaryllidacées de l'Amérique centrale, surtout l'*A. americana*[9] (fig. 28-30) et quelques espèces voisines[10], dont les feuilles épineuses constituent de puissantes clôtures, en même temps que leurs fibres, qui dépendent de leurs nervures longitudinales profondes, servent à préparer les fils textiles dits de Pitte, d'ananas, d'aloès, etc. Quant au parenchyme de la tige et des feuilles, il est, à une certaine époque, riche en une sève sucrée, qui se consomme fraîche et sert surtout à préparer les boissons alcooliques des Mexicains, telles que les *Maguey* et *Pulque*[11]. La Tubéreuse[12] est la plus célèbre des Agavées quant au parfum intense de ses fleurs[13]. Les *Furcræa* ont à peu près les mêmes

par., 3, c. xyl. — BAK., *Amar.*, 16. — *G. reflexus* HERB. — *G. plicatus* TEN. — *G. Clusii* FISCH. — *G. Imperati* BERTOL. — *G. caucasicus* BAK. (*Galant d'hiver, Cloche blanche, Violette de la Chandeleur, Violier d'hiver, V. bulbeux, Baguenaudier d'hiver, Galantine Nivéole*).

1. L. F., *Suppl.*, 198. — *Bot. Mag.*, t. 1088. — BAK., *Amar.*, 24. — *Papiria spiralis* THUNB.

2. L., *Spec.*, 633. — *Bot. Reg.*, t. 1016.

3. L., *Spec.*, 461. — RED., *Lil.*, t. 46. — JACQ., *H. vindob.*, I, t. 50; III, t. 73. — BAK., *Amar.*, 140, n. 35. — LODD., *Bot. Cab.*, t. 1205. — *Bot. Mag.*, t. 139.

4. L., *Spec.*, 462. — *Bot. Reg.* (1839), t. 3. — *A. bicolor* HOOK., *Exot. Fl.*, t. 65. — *A. Flos-Martini* KER, in *Bot. Reg.*, t. 731 (*Lis des Incas*).

5. R. et PAV., *Fl. per. et chil.*, III, 62, t. 293 B. — *A. setacea* R. et PAV. C'est un véritable *Bomarea*.

6. Les *A. pulchella* L., *caryophyllea* JACQ., *pulchra* SIMS, *Hookeriana* SCHULT., *Curtisiana* MEY., etc.

7. TUSS., *Fl. Ant.*, I, t. 14. — *Bot. Rep.*, t. 649. C'est le *Bomarea edulis* HERB.

8. HERB., *Amar.*, 110. — BAK., *Amar.*, 153. — *Alstrœmeria Salsilla* L. (non KER). — *A. oculata* LODD., *Bot. Cab.*, t. 1851. — *Bot. Mag.*, t. 3341 (*Salsilla*).

9. L., *Spec.*, 461. — ANDR., *Bot. Rep.*, t. 438. — *Bot. Mag.*, t. 3654. — BAK., *Amar.*, 180, n. 60. — H. BN, in *Dict. enc. sc. méd.*, sér. 1, II, 134; *Tr. Bot. méd. phanér.*, 1416. — *A. Milleri* HAW. (*Abécédaire*).

10. Principalement l'*A. mexicana* LAMK, *Dict.*, I, 52. — RICAS., in *Gardn. Chron.* (1883), I, fig. 22. — BAK., *loc. cit.*, n. 59; l'*A. vivipara* L. — *A. Cantula* ROXB. (*Bois caratas*); l'*A. brachystachys* CAV. — *A. saponaria* LINDL., dont la racine est substituée au savon chez les Mexicains; l'*A. potatorum* ZUCC.; l'*A. lurida* AIT. — *A. Vera-cruz* MILL. (*Vigne du Mexique*).

11. Le suc des feuilles passe pour diurétique, emménagogue, lithontriptique, antispasmodique, cicatrisant, etc. Il se fait au Mexique, d'après HUMBOLDT, un grand commerce de miel de *Maguey*. C'est le nectar des glandes septales de l'ovaire, extrêmement abondant.

12. *Polianthes tuberosa* L., *Spec.*, 453. — RED., *Lil.*, t. 147. — BAK., *Amar.*, 159. — *Bot. Reg.*, t. 63 (*Jacinthe des Indes*).

13. Son essence est recherchée comme cosmétique, antispasmodique, etc. Mais son odeur peut devenir dangereuse : on croyait jadis qu'elle était mortelle aux parturiantes. La portion souterraine de la plante est âcre et vomitive. On l'a employée comme résolutive.

propriétés que les *Agave*[1]. Il y a quelques plantes médicinales parmi les *Hypoxis*[2] et les *Curculigo*[3]. Le *Conanthera bifolia*[4] a une souche comestible. Celle de l'*Aletris farinosa*[5] passe pour pectorale, béchique, tonique, antirhumatismale[6]. Celle du *Wachendorfia thyrsiflora* L. (fig. 63-65) sert à teindre en rouge. On mange en Australie, celles de l'*Hæmodorum paniculatum*[7] et de l'*Anigosanthos flavida*[8] (fig. 57-60). Les habitants de la Caroline colorent les tissus en rouge avec la portion souterraine du *Gyrotheca capitata*[9]. Au Brésil, le bois des *Barbacenia* de la section *Vellosia* sert parfois de combustible. Leur parenchyme caulinaire, peu résistant, constitue une sorte de liège; leurs feuilles servent aussi de chaume et de litière.

Il y a beaucoup de Dioscorées utiles. Notre vulgaire *Tamus communis*[10] (fig. 45-49), diurétique, évacuant, a des propriétés thérapeutiques suffisamment indiquées par son nom vulgaire d'Herbe aux femmes battues. Ses gros tubercules sont riches en fécule, mais sont rendus dangereux, à l'état frais, par l'abondance de leurs raphides acérées et de leur suc irritant. La tige du *Testudinaria Elephantipes*[11] produit, au Cap, une sorte de Sagou. Les *Dioscorea* ont presque tous une portion souterraine riche en fécule, notamment les *D. alata*[12], *sativa*[13] (fig. 50), *bulbifera*[14], *villosa*[15], *eburnia*[16] et un grand nombre d'autres[17]. On a

1. Notamment les *F. fœtida* HAW. — *F. gigantea* VENT., in *Ust. Ann.*, XIX, 54. — DC., *Pl. grass.*, t. 126. — BAK., *Amar.*, 199. — *Bot. Mag.*, t. 2250. — *Agave fœtida* L. — *Funium pitiferum* WILL., et *cubensis* HAW., *Syn.*, 73. — *Agave cubensis* JACQ. On emploie les fibres comme textiles, la sève comme liqueur sucrée et fermentescible (*Maguey de Cacai*), les racines comme médicament, le bois mou comme liège, les épines comme aiguilles.

2. Surtout les *H. erecta* L. (fig. 35, 36) et *hygrometrica* LABILL. Au Mexique, on emploie comme savon la racine du *Prochnyanthes viridescens* S.-WATS., qui s'applique aussi sur les toisons des bestiaux comme insecticide (*Amole*).

3. Le *C. latifolia* DRYAND. est purgatif. Les *C. stans* LABILL. et *orchioides* ROXB. sont des plantes potagères dans l'Asie tropicale.

4. R. et PAV. — ROSENTH., *op. cit.*, 96.

5. L. — ROSENTH., *op. cit.*, 112.

6. H. BN, in *Dict. enc. sc. méd.*, sér. 1, II, 740. Sa souche est très amère, tonique, stomachique, Les *A. cochinchinensis* LOUR. et *nervosa* ROXB. (*Murra, Murga*) sont tinctoriaux et médicinaux.

7. LINDL., *Swan Riv. App.*, 44. Var. (?) de l'*H. laxum* R.BR., *Prodr.*, 300.

8. RED., *Lil.*, t. 176. — *Bot. Reg.* (1838), t. 37, 64. — *Bot. Mag.*, t. 1151. — *A. grandiflora* SALISB. — *A. coccinea* PAXT., *Mag.*, V, 271, c. tab. — *Schwægrichenia florida* SPRENG.

9. WALT. — SALISB. (1812). — TH. MOR., in *Bull. Torr. Bot. Club* (1893), 471. — *Lachnanthes tinctoria* ELL. — *Heritiera tinctoria* GMEL. (1791). — *H. Gmelini* MICHX. — *Dilatris caroliniana* LAMK (1791). — *D. tinctoria* PURSH.

10. L., *Spec.*, 1458. — LAMK, *Ill.*, t. 817. — GREN. et GODR., *Fl. de Fr.*, III, 235. — H. BN, *Iconogr. Fl. fr.*, n. 206 (*Sceau de la Vierge, Couleuvrée noire, Vigne noire, Taminier, Racine vierge, Fort-Jean*).

11. *Tamus elephantipes* L.

12. L. — *Ubium alatum* DESF.

13. L. — ROSENTH., *op. cit.*, 106.

14. L. — *D. tamifolia* SALISB. — *Ubium bulbiferum* MIRB.

15. L. — *D. paniculata* MICHX. — *D. quinata* WALT.

16. LOUR., *Fl. cochinch.*, 625 (*Khoai-nga*).

17. Principalement les *D. purpurea* ROXB., *quinqueloba* THUNB., *spicata* HEYN., *spiculata* BL. (*Ubium anniversarium* RUMPH.), *triphylla* L., *vulgaris* MIQ., *cayennensis* LAMK, *piperifolia* H. B. — *D. pentaphylla* L., *oppositifolia* L., *Nummularia* LAMK. — *D. Kleiniana* K. — *D. hirsuta* BL., *globosa* ROXB., *atropurpurex* ROXB., *conferta* VELL., *cinnamomifolia* HOOK., *dæmona* ROXB., *deltoidea* WALL., *dodecandra* WALL., etc.

surtout proposé chez nous, dans ces dernières années, la culture de l'Igname de Chine[1]. Les bulbilles axillaires des *D. bulbifera* et autres sont souvent des poisons violents. En Cochinchine, on estime surtout, d'après LOUREIRO, les bulbilles du *D. oppositifolia* comme mets sucré. On les considère aussi comme utiles contre les affections pulmonaires, notamment la tuberculose. Les *Ubium vulgare* et *digitatum* de RUMPHIUS, qui sont des Dioscorées, ont une racine alimentaire qui se conserve longtemps inaltérée et n'en est que plus précieuse pour les navigateurs. Le *Curculigo Seychellarum* BAK. a de larges feuilles qui servent, dit-on, à l'emballage du tabac. Plus encore peut-être que les Liliacées, les Amaryllidacées vraies sont d'admirables plantes d'ornement, souvent autrefois cultivées par des amateurs passionnés, figurées dans les recueils horticoles et notamment dans les splendides ouvrages spéciaux de REDOUTÉ et d'HERBERT.

1. Nommé à tort par DECAISNE *D. Batatas* et qui n'est, d'après BOISSIER, que le *D. japonica*. — Voy. *Rev. hort.* (1893), 15. La forme de ses racines charnues est d'ailleurs très variable.

GENERA

I. AMARYLLIDEÆ.

1. **Sternbergia** W. et KIT. — Flores hermaphroditi regulares; receptaculo sacciformi germen intus adnatum fovente. Perianthii infundibularis, receptaculi margini inserti, tubus brevis v. longiusculus; limbi lobis æqualibus, linearibus v. lanceolatis (petaloideis) erecto-patentibus imbricatis. Stamina 6, perianthii fauci v. basi loborum æqualiter affixa; oppositipetala majora; filamentis filiformi-subulatis liberis; antheris erectis oblongis, ad basin dorsifixis; loculis introrsum rimosis. Germen inferum, 3-loculare; stylo gracili, apice stigmatoso parvo subintegro v. varie 3-lobo. Ovula in loculo quoque ∞, 2-seriata. Fructus ovoideus v. oblongus, cicatrice coronatus, carnosulus, demum subsiccus ægreque dehiscens. Semina ∞, subsphærica, aut nuda, aut carnoso-arillata; integumento cæterum crustaceo (nigro). — Herbæ perennes; bulbo tunicato; foliis basilaribus coetaneis v. serotinis linearibus; floribus in summo scapo nunc brevissimo solido terminalibus solitariis; bracteis sub flore 2, membranaceis hyalinis, in spatham basi tubulosam connatis germenque involventibus; cyma rarius terminali-2-flora. (*Reg. Medit., Europa or.*) — *Vid. p.* 1.

2. **Cooperia** HERB.[1] — Flores fere *Sternbergiæ;* perianthii infundibularis v. hypocraterimorphi tubo longo, nunc superne ampliato; limbi lobis ovatis patentibus. Stamina 6, fauci affixa ; filamentis brevissimis, v. oppositipetalis longioribus ; antheris linearibus conniventibus, ad basin dorsifixis. Germen 3-loculare ; stylo brevi v. vix exserto, apice

1. In *Bot. Reg.*, t. 1835; *Amar.*, 178, t. 24, 42. — ENDL., *Gen.*, n. 1272. — K., *Enum.*, V, 478. — BAK., in *Trim. Journ.* (1878), 166; *Amar.*, 27. — B. H., *Gen.*, III, 727, n. 18. — PAX, *Pflanzenfam.*, 107. — *Sceptranthus* GRAH., in *Edinb. N. Phil. Journ.*, XX, 413.

stigmatoso 3-dymo v. 3-lobo. Ovula ∞, 2-seriata. Fructus 3-dymus v. 3-lobus, loculicidus. Semina (nigra) ∞, superposita horizontalia, compressa v. cuneata. — Herbæ perennes; bulbo tunicato; foliis paucis basilaribus, linearibus v. loriformibus; floribus[1] in summo scapo basi spatha hyalina stipato solitariis; spatha sub flore simplici v. nunc 2-fida. (*Reg. mexicano-texana*[2].)

3. **Zephyranthes** HERB.[3] — Flores[4] fere *Cooperiæ;* perianthii infundibularis recti v. nonnihil declinati tubo longiusculo v. brevi, ad faucem plus minus ampliato et circa stamina squamulis parum prominulis (v. 0) aucto; limbi foliolis æqualibus v. parum inæqualibus, basi angustatis ibique nunc longe solvendis. Stamina 6, fauci affixa, erecta v. subdeclinata; oppositipetala longiora; filamentis subulatis; antheris dorsifixis brevibus v. elongatis. Germen 3-loculare; ovulis ∞, 2-seriatis; stylo nunc elongato, apice stigmatoso sæpe declinato, dilatato-3-lobo v. 3-fido. Fructus subglobosus v. depressus, 3-dymus v. 3-lobus, loculicidus; seminibus (nigris) angulato-compressis, albuminosis; embryone cylindraceo. — Herbæ perennes; bulbo tunicato; foliis paucis coetaneis v. serotinis lineari-elongatis; scapo 1-floro elongato v. nunc breviore v. brevissimo (*Haylockia*[5]); bractea spathiformi, apice nunc 2-fida. (*America calid. utraque*[6].)

4. **Apodolirion** BAK.[7] — Flores[8] fere *Zephyranthis;* perianthii longe infundibularis tubo tenui elongato; fauce sensim ampliata; lobis 6, oblongo-lanceolatis erecto-patentibus, apice nunc minute hamulatis. Stamina 6, 2-seriatim sub fauce affixa; oppositipetalorum filamentis

1. Albis v. roseis.

2. Spec. 2. SWEET, *Brit. fl. Gard.*, ser. II, t. 328 (*Zephyranthes*). — HEMSL., *Bot. centr.-amer.*, III, 332. — *Bot. Mag.*, t. 3482, 3727.

3. *App.*, 36; *Amar.*, 170, t. 24, 29, 35. — ENDL., *Gen.*, n. 1273. — K., *Enum.*, V, 480. — BAK., in *Trim. Journ.* (1878), 166; *Amar.*, 30. — B. H., *Gen.*, III, 723, n. 21. — PAX, *Pflanzenfam.*, 107, fig. 71. — *Arviela* SALISB., *Gen. pl. Fragm.*, 135. — *Argyropsis* ROEM., *Ensat.*, 125. — *Pyrolirion* HERB., *App.*, 37; *Amar.*, 183, t. 23, 29. — *Habranthus* HERB., in *Bot. Reg.*, t. 1345 (part.).

4. Albi, rosei, purpurascentes v. flavescentes, nunc versicolores, sæpius mediocres.

5. HERB., in *Bot. Reg.*, t. 1371. — K., *Enum.*, V, 480. — ENDL., *Gen.*, n. 1271. — B. H., *Gen.*, III, 723, n. 20. — PAX, *Pflanzenfam.*, 107. — BAK., *Amar.*, 29.

6. Spec. ad 35. R. et PAV., *Fl. per. et chil.*, III, 56, t. 286 (*Amaryllis*). — RED., *Lil.*, t. 31, 454 (*Amaryllis*). — SWEET, *Brit. Fl. Gard.*, ser. II, t. 14, 70. — LODD., *Bot. Cab.*, t. 1419, 1677, 1761, 1771, 1899 (plur. sub *Amaryllide*). — SAUND., *Ref. bot.*, t. 356. — PHIL., in *Linnæa*, XXIX, 65. — S.-WATS., in *Proc. Amer. Acad.*, XIV, 300; XVIII, 161. — C. GAY, *Fl. chil.*, VI, 66; 67 (*Pyrolirion*). — MAXIM., in *Engl. Jahrb.* (1885), 81. — HEMSL., *Bot. centr.-amer.*, III, 332. — BURY, *Hexandr.*, t. 25. — BAK., in *Gardn. Chron.*, n. ser., XVI, 70. — *Bot. Reg.*, t. 724, 821, 902, 1345, 1361, 1746, 1967; (1845), t. 54. — *Bot. Mag.*, t. 239, 1586, 2464, 2485, 2537, 2583, 2593, 2594, 2607, 3596, 6605.

7. In *Trim. Journ.* (1878), 74; in *Hook. Icon.*, t. 1388; *Amar.*, 25. — B. H., *Gen.*, III, 722, n. 17. — PAX, *Pflanzenfam.*, 108.

8. Albi v. rubentes.

longioribus; antheris linearibus erectis v. demum recurvis, basi inter lobos affixis, introrsum rimosis. Germen 3-loculare; ovulis ∞, 2-seriatis; stylo gracili, apice stigmatoso capitato obtuse 3-lobo. Fructus anguste oblongus (siccus?). — Herbæ perennes; bulbo tunicato; foliis linearibus v. loriformibus, coetaneis v. serotinis; scapis 1-floris in bulbo brevibus 1, 2; bractea angusta hyalina. (*Africa austr.*[1])

5. **Gethyllis** L.[2] — Flores fere *Apodolirii;* perianthii hypocraterimorphi tubo elongato gracili cylindraceo; lobis linearibus v. lanceolatis patentibus. Stamina 6-18, fauci affixa; filamentis erectis brevibus; antheris lineari-elongatis basifixis, demum arcuatis, recurvis, revolutis v. tortis; loculis adnatis, basi nunc liberis. Germen sessile; styli elongati ramis apicalibus recurvis, apice stigmatoso capitellatis v. obtusis. Ovula ∞, 2-seriata. Fructus oblongus, cylindraceus v. clavatus, carnosus; « seminibus sphæricis in pulpa nidulantibus albuminosis ». — Herbæ perennes; bulbo tunicato; foliis serotinis linearibus, nunc spiraliter involutis v. crispis; floribus[3] scapum solidum terminantibus solitariis; bractea hyalino-membranacea, nunc 2-fida. (*Africa austr.*[4])

6. **Galanthus** L.[5] — Flores regulares; receptaculo usque ad apicem germen intus adnatum fovente. Sepala 3, supera libera, imbricata, demum patentia. Petala libera, breviora, apice emarginata v. 2-loba, imbricata v. torta. Stamina 6[6], summo receptaculo disciformi inserta; filamentis erectis brevibus tenuibus; antheris ad basin dorsifixis erectis apiculatis; loculis introrsum rimosis; valva interiore sæpius minore. Germen 3-loculare; stylo subulato, apice stigmatoso minuto truncato. Ovula ∞, 2-seriatim adscendentia; micropyle extrorsum infera; chalaza demum in cornu producta. Fructus carnosulus, cicatrice coronatus, demum æqui-loculicidus. Semina[7] ellipsoidea

1. Spec. 5 (BAK.).

2. *Gen.*, ed. II, n. 460; ed. VI, n. 590. — J., *Gen.*, 54. — ENDL., *Gen.*, n. 1290. — K., *Enum.*, V, 694. — BAK., in *Trim. Journ.* (1878), 166; (1885), 225, t. 259, 260; *Amar.*, 23. — B. H., *Gen.*, III, 722, n. 16. — PAX, *Pflanzenfam.*, 108. — *Abapus* ADANS., *Fam. des pl.*, II, 57. — *Papiria* THUNB., in *Act. lund.*, I, 111; *Nov. gen.*, I, 14 (part.).

3. Majusculis speciosis.

4. Spec. ad 5. JACQ., *H. schœnbr.*, t. 79. — BRITT., in *Journ. Bot.* (1884), 148. — HARV., *Thes. cap.*, t. 139 (*Cyrtanthus*). — R. BR., *Prodr.*, 290. — BOLUS, in *Journ. Linn. Soc.*, XVIII, 396. — HERB., *Amar.*, 185, t. 25. — *Bot. Reg.*, t. 1016. — *Bot. Mag.*, t. 1088.

5. *Gen.*, ed. I, n. 288; ed. VI, n. 401. — J., *Gen.*, 55. — ENDL., *Gen.*, n. 1265. — NEES, *Gen. Fl. germ.*, *Monoc.*, III, n. 7. — K., *Enum.*, V, 469. — BAK., in *Trim. Journ.* (1878), 313; *Amar.*, 16. — B. H., *Gen.*, III, 719, n. 8. — PAX, *Pflanzenfam.*, 105.

6. Oppositipetala primum paulo longiora.

7. Sæpius pallida.

arillata. — Herbæ perennes; bulbo tunicato; foliis basilaribus paucis linearibus v. angustis canaliculatis; marginibus nunc reduplicatis; floribus[1] in summo scapo erecto solitariis cernuis; bracteis 2, sub flore in spatham connatis; spatha apice 2-dentata demumque hinc fissa. (*Europa*, *Oriens*[2].)

7. **Leucoium** L.[3] — Flores fere *Galanthi;* sepalis petalisque conformibus liberis et in perianthium late campanulatum dispositis; præfloratione imbricata. Stamina 6; filamentis brevibus tenuibus; antheris basifixis longioribus haud apiculatis sub-4-gonis, ab apice plus minus longe 2-rimosis. Germen inferum; disco epigyno 6-lobo (*Rumina*)[4] v. (*Acis*[5]) haud lobato. Stylus tenuis v. clavatus, basi et nunc sub apice stigmatoso attenuatus. Ovula adscendentia v. subtransversa ∞. Fructus loculicidus v. tarde irregulari-dehiscens. Semina ∞, subsphærica (nigra) v. nunc (*Erinosma*[6]) conspicue arillata (pallida). — Herbæ perennes; bulbo tunicato; foliis sæpius paucis, tenuibus v. loratis; floribus[7] in spatha 2-folia solitariis v. umbelliformi-cymosis; cymis 1-paris. (*Europa austr.*, *Africa bor.*[8])

8. **Lapiedra** Lag.[9] — Flores fere *Leucoii;* perianthii foliolis liberis v. vix ima basi in annulum connatis. Stamina imo perianthio affixa eoque breviora; filamentis subulatis, apice gracillimis; antheris elongatis erectis usque ad medium sagittato-2-lobis, ibi affixis, introrsum rimosis. Germen ∞-ovulatum; stylo gracili, apice stigmatoso minuto. Fructus depresso-globosus, sub-3-dymus, apice loculicidus. Semina pauca ovoidea glabra; albumine duro; embryone cylindraceo. —

1. Albis v. ex parte viridibus.

2. Spec. 5, 6. Red., *Lil.*, t. 200. — Jacq., *Fl. austr.*, t. 313. — Reichb., *Ic. Fl. germ.*, t. 363. — Rupr., in *Gartenfl.* (1868), t. 578, fig. 1. — Bieb., *Fl. taur.-cauc.*, III, 255. — Boiss., *Fl. or.*, V, 144. — Willk. et Lge, *Prodr. Fl. hisp.*, I, 149. — Gren. et Godr., *Fl. de Fr.*, III, 250. — H. Bn, *Iconogr. Fl. fr.*, n. 70; *Herbor. par.*, 3, c. xyl. — *Bot. Reg.*, t. 545. — *Bot. Mag.*, t. 2162, 6166.

3. *Gen.*, ed. I, n. 290; ed. VI, n. 402 (non T.). — J., *Gen.*, 55. — Endl., *Gen.*, n. 1266. — Bak., in *Trim. Journ.* (1878), 166; *Amar.*, 18. — B. H., *Gen.*, III, 720, n. 9. — Pax, *Pflanzenfam.*, 105, fig. 66, D. — *Nivaria* Mœnch, *Meth.*, 279.

4. Parlat., *Due nuov. gen. Monoc.*, 3; *Fl. ital.*, III, 84.

5. Salisb., *Par. lond.*, sub t. 74. — K., *Enum.*, V, 475.

6. Herb., *Amar.*, 330. — K., *Enum.*, V, 474.

7. Albis, pulchellis.

8. Spec. 9. Jacq., *Fl. austr.*, t. 203, 312. — Mart., in *Bibl. phys.* (1804), 344. — Red., *Lil.*, t. 135, 150. — Lois., *Fl. gall.*, t. 8. — Reichb., *Icon. eur.*, t. 703, 704; *Ic. Fl. germ.*, t. 362. — Lodd., *Bot. Cab.*, t. 1478. — Sweet, *Brit. fl. Gard.*, t. 297. — Jord. et Fourr., *Ic. pl. eur.*, t. 64, 65. — Moggr., *Fl. Ment.*, t. 21. — Gren. et Godr., *Fl. de Fr.*, III, 250. — H. Bn, *Iconogr. Fl. fr.*, n. 344, 387. — Schousb., *Marok.*, 154. — Boiss., *Fl. or.*, V, 143. — Willk. et Lge, *Prodr. Fl. hisp.*, I, 148. — *Bot. Reg.*, t. 544. — *Bot. Mag.*, t. 46, 960, 1210, 1993, 6711.

9. *Nov. gen. et spec.*, in *Elench. H. matrit.*, 14. — Endl., *Gen.*, n. 1267. — K., *Enum.*, V, 694. — B. H., *Gen.*, III, 720, n. 10. — Pax, *Pflanzenfam.*, 105. — Bak., *Amar.*, 21.

Herba perennis; bulbo tunicato; foliis loriformibus serotinis; floribus in summo scapo pluribus umbelliformi-cymosis; bracteis involucrantibus membranaceo-scariosis 2. (*Hispania austr.*, « *Mauritania* »[1].)

9. **Narcissus** T.[2] — Flores regulares; perianthii hypocraterimorphi tubo cylindraceo v. nunc vix ad faucem ampliato, rarius anguste campanulato; limbi lobis 2-seriatis subæqualibus, ovatis v. oblongis, imbricatis v. tortis, patentibus v. reflexis. Corona[3] cum fauce continua erecta, aut cupularis carnosula brevis, nunc ad lineam vix prominentem reducta (*Aurelia*[4]), aut autem limbo æqualis v. major, petaloidea, tubulosa v. campanulata (*Ajax*[5], *Corbularia*[6]), margine integra, sinuata, denticulata v. fimbriata. Stamina 6, coronæ interiora, quarum oppositipetala 3, sæpius quoad insertionem demissiora inclusa; filamentis tubo insertis, aut brevibus, aut elongato-subulatis; antheris ovatis, oblongis v. linearibus, ad medium v. sub medio dorsifixis; loculis sæpe ima basi liberis, linearibus et introrsum rimosis. Germen inferum, sæpe 3-gonum; stylo tenui recto, sæpius angustissime conico, apice stigmatoso minute 3-lobo. Ovula in loculis ∞, 2-seriata. Fructus membranaceus, apice v. usque ad basin loculicidus. Semina[7] ovoidea, subsphærica v. angulata, albuminosa; integumento exteriore nunc arilliformi. — Herbæ perennes; bulbo tunicato; foliis basilaribus, loriformibus v. linearibus, coetaneis v. serotinis; floribus[8] in summo scapo fistuloso solitariis, 2-nis v. umbelliformi-cymosis; bracteis involucrantibus 2, in spatham hinc fissam membranaceam, basi plus minus tubulosam, connatis; brac-

1. Spec. 1. *L. Martinezii* LAG. — BOISS., *Voy.*, t. 171. — WILLK. et LGE, *Prodr. Fl. hisp.*, I, 147. — *L. Placiana* HERB. — *Crinum Martinezii* SPRENG.

2. *Inst.*, 353, t. 185. — L., *Gen.*, ed. I, n. 286; ed. VI, n. 403. — J., *Gen.*, 55. — ENDL., *Gen.*, n. 1289. — K., *Enum.*, V, 704. — HERB., *Amar.*, 292. — NEES, *Gen. Fl. germ.*, *Monoc.*, III, n. 4. — SALISB., in *Trans. Hort. Soc. lond.*, I, 343; *Gen. pl. Fragm.*, 99. — BURBIDGE, *Narciss.* (1875), c. tab. 48. — HAW., *Mon. Narciss.*, in *Sweet Brit. fl. Gard.*, ser. II, 1. — SPACH, *Suit. à Buff.*, XII, 430. — J. GAY, in *Ann. sc. nat.*, sér. 4, X, 75. — B. H., *Gen.*, III, 718, n. 6. — PAX, *Pflanzenfam.*, 111. — BAK., *Amar.*, 1. — *Ganymedes* SALISB. — *Hermione* SALISB. — *Queltia* SALISB. — *Philogyne* SALISB. — *Chione* SALISB. — *Cydenis* SALISB. — *Argenope* SALISB. — *Panza* SALISB. — *Patrocles* SALISB. — *Plateana* SALISB. — *Tityrus* SALISB. — *Prasiteles* SALISB. — *Veniera* SALISB. — *Oileus* HAW. — *Assaracus* HAW. — *Illus* HAW. — *Tros* HAW. — *Schizanthes* HAW. — *Chloraster* HAW. — *Jonquilla* HAW. — *Helena* HAW.

3. De cujus origine discaria, H. BN, in *Adansonia*, I, 92; quod tamen haud admittunt EICHLER, PAX aliique. Corona a nonnullis pro stipulis, prophyllis v. glumis habetur. Alæ sic dictæ staminum eodem omnino modo oriuntur.

4. J. GAY, *loc. cit.*, 95.

5. SALISB., in *Trans. Hort. Soc. lond.*, I, 343.

6. SALISB., in *Trans. Hort. Soc. lond.*, I, 349.

7. Nigra, albo-arillata.

8. Albis v. flavis, sæpe suaveolentibus, speciosis.

teolis interioribus angustis v. 0. (*Europa med.*, *Reg. Medit.*, *Asia temp.*[1])

10. **Cryptostephanus** WELW.[2] — Flores arcuati; perianthio tubuloso, superne leviter ampliato; lobis 6, brevibus subpatentibus; fauce corona e squamis 12 angustis erectis æqualibus instructa. Stamina 6, ad medium tubum affixa; filamentis brevissimis; antheris inclusis erectis, ad basin dorsifixis, circa stylum in tubum conniventibus. Germen 3-loculare; stylo columnari, apice stigmatoso leviter incrassato. Ovula in loculis ∞, 2-seriatim superposita. « Fructus[3] baccatus sphæricus; seminibus in loculis 1, 2, turgidis. » — Herba perennis; rhizomate brevi; caule basi subbulboso, vaginarum basibus tunicato; foliis basilaribus coetaneis loriformibus; floribus[4] umbelliformi-cymosis; bracteis involucrantibus paucis; bracteolis interioribus angustis. (*Angola*[5].)

11. **Tapeinanthus** HERB.[6] — Flores fere *Narcissi* (v. *Leucoii*); perianthii infundibularis tubo brevi; lobis 6, angustis erecto-patentibus. Squamellæ ad os tubi minimæ, integræ, 2-fidæ v. 0. Stamina 6, tubo intra squamellas affixa, mox libera, quorum paulo demissiora 3; antheris oblongis introrsis, ad medium dorsifixis, rectis v. demum arcuatis. Germen 3-loculare; ovulis ∞, 2-seriatis; stylo longe subulato, apice stigmatoso minuto. Fructus oblongus loculicidus. Semina[7] pauca ellipsoideo-ovoidea. — Herba perennis humilis; bulbo parvo tunicato; folio sæpius 1, serotino, filiformi, basi breviter vaginato; floribus[8] in scapo tenui 1, 2, intra spatham involucrantem pedicellatis; bracteola lineari. (*Hispania*, *Mauritania*[9].)

1. Spec. ad 25-30, valde variabiles, hybridantes. SIBTH., *Fl. græc.*, t. 308. — DESF., *Fl. atl.*, t. 82. — TEN., *Fl. nap.*, t. 26, 27. — GUSS., *Pl. inarim.*, t. 15. — LOIS., *Fl. gall.*, t. 7. — GRAELLS, *Ramill. Esp.* t. 5-8. — SCHOUSB., *Jagt. Vextr. Marok.*, t. 2. — DUR., *Expl. Algér.*, t. 47. — MOGGR., *Fl. Ment.*, t. 22, 23, 41, 70, 71, 90. — BAK., in *Gardn. Chron.* (1869). — GREN. et GODR., *Fl. de Fr.*, III, 253. — JARD. et FOURR., *Ic. pl. eur.*, t. 176-195 (*Hermione*). — BOISS., *Fl. or.*, V, 151. — REICHB., *Ic. Fl. germ.*, t. 364-370. — BRANDZ., *Prodr. Fl. rom.*, 451. — WILLK. et LGE, *Prodr. Fl. hisp.*, I, 150. — H. BN, *Iconogr. Fl. fr.*, n. 1, 132, 141, 275. — *Bot. Mag.*, t. 6, 15, 48, 51, 78, 88, 121, 193, 197, 379, 924, 932, 934, 940, 945, 947, 948, 1011, 1026, 1186-1188, 1262, 1298, 1299, 1300, 1301, 2588, 3831, 5861, 6473, 6825, 6950, 7012, 7016.

2. BAK., in *Trim. Journ.* (1878), 193, t. 197; *Amar.*, 1. — B. H., *Gen.*, III, 718, n. 5. — PAX, *Pflanzenfam.*, 111.

3. « Coccineus ».

4. « Purpurascentibus », parvulis.

5. Spec. 1. *C. densiflorus* BAK.

6. *Amar.*, 100 (1837). — B. H., *Gen.*, III, 719, n. 7. — BAK., *Amar.*, 15. — PAX, *Pflanzenfam.*, 111 (non BOISS., qui *Tuspeinanta* DUR.). — *Tapeinœgle* HERB., in *Bot. Reg.* (1847), t. 22, fig. 4. — *Carregnoa* BOISS., *Voy. Hisp.*, 605. — J. GAY, in *Ann. sc. nat.*, sér. 4, X, 98.

7. Nigra lucida.

8 Flavis, parvis.

9. Spec. 1. *T. humilis* HERB. — K., *Enum.*,

12. **Crinum** L.[1] — Flores regulares v. leviter irregulares; perianthii infundibularis v. subhypocraterimorphi tubo longo v. longiusculo, recto v. arcuato, æqui-cylindraceo v. ad faucem ampliato; limbi lobis 6, oblongis, lanceolatis v. linearibus, conniventibus, patentibus v. recurvis. Stamina 6, fauci affixa; filamentis elongatis v. breviusculis, basi liberis v. vix connatis, declinatis v. divergentibus, apice attenuatis; antheris oblongis v. linearibus, dorsifixis, versatilibus, nunc demum curvatis; loculis introrsum rimosis. Germen breve; stylo gracili, apice stigmatoso truncato parvo v. capitato. Ovula 2-∞, angulo interno placentæ crassæ affixa, 2-seriatim sessilia. Fructus subsphæricus v. inæqui-hemisphæricus, subtus nunc concavus; pericarpio coriaceo v. tenui, demum inæqui-rupto. Semina sæpius pauca crassa subsphærica et inæqui-compressa; albumine crasso carnoso; embryone subtereti. — Herbæ[2] perennes, nunc elatæ; bulbo (amplo) tunicato, sæpe in collum cylindraceum producto; foliis basilaribus elongatis, latiusculis v. angustis; floribus[3] in summo scapo solido umbelliformi-cymosis, nunc paucis, sessilibus v. breviter pedicellatis; bracteis involucrantibus latioribus 2; bracteolis linearibus. (*Orbis utriusque reg. calid.*[4])

13. **Amaryllis** L.[5] — Flores fere *Crini*; perianthii infundibularis breviter arcuati declinati tubo brevi; lobis oblongo-lanceolatis fere ad medium conniventibus. Stamina breviora, fauci affixa declinata;

V, 703. — *Pancratium humile* CAV., *Ic.*, t. 207. — *Carregnoa humilis* J. GAY. — WILLK. et LGE, *Prodr. Fl. hisp.*, I, 149. — *C. lutea* BOISS. — *Tapeinægle humilis* HERB. — *Amaryllis exigua* SCHOUSB. — *Oporanthus exiguus* HERB. — *Sternbergia exigua* KER.

1. *Gen.*, ed. I, n. 245; ed VI, n. 405. — J., *Gen.*, 54. — LAMK, *Ill.*, t. 234. — ENDL., *Gen.*, n. 1276. — K., *Enum.*, V, 547. — BAK., in *Trim. Journ.* (1878), 168, 195; in *Gardn. Chron.* (1881), I, II; *Amar.*, 74. — B. H., *Gen.*, III, 726, n. 26. — PAX, *Pflanzenfam.*, 108, fig. 72. — *Tœnais* SALISB. — *Trigone* SALISB., *Gen. pl. Fragm.*, 115.

2. De quorum cellulis spiralibus, TRÉC., in *C. rend. Ac. sc. Par.* (14 fév. 1881).

3. Albis v. roseis, speciosis, sæpe magnis, nunc suaveolentibus.

4. Spec. ad 75. LOUR., *Fl. cochinch.*, 197. — PERS., *Syn.*, I, 352. — JACQ., *H. schœnbr.*, t. 202, 429, 494, 495; *Ic. rar.*, t. 362. — RED., *Lil.*, t. 27, 62, 181, 347, 408. — HOOK., *Exot. Fl.*, t. 200. — SALISB., *Par. lond.*, t. 52. — ANDR., *Bot. Rep.*, t. 169, 390, 478. — LODD., *Bot. Cab.*, t. 31, 346, 362, 650, 669. — WALL., *Pl. as. rar.*, t. 145. — KOTSCH., *Pl. Tinn.*, t. 21. — WIGHT, *Ic.*, t. 2019, 2020. — HOOK. F., *Fl. brit. Ind.*, VI, 280. — THW., *En. pl. Zeyl.*, 324. — ENGL., *Hochgebirschfl. trop. Afr.*, 170. — BENTH., *Fl. hongk.*, 366. — HEMSL., *Bot. centr.-amer.*, III, 334. — BAK., in *Journ. Linn. Soc.*, XX, 270; XXII, 528. — MAXIM., in *Engl. Jahrb.* (1885), 77. — *Bot. Reg.*, t. 52, 171, 179, 303, 426, 546, 579, 615, 623, 679, 1049, 1297; (1844), t. 9. — *Bot. Mag.*, t. 661, 915, 923, 1034, 1073, 1171, 1178, 1232, 1253, 1605, 2121, 2133, 2180, 2208, 2217, 2231, 2292, 2301, 2355, 2397, 2463, 2466, 2522, 2531, 2684, 2908, 6113, 6381, 6483, 6512, 6545, 6570, 6709, 6783.

5. *Gen.*, ed. I, n. 289; ed. VI, n. 406 (part.). — J., *Gen.*, 55 (part.). — ENDL., *Gen.*, n. 1273 (part.). — K., *Enum.*, V, 600. — B. H., *Gen.*, III, 727, n. 27. — PAX, *Pflanzenfam.*, 106. — BAK., *Amar.*, 95. — *Callicore* LINK, *Handb.*, I, 193 (part.). — *Belladonna* SWEET, *Fl. brit. Gard.*, ed. II, 506 (non T.).

antheris dorsifixis linearibus, demum curvis. Germen ∞-ovulatum; stylo gracili, apice stigmatoso capitellato. Ovula placentæ crassiusculæ adnata. Fructus inæqui-subsphæricus, demum inæqui-ruptus. Semina pauca inæqui-compresso-sphærica carnosa. — Herba perennis; bulbo tunicato; foliis serotinis v. coetaneis, loriformibus; floribus[1] in summo scapo solido umbelliformi-cymosis; bracteis involucrantibus magnis membranaceis 2; bracteolis linearibus. (*Africa austr.*[2])

14. **Vallota** HERB.[3] — Flores fere *Amaryllidis;* perianthii late infundibularis recti tubo brevi, fauce ampliato; lobis 6, oblongo-ovatis; sinubus minute callosis. Stamina 6, lobis breviora eorumque basi affixa, æqualia; filamentis subulatis decurrentibus; antheris oblongis rectis dorsifixis. Germen subsessile; ovulis ∞, 2-seriatis; stylo gracili subdeclinato, apice stigmatoso parvo. Fructus « oblongo-ovoideus, a basi dehiscens; seminibus magnis, basi in alam foliaceam longam contractis; inferioribus in loculo quoque minoribus rectioribus[4] ». — Herba perennis; bulbo tunicato; foliis loriformibus; floribus[5] in summo scapo robusto umbelliformi-cymosis; bracteis involucrantibus latiusculis membranaceis 2; bracteolis interioribus linearibus. (*Africa austr.*[6])

15. **Brunsvigia** HEIST.[7] — Flores fere *Amaryllidis;* perianthii recti v. arcuati foliolis 6, lanceolatis, basi in annulum brevissimum connatis, cæterum liberis, patentibus v. recurvis. Stamina 6, annulo basilari affixa, recta v. declinata; filamentis nunc basi leviter incrassatis; antheris oblongis nunc 2-morphis rectis, ad medium dorsifixis; oppositipetalis plerumque majoribus. Germen complete v. incomplete 3-loculare; ovulis ∞, 2-seriatis; stylo gracili, apice stigmatoso minuto v. patenter 3-lobo. Fructus turbinatus v. obovoideus, costato-

1. Roseis, magnis speciosis.

2. Spec. 1. *A. Belladonna* L., *Spec.*, 421. — RED., *Lil.*, t. 180. — *Bot. Mag.*, t. 733. — *A. pudica* KER, *Revis.*, 6. — *A. pallida* RED., *Lil.*, t. 479. — *Coburgia Belladonna* HERB., in *Bot. Reg.*, t. 2113. — *C. pallida* HERB. — *Callicore rosea* LINK.

3. *App.*, 29; *Amar.*, 133, 414. — K., *Enum.*, V, 531. — B. H., *Gen.*, III, 729, n. 33. — PAX, *Pflanzenfam.*, 106. — BAK., *Amar.*, 53.

4. Ex HERBERT.

5. Purpureis v. raro ad faucem albidis, magnis speciosis.

6. Spec. 1. *V. speciosa.* — *V. purpurea* HERB., *App.*, 29. — *V. elata* ROEM. — *Crinum speciosum* L. F., *Suppl.* (1781), 195. — *Amaryllis purpurea* AIT., *H. kew.*, I, 417 (1789). — KER, in *Bot. Mag.*, t. 1430. — *A. speciosa* LHÉR. — *A. elata* JACQ., *Hort. schœnbr.*, I, t. 62. — *Cyrtanthus purpureus* HERB. — Var. *minor* KER, in *Bot. Reg.*, t. 552.

7. *Descr. nov. gen. pl. rar...... Brunsvig.* (1753), c. tab. 3. — HERB., *Amar.*, 280, t. 22, 32. — ENDL., *Gen.*, n. 1274. — K., *Enum.*, V, 605. — B. H., *Gen.*, III, 728, n. 30. — PAX, *Pflanzenfam.*, 106. — BAK., *Amar.*, 96.

3-queter, basi angustatus v. contractus, loculicidus. Semina ∞, oblonga ; funiculis elongatis. — Herbæ perennes, nunc amplæ; bulbo tunicato magno; foliis basilaribus latis serotinis, nunc scabris, sæpius humi appressis ; floribus[1] in summo scapo solido umbelliformi-cymosis; pedicellis validis; bracteis involucrantibus magnis 2; bracteolis interioribus lineari-filiformibus. (*Africa austr.*[2])

16. **Ammocharis** HERB.[3] — Flores *Brunsvigiæ;* perianthii infundibularis tubo cylindraceo recto; lobis erecto-patentibus angustis, apice demum sæpe revolutis. Stamina 6, fauci affixa, perianthio subæqualia; filamentis rectis subulatis; antheris oblongis dorsifixis versatilibus, nunc demum recurvis. Germen oblongum; ovulis ∞, placentæ axili 2-seriatim affixis; stylo gracili elongato, basi conica rostrato, apice leviter dilatato obtuse 3-lobo. Fructus « turbinatus angustus, apice abrupte contractus; seminibus paucis carnosis inæqui-tuberoso-lanatis ». — Herba perennis; bulbo tunicato ; foliis falcato-ligulatis; floribus[4] in summo scapo umbelliformi-cymosis ∞; pedicellis elongatis; bracteis involucrantibus late membranaceis 2; bracteolis lineari-setaceis. (*Africa austr.*[5])

17. **Chlidanthus** HERB.[6] — Flores fere *Crini;* perianthii infundibularis tubo cylindraceo longo, ad faucem vix ampliato; limbi lobis 6, apice recurvo patentibus. Stamina 6, fauci affixa, limbo breviora; filamentis subulatis, basi leviter dilatatis; antheris oblongis introrsis, dorso ad basin affixis. Germen sessile; stylo gracili elongato, apice cavo in ramos stigmatosos recurvos diviso. Ovula ∞, 2-seriata. Fructus oblongus loculicidus; seminibus[7] dense superpositis compressis. — Herba perennis; bulbo tunicato; foliis basilaribus longis lineari-loriformibus; floribus[8] in summo scapo solido umbelliformi-

1. Speciosis, sæpe roseis.
2. Spec. ad 10. L., *Spec.*, 422. — RED., *Lil.*, t. 370-372. — JACQ., *H. schœnbr.*, t. 68, 70, 74. — AIT., *H. kew.*, ed. 2, II, 230. — SAUND., *Ref. bot.*, t. 330. — *Bot. Reg.*, t. 192, 193, 954, 1335; (1842), t. 11. — *Bot. Mag.*, t. 1619, 2758 (pleraq. sub *Amaryllide*).
3. *App.*, 17; *Amar.*, 241, t. 33. — K., *Enum.*, V, 611. — B. H., *Gen.*, III, 727, n. 28. — PAX, *Pflanzenfam.*, 108. — BAK., *Amar.*, 96. — *Palinetes* SALISB., *Gen. pl. Fragm.*, 116.
4. Purpureis v. roseis, fragrantibus.
5. Spec. 1. *A. falcata* HERB. — *A. coranica* HERB. — *Amaryllis falcata* LHÉR., *Sert. angl.*, 13. — *A. coranica* BURCH., in *Bot. Reg.*, t. 189, 1219. — *Crinum falcatum* JACQ., *H. vindob.*, III, 34, t. 60. — *Brunsvigia falcata* KER, in *Bot. Mag.*, t. 1443. — *Hœmanthus falcatus* THUNB., *Prodr. Fl. cap.*, 58.
6. *App.*, 46; *Amar.*, 190, t. 27. — ENDL., *Gen.*, n. 1281. — K., *Enum.*, V, 653. — B. H., *Gen.*, III, 723, n. 19. — PAX, *Pflanzenfam.*, 108. — BAK., *Amar.*, 28. — *Coleophyllum* KL., in *Allg. Gartenzeit.* (1840), 185.
7. Nigris.
8. Flavis, longis speciosis, odoratis.

cymosis 2-paucis; bracteis involucrantibus lanceolato-acuminatis. (*Peruvia*[1].)

18. **Cyrtanthus** AIT.[2] — Flores fere *Vallotæ* (v. *Chlidanthi*); perianthio anguste infundibulari, varie arcuato; tubo abbreviato v. elongato; fauce longa; lobis erecto-patentibus brevioribus. Stamina ad faucem 2-seriatim inserta, perianthio breviora, recta v. declinata; antheris oblongis ad medium dorsifixis rectis. Germen 3-loculare, ∞-ovulatum; stylo gracili, apice stigmatoso raro integro, plerumque in ramos 3, nunc longiusculos, diviso. Fructus a latere v. basi varie ruptus, nunc regulariter loculicidus et 3-valvis. Semina ∞, compressa basique in alam producta. — Herbæ perennes; bulbo tunicato; foliis angustis elongatis nunc flexuosis; floribus in cymas 1-∞-floras umbelliformes dispositis, sessilibus v. pedicellatis, sæpe recurvo-declinatis; bracteis involucrantibus 2-paucis; bracteolis angustioribus. (*Africa trop. et austr.*[3])

19. **Ungernia** BGE[4]. — Flores fere *Cyrtanthi;* perianthii infundibularis tubo superne sensim ampliato; lobis erecto-patentibus. Stamina tubo affixa libera, perianthio breviora; filamentis linearibus tubo inæqui- v. subæqui-affixis; antheris erectis dorsifixis oblongis, introrsum rimosis. Germen 3-loculare; ovulis adscendentibus ∞; stylo apice tubuloso capitellato-3-lobo. Fructus subgloboso-3-dymus membranaceus, loculicide 3-valvis. Semina[5] suborbicularia compressa, in alam tenuem expansa. — Herba perennis; bulbo magno tunicato; foliis...?; floribus[6] in summo scapo solido umbelliformi-cymosis; bracteis involucrantibus 2; bracteolis minoribus paucis linearibus. (*Persia*, *Turkestania*[7].)

1. Spec. 1. *C. fragrans* BERT. — HERB., *App.*, 46. — LINDL., *Coll.*, t. 34. — *Bot. Mag.*, t. 640. — *Fl. serres*, t. 326. — *Pancratium luteum* BERTER. (STEUD.).

2. *H. kew.*, ed. 1, I, 414. — HERB., *Amar.*, 128. — ENDL., *Gen.*, n. 1279. — K., *Enum.*, V, 533. — B. H., *Gen.*, III, 729, n. 34. — PAX, *Pflanzenfam.*, 109, fig. 73. — BAK., *Amar.*, 54. — *Timmia* GMEL., *Syst.*, I, 538. — *Gastronema* HERB., *App.*, 30; in *Bot. Mag.*, t. 2291. — *Cyphonema* HERB., in *Bot. Mag.*, sub t. 3710, 3747. — *Monella* HERB., *App.*, 20. — *Eusipho* SALISB., *Gen. pl. Fragm.*, 139.

3. Spec. ad 15. JACQ., *H. schœnbr.*, t. 75, 76. — LHÉR., *Sert. angl.*, t. 16. — RED., *Lil.*, t. 182, 381, 388. — ANDR., *Bot. Rep.*, t. 265. — LODD., *Bot. Cab.*, t. 368, 947, 1945. — REG., *Gartenfl.*, t. 960. — SAUND., *Ref. bot.*, t. 355. — HIERN, in *Trim. Journ.* (1878), 197. — HOOK. F., in *Gardn. Chron.* (1869), 3641; XIV (1893), 69, fig. 16. — *Bot. Reg.*, t. 162, 167, 168, 503, 1462. — *Bot. Mag.*, t. 271, 1133, 2291, 2471, 5218, 5374.

4. In *Bull. Soc. imp. nat. Mosc.* (1875), II, 271. — B. H., *Gen.*, III, 721, n. 14. — PAX, *Pflanzenfam.*, 106. — BAK., *Amar.*, 39.

5. « Atra ».

6. « Pallide miniatis » v. flavis, mediocribus.

7. Spec. 4. BOISS., *Fl. or.*, V, 149. — REG., *Gartenfl.* (1877), 259, t. 914 (*Lycoris*). — MAXIM., in *Engl. Jahresb.* (1885), 76. — BOISS., *Fl. or.*, V, 149.

20. **Anoiganthus** BAK.[1] — Flores fere *Cyrtanthi;* perianthii infundibularis tubo brevi; limbi lobis 6, tubo longioribus lanceolatis erecto-patentibus. Stamina 6, fauci 2-seriatim affixa; alternipetala altius sita; filamento brevi; anthera erecta elliptica, basi profunde sagittato-2-loba, inter lobos affixa, introrsum rimosa. Germen obovoideum; stylo gracili; ramis stigmatosis tenuibus falcatis membranaceo-dilatatis, apice intus papillosis. Ovula ∞, 2-seriata. Fructus oblongus v. subsphærico-3-queter membranaceus loculicidus; seminibus[2] oblongis ∞. — Herba perennis; bulbo tunicato; foliis angustis serotinis v. coetaneis; floribus[3] in summo scapo umbelliformi-cymosis ∞, nunc 1, 2; bracteis involucrantibus lanceolatis 2; bracteolis minoribus setaceis. (*Africa austr.*[4])

21. **Imhofia** HEIST.[5] — Flores fere *Cyrtanthi;* perianthii foliolis angustis lanceolatis, patentibus v. revolutis, aut liberis, aut ima basi in annulum connatis. Stamina 6[6], imis foliolis affixa iisque subæquilonga, nunc declinata; filamentis subulatis; antheris oblongis rectis, ad medium dorsifixis versatilibus, introrsum rimosis. Germen sessile; stylo gracili, apice stigmatoso subintegro, 3-dymo v. breviter 3-ramoso. Ovula in loculis ∞, nunc pauca, 2-seriata. Fructus brevis, subsphæricus v. depressus, nunc sub-3-lobus, loculicidus. Semina pauca v. 1, angulata[7]. — Herbæ perennes; bulbo tunicato; foliis serotinis v. coetaneis, loriformibus v. latiusculis; floribus[8] in summo scapo solido nudo umbelliformi-cymosis, erectis v. declinatis; bracteis involucrantibus membranaceis v. scariosis. (*Africa austr.*[9])

22. **Lycoris** HERB.[10] — Flores fere *Imhofiæ;* perianthii infundibularis tubo brevi v. varie elongato; lobis angustis elongatis. Stamina 6,

1. In *Trim. Journ.* (1878), 76; *Amar.*, 27. — B. H., *Gen.*, III, 722, n. 15. — PAX, *Pflanzenfam.*, 106.

2. Nigris.

3. Flavis, mediocribus.

4. Spec. 1. *A. brevifolius* BAK. — *A. luteus* BAK. — *A. parviflorus* BAK., in *Bot. Mag.*, t. 7072. — *Cyrtanthus brevifolius* HARV., t. 139.

5. *Beschr. Brunsvig.*, XIX, XX. — O. K., *Revis.*, 704. — H. BN, in *Bull. Soc. Linn. Par.*, 1132. — *Nerine* HERB., in *Bot. Mag.*, t. 2124; *App.*, 18. — ENDL., *Gen.*, 176. — K., *Enum.*, V, 615. — B. H., *Gen.*, III, 728, n. 31. — PAX, *Pflanzenfam.*, 106. — BAK., *Amar.*, 99. — *Loxanthes* SALISB., *Fragm.*, 117. — *Galatea* HERB., in *Bot. Mag.*, sub t. 2113.

6. Nunc plus minus inæqualia.

7. Nunc carnosula, viridula.

8. Albis, rubris v. roseo-striatis, parvis v. majusculis speciosis.

9. Spec. ad 11. RED., *Lil.*, t. 33, 115, 274, 450. — JACQ., *H. schœnbr.*, t. 64-67, 69; *H. vindob.*, III, t. 13. — ANDR., *Bot. Rep.*, t. 163. — SAUND., *Ref. bot.*, t. 329. — LEICHTL., in *Gardn. Chron.*, n. ser., XXVI, 681. — MOORE, in *Florist* (1882), t. 567. — *Bot. Reg.*, t. 172, 497. — *Bot. Mag.*, t. 294 (*Amaryllis*), 369, 497, 726, 1089, 1090, 2124, 2407, 5901, 6547 (pleraq. sub *Nerine*).

10. *App.*, 20; *Amar.*, 229. — ENDL., *Gen.*, 176. — K., *Enum.*, V, 544. — B. H., *Gen.*, III, 727, n. 29. — PAX, *Pflanzenfam.*, 113. — *Orexis* SALISB., *Gen. pl. Fragm.*, 117.

fauci affixa; filamentis subulatis breviusculis v. longe exsertis, rectiusculis v. declinatis; antheris oblongis ad medium dorsifixis, nunc versatilibus. Germen 3-loculare; ovulis in loculo 2-∞, 2-seriatis; stylo gracili, apice stigmatoso exserto haud v. vix incrassato. Fructus subsphæricus v. ovoideus, basi obtusus, apice nunc contractus, loculicidus. — Herbæ perennes; bulbo tunicato; foliis serotinis linearibus v. loriformibus; floribus in summo scapo solido ∞, umbelliformicymosis; bracteis involucrantibus 2. (*Asia med. et or.*[1])

23. **Pancratium** L.[2] — Flores fere *Crini;* perianthii infundibularis tubo elongato v. rarius breviore, ad faucem ampliato; limbi lobis 6, sæpe angustis, erecto-patentibus, valvatis v. vix imbricatis. Stamina 6, limbo breviora, fauci æqualiter affixa, basi cyatho membraniformi connata; marginibus cyathi inter stamina in lobum 2-dentatum v. 2-lobulatum productis. Staminum filamenta superne subulata; antheris lineari-oblongis dorsifixis arcuatis, introrsum 2-rimosis. Germen 3-loculare; stylo gracili, apice stigmatoso capitato. Ovula in loculis ∞, 2-seriata. Fructus subsphærico-3-queter, loculicidus; seminibus[3] ∞, inæqui-angulatis; integumento exteriore laxo crassiusculo. — Herbæ perennes, nunc magnæ; bulbo tunicato; foliis basilaribus linearibus v. loriformibus; floribus[4] in summo scapo umbelliformi-cymosis, nunc raro paucissimis v. 1; bracteis involucrantibus 2, membranaceo-scariosis; bracteolis brevibus linearibus. (*Reg. Medit., Africa bor.-occid. insul., Asia austro-occid.*[5])

24. **Hyline** HERB.[6] — Flores fere *Pancratii;* « perianthii tubo vix

1. Spec. 3. JACQ., *H. schœnbr.*, t. 73 (*Amaryllis*). — RED., *Lil.*, t. 61 (*Amaryllis*). — LHÉR., *Sert. angl.*, t. 15 bis. — ANDR., *Bot. Rep.*, t. 95 (pler. sub *Amaryllide*). — REG., *Gartenfl.* (1877), t. 914. — MIQ., in *Ann. Mus. lugd.-bat.*, II, 139 (*Nerine*). — MAXIM., in *Engl. Jahrb.* (1884), 77. — FR. et SAV., *Enum. pl. jap.*, I, 299. — *Bot. Reg.*, t. 596, 611. — *Bot. Mag.*, t. 409.

2. *Gen.*, ed. I, n. 287; ed. VI, n. 404. — J., *Gen.*, 55. — ENDL., *Gen.*, n. 1288 (part.). — K., *Enum.*, V, 657. — NEES, *Gen. Fl. germ.*, *Monoc.*, III, n. 3. — H. BN, in *Adansonia*, I, 97. — B. H., *Gen.*, III, 733, n. 47. — PAX, *Pflanzenfam.*, 112. — BAK., *Amar.*, 117. — *Tiaranthus* HERB., *Amar.*, 202, 206. — *Almyra* SALISB., in *Trans. Hort. Soc. lond.*, I, 336. — *Halmyra* PARLAT., *N. gen. Monoc.*, 28; *Fl. ital.*, III, 102. — *Bollæa* PARLAT., in *Bull. Soc. bot. Fr.*, V, 509.

3. Nigris.

4. Albis, magnis speciosis.

5. Spec. 10-12. CAV., *Ic.*, t. 56. — RED., *Lil.*, t. 8, 153, 156. — SIBTH., *Fl. græc.*, t. 309. — SALISB., in *Trans. Linn. Soc.*, II, t. 9; *Par. lond.*, t. 86. — WIGHT, *Ic.*, t. 2023. — HOOK. F., *Fl. brit. Ind.*, VI, 285. — MAXIM., in *Engl. Jahrb.* (1885), 81. — THW., *En. pl. Zeyl.*, 324. — BENTH., *Fl. hongk.*, 366. — ASCH. et SCHW., in *Berl. Gartenz.* (1883), 345, c. fig. — DALZ., in *Hook. Journ.*, II, 144. — BOISS., *Fl. or.*, V, 152. — WILLK. et LGE, *Prodr. Fl. hisp.*, I, 149. — REICHB., *Ic. Fl. germ.*, t. 371. — GREN. et GODR., *Fl. de Fr.*, III, 262. — *Bot. Reg.*, t. 161, 174, 413, 479, 927. — *Bot. Mag.*, t. 718, 2538.

6. In *Bot. Mag.*, sub t. 3779. — B. H., *Gen.*, III, 730, n. 38. — PAX, *Pflanzenfam.*, 113. — BAK., *Amar.*, 117.

ullo; foliolis 6, linearibus longissimis. Stamina 6, imis foliolis affixa; filamentis longissimis, basi membrana brevissima in cupulam connatis; antheris linearibus dorsifixis versatilibus. Germen oblongo-clavatum; stylo gracili, apice stigmatoso punctiformi. Ovula ∞, 2-seriatim adscendentia. Fructus immaturus turbinatus; seminibus...? — Herba perennis[1]; foliis coetaneis loriformibus subacutis carnosis; floribus umbelliformi-cymosis; bracteis involucrantibus scariosis 2, liberis latiusculis; bracteolis linearibus. (*Brasilia*[2].) »

25. **Stenomesson** HERB.[3] — Flores fere *Pancratii;* perianthii tubo longe cylindrico, recto v. arcuato; lobis erectis v. patentibus brevibus. Stamina 6, fauci æqualiter affixa; filamentis subulatis, inferne in membranas dilatatis; membranis in cyathum petaloideum connexis; cyatho inter filamenta truncato, sinuato v. 1, 2-dentato; antheris ad medium v. paulo supra basin affixis versatilibus oblongis. Stylus apice dilatato subinteger v. 3-lobulatus. Ovula ∞. Fructus loculicidus, subsphæricus v. 3-dymus; seminibus (nigris) plano-compressis. — Herbæ perennes; bulbo tunicato; foliis coetaneis linearibus v. latiusculis; floribus[4] in summo scapo pleno v. nunc rarius fistuloso umbelliformi-cymosis, nuncve 1, 2; pedicellis recurvis; bracteis involucrantibus variis 2; bracteolis interioribus minoribus v. latiore 1. (*America trop.*[5])

26. **Placea** MIERS[6]. — Flores fere *Pancratii;* perianthii subdeclinati tubo brevi v. brevissimo. Corona ad filamentorum basin, iis 2, 3-plo brevior, membranacea, sub-6-partita; segmentis emarginatis. Stamina declinata, coronæ interiora; antheris rectis dorsifixis versatilibus. Germinis loculi 2-seriatim ∞-ovulati; stylo declinato, apice stigmatoso obtuso. — Herbæ perennes; bulbo tunicato; foliis linea-

1. *Hymenocallidis* habitu.

2. Spec. 1. *H. Gardneriana* HERB.

3. *App.*, 40; *Amar.*, 198. — ENDL., *Gen.*, n. 1284. — B. H., *Gen.*, III, 733, n. 46. — PAX, *Pflanzenfam.*, 113. — BAK., in *Trim. Journ.* (1878), 169; *Amar.*, 113. — *Coburgia* SWEET, *Brit. fl. Gard.*, ser. II, t. 17. — *Clinanthus* HERB., *Amar.*, 192. — *Clitanthus* HERB., in *Bot. Reg.* (1839), *Misc.*, 87. — *Callithauma* HERB., *Amar.*, 225; in *Bot. Mag.*, t. 3866. — *Chrysiphiala* KER, in *Bot. Reg.*, t. 778 (part.). — *Neæra* SALISB., *Gen. pl. Fragm.*, 109. — *Sphærothele* PRESL, *Rel. Hænk.*, 119, t. 16, fig. 2.

4. Fulvis, viridulis, aureis v. rubris, sæpius speciosis.

5. Spec. 11. R. et PAV., *Fl. per. et chil.*, t. 284, fig. *a*; 285, *b* (*Pancratium*). — RED., *Lil.*, t. 187 (*Pancratium*). — H. B. K., *Nov. gen. et spec.*, I, 286 (*Pancratium*). — HOOK., *Exot. Fl.*, t. 132 (*Chrysiphiala*). — SAUND., *Ref. bot.*, t. 22, 308; 309 (*Coburgia*). — *Bot. Reg.*, t. 978, 1497; (1842), t. 46, 52; (1843), t. 2; (1844), t. 2. — *Bot. Mag.*, t. 2640, 2641, 3321, 3803, 3865-3867; 5686 (*Coburgia*).

6. In *Bot. Reg.* (1841), t. 50. — K., *Enum.*, V, 502. — BAK., in *Trim. Journ.* (1878), 169; *Amar.*, 15. — PAX, *Pflanzenfam.*, 113.

ribus carinatis; floribus[1] in summo scapo fistuloso umbelliformi-cymosis; bracteis involucrantibus lanceolatis 2; bracteolis linearibus ∞. (*Chili*[2].)

27. **Hippeastrum** HERB.[3] — Flores *Amaryllidis;* perianthio infundibulari recto v. nunc plus minus declinato; tubo brevi v. varie elongato; limbi lobis æqualibus v. parum inæqualibus, nunc alte solubilibus. Stamina fauci sæpius inæqui-affixa; antheris dorsifixis oblongis v. lineari-oblongis versatilibus. Squamellæ[4] ad staminum basin parvæ ∞, minimæ v. 0. Styli elongati gracilis rami stigmatosi lineares recurvo-patentes v. breviores obtusiores. Ovula ∞, 2-seriata. Fructus 3-sulcus v. 3-dymus, loculicidus. Semina ∞ (nigra), plano-compressa. — Herbæ perennes; bulbo tunicato; foliis loriformibus v. linearibus; floribus[5] in summo scapo[6] cymosis 2-∞; bracteis involucrantibus 2; bracteolis linearibus 1-∞, v. nunc 0. (*America trop. et austr. extratrop.*[7])

28. **Sprekelia** HEIST.[8] — Flores (fere *Hippeastri*) valde irregulares; perianthii valde declinati, 2-labii, foliolis 6, 2-seriatis liberis, basi subcontractis; labio infimo concavo genitalia recipiente. Stamina 6, imis foliolis affixa declinata; squamellis interpositis parvis; antheris dorsifixis versatilibus oblongis, introrsum rimosis, demum recurvis. Germen 3-loculare; stylo perianthio longiore, apice in ramos stigma-

1. Albis v. purpureo-lineatis, speciosis.
2. Spec. 2, 3. ROEM., *Amar.*, 153. — PHIL., in *Linnæa*, XXIX, 67; XXXII, 259; *Descr. nuev. pl.*, II (1873), 65. — *Fl. serres*, t. 787, 2047. — MIERS, in *Bot. Reg.*, XXVII, t. 50. — LEME, in *Ill. hort.*, t. 574.
3. *App.*, 31; *Amar.*, 135. — K., *Enum.*, V, 514. — BAK., in *Trim. Journ.* (1878), 79 (part.); *Amar.*, 41. — B. H., *Gen.*, III, 724, n. 23. — PAX, *Pflanzenfam.*, 113. — *Habranthus* HERB., *Amar.*, 156 (part.). — *Myostemma* SALISB., *Gen. pl. Fragm.*, 135. — *Chonais* SALISB. — *Buphalissa* SALISB. — *Aschamia* SALISB., *loc. cit.*, 134. — *Leopoldia* HERB., in *Bot. Mag.*, sub t. 2113; in *Trans. Hort. Soc. lond.*, IV, 181. — *Rhodophiala* PRESL, *Bot. Bem.*, 115. — *Phycella* LINDL., *Bot. Reg.*, sub t. 928, 1341. — *Rhodolirion* PHIL., in *Linnæa*, XXIX, 65.
4. De quib. H. BN, in *Bull. Soc. Linn.*, n. 144.
5. Magnis, speciosis, rubris, violaceis v. albis, nunc raro parvis inconspicuis.
6. Fistuloso.
7. Spec. ad 40 (cum hybrid. mult.). JACQ., *H. schœnbr.*, t. 63. — LHÉR., *Sert. angl.*, t. 14, 15. — RED., *Lil.*, t. 9, 10, 32, 424. — LODD., *Bot. Cab.*, t. 484, 864, 1082, 1200, 1204, 1449, 1746, 1760. — LINDL., *Coll.*, t. 11, 12. — SWEET, *Brit. fl. Gard.*, ser. II, t. 107, 213. — REG., *Gartenfl.*, t. 809. — SAUND., *Ref. bot.*, t. 338 (*Phycella*), 358. — ANDR., *Bot. Rep.*, t. 179, 358. — PHIL., in *Linnæa*, XXIX, 66; *Descr. n. pl.* (1873), 66. — KARST., *Fl. columb.*, t. 102. — C. GAY, *Fl. chil.*, 68 (*Habranthus*, part.), 71 (*Rhodophiala*), 76 (*Phycella*). — HEMSL., *Bot. centr.-amer.*, III, 334. — BURY, *Hexandr.*, t. 19, 23. — DOMBR., in *Fl. Mag.*, t. 344, 475, 476. — *Bot. Reg.*, t. 23, 38, 169, 199, 226, 234, 444, 534, 719, 809, 849, 876, 988, 1038, 1148, 1188, 1396, 1943. — *Bot. Mag.*, t. 129, 305, 453, 657, 1125, 1193, 2113, 2273, 2278, 2399, 2475, 2573, 2597, 2639, 2983, 3311, 3528, 3542, 3549, 3872, 3961, 5645, 5883 (plur. sub *Amaryllide*).
8. *Beschr. Brunsvig.*, 19. — ENDL., *Gen.*, n. 1273 *d.* — K., *Enum.*, V, 507. — B. H., *Gen.*, III, 724, n. 22. — PAX, *Pflanzenfam.*, 113. — BAK., *Amar.*, 38.

tiferos breves recurvos diviso. Ovula in loculis ∞, subhorizontalia, 2-seriata. Fructus globoso-3-queter loculicidus. Semina ∞, suborbicularia compressa (nigra). — Herba perennis; bulbo tunicato; foliis serotinis lineari-loriformibus; flore[1] in summo spatho fistuloso solitario; spatha apice membranacea, 2-fida. (*Mexicum*[2].)

29. **Vagaria** HERB.[3] — Flores fere *Pancratii* (minores) ; perianthii infundibularis tubo obconico v. longius angustiore; fauce ampliata; limbi lobis oblongis v. angustis erecto-patentibus. Stamina 6, fauci æqualiter affixa perianthioque breviora; filamentis utrinque dente longe 3-angulari auctis; antheris oblongis medio dorsifixis. Germen breve; loculis 2-pauciovulatis; stylo gracili, apice stigmatoso parvo. Fructus membranaceus subsphæricus v. sub-3-lobus; seminibus[4] paucis ovoideis v. angulatis. — Herbæ perennes; bulbo amplo tunicato; radicibus fasciculatis crassiusculis; foliis loriformibus, serotinis v. coetaneis; floribus[5] in summo scapo umbelliformi-cymosis; pedicellis brevibus v. gracilibus; bracteis involucrantibus 2-paucis; bracteolis paucis linearibus. (*Syria*[6].)

30. **Calliphruria** HERB.[7] — Flores (fere *Vagariæ*) regulares; perianthii tubo recto v. arcuato, aut cylindraceo, aut apice infundibulari- v. hypocraterimorpho-dilatato; limbi lobis ovatis v. lanceolatis, patentibus v. erecto-patentibus. Stamina fauci æqui-affixa; filamentis subulatis, lateraliter in membranas margine liberas v. plus minus alte in cyathum connatas dilatatis; singulis aut elongato-3-angularibus acutis (*Eucalliphruria*), aut breviter dentiformibus nuncque subnullis (*Microdontocharis*[8]), rarius latioribus obtusis (*Eucharis*[9]); cyatho inter stamina ovato-2-dentato v. obtusius crenato. Antheræ oblongæ v. lineares, plus minus alte dorsifixæ, versatiles; loculis introrsum rimosis. Germen breve v. longius; stylo apice stigmatoso

1. Purpureo v. flavo-vittato, specioso.

2. Spec. 1. *S. formosissima* HERB., *App.*, 35. — SWEET, *Brit. fl. Gard.*, ser. II, t. 1446. — *S. Heisteri* TREW. — *Amaryllis formosissima* L. — RED., *Lil.*, t. 6. — BURY, *Hexandr.*, t. 6. — *Bot. Mag.*, t. 47.

3. *Amar.*, 226. — B. H., *Gen.*, III, 735, n. 50. — PAX, *Pflanzenfam.*, 113. — BAK., *Amar.*, 130. — H. BN, in *Bull. Soc. Linn. Par.*, 1136. — *Vaginaria* K., *Enum.*, V, 693.

4. Nigris.

5. Albis, mediocribus.

6. Spec. 2. *V. parviflora* (*Pancratium parviflorum* DESF. — RED., *Lil.*, t. 471) et *V. affinis* (*Pancratium parviflorum* DCNE, in *Ann. sc. nat.*, sér. 2, IV, 346).

7. In *Bot. Reg.* (1844), *Misc.*, 87. — K., *Enum.*, V, 692. — B. H., *Gen.*, III, 731, n. 42. — PAX, *Pflanzenfam.*, 110. — BAK., *Amar.*, 112. — H. BN, in *Bull. Soc. Linn. Par.*, 1133.

8. H. BN, *loc. cit.*, 1134.

9. PL. et LIND., *Fl. serres*, t. 788, 957, 1216. — B. H., *Gen.*, III, 731, n. 41. — PAX, *Pflanzenfam.*, 111. — BAK., *Amar.*, 109.

obtuse lobato v. in ramos breves recurvos diviso. Ovula in loculis[1] 1-∞, 2-seriata. Fructus subsphæricus, depressus v. sub-3-lobus; pericarpio tenui demum rupto. Semina 1-pauca crassiuscula. — Herbæ perennes; bulbo tunicato; foliis[2] basilaribus latis petiolatis; limbo dissite venoso et transverse venuloso; floribus[3] in summo scapo umbelliformi-cymosis; bracteis involucrantibus 2, 3, membranaceis latioribus; bracteolis interioribus angustis ∞. (*Columbia andina*, *Brasilia bor.*[4])

31. **Plagiolirion** BAK.[5] — Flores (fere *Calliphruriæ*) irregulares; « perianthii tubo cylindraceo brevi; limbi obliqui foliolis oblanceolatis tuboque 2-plo longioribus; infimis 2 horizontaliter patentibus. Stamina fauci affixa, limbo breviora; filamentis basi in cupulam inter ea 1-dentatam connatis, apice anguste alatis; antheris oblongis versatilibus. Germinis sphærici loculi superposite 2, 3-ovulati; stylo gracili, apice capitato. Fructus sphæricus, demum dehiscens; seminibus sphæricis solitariis. — Herba perennis; bulbo tunicato; foliis serotinis oblongo-acutis; petiolo breviore; floribus[6] umbelliformi-cymosis; bracteis involucrantibus lanceolatis. (*Columbia*[7].) »

32. **Hymenocallis** SALISB.[8] — Flores fere *Calliphruriæ;* perianthii longe subhypocraterimorphi tubo anguste cylindraceo v. ad apicem leviter ampliato; limbi lobis lineari-elongatis, demum patentibus v. recurvis. Stamina summo tubo æqui-affixa; filamentis subulatis, nunc parte libera brevi recurvis (*Ismene*[9]), inferne autem membrana petaloidea cyathiformi v. patente[10] connexis. Antheræ lineares dorsifixæ versatiles, sæpe demum arcuatæ, introrsum rimosæ. Germen 3-loculare; loculis vacuis 2; stylo gracili elongato, apice stigmatoso parvo. Ovula in loculo fertili 2, suberecto-adscendentia; micropyle extrorsum infera. Fructus subsphæricus v. ovoideus, carnosulus, demum membranaceus atque hinc fissus ruptusve. Semina 1, 2,

1. Quorum nunc steriles 1, 2.
2. Coetaneis v. rarius serotinis.
3. Parvis, mediocribus v. majusculis speciosis, albis, nunc suaveolentibus.
4. Spec. ad 7. K., *Enum.*, V, 666 (*Hymenocallis*). — REG., *Gartenfl.*, t. 254 (*Eucharis*). — *Bot. Reg.* (1844), *Misc.*, 87. — *Bot. Mag.*, t. 4659, 4971 (*Eucharis*), 6259, 6289; 6676, 6831, 6876 (*Eucharis*).
5. In *Gardn. Chron.* (1883), II, 38; *Amar.*, 111.
6. Albis; tubo viridi.
7. Spec. 1. *P. Horsmanni* BAK.
8. In *Trans. Roy. Hort. Soc. lond.*, I, 338; II, t. 10-13. — ENDL., *Gen.*, n. 1288 *a.* — K., *Enum.*, V, 664. — KER, in *Journ. sc. and art. Roy. Inst.*, III, t. 3. — SPACH, *Suit. à Buff.*, XII, 430. — B. H., *Gen.*, III, 734, n. 48. — PAX, *Pflanzenfam.*, 110, fig. 74. — BAK., *Amar.*, 120. — *Choretis* HERB., *Amar.*, 219, t. 32-36 (part.). — K., *Enum.*, V, 680.
9. SALISB., *loc. cit.*, I, 342. — K., *Enum.*, V, 681.
10. Marginibus inter filamenta membranaceo-dilatatis; membranis secundum margines plus minus alte connatis.

nudata; perfectum sæpius 1, inæqui-ovoideum glabrum carnosum (viride), late umbilicatum; integumento crassissimo spongioso; embryone tereti vario[1]. — Herbæ perennes, nunc elatæ; bulbo tunicato; foliis basilaribus loriformibus v. basi in petiolum contractis; limbo latiore; floribus[2] ad summum scapum solidum umbelliformi-cymosis ∞, rarius 1, 2, sessilibus v. breviter pedicellatis; bracteis involucrantibus 2, subscarioso-membranaceis; bracteolis interioribus linearibus. (*America calid. utraque*[3].)

33. **Liriopsis** Reichb.[4] — Flores fere *Hymenocallidis;* perianthii tubo brevissimo; limbi lobis patentibus lineari-elongatis. Stamina fauci affixa, perianthio æqualia v. longiora; filamentis basi in laminas petaloideas dilatatis; laminis in cyathum late tubuloso-campanulatum cum staminibus declinatum v. recurvum connexis; antheris linearibus versatilibus. Cætera *Hymenocallidis.* — Herbæ perennes; bulbo tunicato; foliis basilaribus loratis; floribus[5] in summo scapo spurie umbellatis cymosis paucis. (*Peruvia andina*[6].)

34. **Eurycles** Salisb.[7] — Flores fere *Liriopseos;* perianthii longe infundibularis tubo recto tenui, nunc longo; limbi lobis subæqualibus erecto-patentibus. Stamina 6, fauci inserta limboque breviora; filamentis utrinque ad latera lobo brevi auctis; lobis fere usque ad basin liberis conniventibus « v. connatis ». Antheræ oblongæ v. sagittatæ infra medium dorsifixæ versatiles. Germen breve, 3-loculare

1. De seminibus carnosis et germinatione singulari, A. Rich., in *Ann. sc. nat.*, sér. 1, II, 12. — A. Braun, in *Ann. sc. nat.*, sér. 4, XIV, 10. — H. Bn, in *Bull. Soc. bot. Fr.*, IV, 1020; in *C. rend. Ass. fr.* (1873), 447, t. 3, fig. 1-8.

2. Albis, speciosis.

3. *Spec.* ad 30. W., *H. berol.*, t. 73. — Jacq., *H. vindob.*, III, t. 11, 75; *Fragm.*, t. 138. — Red., *Lil.*, t. 154, 155, 353, 358, 412-414. — R. et Pav., *Fl. per. et chil.*, t. 283 *a*. — Andr., *Bot. Rep.*, t. 556. — Lodd., *Bot. Cab.*, t. 19, 274, 286, 510, 558, 809, 834, 1266. — Kn. et Westc., *Fl. Cab.*, II, 51, 101, c. ic. — Roem., *Amar.*, 173, 169. — Nichols., *Dict.*, II, 164. — Bak., in *Gardn. Chron.* (1879), I, 430; (1884), I, 700; XIV, 150. — Th. Mor., in *Bull. Torr. Club* (1893), 467. — Sond., *Ref. bot.*, t. 357. — *Bot. Reg.*, t. 43, 215, 221, 265, 600, 940, 1641, 1665; (1841), t. 12. — *Bot. Mag.*, t. 825-827, 1082, 1224, 1453, 1467, 1561, 1879, 1941, 2621, 2685, 3675, 6397, 6436, 6562 (plur. sub *Pancratio*).

4. *Consp.* (1828), 62 (non Spach). — *Elisena* Herb., *Amar.*, 201 (1837); in *Bot. Reg.* (1838), *Misc.*, 45. — K., *Enum.*, V, 656. — B. H., *Gen.*, III, 734, n. 49. — Pax, *Pflanzenfam.*, 111. — *Liriope* Herb., *App.*, 41 (non Lour.).

5. Albis, magnis speciosis.

6. Spec. 3 : a. *L. ringens* Reichb. (*Pancratium ringens* R. et Pav., *Fl. per. et chil.*, III, 53, t. 283. — *Liriope ringens* Herb. — *Elisena ringens* Herb. — Ker, in *Journ. sc.*, III, 323); — b. *L. sublimis* H. Bn (*Elisena sublimis* Herb., in *Bot. Mag.*, sub t. 3873); — c. *L. longipetala* H. Bn (*Elisena longipetala* Herb., in *Bot. Reg.*, XXIV; in *Bot. Mag.*, t. 3873. — Bak., in *Saund. Ref. Bot.*, t. 264).

7. In *Trans. Roy. Hort. Soc. lond.*, I, 337. — Herb., *Amar.*, 227. — Endl., *Gen.*, n. 1286. — K., *Enum.*, V, 689. — B. H., *Gen.*, III, 735, n. 51. — Pax, *Pflanzenfam.*, 111. — Bak., *Amar.*, 130. — *Cepa* Rumph., *Herb. amboin.*, VI (1747), 160, t. 70 (haud gener.). — O. K., *Revis.*, 703. — *Proiphys* Herb., *App.*, 42.

stylo gracili, apice stigmatoso parvo, nunc basi subannulari-dilatato. Ovula in loculis 2, descendentia, ad medium angulum internum subcollateralia. Fructus sphæricus, primum carnosulus; seminibus sæpius in loculo solitariis. — Herbæ perennes; bulbo tunicato; foliis petiolatis, late orbicularibus, cordatis v. ovatis; venis distantibus, venulis transversis connexis; floribus[1] in summo scapo umbelliformicymosis; bracteis involucrantibus plerumque 2, 3; bracteolis interioribus linearibus. (*Malaisia*, *Oceania bor.*[2])

35. **Calostemma** R. Br.[3] — Flores *Euryclis;* peranthii infundibularis lobis suberectis v. patentibus. Stamina fauci affixa; filamentis inferne membrana cyathiformi connexis; cyathi marginibus inter stamina 2-lobis v. varie denticulatis; antheris oblongis dorsifixis exsertis. Germen abortu 1-loculare; stylo gracili, apice stigmatoso parvo. Ovula in loculo 2, 3. Fructus carnosus, obliquus. Semina 1, 2, subsphærica carnosula[4]. — Herbæ perennes; bulbo tunicato; foliis basilaribus, aut loriformibus, aut petiolatis; limbo lato venoso; floribus[5] in summo pedunculo umbelliformi-cymosis; bracteis involucrantibus lanceolatis 2, 3; bracteolis interioribus linearibus paucis. (*Australia*[6].)

36. **Eustephia** Cav.[7] — Flores[8] fere *Calliphruriæ;* perianthio anguste infundibulari subcylindraceo; tubo brevi; limbi lobis erectis longis. Stamina tubo æqualiter affixa, perianthio subæquilonga, ad tertias 2 utrinque angustissime alatis; alis superne in laminas longe 3-angulares divaricatas productis; filamento ultra eas filiformi; antheris oblongis, medio dorsifixis. Germen 3-loculare; stylo gracili, apice stigmatoso capitato parvo; ovulis ∞, 2-seriatis. Fructus...? — Herba perennis; bulbo tunicato; scapo compressiusculo; cyma umbelliformi pluriflora; pedicellis demum recurvis; bracteis involucrantibus lanceolatis 2; bracteolis lineari-setaceis. (*Peruvia*[9].)

1. Albis, majusculis speciosis.
2. Spec. 2. Red., *Lil.*, t. 384. — Salisb., *Par. lond.*, t. 84. — *Bot. Reg.*, t. 715, 1506. — *Bot. Mag.*, t. 1419, 3399 (nonnull. sub *Pancratio*).
3. *Prodr.*, 297. — Endl., *Gen.*, n. 1287. — K., *Enum.*, V, 686. — B. H., *Gen.*, III, 735, n. 52. — Pax, *Pflanzenfam.*, 111. — Bak., *Amar.*, 131.
4. De seminibus in bulbillum mutatis v. in pericarpio cito germinantibus; embryone nunc bulbiformi, H. Bn, in *C. rend. Ass. fr.* (1873), 447, t. 3, fig. 9-14.
5. Albis v. flavis.
6. Spec. 3. Benth., *Fl. austral.*, VI, 456. — *Bot. Reg.*, t. 421, 422; (1840), t. 19, 26. — *Fl. serres*, t. 1135. — *Bot. Mag.*, t. 2100, 2101.
7. *Ic.*, III, 20, t. 238. — Endl., *Gen.*, n. 1282. — K., *Enum.*, V, 514. — Bak., in *Trim. Journ.* (1878), 41; *Amar.*, 112. — B. H., *Gen.*, III, 732, n. 43. — Pax, *Pflanzenfam.*, 115.
8. Coccinei, apice virescentes.
9. Spec. 1. *E. coccinea* Cav. — Herb., *Amar.*, 71 (*Phycella*). — *E. Macleanica* Herb. — *Phædranassa rubro-viridis* Bak.

37. **Phædranassa** HERB.[1] — Flores *Eustephiæ;* perianthio subcylindraceo v. anguste infundibulari; tubo sæpius brevi. Stamina fauci affixa; filamentis versus basin plus minus (nunc vix) membranaceo-dilatatis, ima basi sæpius annulo prominulo connexis. Stylus apice attenuatus v. brevissime 3-fidus. Ovula in loculis ∞, 2-seriata. Capsula subsphærica v. 3-dyma, loculicida. Semina (nigra) ∞, angulato-compressa. — Herbæ perennes; bulbo tunicato; foliis oblongis v. angustis, petiolatis; floribus[2] in summo scapo umbelliformi-cymosis reflexis; bracteis involucrantibus 2, 3; bracteolis linearibus. (*America austr. andina*[3].)

38. **Leperiza** HERB.[4] — Flores fere *Eustephiæ;* peranthii recti tubo supra germen plus minus contracto, altius in urceolum v. saccum ovoideum dilatato; limbi lobis 6, brevibus, conniventibus v. connatis apiceque solo breviter reflexis. Stamina 6, fauci æquali-affixa; filamentis inferne plus minus membranaceo-dilatatis; nunc in annulum basi connatis; antheris oblongis sub medio dorsifixis rectis. Germen obovoideum; stylo gracili, apice stigmatoso parvo; ovulis ∞, 2-seriatis. Fructus obovoideus v. subpyramidatus, 3-gonus, 3-dymus v. sub-3-lobus, loculicidus; seminibus ∞, parvis subsphæricis v. oblongis. — Herbæ perennes; bulbo tunicato; foliis basilaribus angustis v. ovato-oblongis, in petiolum contractis; floribus[5] in summo scapo solido umbelliformi-cymosis; pedicellis recurvis v. pendulis; bracteis involucrantibus scariosis 2; bracteolis minoribus linearibus ∞. (*America austr. andina*[6].)

39. **Eucrosia** KER.[7] — Flores irregulares; perianthii tubo brevi, obliquo v. arcuato; lobis 6, oblongis, conniventibus v. demum patulis.

1. In *Bot. Reg.* (1845), *Misc.*, 16, t. 17. — K., *Enum.*, V, 500. — BAK., in *Trim. Journ.* (1878), 167; *Amar.*, 107. — B. H., *Gen.*, III, 732, n. 45. — PAX, *Pflanzenfam.*, 115.

2. Rubris v. viridulis, sæpe speciosis.

3. Spec. 5. BAK., in *Gartenfl.*, XXXII, t. 1138; in *Gardn. Chron.* (1877), II, 134; (1880), II, 556; in *Saund. Ref. bot.*, t. 46. — REG., *Gartenfl.*, t. 413. — *Bot. Mag.*, t. 5361.

4. *App.*, 41 (1821); *Amar.*, 195. — K., *Enum.*, V, 643. — O. K., *Revis.*, 704. — *Urceolina* REICHB., *Consp.*, 61. — LINDL., *Veg. Kingd.*, 158. — ENDL., *Gen.*, n. 1277. — B. H., *Gen.*, III, 732, n. 44. — PAX, *Pflanzenfam.*, 115, fig. 75, 76. — BAK., *Amar.*, 108. — *Urceolaria* HERB., *App.*, 28; *Amar.*, 193 (non BONORD.). — *Collania* SCH., *Syst.*, VII, 53, 893 (non HERB.). — *Pentlandia* HERB., in *Bot. Reg.* (1839), t. 68. — K., *Enum.*, V, 635. — *Sphærotele* LINK, KL. et OTT., *Ic. pl. sel.*, t. 38 (non PRESL).

5. Aurantiacis, miniatis v. flavis et viridi-maculatis.

6. Spec. 3. R. et PAV., *Fl. per. et chil.*, t. 284, fig. 6 (*Pancratium*), t. 287 B (*Crinum*). — KER, in *Journ. sc.*, III, 334 (*Pancratium*). — — K., *Enum.*, V, 644 (*Collania*). — HERB., *Amar.*, 55 (*Urceolina*). — *Bot. Reg.* (1839), t. 68 (*Pentlandia*). — *Bot. Mag.*, t. 4952, 5464 (*Urceolina*).

7. In *Bot. Reg.*, t. 207 (1817). — K., *Enum.*, V, 504. — B. H., *Gen.*, III, 730, n. 39. — BAK., *Amar.*, 105. — PAX, *Pflanzenfam.*, 115.

Stamina ad apicem tubi affixa, declinata longissime subulata; filamentis basi vix (*Callipsyche*[1]) v. nunc plus minus alte connatis ibique callo plus minus prominulo auctis; antheris oblongis ad medium dorsifixis versatilibus, introrsum rimosis. Germen sessile, apice stigmatoso truncato v. capitellato. Ovula ∞, 2-seriata. Fructus 3-queter, sub-3-lobus v. 3-dymus, loculicidus. Semina ∞, oblonga et angulato-compressa. — Herbæ perennes; bulbo tunicato; foliis 2-paucis basilaribus petiolatis; floribus[2] in summo scapo umbelliformi-cymosis; pedicellis declinatis; bracteis involucrantibus 2-paucis; bracteolis minoribus. (*Ecuador et Peruvia andin.*[3])

40? **Stricklandia** BAK.[4] — « Flores fere *Eucrosiæ;* staminibus haud declinatis fauci tubi brevis affixis, limbo sublongioribus; filamentis rectis, basi callosis, ad medium in cupulam connatis; dente intermedio 0; antheris lineari-oblongis versatilibus. Germen sphæricum, 3-lobum; stylo exserto filiformi, apice stigmatoso punctiformi; ovulis superpositis ∞. Fructus brevis profunde 3-lobus, loculicidus; seminibus parvis ∞. — Herba perennis; foliis serotinis 2, oblongis tenuibus; floribus 3, 4, umbelliformi-cymosis, horizontalibus v. cernuis; involucri bracteis linearibus. (*Ecuadoria*[5].) »

41. **Hæmanthus** T.[6] — Flores parvi; receptaculo ovoideo v. tubuloso, nunc brevi. Perianthium basi gamophyllum; foliolis subæqualibus; petalis imbricatis. Stamina 6, tubo adnata; oppositipetala majora; filamentis superne liberis, sæpe exsertis; antheris oblongis dorsifixis, introrsum rimosis. Germen 3-loculare; dissepimentis nunc incompletis; stylo e basi dilatata[7] gracili, apice stigmatoso parvo v. 3-fido. Ovulum in loculo quoque solitarium[8], aut adscendens hemitropum, aut suborthotropum descendens; micropyle extrorsum infera. Fructus baccatus sphæricus v. oblongus[9], sæpius 1-spermus. —

1. HERB., in *Bot. Reg.* (1842), *Misc.*, 49; (1845), t. 45. — K., *Enum.*, V, 506. — BAK., *Amar.*, 106.
2. Flavis v. albidis, speciosis.
3. Spec. 3, 4. HOOK., *Exot. Fl.*, t. 209. — BAK., in *Saund. Ref. bot.*, t. 167, 168 (*Callipsyche*). — *Bot. Mag.*, t. 2490; 6841 (*Callipsyche*).
4. *Amar.*, 105.
5. Spec. 1. *S. eucrosioides* BAK. — *Leperiza eucrosioides* BAK., in *Gardn. Chron.* (1878), I, 170. — *Stenomesson Stricklandi* BAK., in *Gardn. Chron.* (1882), II, 102.
6. *Inst.*, 657, t. 433. — L., *Gen.*, ed. I, n. 276; ed. VI, n. 400. — J., *Gen.*, 55. — GÆRTN., *Fruct.*, t. 11. — MOENCH, *Meth.*, 530. — SPRENG., *Anl.*, II, I, 249; *Syst.*, II, 56; *Gen.*, I, 276. — ENDL., *Gen.*, n. 1278. — K., *Enum.*, V, 586. — HERB., *Amar.*, 77, 232. — B. H., *Gen.*, III, 730, n. 36. — PAX, *Pflanzenfam.*, 104, fig. 69. — BAK., *Amar.*, 62. — *Gyaxis* SALISB. — *Nerissa* SALISB. — *Diacles* SALISB. — *Melicho* SALISB., *Gen. pl. Fragm.*, 130.
7. Ibi nectarifluo.
8. V. rarius 2; integumento duplici.
9. Ruber.

Herbæ perennes; bulbo tunicato; foliis 2-paucis, nunc distincte seriatis, nunc latis brevibus; floribus[1] in summo scapo, sæpe compresso, nunc brevissimo, spurie umbellatis v. subcapitatis et in cymas plures 1-paras nunc contractas dispositis; foliis nunc haud coetaneis; bracteis involucrantibus 2-∞, sæpe coloratis v. punctatis; bracteolis interioribus angustioribus. (*Africa trop. et austr.*, *Arabia*[2].)

42. **Buphane** HERB.[3] — Flores fere *Hæmanthi;* peranthio infundibulari v. hypocraterimorpho recto; tubo brevi v. brevissimo; lobis linearibus patentibus v. reflexis. Stamina 6, fauci affixa, lobis subæqualia v. longiora; filamentis subulatis; antheris dorsifixis ellipsoideo-oblongis versatilibus. Germen breve; stylo gracili, apice stigmatoso minuto. Ovula in loculis 2, collateralia v. sæpe 3, nunc 4. Fructus subsphæricus v. obovoideo-3-queter membranaceus, loculicidus. Semina subglobosa lævia pauca v. 1, « matura bulbiformia[4] ». — Herbæ perennes; bulbo tunicato; foliis serotinis loriformibus, nunc crispis; floribus[5] in summo scapo dense umbelliformi-cymosis; bracteis involucrantibus latis 2; bracteolis interioribus setaceis paucis. (*Africa trop. et austr.*[6])

43. **Clivia** LINDL.[7] — Flores fere *Vallotæ;* perianthio supero ultra germen intus adnatum in tubum brevem obconicum intusque staminibus decurrentibus prominulis auctum producto. Calycis corollæque lobi conformes imbricati, omnes petaloidei[8]. Stamina 6, cum lobis inserta; filamentis inferne decurrentibus, apice subulatis; opposipetalis longioribus; antheris dorsifixis oblongis versatilibus, introrsum 2-rimosis. Germen inferum, 3-loculare, apice leviter

1. Rubris v. albis, crebris.

2. Spec. ad 40. MARTYN, *Monogr.*, c. ic. — JACQ., *H. schœnbr.*, t. 56-61, 407-413. — RED., *Lil.*, t. 39, 204, 320, 398. — ANDR., *Bot. Rep.*, t. 318. — LODD., *Bot. Cab.*, t. 240, 602, 702, 912, 1948. — BAK., in *Gardn. Chron.* (1877), in *Trim. Journ.* (1878), 166. — ENGL., *Hochgebirschfl. trop. Afr.*, 169. — DEFL., *Voy. Yem.*, 210. — *Bot. Reg.*, t. 382, 509, 984. — *Bot. Mag.*, t. 961, 1075, 1239, 1315, 1523, 1618, 1705, 1995, 3373, 3870, 4745, 5314, 5378, 5532, 5881, 5903, 6364, 6875.

3. *App.*, 18 (*Boophane*); *Amar.*, 239, t. 22, 36, fig. 7, 8. — ENDL., *Gen.*, n. 1274 c. — K., *Enum.*, V, 602 (part.). — B. H., *Gen.*, III, 730, n. 37. — PAX, *Pflanzenfam.*, 104. — BAK., in *Trim. Journ.* (1878), 167; *Amar.*, 73. — *Crossyne* SALISB., *Gen. pl. Fragm.*, 116.

4. Ex KUNTH.

5. Rubris, mediocribus.

6. Spec. 2. L., *Spec.*, 413 (*Hæmanthus*), 422 (*Amaryllis*). — THUNB., *Fl. cap.* (ed. SCHULT.), 299 (*Hæmanthus*). — JACQ., *Fragm.*, t. 39, 40 (*Hæmanthus*). — KER, in *Bot. Mag.*, t. 1217 (*Hæmanthus*). — HERB., in *Bot. Mag.*, sub t. 2573. — LINDL., in *Bot. Reg.*, t. 1153 (*Brunsvigia*).

7. *Bot. Reg.*, t. 1182. — SPRENG., *Gen.*, I, 274. — SCHULT., *Syst.*, VII, 892. — MEISSN., *Gen.*, 393 (296). — K., *Enum.*, V, 584. — ENDL., *Gen.*, n. 1291. — B. H., *Gen.*, III, 729, n. 35. — PAX, *Pflanzenfam.*, 104. — BAK., *Amar.*, 61. — *Imantophyllum* HOOK., *Bot. Mag.*, t. 2856 (*Imatophyllum*). — *Himantophyllum* SPRENG., *Gen.*, 276.

8. Sæpe apice intus callosa.

glanduloso subplanum. Stylus tenuis, apice breviter v. longiuscule 3-lobus[1]; lobis obtusis v. acutiusculis. Ovula in loculis 3-8, sæpius 6, 2-seriata, oblique adscendentia, hemitropa; micropyle extrorsum infera lateralique. Fructus sphæricus baccatus[2]; seminibus paucis sub-3-quetris, extus carnosulis, albuminosis. — Herbæ perennes; rhizomate bulbiformi foliorum basibus squamato; radicibus adventivis crassis; foliis basilaribus distichis linearibus persistentibus; floribus[3] in summo scapo spurie umbellatis; cymis-1-paris; pedicellis gracilibus; bracteis involucrantibus paucis inæqualibus. (*Africa austr.*[4])

44. **Griffinia** KER.[5] — Flores fere *Imhofiæ;* perianthii infundibularis plus minus declinati tubo brevi v. subnullo; foliolis æqualibus v. parum inæqualibus, basi longe angustatis, varie demum patentibus. Stamina foliolis æquilonga v. breviora eorumque basi affixa; filamentis gracilibus declinatis 5; sexto assurgente v. nunc 0; antheris oblongis ad medium dorsifixis, sæpe demum arcuatis. Germen sessile; loculis completis v. incompletis; stylo declinato elongato, apice stigmatoso plus minus v. vix dilatato-3-lobo. Ovula in loculis 2, 3, collateraliter adscendentia subhemitropa; micropyle extrorsum infera. Fructus subsphæricus v. ovoideus loculicidus. Semen[6] sæpius in loculis 1, adscendens ovoideum crassum. — Herbæ perennes; bulbo tunicato; foliis basilaribus latis et in petiolum contractis, raro angustis sessilibus; venis crebris venulisque transversis; floribus[7] in summo scapo solido umbelliformi-cymosis; bracteis involucrantibus scariosis 2; bracteolis linearibus ∞. (*Brasilia*[8].)

45. **Hessea** HERB.[9] — Flores fere *Imhofiæ;* peranthii tubo brevissimo v. 0; foliolis 6, subæqualibus stellato-patentibus. Stamina imis

1. Nunc declinatus.
2. Nitide ruber.
3. Coccineis v. rubris, speciosis.
4. Spec. 3. LODD., *Bot. Cab.*, t. 434. — REG., *Gartenfl.*, t. 434. — *Fl. serres*, t. 949, 950, 1877, 2373, 2374 (*Imantophyllum*). — *Bot. Mag.*, t. 2856, 4783 (*Imantophyllum*), 4895.
5. In *Bot. Reg.*, sub t. 444, 511. — ENDL., *Gen.*, n. 1275. — K., *Enum.*, V, 542. — BAK., in *Trim. Journ.* (1878), 167; *Amar.*, 59. — B. H., *Gen.*, III, 726, n. 25. — PAX, *Pflanzenfam.*, 104.
6. Pallidum v. nigrum nitidum.
7. Sæpe lilacinis pulchellis.
8. Spec. ad 8. VELL., *Fl. flum.*, Atl., III, t. 117 (*Amaryllis*). — HERB., *App.*, 21. — BURY, *Hexandr.*, t. 14. — CARR., in *Rev. hort.* (1867), 32. — MORR., in *Ann. Soc. agr. Gand* (1845), t. 13. — RŒM., *Amar.*, 32. — LEME, *Jard. fleur.*, t. 290. — *Fl. serres*, t. 1667. — MOORE, in *Gardn. Chron.* (1876), I, 266, fig. 47, 48. — *Bot. Reg.*, 163 (*Amaryllis*), 511, 990. — *Bot. Mag.*, t. 5666, 5786, 6367.
9. *Amar.*, 289, t. 29 (non BERG). — K., *Enum.*, V, 630. — B. H., *Gen.*, III, 720, n. 11. — PAX, *Pflanzenfam.*, 103, fig. 68. — BAK., *Amar.*, 91. — *Imhofia* HERB., *App.*, 18; *Amar.*, 290, t. 29. — K., *Enum.*, V, 625 (non HEIST.). — *Periphanes* SALISB., *Gen. pl. Fragm.*, 118. — *Gemmaria* SALISB., *loc. cit.*, 127.

foliolis v. tubo affixa; filamentis subulatis; alternipetalis brevioribus, basi nunc incrassatis v. subconnatis; antheris imo loculorum sinu basifixis breviter ovatis, ad margines rimosis. Germen breve; stylo basi v. infra medium incrassato, apice stigmatoso breviter 3-lobo. Ovula in loculis pauca v. 1. Fructus globoso-sub-3-dymus loculicidus; seminibus globosis in loculis paucis v. 1. — Herbæ perennes; bulbo tunicato; foliis coetaneis v. serotinis, subulatis v. linearibus; floribus in summo scapo solido umbelliformi-cymosis crebris; bracteis involucrantibus 2[1]. (*Africa austr.*[2])

46. **Carpolyza** SALISB.[3] — Flores fere *Hesseæ;* perianthii tubo brevi; limbi lobis subæqualibus patentibus. Stamina 6, loborum basi affixa eisque breviora; filamentis subulatis liberis; antheris parvis orbiculari-ovatis basifixis erectis; loculis parallelis et ad margines rimosis. Germen breve, 3-loculare; stylo columnari obtuse 3-sulco, apice capitato-3-lobo; ovulis in loculo paucis v. 1. Fructus depresso-globosus, 3-dymus, loculicidus; seminibus[4] 1-3, angulato-globosis. — Herba perennis; bulbo parvo tunicato; foliis paucis filiformibus, coetaneis v. serotinis; floribus[5] in summo scapo gracili basique sæpius spiraliter torti umbelliformi-cymosis paucis v. nunc 1; bracteis involucrantibus linearibus 2. (*Africa austr.*[6])

47. **Strumaria** JACQ.[7] — Flores fere *Hesseæ;* perianthii foliolis subæqualibus subliberis. Stamina imis foliolis affixa iisque sublongiora; filamentis longe subulatis, infra medium plus minus membranaceo-dilatatis et sæpius cum styli angulis plus minus alte connatis; antheris oblongis rectis ad medium dorsifixis versatilibus, introrsum rimosis. Stylus inferne plus minus dilatatus, 3-angulatus v. sub-3-alatus, apice stigmatoso obtusus v. breviter 3-lobus. Ovula in loculis ∞, sæpe pauca, 2-seriatim obliqua. Fructus subsphærico-3-dymus,

1. Genus a *Strumaria* imprimis differt antheris brevibus basifixis.

2. Spec. 4, 5. JACQ., *H. schœnbr.*, t. 71, 72 (*Amaryllis*); *Ic. rar.*, t. 361. — AIT., *H. kew.*, ed. I, t. 5. — LHÉR., *Sert. angl.*, t. 18 (*Amaryllis*). — *Bot. Reg.*, t. 440; 1383 (*Strumaria*). — *Bot. Mag.*, t. 1363 (*Strumaria*).

3. *Parad. lond.*, t. 63. — ENDL., *Gen.*, n. 1268. — K., *Enum.*, V, 629. — B. H., *Gen.*, III, 721, n. 12. — PAX, *Pflanzenfam.*, 104 (*Hesseæ* sect.). — BAK., *Amar.*, 23.

4. Viridibus.

5. Albis, parvis.

6. Spec. 1. *C. spiralis* SALISB. — *Strumaria spiralis* AIT. — *Bot. Mag.*, t. 1383. — *Crinum tenellum* JACQ., *Ic. rar.*, t. 363. — *C. spirale* ANDR., *Bot. Rep.*, 1, 92. — *Hæmanthus spiralis* THUNB., *Prodr. Fl. cap.*, 58.

7. *Ic. rar.*, t. 356-360. — HERB., *Amar.*, 287, t. 29, 39. — K., *Enum.*, V, 622. — B. H., *Gen.*, III, 728, n. 32. — PAX, *Pflanzenfam.*, 105. — BAK., *Amar.*, 103. — *Eudolon* SALISB., *Fragm.*, 127. — *Stylago* SALISB. — *Pugionella* SALISB. — *Hymenetron* SALISB., *loc. cit.*

loculicidus. Semina in loculis pauca v. 1, sphærica v. angulata. — Herbæ perennes; bulbo tunicato; tunica intima in limbum apice varie dilatatum et emarginato-2-lobum producta; foliis cæteris loriformibus; floribus[1] in summo scapo nudo umbelliformi-cymosis; bracteis involucrantibus lanceolatis 2; bracteolis minoribus. (*Africa austr.*[2])

48. **Ixiolirion** HERB.[3] — Flores (fere *Griffiniæ*) subregulares; perianthii foliolis vix inæqualibus ad basin liberis; petalis imbricatis v. tortis. Stamina basi foliolorum perianthii affixa iisque (interiora altius) adnata; oppositipetala longiora; antheris oblongis introrsis, 2-rimosis; connectivo basi foveolato ibique summo filamento affixo. Germen 3-loculare[4]; styli apice 3-fidi ramis stigmatosis recurvis conduplicatis, extus subcarinatis. Ovula in loculis ∞ (12-16), 2-seriatim adscendentia; micropyle lateraliter infera. — Herbæ perennes; bulbo tunicato; caule aerio simplici v. parce ramoso foliato; foliis linearibus alternis; floribus[5] in cymas laxas bracteatas umbelliformes sæpe paucifloras dispositis. (*Asia med. et occid.*[6])

II. AGAVEÆ.

49. **Agave** L. — Flores regulares; perianthio ultra germen inferum adnatum subinfundibulari; tubo brevi v. elongato; limbi lobis ovatis v. linearibus, 2-seriatis, erectis v. superne demum patentibus. Stamina 6, sub lobis affixa; filamentis subulatis, nunc ima basi membranaceo-dilatatis; antheris exsertis linearibus ad medium dorsifixis versatilibus, introrsum rimosis. Germen elongatum v. breve, 3-loculare, apice plus minus rostratum; stylo columnari, nunc basi conico, apice stigmatoso capitato v. breviter 3-lobo. Ovula in loculis ∞, 2-seriata. Fructus forma varius perianthio diu coronatus; pericarpio coriaceo v. subcarnoso, demum ab apice loculicido. Semina (nigra) ∞,

1. Albis v. roseis, parvis.

2. Spec. 4. THUNB., *Fl. cap.*, ed. SCHULT., 297 (*Hæmanthus*). — ROEM., *Amar.*, 27. — SCHULT., *Syst.*, VII, 852 (*Brunsvigia* ?). — DIETR., *Syn.*, II, 1181 (*Amaryllis*).

3. *App.*, 37; *Amar.*, 125, t. 19, 20. — ENDL., *Gen.*, n. 1293. — K., *Enum.*, V, 816. — B. H., *Gen.*, III, 735, n. 53. — PAX, *Pflanzenfam.*, 110. — BAK., *Amar.*, 132. — *Kolpakowskia* REG., *Gartenfl.*, XXVII, 294, t. 953.

4. Glandulæ septales evolutæ luteæ.

5. Cæruleis, mediocribus pulchellis.

6. Spec. 2. LABILL., *Pl. syr. Dec.*, II, t. 1 (*Amaryllis*). — RED., *Lil.*, t. 241 (*Amaryllis*). — GRIFF., *Ic.*, t. 273 (*Alstrœmeria*). — SPACH, *Suit. à Buff.*, XII, 406. — LEDEB., *Fl. ross.*, IV, 116. — ROEM., *Fam.*, IV, 19, 246. — BOISS., *Fl. or.*, V, 153. — REG., *Gartenfl.*, XXIX, 193, t. 775, 910, 1014; *Descr.*, XII, 208. — *Fl. serres*, t. 2270. — *Bot. Reg.* (1844), t. 66.

dense superposita compressa v. oblique cuneata, albuminosa. — Herbæ (sæpe elatæ) perennes v. suffrutescentes, plerumque 2-carpicæ; rhizomate brevi crasso v. in caudicem carnosum v. lignosum erectum producto; foliis basilaribus v. in summo caudice confertis, aut crassis rigidis fibroso-carnosis, aut tenuioribus coriaceis, margine integris v. sæpius spinoso-serratis filamentosisve; floribus laxe spicatis ad bracteas singulas solitariis v. 2-nis, nunc cymosis v. glomeratis pluribus, rarius in ramis racemi terminalis ampli compositi cymosis; fructibus erectis. (*America utraque extratrop.*) — *Vid. p.* 15.

50. **Furcræa** VENT.[1] — Flores fere *Agaves;* receptaculo oblongo v. longe lageniformi germen inferum fovente. Sepala petalaque similia ovato-oblonga patentia, vix ima basi connata v. libera. Stamina breviora; filamentis imo perianthio affixis late petaloideo-dilatatis, apice abrupte subulatis; antheris oblongis dorsifixis; loculis inferne liberis, introrsum v. ad margines rimosis. Germen 3-loculare, apice libero rostratum; stylo simplici, apice tubuloso stigmatoso, nunc 3-lobo, basi incrassato-3-angulari v. 3-alato; alis nunc duplicibus. Ovula in loculis ∞, 2-seriata. Fructus siccus, 3-queter, loculicide 3-valvis; seminibus ∞, compressis. — Plantæ excelsæ, nunc giganteæ; caule erecto simplici, nunc foliis delapsis cicatrisato; foliis ad apicem dense confertis elongatis, nunc deflexis, margine integris v. spinoso-dentatis; floribus[2] in racemum amplum pyramidatum compositum dispositis, secundum ramulos cymosis paucis bracteolatis. (*America calid. utraque*[3].)

51. **Doryanthes** CORR.[4] — Flores fere *Furcrææ*[5]; perianthii tubo breviter infundibulari; limbi lobis 6, subæqualibus patentibus reflexis; petalis dorso costatis. Stamina imis lobis affixa; filamentis subulatis; antheris linearibus v. elongatis introrsis basi intrusa affixis[6]. Germen

1. In *Bull. Soc. philom. Par.*, I, 65. — SCHULT., *Syst.*, VII, 42, 730 (*Fourcroya*). — ENDL., *Gen.*, n. 1298. — K., *Enum.*, V, 839. — B. H., *Gen.*, III, 739, n. 61. — PAX, *Pflanzenfam.*, 119, fig. 77, 80, 81. — BAK., *Amar.*, 198. — *Rœzlia* Hort. (non REG.). — *Funium* WILLEM., *Herb. maurit.*, 26.

2. Albis, speciosis.

3. Spec. ad 16. JACQ., *Ic. rar.*, t. 379 (*Agave*). — DC., *Pl. grass.*, t. 126. — ZUCC., in *N. Act. nat. cur.*, XVI, 664, t. 48. — WIGHT, *Icon.*, t. 2025. — JACOBI, in *Hamb. Bot. Zeit.* (1866), 1867. — BAK., in *Gardn. Chron.* (1879), I, 623, 656. — TODAR., *H. bot. panorm.*, t. 4. — HEMSL., *Bot. centr.-amer.*, III, 352, t. 89-92. — K. KOCH, *Woch.* (1863), 233; in *Belg. hort.* (1863), 327. — *Rev. hort.* (1887), fig. 71. — *Bot. Mag.*, t. 2250, 5163, 5519, 6148, 6160, 6543, 7170, 7250.

4. In *Trans. Linn. Soc.*, VI, 211, t. 23, 24. — ENDL., *Gen.*, n. 1293. — K., *Enum.*, V, 850. — B. H., *Gen.*, III, 739, n. 62. — PAX, *Pflanzenfam.*, 53. — BAK., *Amar.*, 162.

5. Multo majores, speciosi, cum inflorescentia tota colorata punicei.

6. Polline nunc olivaceo.

crassum, 3-loculare; ovulis ∞, 2-seriatis. Fructus oblongus v. clavatus, coriaceus v. sublignosus, loculicidus; seminibus ∞, compressis crassiusculis, nunc hinc alatis. — Herbæ elatæ frutescentes; radicibus fasciculatis crassis; caule excelso[1] erecto crasso; foliis basilaribus crebris ensiformibus longissimis; caulinis minoribus alternis, superne in bracteas abeuntibus; floribus in racemum v. capitulum magnum compositum dispositis; ramis elongatis v. contractis confertim cymigeris; bracteis amplis cymas involventibus. (*Australia*[2].)

52. **Beschorneria** K.[3] — Flores fere *Agaves;* perianthii foliolis 6, subliberis; petalis imbricatis. Stamina epigyna 6; antheris introrsis versatilibus perianthium haud excedentibus. Germen inferum; loculis 2-seriatim ∞-ovulatis; stylo inferne dilatato ibique 3-loculari, superne cavo, apicisque excavati marginibus fimbriato-papillosis. Capsula loculicida cæteraque *Agaves.* — Caudex v. rhizoma crassum brevissimum; foliis basilaribus confertis, integris v. dentatis; floribus[4] secus scapum simplicem v. laxe ramosum cymosis pendulis; bracteis membranaceo-scariosis sæpe coloratis. (*Mexicum*[5].)

53. **Polianthes** L.[6] — Flores fere *Agaves;* perianthio supra receptaculum coloratum infundibulari; tubo longiusculo, recto v. arcuato, ad faucem ampliato; limbi lobis erecto-patentibus; petalis paulo brevioribus. Stamina 6, fauci affixa limboque breviora; filamentis liberis; antheris lineari-oblongis, ad medium dorsifixis, introrsum rimosis. Germen nisi vertice conico inferum; styli gracilis ramis stigmatosis ovatis v. oblongis; loculis ∞-ovulatis. Fructus ovoideus membranaceus perianthio coronatus. Semina compressiuscula lata ∞. — Herba perennis; rhizomate tuberoso brevi; caule aerio simplici erecto; foliis basilaribus alternis; caulinis late linearibus, superne in bracteas abeuntibus; floribus[7] in racemo terminali simplici ad axillas bractearum membranacearum 2-nis. (*Mexicum*[8].)

1. Nunc 10-metrali.
2. Spec. 3. BAUER, *Ill. pl. N. Holl.*, t. 12-14. — BENTH., *Fl. austral.*, VI, 452. — REG., *Gartenfl.*, t. 421. — *Fl. serres*, t. 1912, 2097, 2098. — *Rev. hort.* (1891), 548, fig. 144, c. tab. — *Gardn. Chron.* (1874), t. 44, 45. — *Bot. Mag.*, t. 1685, 6665.
3. *Enum.*, V, 844. — B. H., *Gen.*, III, 738, n. 59. — PAX, *Pflanzenfam.*, 119, fig. 78, 82. — BAK., *Amar.*, 161.
4. Viridibus v. rubescentibus, magnis.
5. Spec. 3, 4. REG., *Gartenfl.*, t. 851. — HEMSL., *Bot. centr.-amer.*, III, 338. — JACOBI, *Ind.*, 11. — *Bot. Mag.*, t. 4642, 5203, 6091, 6641, 6768.
6. *Gen.*, ed. I, n. 274; ed. VI, 426; *H. Cliff.*, 126 (*Polyanthes*). — J., *Gen.*, 56. — ENDL., *Gen.*, n. 1103. — K., *Enum.*, V, 845. — B. H., *Gen.*, III, 737, n. 57. — PAX, *Pflanzenfam.*, 117. — BAK., *Amar.*, 159.
7. Albis speciosis, odoratissimis.
8. Spec. 1, sæpe culta. *P. tuberosa* L., *Spec.*,

54? **Prochnyanthes** S.-Wats.[1] — Flores fere *Agaves*; « perianthii persistentis tubo basi subcylindrico, abrupte geniculato dilatatoque; lobis erectis æqualibus. Stamina faucis basi affixa, lobis subæqualia; antheris dorsifixis linearibus. Ovula in loculis germinis inferi ∞; stylo gracili, apice stigmatoso oblongo. Fructus subglobosus membranaceus loculicidus. — Planta erecta; caudice simplici brevi crasso erecto bracteigero; foliis basilaribus lineari-lanceolatis petiolatis subcoriaceis inermibus multinervibus; floribus[2] racemosis, ad axillas singulas fasciculatis 1-3[3]. (*Mexicum*[4].) »

55. **Bravoa** Llav. et Lex.[5] — Flores fere *Polianthis*; receptaculo germen inferum fovente cumque perianthio supero persistente tubuloso-cylindraceo plus minus arcuato; limbi lobis brevibus subæqualibus ovatis, 2-seriatis. Stamina paulo infra tubi basin affixa; filamentis filiformi-subulatis; antheris lineari-elongatis, ad medium dorsifixis versatilibus introrsis, vix v. parum exsertis, 2-rimosis. Germen vertice libero convexum; stylo gracili tubuloso, apice subdilatato stigmatoso obtuse 3-lobulato. Ovula in loculis ∞, 2-seriata. Fructus globoso-3-queter, demum loculicidus; seminibus ∞ (nigrescentibus) oblongis compressis. — Herba perennis; caule basi in bulbum tunicatum dilatato; radicibus fasciculatis basilaribus sæpe tuberosis; foliis basilaribus paucis, linearibus v. longe-lanceolatis ligulatis; caulinis minoribus paucis; floribus[6] secus ramum elongatum dissite cymosis; cymis 2-floris[7] in axilla bracteæ sessilibus; bracteolis paucis. (*Mexicum*[8].)

III. ALSTRŒMERIEÆ.

56. **Alstrœmeria** L. — Flores plus minus irregulares; receptaculo extus angulato v. subalato germen fere omnino intus adnatum fovente. Perianthii annulo receptaculi marginali inserti infundibu-

453. — Red., *Lil.*, t. 147. — *Bot. Reg.*, t. 63. — *Bot. Mag.*, t. 1817. — *P. gracilis* Link et Ott., *Ic.*, t. 24. — *Amica nocturna* Rumph.

1. In *Proc. Amer. Acad.*, XXII, 457.

2. Viridi-luteis fusco-tinctis.

3. Genus dicitur *Polianthi* proximum, habitu, foliis perianthioque distinctum.

4. Spec. 1. *P. viridescens* S.-Wats.

5. *Descr. pl. nov.*, I, 6. — Endl., *Gen.*, n. 1292. — K., *Enum.*, V, 848. — B. H., *Gen.*, III, 737, n. 58. — Pax, *Pflanzenfam.*, 117, fig. 79 B. — *Chætocapnia* Link et Ott., *Ic. pl. rar.*, 35, t. 18.

6. Aurantiacis, pulchellis.

7. Flore altero juniore, licet subæquali.

8. Spec. 2, 3. Herb., *Amar.*, t. 12. — Hemsl., *Diagn. pl. mex.*, 54; *Bot. centr.-amer.*, III, 337, t. 86. — *Bot. Mag.*, t. 520, 4741.

laris decidui foliola dissimilia; sepalorum petalorumque uno cæteris plus minus dissimili. Stamina 6, inæqualia ad basin perianthii epigyna; filamentis subulatis; antheris ovato-oblongis, basi intrusa affixis; rimis loculorum introrsis v. submarginalibus. Germen 3-loculare; loculis ∞-ovulatis; stylo gracili, basi dilatato; ramis tenuibus, introrsum stigmatosis. Fructus subsphæricus v. obovoideus receptaculi margine coronatus, apice libero pyramidato-acuminatus, a basi loculicidus. Semina sphærica v. inæqui-ovoidea, sæpe rugosa, albuminosa. — Herbæ perennes; rhizomate haud tuberoso; radicibus fibrosis fasciculatis; ramis aeriis erectis simplicibus foliatis, nunc brevissimis; foliis alternis, nunc confertis v. subverticillatis, angustis v. latioribus, sessilibus v. petiolatis; limbo membranaceo v. rigido, nunc resupinato; floribus in cymas terminales umbelliformes laxas v. varie compositas dispositis; bracteis sæpe foliaceis. (*America austr. trop. et extratrop.*) — *Vid. p.* 18.

57. **Bomarea** MIRB.[1] — Flores[2] (fere *Alstrœmeriæ*) subregulares v. regulares; perianthio infundibulari v. clavato-tubuloso; foliolis conniventibus v. superne patulis; sepalis variis, nunc in stipitem contractis crassioribus v. rigidioribus; petalis quoad formam magnitudinemque a sepalis sæpius diversis, nunc unguiculatis. Stamina, gynæceum cæteraque *Alstrœmeriæ*. Fructus obovoideus, subsphæricus v. turbinatus, nunc 3-6-costatus, apice truncatus; seminibus sphæricis, nunc extus pulposis. — Herbæ perennes; rhizomate vario; radicibus sæpe tuberosis v. tuberiferis; ramis aeriis erectis herbaceis v. plerumque scandentibus v. volubilibus; foliis alternis, nunc confertis; inflorescentia terminali cymosa umbelliformi. (*America austr. andin., Mexicum*[3].)

1. In *Nouv. Dict. Hist. nat.*, éd. 1, I, 18; éd. 2, IV, 118. — ENDL., *Gen.*, n. 1295 *a*. — K., *Enum.*, V, 787. — HERB., *Amar.*, 109. — BAK., in *Trim. Journ.* (1882), 201; (1883), 373; in *Engl. Jahrb.* (1887), 212; *Amar.*, 142. — B. H., *Gen.*, III, 736, n. 55. — PAX, *Pflanzenfam.*, 120, fig. 83, 84. — *Collania* HERB., *Amar.*, 103, t. 8-11. — *Wichuræa* RŒM., *Syn. Amar.*, 277. — K., *loc. cit.*, 781. — *Sphærine* HERB., *Amar.*, 106, t. 12, 13, 16, 18. — K., *loc. cit.*, 784. — *Vandesia* SALISB., in *Trans. Hort. Soc. lond.*, I, 322. — *Danbya* SALISB., *Gen. pl. Fragm.*, 57.

2. Speciosi, purpurei, lutescentes v. varie discolores.

3. Spec. ad 75. R. et PAV., *Fl. per. et chil.*, t. 287 *a*; 290, 291 *a*, 292-296. — CAV., *Ic.*, t. 76. — PŒPP. et ENDL., *Nov. gen. et spec.*, t. 160. — HOOK., *Bot. Misc.*, II, t. 95. — C. GAY, *Fl. chil.*, VI, 95. — LINK et OTT., *Ic. pl. rar.*, t. 29. — WAWRA, in *Maxim. Reis. Bot.*, t. 29. — LODD., *Bot. Cab.*, t. 1851. — SWEET, *Brit. fl. Gard.*, 228; ser. II, t. 77, 269. — HEMSL., *Bot. centr.-amer.*, III, 336. — S.-WATS., in *Proc. Amer. Acad.*, XXII, 457. — REG., *Gartenfl.*, t. 83. — BENTH., *Pl. Hartweg.*, 156. — MAST., in *Gardn. Chron.* (1876), I, fig. 143; (1882), t. 151; n. ser., XVII, fig. 102. — *Fl. serres*, t. 2176, 2316. — *Bot. Reg.* (1847), t. 34 (*Collania*). — *Bot. Mag.*, t. 1613, 2848, 3050, 3344, 3863, 3871, 4247 (*Collania*), 5442, 5531, 5927, 6444, 6692, 7247.

58? **Leontochir** PHIL.[1] — Flores (fere *Bomareæ*) subregulares; perianthii foliolis spathulatis, basi in unguem contractis, apice subemarginatis; petalis vix angustioribus. Stamina 6, subæqualia perianthioque breviora, glandulæ epigynæ segmentorum basali affixa; filamentis subulatis liberis; antheris erectis oblongis, basi intrusa affixis. Germen inferum, 3-quetrum; placentis oppositipetalis parietalibus, 2-seriatim ∞-ovulatis; stylo columnari, apice stigmatoso-3-lobo. Fructus siccus, 3-queter, apice 3-valvis ibique glandulis persistentibus auctus; valvis medio placentiferis. Semina breviter ovoidea v. sphærica; albumine duro; embryone ad hilum parvo intrario. — Herba foliosa[2]; « radicibus tuberosis »; foliis alternis lanceolatis crebris; floribus in cymam terminalem condensato-capituliformem dispositis; bracteis parvis. (*Chili*[3].)

IV. HYPOXIDEÆ.

59. **Hypoxis** L. — Flores hermaphroditi; receptaculo concavo germen intus adnatum fovente. Sepala epigyna foliacea v. colorata petalaque totidem conformia v. tenuiora patentia, imbricata v. induplicata. Stamina 6, imo perianthio affixa eoque breviora; filamentis brevibus erectis; antheris ovatis v. linearibus, inter lobos basifixis; loculis parallelis v. basi sagittata divergentibus, inferne plus minus profunde liberis, introrsum rimosis. Germen nisi nunc apice inferum, breve v. longiuscule cylindraceum; stylo columnari erecto, sæpius brevi, nunc basi conico; ramis stigmatosis 3, elongatis, liberis v. in massam oblongam conicamve coalitis. Loculi 3, completi v. incompleti alternipetali; ovulis in quoque ∞, 2-seriatis. Fructus sphæricus oblongus v. cylindraceus, membranaceus v. herbaceus, perianthio diu coronatus, sub apice circumcissus. Semina ∞, parva subsphærica; integumento (nigro v. fusco) crustaceo, lævi v. verruculoso, nunc varie arillato; albumine carnoso plus minus farinaceo; embryone intrario vario. — Herbæ perennes; caule subterraneo bulbiformi, tuberoso v. rhizomateo, tunicis v. fibris earum vestito; foliis basilaribus, lineari-subulatis v. brevioribus latioribus prominule nervosis; floribus

1. *Descr. nuev. pl.*, II (1873), 68. — B. H., *Gen.*, III, 737, n. 56. — PAX, *Pflanzenfam.*, 121. — BAK., *Amar.*, 159.

2. *Alstrœmeriæ* habitu.

3. Spec. 1. *L. Ovallei* PHIL. — BENTH., in *Hook. Icon.*, t. 1389.

in summo scapo gracili brevi v. elato spurie umbellatis v. racemosis, 1-pari-cymosis, nunc solitariis; bracteis angustis, nunc plus minus dense vestitis. (*Africa trop.*, *austr. et ins. or.*, *Oceania*, *Asia calid.*, *America calid. utraque.*) — *Vid. p.* 20.

60. **Curculigo** GÆRTN.[1] — Flores fere *Hypoxidis;* perianthio supra germen (*Molineria*) v. sæpius germinis rostrum tubiforme inserto, 6-partito; sepalis valvatis; petalis imbricatis v. tortis. Stamina 6, epigyna; antheris nunc in tubum coadunatis. Germen complete v. incomplete 3-loculare; stylo brevi v. longiusculo, apice stigmatoso varie dilatato-3-lobo. Ovula in loculis 2-∞. Fructus carnosus v. subsiccus indehiscens. Semina ∞, nunc pauca, varie arillata. Cætera *Hypoxidis*. — Herbæ[2] perennes v. frutescentes; rhizomate crasso, tuberoso v. cormiformi; foliis basilaribus elongatis, integris v. nunc 2-fidis plicato-venosis; floribus[3] in spicas v. racemos inter folia subsessiles v. longe stipitatos, nunc recurvos, densos, dispositis; bracteis imbricatis v. laxis, sæpius 1-floris. (*Asia*, *Africa*, *Oceania et America trop.*[4])

61. **Pauridia** HARV.[5] — Flores fere *Hypoxidis;* perianthii tubo infundibulari; lobis 6, oblongis, tubo longioribus membranaceis subæqualibus. Stamina fauci affixa 6, v. sæpius oppositipetala 3; filamentis tenuibus subulatis; antheris sagittatis inter lobos basifixis; loculis linearibus apice quoque liberis, subextrorsum v. ad margines rimosis. Germen inferum obconicum; loculis 3, ∞-ovulatis; stylo erecto, mox in ramos subulatos undique papillosos sæpeque valde inæquales 2, 3 diviso; glandulis (?) 2, 3, inæqui-capitatis longeque stipitatis supra styli basin insertis divaricatis. Fructus oblongus

1. *Fruct.*, I, 63, t. 16. — ENDL., *Gen.*, n. 1263. — BAK., in *Journ. Linn. Soc.*, XVII, 122; in *Trans. Linn. Soc.*, I, 266. — B. H., *Gen.*, III, 717, n. 4. — PAX, *Pflanzenfam.*, 121, fig. 85. — *Fabricia* THUNB., in *Fabric. It. norv.*, 29 (ex ENDL.). — *Empodium* SALISB., *Gen. pl. Fragm.*, 43. — *Forbesia* ECKL., *Verz. Pfl. Samml.*, 4. — *Molineria* COLL., *Hort. ripul.*, App. II.

2. Glabræ v. varie indutæ.

3. Flavis, parvis.

4. Spec. ad 12. JACQ., *H. schœnbr.*, t. 80 (*Gethyllis*); *Ic.*, t. 367 (*Hypoxis*). — RED., *Lil.*, t. 260 (*Hypoxis*). — ROXB., *Pl. corom.*, t. 13. — LABILL., *Sert. austro-caled.*, t. 24. — WIGHT, *Ic.*, t. 2042-2046. — KOTSCH., *Pl. Tinn.*, t. 22. — LODD., *Bot. Cab.*, t. 443. — MIQ., *Fl. ind. bat.*, III, 585. — R. BR., *Prodr.*, 290. — REG., *Gartenfl.*, t. 771. — BAK., in *Journ. Linn. Soc.*, XVII, 119 (*Mollineria*). — MAXIM., in *Engl. Jahrb.* (1885), 75. — THW., *En. pl. Zeyl.*, 324. — HOOK. F., *Fl. brit. Ind.*, VI, 278. — BENTH., *Fl. austral.*, VI, 447; *Fl. hongk.*, 366. — *Bot. Reg.*, t. 345, 754, 770. — *Bot. Mag.*, t. 770, 1076, 2034. De folliculis in genere muciparis, PIROTTA, in *Ann. Ist. bot. Rom.* (1892), 1.

5. *Gen. pl. Fl. cap.*, ed. I, 341. — BAK., in *Journ. Linn. Soc.*, XVII, 125. — B. H., *Gen.*, III, 716, n. 2. — H. BN, in *Bull. Soc. Linn. Par.*, 1137.

membranaceus, rectus v. arcuatus, 1-3-locularis; seminibus parvis sphæricis ∞. — Herbæ glabræ graciles[1]; bulbi parvi tunicis paucis fibroso-reticulatis; foliis basilaribus anguste lineari-subulatis, basi latiore vaginantibus; floribus in axi aerio brevi erecto paucis; pedunculo gracili. (*Africa austr.*[2])

V. BARBACENIEÆ.

62. **Barbacenia** VANDELL. — Flores hermaphroditi regulares; receptaculo concavo vario germen intus adnatum fovente. Perianthii regularis tubus brevis v. supra germen plus minus evolutus; limbi lobis 6, subæqualibus erecto-patentibus (coloratis); petalis nunc tenuioribus. Stamina 6-∞, quorum oppositipetala 3, alternaque 3 subæqualia, v. in phalanges 2-6-andras connata; filamentis superne gracilibus subulatis, basi extus v. ultra antheras appendicula squamiformi v. petaloidea, integra, 2-loba v. lacera, stipatis; antheris basifixis linearibus, introrsum v. ad margines rimosis. Germen inferum, extus læve v. varie rugosum echinatumve; loculis nunc apice incompletis; stylo gracili, apice stigmatoso varie dilatato, capitato-3-dymo v. obtuse 3-lobo. Ovula in loculis ∞; placentis axilibus peltatis v. stipitatis, plus minus alte 2-lobis v. lobulato-subramosis. Fructus receptaculo varie induto v. verrucoso cinctus, apice planus, cupulatus v. prominulus annuloque marginali disciformi coronatus, ab apice v. nunc a basi plus minus alte regulariterque loculicidus. Semina ∞, compressa, angulata v. plus minus late alata; albumine carnoso v. duro granulosove; embryone ad hilum parvo incluso. — Herbæ perennes v. frutices, nunc arborescentes; caule tenui v. lignoso, nunc crasso, varie ramoso; ramis inferne foliorum delapsorum vaginis persistentibus rigidis v. squarrosis imbricatisque dense obtectis. Folia alterna conferta, anguste v. late linearia, rigida, nunc elongata, apice nunc pungentia; pedunculis inter folia terminalibus solitariis v. pluribus, nunc valde elongatis. (*Brasilia*, *Guiana*, *Venezuela*, *Africa trop.*, *Madagascaria.*) — *Vid. p.* 22.

1. *Hypoxidis minuti* THUNB. adspectu.
2. Spec. 1, 2. THUNB., *Diss. Ixia*, n. 2, t. 1. — ZEYH., *Pl. cap. exs.*, n. 217 (*Ixia*). — SPACH, *Suit. à Buff.*, XIII, 115.

VI. DIOSCOREÆ.

63. **Tamus** L. — Flores diœci v. nunc polygami; receptaculo masculorum brevi; perianthii urceolato-campanulati v. demum subrotati foliolis 6-8, 2-seriatim subæqualibus (viridulis), primum imbricatis; petalis sæpe paulo majoribus. Stamina 6-8, subhypogyna; filamentis brevibus liberis; antheris brevibus subovatis; loculis introrsum v. ad margines rimosis. Gynæcæum rudimentarium centrale depressum, integrum v. breviter 3, 4-lobum. Floris fœminei receptaculum ovoideum sacciforme germen intus omnino adnatum fovens; perianthii superi foliolis quam in flore masculo sæpius angustioribus. Staminodia 6-8, minuta, forma varia v. 0. Germen inferum, 3-loculare; stylo brevi erecto; ramis stigmatosis recurvis 3, emarginatis v. 2-lobulatis. Ovula in loculis 2, demum descendentia superposita; micropyle primum extrorsum supera. Fructus baccatus, cicatrice apicali perianthii notatus. Semina pauca v. 1, sphærica v. ovoidea; albumine continuo duro; embryone parvo juxta hilum incluso oblongo. — Herbæ perennes; rhizomate tuberoso crasso carnoso; ramis annuis herbaceis gracilibus volubilibus; foliis alternis petiolatis integris v. 3-lobis, basi cordata digitinervibus reticulato-venosis; floribus in racemos axillares dispositis; racemis cymigeris; cymis contractis 1-paris ad bracteas alternas axillaribus; inflorescentiis fœmineis brevioribus paucifloris. (*Europa et Asia temp., Africa bor. et ins. occid.*) — *Vid. p.* 25.

64. **Dioscorea** PLUM.[1] — Flores (*Tami*) monœci, diœci v. rarius (*Borderea*[2]) polygami. Stamina 6, centralia v. sub gynæcei rudimento vario inserta, nunc ima basi in columnam brevem connata, aut fertilia omnia, aut sterilia 3, ad staminodia reducta. Staminodia in flore fœmineo 3-6, v. 0. Germen inferum, 3-loculare, 3-quetrum; styli ramis liberis v. basi connatis, apice stigmatoso simplicibus v. 2-fidis reflexis. Ovula in loculorum angulo interno superposita;

1. L., *Gen.*, ed. I, n. 754; ed. VI, n. 1122. — J., *Gen.*, 42. — GÆRTN., *Fruct.*, t. 17, fig. 4. — K., *Enum.*, V, 325. — ENDL., *Gen.*, n. 1201. — B. H., *Gen.*, III, 742, n. 1. — PAX, *Pflanzenfam.*, 133. — *Helmia* K., *Enum.*, V, 414. — *Hamatris* SALISB., *Gen. pl. Fragm.*, 11. — *Merione* SALISB. — *Polynome* SALISB. — *Strophis* SALISB. — *Elephantodon* SALISB., *loc. cit.*, 12. — ? *Sismondea* DELP., in *Mem. Ac. Tor.*, ser. 2, XIV, t. 1.

2. MIÈGEV., in *Bull. Soc. bot. Fr.*, XIII, 374. — GREN., in *Bull. Soc. bot. Fr.*, XIII, 380, t. 1. — PAX, *loc. cit.*, n. 1. — *Epipetrum* PHIL., in *Linnæa*, XXXIII, 253.

micropyle extrorsum supera. Fructus siccus; angulis plus minus nunc valde prominentibus aliformibus; loculis dorso solutis v. nunc a costa dorsali sejunctis. Semina in loculo 1, 2, valde compressa, circumcirca, deorsum v. apice alata, nunc exalata; albumine in nucleo valde compresso suborbiculari v. irregulari carnoso v. duro, in laminas 2 solubili; embryone[1] inter laminas parvo ad hilum propinquo; cotyledone subterminali sæpius dilatata. — Herbæ perennes; tubere epigæo v. hypogæo vario, nunc magno; ramis herbaceis alte scandentibus volubilibus, raro humilibus procumbentibus (*Borderea*); foliis alternis v. oppositis, sæpe cordatis, nunc digitatis; inflorescentia (sæpe *Tami*) variabili; floribus[2] ad axillas bractearum cymosis v. solitariis; bracteola ad florem solitarium sæpe laterali 1. (*Orbis utriusque reg. calid., America extratrop., Reg. Medit.*[3])

65? **Testudinaria** SALISB.[4] — Flores (*Dioscoreæ*[5]) diœci v. polygami; perianthio masculo 6-fido. Sepala petalaque fœminea libera. Staminodia fructusque *Dioscoreæ;* seminibus sursum alatis. — Plantæ longævæ; caudice epigæo magno hemisphærico solido carnoso-lignoso, dense tesselato-lobato; ramis tenuibus alte scandentibus; foliis alternis deltoideis v. caudatis; inflorescentiis axillaribus cæterisque *Dioscoreæ*. (*Africa austr.*[6])

66. **Rajania** L.[7] — Flores (*Dioscoreæ*) diœci; perianthio masculo nunc profunde 6-fido. Stamina plus minus alte affixa. Germen rudimentarium depressum breviter pulvinato-3-lobum. Perianthii fœminei foliola libera. Staminodia minuta v. 0. Germen 3-loculare; loculis 2

1. BECC., in *N. Giorn. bot. ital.*, II, 149. — SOLMS, in *Bot. Zeit.* (1878), t. 4.

2. Parvis inconspicuis, viridulis, luteolis, albidis v. purpurascentibus.

3. Spec. ad 120. L., *H. Cliff.*, t. 28. — JACQ., *Ic. rar.*, t. 626, 627. — SALISB., *Par.*, t. 17. — GRISEB., in *Mart. Fl. bras.*, III, I, 25, t. 6. — WIGHT, *Ic.*, t. 810-815, 879, 2060. — COLL., *Pl. chil. rar.*, in *Mem. Ac. Tor.*, XXIX, 12, t. 51, fig. 2. — C. GAY, *Fl. chil.*, VI, 50. — HOOK., *Icon.*, t. 678. — HOCHST., in *Flora* (1844), *Beil.*, 3 (*Botriosycios*). — VELL., *Fl. flum.*, Atl., X, t. 121. — WAWR., in *Pr. Max. Reis.*, t. 88. — PHIL., in *Linnæa*, XXIX, 64; XXXIII, 254. — HEMSL., *Bot. centr.-amer.*, III, 353; in *Journ. Linn. Soc.*, XX, 333. — S.-WATS., in *Proc. Amer. Acad.*, XXII, 458. — MAUR., in *Journ. Mor.* (1889), 267, fig. 11. — BAK., in *Journ. Linn. Soc.*, XX, 271; XXII, 85, 528. — FRANCH. et SAV., *En. pl. jap.*, II, 46. — FRANCH., *Pl. David.*, I, 300. — HOOK. F., *Fl. brit. Ind.*, VI, 288. — ENGL., *Hochgebirschfl. trop. Afr.*, 171. — BENTH., *Fl. hongk.*, 367. — BOISS., in *Rev. hort.* (1893), 15. — ALB., in *Bull. Herb. Boiss.*, I, 263. — *Hook. Icon.*, t. 1398, 1868. — *Bot. Mag.*, t. 2825, 6409.

4. In *Burch. Trav.*, II, 147. — SPRENG., *Gen.*, II, 708 (*Sarmentaceæ*). — HERB., *Amar.*, 67, 122 (*Agaveæ*). — K., in *Abh. Berl. Akad.* (1848), 55; *Enum.*, V, 440. — B. H., *Gen.*, III, 744, n. 2. — PAX, *Pflanzenfam.*, 135, fig. 92.

5. Cujus potius sectio?

6. Spec. 2. *Bot. Reg.*, t. 921. — *Bot. Mag.*, t. 1347 (*Tamus*).

7. *Gen.*, ed. I, n. 753; ed. VI, n. 1121. — J., *Gen.*, 43 (*Asparageæ*). — GÆRTN., *Fruct.*, I, t. 14. — ENDL., *Gen.*, n. 1200. — K., *Enum.*, V, 415. — HERB., *Amar.*, 68, 123 (*Agaveæ*). — B. H., *Gen.*, III, 744, n. 3. — PAX, *Pflanzenfam.*, 136.

sterilibus plus minus evolutis; tertio 2-ovulato. Fructus ad carpellum alatum 1 reductus, ala membranacea erecta oblongo-trapezoidea v. subfalcata coronatus; alis carpellorum sterilium plus minus evolutis ad basin lateralibus summoque receptaculo arcuato et perianthii reliquias siccatas superatis. Semen compressum exalatum cæteraque *Dioscoreæ*. — Plantæ perennes volubiles; foliis cordato-hastatis v. linearibus inflorescentiisque *Dioscoreæ*. (*Antillæ*[1].)

67. **Stenomeris** PL.[2] — « Flores hermaphroditi; perianthii tubo supra germen urceolato; fauce nunc constricta et intus annulo prominulo aucta; limbi lobis linearibus v. setaceo-acuminatis subcirrhiformibus. Stamina 6, sub apice tubi 1-seriatim affixa deflexa; filamentis brevibus; antherarum connectivo ultra loculos in appendicem filiformem cum stigmate adhærentem (*Nematanthera*[3]) v. (*Mystranthera*[4]) in appendicem filiformem apice abrupte cochleatam producto. Germen inferum, 3-loculare; stylo brevi crasso obpyramidato, 3-ptero; lobis lateralibus longitudinaliter sulcatis. Ovula in loculis ∞, 2-seriatim superposita. Fructus breviter stipitatus, valde elongatus, primum perianthio marcescente coronatus, longitudinaliter 3-alatus. Semina[5] ∞, ala membranacea semipellucida instructa, circuitu securiformia, compressa, ad embryonem utrinque lineari-oblongo-impressa; impressione longitudinaliter 3, 4-sulca. — Herbæ perennes volubiles glabræ (siccitate nigrescentes); foliis alternis petiolatis cordato-acuminatis, dissite ∞-nervibus; venis transversis ∞; inflorescentiis axillaribus laxis composite racemosis. (*Ins. Philippin.*[6]) »

68? **Oncus** LOUR.[7] — « Flores hermaphroditi; perianthii subcampanulati pilosi tubo oblongo, 6-gono; fauce ampliata; limbi parvi reflexi lobis subulatis 6. Stamina 6, imis lobis affixa; filamentis brevissimis; antheris minimis subrotundis. Germen[8] oblongum, 6-sulcum; styli brevis ramis oblongis reflexis, apice 2-fidis. Fructus[9] baccatus, 6-gonus; seminibus subrotundis ∞. — Frutex scandens ramosus

1. Spec. 5, 6. PLUM., *Amer.*, ed. BURM., t. 155. — GRISEB., *Fl. brit. W.-Ind.*, 588. — BENTH., in *Hook. Icon.*, t. 1392.

2. In *Ann. sc. nat.*, sér. 3, XVIII, 319. — B. H., *Gen.*, III, 745, n. 5. — PAX, *Pflanzenfam.*, 136. — TAUB., in *Engl. Jahrb.* (1893), n. 38. — *Halloschulzia* O. K., *Revis.*, 705.

3. TAUB., *loc. cit.*

4. TAUB., *loc. cit.*

5. « Brunnea, reticulato-venosa. »

6. Spec. 2. BECC., in *N. Giorn. bot. ital.*, II, 8, t. 2. — WALP., *Ann.*, VI, 41.

7. *Fl. cochinch.*, 194. — ENDL., *Gen.*, n. 1203. — K., *Enum.*, V, 456. — B. H., *Gen.*, III, 745, n. 7. — PAX, *Pflanzenfam.*, 136. — *Oncorhiza* PERS., *Syn.*, I, 374.

8. « Media parte tubo perianthii coalitum. »

9. « Corallinus. »

ecirrhosus; tubere maximo ovoideo inæquali farinoso; foliis alternis subrotundis cordato-acuminatis; spicis subterminalibus tenuibus laxis; bracteis 2 parvis basin perianthii amplectentibus. (*Cochinchina*[1].) »

69. **Petermannia** F. MUELL.[2] — Flores hermaphroditi; perianthio supra germen subpartito; foliolis 6, æqualibus, v. inferioribus angustioribus, oblongis patenti-reflexis. Stamina 6, imis foliolis affixa; filamentis brevibus; antheris erectis oblongis extrorsis. Germen inferum ovoideum, 1-loculare; placentis parietalibus 3, ∞-ovulatis; stylo columnari erecto, apice stigmatoso capitato. Fructus baccatus. — Frutex ramosus scandens; caule sæpe minute aculeato; foliis alternis petiolatis oblongo-lanceolatis acuminatis rigidis; nervis pennatis v. parallelis ∞, reticulato-venosis; floribus in racemulos laxe cymulosos laterales v. oppositifolios dispositis; rhachi flexuosa, nunc in cirrhum ramosum mutata. (*Australia*[3].)

70. **Trichopus** GÆRTN.[4] — Flores hermaphroditi regulares; receptaculo lageniformi germen inferum concavitate omnino adnatum fovente; collo brevi apice perianthium campanulatum alteque 6-fidum gerente. Stamina 6, imo perianthio affixa; filamentis brevissimis; antheris latis brevibus; connectivo ultra loculos in appendicem rectam producto. Ovula in loculis 2, superposita descendentia. Fructus ovoideo-3-queter perianthio emarcido coronatus, submembranaceus indehiscens. Semina oblonga crassa rugoso-subruminata, hinc profunde involuto-sulcata fissura media transversa notata; albumine cartilagineo; embryone prope ad hilum incluso. — Herba perennis; rhizomate horizontali brevi; ramis aeriis brevibus erectis simplicibus et apice nunc radicante flores pedicellatos cymosos gerente cum folio 1 petiolato, cordato-ovato v. lineari-lanceolato, nunc 3-angulari, 3-7-nervato reticulato-venoso[5]. (*India or.*, *Zeylania*[6].)

1. Spec. 1. *O. esculentus* LOUR. (An congen. *Stenomeris* ?).

2. In *Benth. Fl. austral.*, VI, 462; *Fragm. phyt. Austral.*, II, 176. — B. H., *Gen.*, III, 746, n. 8. — PAX, *Pflanzenfam.*, 136.

3. Spec. 1, *Smilacearum* habitu. *P. cirrhosa* F. MUELL. — *Hook. Icon.*, t. 1391.

4. *Fruct.*, I, 44, t. 14. — B. H., *Gen.*, III, 745, n. 6. — BECC., in *N. Giorn. bot. ital.*, II, 13. — PAX, *Pflanzenfam.*, 136. — *Trichopodium* LINDL., *Bot. Reg.*, sub t. 1543. — ENDL., *Gen.*, n. 2165. — *Podianthus* SCHNITZL., in *Bot. Zeit.* (1843), 739.

5. Genus sæpe ad *Aristolochieas*, ob habitum ramosque fere *Asari*, relatum.

6. Spec. 1. *T. zeylanicum* GÆRTN. — BEDD., *Ic. pl. ind. or.*, t. 290. — HOOK. F., *Fl. brit. Ind.*, VI, 297. — *Trichopodium zeylanicum* THW., *En. pl. Zeyl.*, 291, 443. — *T. cordatum* LINDL. — *T. intermedium* LINDL. — *T. angustifolium* LINDL. — *Podianthus arifolius* SCHNITZL.

VII. CONOSTYLEÆ.

71. **Conostylis** R. Br. — Flores hermaphroditi regulares; receptaculo subcampanulato germen totum v. ex parte concavitate fovente; tubo ultra germen breviter cylindraceo, nunc raro brevissimo; limbi lobis 2-seriatis, haud contiguis v. induplicatis; petalis sæpe angustioribus, margine tenuioribus. Stamina 6, tubo affixa; filamentis brevibus cum connectivo continuis; antheris lineari-oblongis; loculis adnatis distinctis, introrsum rimosis. Germen apice conico v. altius liberum, 3-loculare; stylo tubuloso, apice stigmatoso 3-dentato v. breviter 3-fido. Ovula in loculis ∞, placentæ stipitatæ v. peltatæ affixa. Fructus apice libero loculicidus. Semina oblonga rugulosa; embryone prope hilum parvo, albumine carnoso vix intruso. — Herbæ perennes; rhizomate stolonifero v. prolifero; ramis aeriis variis; foliis ad basin confertis, sæpe distichis, linearibus subteretibus, v. a latere complanatis rigidulis; scapo inter folia brevi, 1, 2-floro, v. elongato ramoso squamato; floribus in cymas densas v. glomerulos spurie capitatos dispositis, cum inflorescentia varie tomentosis v. plumosovillosis. (*Australia.*) — *Vid. p.* 27.

72. **Styloconus** H. Bn[1]. — Flores fere *Conostylidis;* perianthii cylindracei receptaculum obconicum superantis tubo longo crasso subcoriaceo, extus stellato-tomentoso, intus lamina tenui adnata disciformi induto. Lobi 6, cum tubo continui dentiformi-3-angulares, valvati v. subinduplicati. Stamina 6, ad imos dentes affixa[2]; filamentis brevissimis ovato-acuminatis; antheris ovato-oblongis, inter lobos basifixis; loculis basi liberis, introrsum rimosis. Germen nisi apice conico perianthio intus adnatum semi-inferum, ast inter angulos liberum[3]; stylo tenui erecto tubuloso, apice stigmatoso exserto vix incrassato obtuseque 3-lobulato. Ovula in loculis ∞, placentæ axili adnatæ affixa descendentia. Fructus perianthio persistente inclusus apiceque conico loculicidus; seminibus paucis oblongis striatis. — Herba perennis; rhizomate longe radicante; ramis aeriis brevibus simplicibus v. basi ramulosis; foliis basilaribus distichis equitantibus

1. *Blancoa* Lindl., *Swan Riv. App.*, 45 (non Bl., non Wendl.). — Endl., *Gen.*, n. 1258[1]. — B. H., *Gen.*, III, 676, n. 13. — Pax, *Pflanzenfam.*, 124.

2. In tubo decurrenti-adnata.

3. Foveolæ unde inter germen receptaculumque profundæ 3, superne plus minus late hiantes, dorso sæpius compressæ.

confertis lineari-subulatis integris rigidulis, a latere complanatis; floribus[1] subpendulis in racemum spurium brevem simplicem v. parce ramosum dispositis. (*Australia austro-occid.*[2])

73. **Tribonanthes** ENDL.[3] — Flores fere *Conostylidis;* perianthii foliolis 6, basi in tubum brevem connatis; limbis brevibus patulis v. longioribus reflexis. Stamina 6, brevia erecta, in tubum decurrenti-adnata; antheris sagittatis erectis introrsis, lamina dorsali subintegra v. dentata, tenui vel crassa, auctis. Germen ex parte inferum, apice conico liberum cumque stylo sæpius brevi tubuloso productum. Ovula ∞, placentæ axili prominulæ affixa. Fructus perianthio inclusus loculicidus; seminibus ∞, compressis obovatis. — Herbæ perennes; rhizomate brevi tubera plura gerente; ramis aeriis simplicibus erectis; foliis linearibus paucis; floribus in summo ramo terminalibus, solitariis v. capituliformi-cymosis; bracteis variis cum floribus et inflorescentia dense varieque vestitis[4]. (*Australia austro-occid.*[5])

74. **Phlebocarya** R. BR.[6] — Flores fere *Conostylidis;* perianthii foliolis 6, oblongis subæqualibus receptaculi margini supra germen affixis. Stamina 6, imis foliolis interiora; filamentis brevibus acuminatis; antheris lineari-oblongis basifixis erectis; loculis margine v. subintrorsum rimosis. Germen inferum, apice conico tantum liberum et in stylum subulatum apice stigmatoso vix incrassatum productum. Septa inter loculos 3, cito ex parte evanida; placenta unde spurie centralis. Ovula in loculis solitaria, columnæ centrali ex parte adnata. Fructus indehiscens perianthio coronatus. Semen sæpius fertile 1, albuminosum; cæteris rudimentariis abortivis. — Herbæ perennes, sæpius pilosæ; rhizomate brevi; foliis basilaribus fasciculatis lineari-subulatis rigidulis, sæpe ciliatis; ramis aeriis folio brevioribus tenuibus ramulosis; floribus eorum ad apices laxe v. dense composito-cymosis. (*Australia austro-occid.*[7])

1. Majusculis, dense vestitis.
2. Spec. 1. *S. canescens*. — *Blancoa canescens* LINDL. — ENDL., in *Lehm. Pl. Preiss.*, II, 24. — BENTH., *Fl. austral.*, VI, 441. — *Conostylis canescens* F. MUELL., *Fragm.*, VIII, 19.
3. *Nov. stirp. Dec.*, 27; *Gen.*, n. 1259; *Iconogr.*, t. 109. — B. H., *Gen.*, III, 675, n. 11. — PAX, *Pflanzenfam.*, 124.
4. Sæpius albidis.
5. Spec. 5. LINDL., *Swan Riv. App.*, 44. — ENDL., in *Lehm. Pl. Preiss.*, II, 27. — BENTH., *Fl. austral.*, VI, 426.
6. *Prodr.*, 301. — ENDL., *Gen.*, n. 1260. — B. H., *Gen.*, III, 675, n. 10. — PAX, *Pflanzenfam.*, 123.
7. Spec. 3. ENDL., in *Lehm. Pl. Preiss.*, II, 29. — BENTH., *Fl. austral.*, VI, 424; in *Hook. Icon.*, t. 1175, 1176.

75. **Anigozanthos** LABILL.[1] — Flores plus minus zygomorphi v. subregulares; perianthii tubo cylindraceo plus minus incurvo, extus tomentoso[2], hinc nunc profunde fisso[3], lamina subglandulosa intus vestito[4]; lobis 6, æqualibus v. inæqualibus, demum 1-seriatis[5], valvatis. Stamina 6, e summo tubo emergentia; filamentis brevibus; antheris ovatis v. oblongis subbasifixis; connectivo dorso incrassato, apice varie appendiculato; loculis introrsis, longitudinaliter rimosis[6]. Germen inferum, apice plano v. convexo radiatim 3-sulcum[7]; stylo gracili elongato, apice stigmatoso leviter incrassato obscureque 3-lobo. Ovula ∞, loculorum angulo interno inserta, incomplete anatropa; micropyle extrorsum infera; chalaza incrassata. Capsula intra perianthium persistens, ad apicem loculicida. Semina ∞, perfecta pauca, extus striata v. rugosa; albumine copioso. — Herbæ perennes; rhizomate crasso; foliis plerumque basilaribus linearibus, nunc teretibus, alternis; floribus[8] ad summum pedunculum ramosum in cymas uniparàs dispositis. (*Australia austro-occid.*[9])

76. **Macropidia** DRUMM.[10] — Flores fere *Anigozanthi;* perianthii tubulosi limbo valde obliquo; lobis 6, angustis demumque patentibus, subvalvatis. Stamina 6, fauci affixa; filamentis longe subulatis; antheris lineari-oblongis. Germen inferum, 3-loculare, vertice truncatum; stylo gracili elongato, ad apicem stigmatosum clavato. Ovula in loculis solitaria ventrifixa. « Fructus siccus, demum a basi 3-valvis; septis crassis duplicatis induratis et in axi post semina delapsa persistentibus. Semina 3-quetra cum valvis adnatis sigillatim decidua; albumine carnoso; embryone ad basin minuto. » — Herbæ perennes; rhizomate, ramis aeriis cæterisque *Anigozanthi;* foliis longis ensiformibus striatis; floribus[11] in cymas 1-laterales secus ramos dichotomos

1. *Voy.*, 409, t. 22. — ENDL., *Gen.*, n. 1257. — B. H., *Gen.*, III, 676, n. 14. — H. BN, in *Bull. Soc. Linn. Par.*, 595. — PAX, *Pflanzenfam.*, 124, fig. 67, 86. — *Anigosia* SALISB., in *Trans. Hort. Soc. lond.*, I, 327. — *Schwægrichenia* SPRENG., *Syst.*, II, 26.

2. Indumento piloso-lanato.

3. Fissura inter stamina 2 concavitati tubi respondente loculumque germinis medium superante.

4. Androcæi forte basi adnata.

5. Petalis nihilominus post calycem ortis.

6. Antheris nunc tarde apiculatis.

7. Gland la septali evoluta sulco cuique respondente.

8. Viridulis, flavescentibus, rubris v. purpurascenti-fuscatis, nunc speciosis.

9. Spec. 6. RED., *Lil.*, t. 176. — SALISB., *Par. lond.*, t. 97. — LINDL., *Swan Riv. App.*, t. 6. — SWEET, *Brit. fl. Gard.*, ser. II, t. 265. — LEME, *Jard. fleur.*, t. 40. — MAUND, *Bot.*, t. 67. — PAXT., *Mag.*, V, 271, c. ic. — R. BR., *Prodr.*, 301. — ENDL., in *Lehm. Pl. Preiss.*, II, 25. — *Bot. Reg.*, t. 2102; (1838), t. 37. — *Bot. Mag.*, t. 1151, 3875, 4180, 4507.

10. In *Hook. Kew Journ.*, VII, 57. — B. H., *Gen.*, III, 677, n. 15. — PAX, *Pflanzenfam.*, 124.

11. Speciosis, indumento plumoso-lanato plus minus atrato, uti inflorescentia plerumque fere tota, obtectis.

inflorescentiæ valde composito-ramosæ dispositis. (*Australia austro-occid.*[1])

77. **Lanaria** AIT.[2] — Flores fere *Conostylidis;* perianthio ultra germen tubuloso; lobis longioribus 6; petalis paulo longioribus. Stamina 6; filamentis subulatis lobis adnatis; antheris dorsifixis oblongis versatilibus, introrsum rimosis. Germen receptaculi concavitati nisi summo apice adnatum; loculis incompletis 3; stylo subulato, apice stigmatoso breviter 3-lobo. Ovula in loculis 2, collateraliter adscendentia; micropyle extrorsum infera. Fructus perianthio coronatus, indehiscens v. vix dehiscens. Semen 1, sphæricum; testa[3] coriaceo-subcrustacea; albumine carnoso; embryone minuto. — Herbæ perennes; rhizomate brevi lignoso; ramis aeriis simplicibus basi foliorum reliquiis obtectis. Folia subbasilaria linearia plana rigida venosa; inflorescentia[4] terminali valde composite racemosa; ramis cymigeris racemuliformibus. (*Africa austr.*[5])

78. **Lophiola** KER.[6] — Flores fere *Conostylidis;* perianthii campanulati lobis 6, longiuscule acutatis, valvatis. Stamina 6, imis lobis affixa iisque breviora; filamentis longiusculis subulatis; antheris oblongis, basi inter lobos breves affixis oblongis introrsis, demum plus minus recurvis. Germen ex parte inferum, apice conico liberum; stylo gracili tubuloso, apice stigmatoso vix incrassato. Ovula ∞, placentæ axili adnatæ 2-seriatim affixa adscendentia. Fructus perianthio inclusus, ab apice loculicidus; seminibus adscendentibus ∞, rectis v. arcuatis[7]; albumine carnoso; embryone ad basin leviter intruso. — Herba perennis; rhizomate stolonifero; foliis basilaribus paucis distichis equitantibus linearibus; floribus in racemum terminalem compositum subcorymbosum dispositis; ramis cymigeris; cymis ex parte 1-paris; inflorescentia tota dense albido-lanata. (*America bor.*[8])

1. Spec. 1. *M. fumosa* DRUMM. — BENTH., *Fl. austral.*, VI, 447. — *Anigozanthos fuliginosus* HOOK., *Bot. Mag.*, t. 4291.

2. *H. kew.*, I, 462. — RŒM. et SCH., *Syst.*, VII, 294. — ENDL., *Gen.*, n. 1256. — SCHNITZL., *Iconogr.*, I, t. 62. — B. H., *Gen.*, III, 675, n. 9. — PAX, *Pflanzenfam.*, 123. — *Argolasia* J., *Gen.*, 60. — *Augea* RETZ., *Obs.*, V, 3 (nom.).

3. Nigra nitida.

4. Dense lanata; pilis plumosis nunc cum membrana florum exteriore solutis.

5. Spec. 1. *L. plumosa* AIT. — *Argolasia lanata* LAMK, *Ill.*, t. 34.

6. In *Bot. Mag.*, t. 1596 (1814). — ENDL., *Gen.*, n. 1252. — HERB., *Amar.*, 65, 86. — SPRENG., *Syst.*, II, 27. — RŒM. et SCHULT., *Syst.*, VII, 282. — B. H., *Gen.*, III, 677, n. 16. — PAX, *Pflanzenfam.*, 124.

7. Extus albidis.

8. Spec. 1. *L. americana*. — *L. aurea* KER. — A. GRAY, *Man.*, ed. V, 514. — *Conostylis americana* PURSH, *Fl. bor.-amer.*, t. 6.

79. **Conanthera** R. et PAV.[1] — Flores[2] regulares; receptaculo obconico-infundibulari, germen intus ad dimidium concavitati adnatum fovente. Perianthii receptaculi margini inserti tubus brevis v. brevissimus; lobi 6, subæquales, imbricati, demum patentes v. reflexi. Stamina 6; filamentis brevibus perianthii tubo adnatis; antheris lineari-lanceolatis in tubum conniventibus; connectivo ultra loculos in acumen integrum v. 2-fidum producto; loculis longitudinaliter rimosis conniventibus. Germen semi-inferum; stylo subulato, apice stigmatoso parvo. Ovula in loculis ∞, 2-seriata, subhorizontalia v. obliqua. Fructus magna ex parte liber, ovoideo-3-queter, apice loculicidus. Semina pauca ovoidea; albumine carnoso; embryone longiuscule intruso. — Herbæ perennes; bulbo tunicato; tunicis fibroso-reticulatis; foliis paucis basilaribus linearibus; inflorescentia terminali laxe ramosa; cymis ad ramulos laxis racemiformibus bracteatis. (*Chili*[3].)

80. **Tecophilæa** BERT.[4] — Flores[5] subregulares; receptaculo obovoideo concavo, germen concavitati adnatum fovente. Perianthii tubus receptaculi margini insertus cylindraceus; limbi demum patentis lobis 6, 2-seriatis subæqualibus imbricatis; sepalis nunc apiculatis. Stamina 6, fauci affixa, quorum perfecta 3, 1-lateralia; filamentis brevissimis; antherarum hinc basi calcaratarum loculis confluentibus, utrinque ab apice breviter rimosis. Staminodia 3, altero latere affixa erecta oblonga apiculata. Germen fere omnino inferum, apice conico solo liberum; stylo tenui, apice parum inæqui-incrassato stigmatoso. Ovula in loculis 3 completis v. incompletis ∞, 2-seriata. Fructus vertice loculicidus; seminibus ∞, carnoso-albuminosis; embryone longiuscule intruso. — Herbæ perennes; bulbo fibroso-tunicato; foliis basilaribus paucis v. 1, lineari-lanceolatis, basi longe vaginantibus; scapo inter folia parvo aphyllo, 1- v. paucifloro. (*Chili*[6].)

1. *Fl. per. et chil.*, III, 68, t. 301. — ENDL., *Gen.*, n. 1156. — B. H., *Gen.*, III, 679, n. 22. — PAX, *Pflanzenfam.*, 122. — H. BN, in *Bull. Soc. Linn. Par.*, 1096 *h*. — *Cumingia* DON, in *Sweet Brit. fl. Gard.*, t. 257; ser. II, t. 88.
2. Cærulei, elegantes.
3. Spec. ad 3. MIERS, in *Trans. Linn. Soc.*, XXIV, 506, 507, t. 51. — BAK., in *Journ. Linn. Soc.*, XVII, 493. — HOOK., *Exot. Fl.*, t. 214. — C. GAY, *Fl. chil.*, 129; 130 (*Cummingia*).—LODD., *Bot. Cab.*, t. 904. — *Bot. Reg.*, t. 1193. — *Bot. Mag.*, t. 2496.
4. COLL., in *Mem. Acad. sc. torin.*, XXXIX, 19, t. 55. — ENDL., *Gen.*, n. 1248[1]. — B. H., *Gen.*, III, 680, n. 25. — PAX, *Pflanzenfam.*, 122. — *Distrepta* MIERS, *Trav. chil.*, II, 529; in *Trans. Linn. Soc.*, XXIV, 504. — *Phyganthus* PŒPP. et ENDL., *Nov. gen. et. spec.*, II, 71, t. 200. — *Pœppigia* KZE, in *Reichb. Consp.*, 212[a] (non *alior.*).
5. Cærulei, suaveolentes.
6. Spec. 2. C. GAY, *Fl. chil.*, VI, 35. — BAK., in *Journ. Linn. Soc.*, XVII, 495. — REG., *Gartenfl.*, t. 718. — *Boll. Soc. ort. ital.*, IX, t. 6.

81. **Zephyra** DON.[1] — Flores[2] fere *Conantheræ;* receptacul obconico concavo angulato; perianthii basi anguste tubulosi limbo dilatato; lobis 6, oblongis, 2-seriatim subæqualibus. Stamina 6, fauci affixa, 2-morpha, scilicet 2, 3 ad staminodia reducta linearia apiculata; perfecta autem 3, 4, quorum sæpe collateralia 3; filamentis brevibus; antheris suberectis, sub medio dorsifixis, ovoideis, basi intus calcaratis; loculis confluentibus, ab apice breviter v. longiuscule rimosis. Germen basi inferum et receptaculi concavitati ibi adnatum, cæterum liberum, 3-loculare; stylo subulato, apice stigmatoso tenui; ovulis in loculo ∞, 2-seriatis. Fructus ovoideo-3-queter, basi turbinata receptaculo adnatus, loculicidus. Semina ovoidea ∞; albumine carnoso; embryone longiuscule intruso. — Herba perennis; « rhizomate profunde hypogæo; caule aerio erecto, superne ramoso; foliis paucis linearibus, v. infimis lanceolatis, basi longe vaginatis; cymis laxis corymbiformibus compositis. » (*Chili*[3].)

82. **Cyanella** L.[4] — Flores irregulares v. subregulares; receptaculo hemisphærico-cupulari germinis basin adnatam intus fovente. Perianthium margini insertum, basi annulari gamophyllum; foliolis membranaceis cæterum subæqualibus patentibus. Stamina 6, perianthii annulo adnata, aut æqualia, aut sæpius inæqualia dimorpha; uno plerumque majore; filamentis brevibus erectis; antheris subbasifixis lineari-elongatis, apice obtuso (v. in stamine maximo 2-apiculato) breviter 2-valvatim dehiscentibus[5]; loculis parallelis introrsum longitudinaliter 1-sulcatis. Germen semi-inferum; stylo erecto, apice stigmatoso parvo. Ovula in loculis ∞[6], 2-seriatim adscendentia. Fructus ovoideo-3-queter, loculicidus. Semina ovoidea; albumine carnoso; embryone intruso. — Herbæ perennes; bulbo fibroso-tunicato; foliis basilaribus, v. superioribus paucis, lineari-lanceolatis; ramis aeriis simplicibus v. parce ramosis; floribus laxe spurieque racemosis cymosis; bracteis parvis v. 0. (*Africa austr.*[7])

1. In *Edinb. N. Phil. Journ.*, XIII, 236. — MIERS, in *Trans. Linn. Soc.*, XXIV, 503, t. 53. — BAK., in *Journ. Linn. Soc.*, XVII, 495. — B. H., *Gen.*, III, 680, n. 24. — PAX, *Pflanzenfam.*, 122. — *Dicolus* PHIL., *Descr. pl. nuev.*, II (1873), 74.
2. Cærulei, pulchelli.
3. Spec. 1. *Z. elegans* DON.
4. *Syst.*, ed. X, 985 (1759); *Gen.*, ed. VI, n. 420. — GÆRTN., *Fruct.*, t. 17. — ENDL., *Gen.*, n. 1144. — K., *Enum.*, IV, 635. — BAK., in *Journ. Linn. Soc.*, XVII, 496. — B. H., *Gen.*, III, 679, n. 23. — PAX, *Pflanzenfam.*, 122. — *Trigella* SALISB., *Gen. pl. Fragm.*, 46. — *Pharetrella* SALISB., *loc. cit.*, 47.
5. Sic dictis poricidis.
6. Albis, roseis, violaceis v. flavis.
7. Spec. 4, 5. JACQ., *Ic. rar.*, t. 447; *H. vindob.*, II, t. 35. — RED., *Lil.*, t. 373. — ANDR., *Bot. Rep.*, t. 141. — LODD., *Bot. Cab.*, t. 732. — SAUND., *Ref. bot.*, t. 259. — *Bot. Reg.*, t. 1111. — *Bot. Mag.*, t. 568, 1252.

83. **Cyanastrum** Oliv.[1] — Flores fere *Conantheræ;* receptaculo breviter cupulari[2]; perianthii foliolis 6, æqualibus ovato-oblongis patentibus. Stamina 6, fertilia, imis foliolis affixa; filamentis subulatis; antheris basifixis linearibus, basi 2-dentatis, apice 2-poricidis. Germen receptaculi cupulæ semi-adnatum, superne liberum, 3-lobum; stylo inter lobos centrali gracili, apice stigmatoso 3-dentulato. Ovula in loculis 2, collateraliter adscendentia anatropa; micropyle extrorsum infera. Fructus...? — Herba perennis; bulbis solidis in rhizomate superpositis subsphæricis nudis; folio in ramis aeriis singulis 1, longe petiolato, ovato-cordato; nervis arcuatis; venulis transversis; foliis incompletis paucis v. 1 in ramo inferioribus ad vaginam reductis; floribus[3] in summo ramo racemosis paucis v. 1, 1-bracteatis; pedicello bracteæ nunc adnato. (*Africa trop. occid.*[4])

84. **Aletris** L.[5] — Flores fere *Conostylidis;* receptaculo obconico germen ex parte (nunc minima) concavitate fovente. Perianthium margini receptaculi insertum gamophyllum, tubulosum v. subcampanulatum; lobis 6, brevibus erectis; exterioribus sæpe crassioribus apiceque glandula auctis. Stamina 6, ad loborum basin affixa; filamentis brevissimis; antheris dorsifixis introrsis, 2-rimosis. Germen basi v. ad medium inferum; stylo brevi v. elongato, apice stigmatoso obtuso, crassiusculo v. 3-lobulato. Ovula ∞, placentæ ellipsoideo-oblongæ subpeltatæ affixa. Fructus inclusus, basi inferus, loculicidus; seminibus ∞, parvis oblongis albuminosis. — Herbæ perennes; rhizomate brevi; radicibus fasciculatis; foliis basilaribus linearibus v. lanceolatis; caudice aerio simplici, cæterum aphyllo; floribus[6] in spicam terminalem dispositis crebris, breviter pedicellatis, 1-bracteatis et lateraliter 1-bracteolatis. (*America bor., Asia austro-or., Borneo*[7].)

85. **Odontostomum** Torr.[8] — Flores fere *Aletridis;* receptaculo vix concavo imumque germen fovente. Perianthii tubus longe cylin-

1. In *Hook. Icon.*, t. 1965 (non Cass.).
2. Sub cupula hemisphærico carnosulo.
3. Cæruleis, pulchellis.
4. Spec. 1. *C. cordifolium* Oliv.
5. *Amœn.* (1751); *Gen.*, ed. VI, n. 428. — J., *Gen.*, 51 (*Asphodeleæ*). — Gærtn., *Fruct.*, t. 15. — Endl., *Gen.*, n. 1259. — B. H., *Gen.*, III, 677, n. 17. — Engl., *Pflanzenfam.*, 85 (*Liliaceæ*).—*Stachyopogon* Kl., in *Pr. Waldem. Reis. Bot.*, 49, t. 94.
6. Parvis, dense farinoso-lepidotis.
7. Spec. ad 8. W., *H. berol.*, t. 8 (*Wurmbea*). — Rœm. et Sch., *Syst.*, VII, 626. — Hook. f., *Fl. brit. Ind.*, VI, 264. — Fr. et Sav., *En. pl. jap.*, II, 46. — Lodd., *Bot. Cab.*, t. 1161. — *Bot. Mag.*, t. 1418.
8. *Bot. Whipple Exped.*, 94 (150), t. 24. — Bak., in *Journ. Linn. Soc.*, XI, 436 (*Odontostemum*). — B. H., *Gen.*, III, 680, n. 26. — Engl., *Pflanzenfam.*, 36 (*Liliaceæ*).

draceus; limbi subcampanulati lobis 6, 2-seriatis, demum patenti-reflexis. Squamellæ 6, cum lobis alternantes subulatæ et cum staminibus fauci affixis. Stamina 6 : oppositipetala breviora; filamentis brevibus, basi in annulum connatis; antheris erectis basifixis brevibus crassis ovoideo-subdidymis, apice valvulis brevibus dorsali ventralique 2 dehiscentibus[1]. Germen nisi ima basi adnata liberum; stylo gracili, apice stigmatoso parvo. Ovula in loculis 2, collateraliter adscendentia hemitropa; micropyle extrorsum infera. Capsula, basi excepta, supera, 3-dyma loculicida; seminibus in loculo quoque 1, 2, adscendentibus; albumine carnoso; embryone longiusculo intruso. — Herba perennis; bulbo fibroso-tunicato; caule erecto ramoso; foliis infra medium in caule confertis linearibus, longe vaginantibus; floribus[2] secus ramulos racemosis, 1-bracteatis; pedicello postice bracteolam linearem elevatam gerente. (*California*[3].)

VIII. HÆMODOREÆ.

86. **Hæmodorum** SM. — Flores regulares; receptaculo cupulari intus imum germen adnatum fovente margineque perianthium imbricatum persistens gerente. Sepala petalis breviora stamina basi involventia. Stamina 3, oppositipetala, æqualia v. inæqualia; filamentis liberis; antheris basifixis ovatis, oblongis v. linearibus, 2-rimosis. Germen ex parte v. primum omnino inferum, vertice planum v. prominulo-3-dymum; stylo simplici, apice stigmatoso vix incrassato. Ovula 2, 3, placentæ axili crassæ peltatæ inserta, quorum lateralia 2, adscendentia incomplete anatropa; micropyle extrorsum infera; chalaza nunc incrassata. Fructus superne ultra receptaculum accretus germineque magis liber, capsulari-3-dymus, ab apice loculicidus. Semina in loculis pauca v. 1, ovata v. orbicularia, margine attenuata v. subalata, placentæ plus minus immersa; albumine carnoso; embryone parvo infero ab hilo distante, plus minus intruso. — Herbæ perennes (nigrescentes) erectæ glabræ; rhizomate vario; radicibus adventivis fasciculatis nunc crasso-carnosis; ramis aeriis nunc basi incrassatis ibique foliorum reliquiis obtectis; foliis basilaribus distichis equitantibus, basi vaginantibus, cæterum teretibus v. com-

1. Poricidis sic dictis.

2. Albidis v. flavidis, parvulis.

3. Spec. 1. *O. Hartwegi* TORR. — S.-WATS., *Bot. Calif.*, II, 160 (*Liliaceæ*).

planatis; superioribus remotis minoribus et in bracteas abeuntibus; floribus in spicas v. racemos compositos dispositis; ramulis cymigeris v. glomeruligeris. (*Australia.*) — *Vid. p.* 30.

87. **Dilatris** BERG.[1] — Flores *Hæmodori;* perianthii foliolis receptaculi concavi margini insertis ibique liberis, parum inæqualibus. Stamina 3, imis petalis affixa, quorum longiora 2[2]; antheris ovato-oblongis versatilibus. Germen concavitati receptaculi adnatum. Ovula in loculis solitaria, placentæ peltatæ affixa et plus minus immersa. Fructus inferus loculicidus; semine suborbiculari, plano v. concaviusculo. — Herbæ perennes; rhizomate crasso; ramis aeriis erectis simplicibus; foliis basilaribus distichis equitantibus; inflorescentia[3] terminali racemosa; floribus secus ramulos 1-pari-cymosis. (*Africa austr.*[4])

88? **Barberetta** HARV.[5] — « Flores[6] fere *Hæmodori;* perianthii foliolis 6, subæqualibus tenuibus glabris patentibus. Stamina 3, petalorum basi affixa; antheris (parvis) ovatis, supra basin dorsifixis. Germen liberum obliquum glabrum; stylo gracili, ob loculos vacuos parvosque 2 excentrico; loculo perfecto 1-ovulato; ovulo placentæ crassiusculæ lateraliter affixo. Fructus...? — Herba perennis; caule basi tuberoso; foliis paucis laxiusculis planis flaccidis; nervis validioribus 5; inflorescentia terminali gracili elongata simplici; bracteis linearibus pedicellum filiformem 1-florum amplectentibus. (*Africa austr.*[7]) »

89. **Gyrotheca** SALISB.[8] — Flores fere *Hæmodori;* receptaculo cavo germen inferum intus adnatum fovente. Sepala 3, margini inserta angusta acuta. Petala totidem alterna, longiora latioraque, magis membranacea, imbricata. Stamina 3, epigyna, basi imis petalis adnata; filamentis subulatis, sub apice demum annulari-incrassatis; antheris basifixis versatilibus exsertis, introrsum 2-rimosis. Germen

1. *Fl. cap.*, 9, t. 3, fig. 5. — GÆRTN. F., *Fruct.*, III, t. 182. — LAMK, *Ill.*, t. 34. — ENDL., *Gen.*, n. 1254. — B. H., *Gen.*, III, 674, n. 5. — PAX, *Pflanzenfam.*, 95.
2. Antheris nunc (?) vacuis.
3. Floccoso- v. viscoso-tomentosa.
4. Spec. 2. ROEM. et SCH., *Syst.*, I, 483 (part.). — SM., *Exot. Bot.*, t. 16.
5. *Gen. s.-afr. pl.*, ed. II, 377. — B. H., *Gen.*, III, 674, n. 7. — PAX, *Pflanzenfam.*, 95.
6. « Aurei, tenuiter petaloidei. »
7. Spec. 1.
8. In *Trans. Hort. Soc. lond.*, I (1815), 327. — TH. MOR., in *Bull. Torr. Bot. Club* (1893), 471. — *Lachnanthes* ELL., *Bot. S.-Carol. and Georg.*, I, 47. — RAFIN., in *Journ. Phys.*, LXXXIX, 262. — ENDL., *Gen.*, n. 1255. — B. H., *Gen.*, III, 674, n. 6. — PAX, *Pflanzenfam.*, 95. — *Heritiera* GMEL., *Syst.* (1791), II, 113. — MICHX, *Fl. bor.-amer.*, t. 4.

vertice planum; stylo elongato, apice stigmatoso minuto. Ovula in loculis pauca (3-6) placentæ stipitatæ peltatæ margine affixa. Fructus subsphæricus, demum (?) 3-valvis; seminibus paucis *Hæmodori*. — Herba perennis; rhizomate brevi, nunc stolonifero; ramis aeriis simplicibus; foliis paucis distichis angustis, basi equitantibus; floribus[1] in racemum terminalem compositum dispositis; ramis cymigeris[2]. (*America bor.*[3])

90. **Wachendorfia** BURM.[4] — Flores (fere *Hæmodori*) leviter irregulares[5]; perianthio (petaloideo) obliquo; sepalis posticis altius connatis et in pedicellum magis decurrentibus. Petala parum dissimilia, imbricata. Stamina 3, petalis opposita iisque inæqui-alte affixa; filamentis subulatis, nunc declinatis; antheris oblongo-sagittatis subversatilibus, introrsum rimosis[6]. Germen basi lata receptaculo vix cupulari impositum, cæterum liberum; stylo gracili arcuato, apice stigmatoso vix incrassato. Ovulum in loculo quoque 1, placentæ axili crassæ lateraliter affixum sessile hemitropum; micropyle extrorsum infera. Fructus subliber, 3-dymus, perianthio plus minus longe stipatus, loculicidus; lobis compressis v. subalatis. Semen in loculo quoque 1, ventre affixum, inæqui-obovoideum compressum, aut læve, aut rarius varie echinatum; albumine carnoso duriusculo; embryone inferiore immerso parvo oblongo v. conoideo. — Herbæ perennes; rhizomate brevi, varie tuberoso; ramis aeriis erectis, nunc basi incrassatis; foliis basilaribus paucis lineari-ensatis, sæpe plicato-nervosis; floribus[7] in racemum compositum latum v. angustato-elongatum dispositis; cymulis 1-paris secus ramulos insertis, nunc crebris. (*Africa austr.*[8])

91. **Xiphidium** LŒFL.[9] — Flores fere *Hæmodori;* receptaculo brevi; perianthii hypogyni foliolis liberis parum inæqualibus.

1. Extus tomentoso-lanatis.

2. *Heritiera* AIT. (1789) prioritate gaudet, nam *Amygdalus* BURM. et *Atunus* RUMPH. jure generico legitimo, sensu nostro, haud fruuntur.

3. Spec. 1. *G. tinctoria* ELL. — RED., *Lil.*, t. 247 (*Heritiera*).

4. *Wachend.* (1757), Amsterd. — L., *Syst.*, ed. X, 864; *Gen.*, ed. VI, n. 61. — J., *Gen.*, 59 (*Iridibus* affin.). — GÆRTN., *Fruct.*, t. 15. — TURP., in *Dict. sc. nat.*, Atl., t. 59. — ENDL., *Gen.*, n. 1251. — RŒM. et SCH., *Syst.*, I, 485. — K., *Syn.*, I, 312. — B. H., *Gen.*, III, 673, n. 2. — PAX, *Pflanzenfam.*, 96, fig. 65, B-D. — *Pedilonia* PRESL, *Nov. pl. gen.* (1829), c. ic. — TAUSCH, in *Flora* (1830), 556.

5. De *W. paniculatæ* dimorphismo, J. WILS., in *Trans. Bot. Soc. Edinb.* (1888), 73, t. 1.

6. Connectivi dorso nunc papilloso.

7. Flavis, nunc pulchellis.

8. Spec. 3, 4. RED., *Lil.*, t. 93. — SM., *Ic. pict.*, t. 5. — ANDR., *Bot. Rep.*, 398. — *Bot. Mag.*, t. 614, 616, 1060, 1166, 2610.

9. *Ic.* (1758), 179. — AUBL., *Guian.*, 33, t. 11. — J., *Gen.*, 59. — LAMK, *Ill.*, t. 36. — ENDL., *Gen.*, n. 1250. — B. H., *Gen.*, III, 675, n. 8. — PAX, *Pflanzenfam.*, 96.

Stamina 3; uno sæpe majore; antheris erectis oblongis. Germen liberum; loculis ∞-ovulatis. Fructus sphæricus loculicidus. Semina ∞, sphærica v. subangulata verruculosa; albumine duro; embryone ad marginem leviter intruso. Cætera *Hæmodori*. — Herba perennis; rhizomate brevi; foliis distichis equitantibus, longe lanceolatis v. late linearibus; floribus[1] secus inflorescentiæ terminalis composito-racemosæ ramos 1-lateraliter cymosis. (*America trop.*[2])

92. **Schieckia** MEISSN.[3] — Flores fere *Xiphidii*[4]; perianthii leviter obliqui foliolis in labia 2 inæqualia dispositis; sepalo antico cum petalis anticis 2 plus minus connato. Stamina oppositipetala 3, aut fertilia omnia, aut perfectum tantum 1, petalo postico antepositum. Staminodia alternipetala nunc 2, varia minuta. Germen sessile liberum; loculis fertilibus 3, pauciovulatis; stylo apice obtuso v. capitato; ovulis placentæ peltatæ affixis. Fructus loculicidus, 3-dymus cæteraque *Xiphidii*. — Herbæ perennes; rhizomate brevi, nunc tuberoso; foliis basilaribus distichis confertis; inflorescentia composita, expansa v. nunc angustato-elongata; floribus nutantibus secus ramulos 1-pari-cymosis. (*America trop.*[5])

93? **Hagenbachia** NEES et MART.[6] — Flores fere *Xiphidii* (v. *Schieckiæ*); perianthii foliolis parum inæqualibus patentibus. Stamina oppositipetala 3; filamentis petalo adnatis; anthera inde subsessili brevi cordata. Germen liberum; loculis perfectis 3; stylo gracili, apice stigmatoso vix incrassato. Ovula in loculis collateralia 2. Fructus liber, 3-dymus, loculicidus; seminibus paucis compressis. — Herba perennis; rhizomate parvo; radicibus adventivis fasciculatis; foliis basilaribus confertis ensiformibus striatis; floribus in summo scapo tenui subaphyllo ramosoque cymosis; pedicellis brevibus per paria dissitis. (*Brasilia*[7].)

1. Albidis v. lutescentibus, crebris.

2. Spec. ad 2. LOEFL., *It.*, 179 (*Ixia*). — SW., *Prodr.*, 17; *Fl.*, t. 2. — ROEM. et SCH., *Syst.*, I, 487; *Mant.*, 320. — GRISEB., *Cat. pl. cub.*, 252. — D. DON, in *Edinb. N. Phil. Journ.*, XIII, 235. — HEMSL., *Bot. centr.-amer.*, III, 325. — *Bot. Mag.*, t. 5055. — WALP., *Ann.*, I, 842.

3. *Gen.*, 397; *Comm.*, 300. — B. H., *Gen.*, III, 674, n. 3. — PAX, *Pflanzenfam.*, 96. — *Troschelia* KL., in *R. Schomb. Reis.*, 1066.

4. Cujus forte potius sectio.

5. Spec. 2, 3. H. B. K., *Nov. gen. et spec.*, t. 698 (*Wachendorfia*). — MAUR., in *Journ. Morot* (1889), 269, fig. 12.

6. In *Nov. Act. nat. cur.*, XI, 18, t. 2. — ENDL., *Gen.*, n. 1249. — B. H., *Gen.*, III, 674, n. 4. — PAX, *Pflanzenfam.*, 95.

7. Spec. 1. *H. brasiliensis* NEES. — ROEM. et SCH., *Syst.*, I, *Mantiss.*, 353. — SEUB., in *Mart. Fl. bras.*, fasc. VIII, 61.

CXXIV
BROMÉLIACÉES

I. SÉRIE DES ANANAS.

L'Ananas commun était jadis rapporté au genre *Bromelia*, qui a donné son nom à cette série (*Broméliées*). Mais c'est un type

Billbergia speciosa.

Fig. 67. Port.

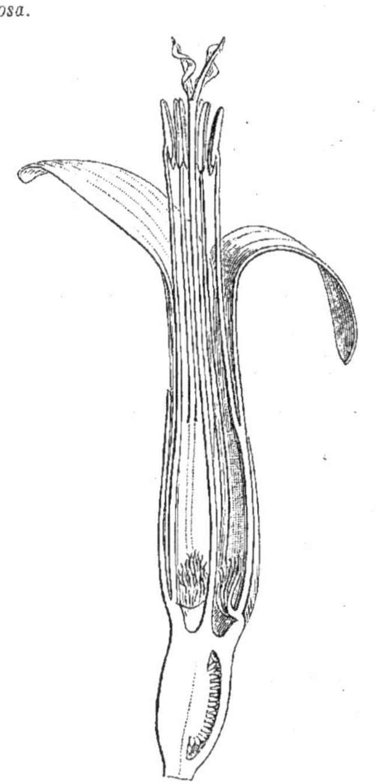

Fig. 70. Fleur, coupe longitudinale.

exceptionnel ; de sorte que nous préférons commencer cette étude par les *Billbergia* (fig. 67-70[1]), qui ont des fleurs hermaphrodites, régu-

1 THUNB., *Dec. pl. bras.*, III (1823), 30. — RŒM. et SCHULT., *Syst.*, VII, 1254. — ENDL., *Gen.*, n. 1302. — BEER, *Brom.*, 21, 106. — WITTM., in *Engl. et Prantl Pflanzenfam.*, II,

gulières ou à peu près, avec un réceptacle en forme de bourse profonde[1], dont la cavité renferme l'ovaire, et dont les bords portent un double périanthe. Le calice est formé de trois sépales obtus, dont un antérieur, tordus dans le bouton[2]; et la corolle, de trois pétales bien plus longs, tordus aussi, mais en sens inverse, et qui peuvent, l'un d'eux s'étalant davantage lors de l'épanouissement, former comme deux lèvres inégales. Sur les bords de la cupule qui surmonte l'ovaire s'insèrent, en face de chaque pétale, deux écailles qui ont souvent la forme d'une vasque à concavité supérieure

Billbergia speciosa.

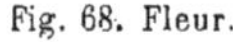

Fig. 68. Fleur.

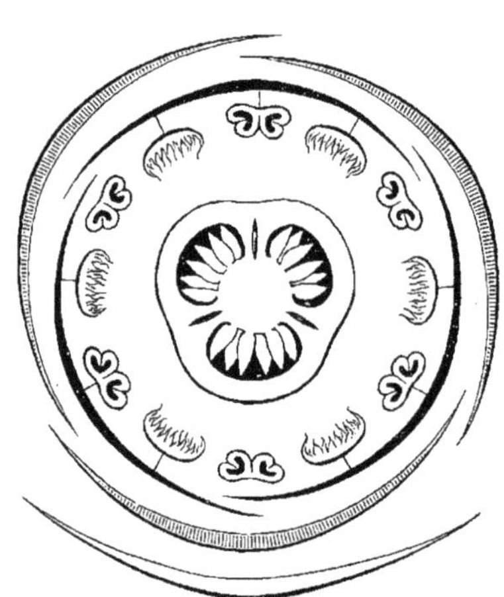

Fig. 69. Diagramme.

et dont les bords sont laciniés-frangés. Au-dessus de chaque écaille, le pétale porte souvent une lame verticale, qui lui est parallèle, lui adhère dans une grande étendue de sa face externe et n'est libre que vers ses bords, droits ou sinueux, et vers son sommet, obtus, entier ou inégalement lobé. Parfois cette lame se fond à son sommet avec le pétale lui-même, ou bien elle disparaît totalement. L'androcée est formé de six étamines, superposées trois aux sépales, et trois aux

4, p. 46, fig. 16, D-G; 21, A-C. — BAK., *Handb. Brom.*, 70. — B. H., *Gen.*, III, 664, n. 14. — *Helicodea* LEME, *Ill. hort.*, XI, t. 421. — *Libonia* LEME, *loc. cit.*, II, t. 18. — *Jonghea* LEME, *Jard. fleur.*, II, t. 180.

1. A surface extérieure lisse, ou parcourue de côtes longitudinales saillantes, parfois plus ou moins verruqueuse ou chargée d'un enduit farineux.

2. Le bord gauche toujours recouvrant.

pétales. Celles qui sont superposées aux sépales s'insèrent, comme eux, sur les bords du réceptacle et sont indépendantes. Celles qui répondent aux pétales peuvent aussi être libres ou n'adhérer au pétale que par leur extrême base. Mais l'adhérence peut se produire beaucoup plus haut et jusque vers le milieu de la hauteur du filet qui se dresse entre les deux lames verticales et qui est plus ou moins aplati et élargi[1]. Son sommet se continue avec le connectif dorsal d'une anthère allongée et dressée, dont les deux loges parallèles sont libres dans leur portion inférieure et s'ouvrent en dedans par une fente longitudinale[2]. L'ovaire infère a trois loges superposées aux sépales[3] et dans l'angle interne desquelles s'insère un placenta axile, orbiculaire ou elliptique, à deux lobes multiovulés. Les ovules sont anatropes[4]. Le style est une colonne dressée qui, dans sa partie supérieure, se partage en trois branches stigmatifères. Ces branches, assez larges et aplaties, se replient sur elles-mêmes suivant leur ligne médiane et rapprochent ainsi l'un de l'autre leurs bords chargés de papilles. Puis elles se tordent plus ou moins longuement les unes sur les autres dans le même sens que les pétales. Le fruit est plus ou moins charnu, couronné longtemps des restes du périanthe, indéhiscent et polysperme. Ses graines ont un abondant albumen farineux et un embryon relégué vers leur portion inférieure[5].

Les *Billbergia* sont des plantes vivaces de l'Amérique méridionale tropicale, qui, comme les Broméliacées en général, vivent sur les roches ou sur l'écorce des arbres, sans être parasites. Leurs tiges, courtes, simples ou peu ramifiées, sont sympodiques. Elles portent à leur base, souvent subligneuse, une rosette de feuilles caractéristiques,

1. Ce qui arrive surtout dans le *B. Quesneliana* AD. BR., in *Ann. sc. nat.*, sér. 2, XV, 372, et dans quelques espèces voisines dont on a fait un genre *Quesnelia* GAUDICH., *Voy. Bon.*, *Bot.*, t. 54. — B. H., *Gen.*, III, 665, n. 15. — WITTM., *Pflanzenfam.*, 47. — BAK., *Brom.*, 84. — *Lievena* REG., *Gartenfl.* (1880), 289, t. 1024. Les divisions de la corolle y sont obtuses et à peu près égales, longtemps dressées. Il y a des *Billbergia* proprement dits dans lesquels le filet oppositipétale présente une adhérence étendue.

2. Le pollen est, dans cette famille, ellipsoïde ou ovoïde, avec un sillon longitudinal; souvent ponctué, avec une bande d'apparence variable. Les deux pôles peuvent être ombiliqués. M. MEZ divise, d'après le pollen, les Broméliées en *Poratæ*, *Sulcatæ* et *Archæobromelieæ*.

3. Leur cloison de séparation est occupée par une glande septale très développée, surtout en bas et un peu au-dessous des loges où elle se partage plus ou moins en feuillets. Son orifice déverse le nectar dans la cupule réceptaculaire qui surmonte l'ovaire.

4. A double tégument; la région chalazique souvent proéminente en un petit cône droit ou arqué.

5. Mieux connu dans les *Æchmea* et les genres voisins, cet embryon a parfois une forme singulière, claviforme, rectiligne ou arquée, avec une extrémité cotylédonaire longuement atténuée et une base renflée, plus ou moins oblique. On lui a, dans quelques genres, décrit un scutellum d'un côté et au-dessus de la gemmule (PAX, *Pflanzenfam.*, fig. 19, E-G).

rapprochées, allongées, concaves en dedans, rigides, non charnues, rectinerves, ordinairement zébrées de blanc en dehors et en travers; les bords découpés en dents de scie épineuses; la base souvent dilatée en courte gaine. Les inflorescences sont terminales[1], en épis simples ou composés, à axe principal grêle, flexible, pendant, avec des fleurs[2] distiques, solitaires dans l'aisselle des bractées; ou à axe épais dressé; les fleurs groupées tout autour de son sommet en épi dense (*Jonghea*[3]) ou strobiliforme (*Quesnelia*), disposées suivant une ligne spirale continue. Les bractées inférieures de l'inflorescence, souvent distantes des autres, plus grandes et fréquemment stériles, peuvent devenir membraneuses, pétaloïdes et d'une couleur vive, ordinairement pourprée. Le genre comprend une cinquantaine de belles espèces[4].

Bromelia Pinguin.

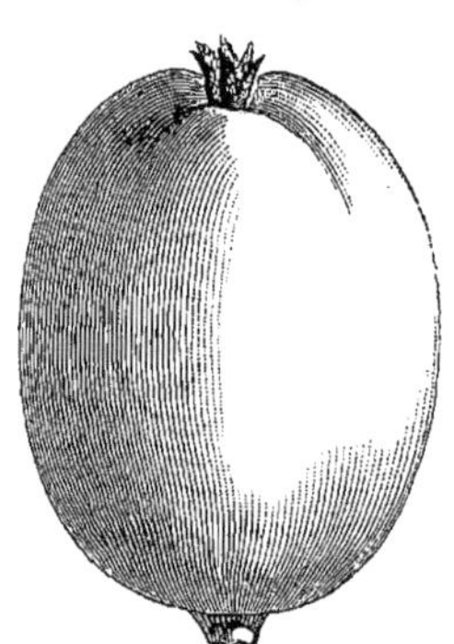

Fig. 71. Fruit.

Les *Æchmea*, des régions tropicales de l'Amérique, sont très voisins des *Billbergia*. Ils en ont l'inflorescence variable, strobiliforme, spiciforme ou plus ou moins lâchement ramifiée et cymigère. Mais leurs bractées florales et leurs sépales sont ordinairement coriaces et mucronés. Les pétales sont plus courts et obtus, ne dépassant souvent que peu le calice. Leur base porte une double écaille. Le fruit est charnu; son réceptacle devenant parfois même pulpeux.

Dans les *Streptocalyx*, de la Guyane et du Brésil, l'inflorescence est ramifiée, et les sépales fortement tordus sont largement insymétriques, pourvus d'un mucron apical. Les

1. Quand un axe a fleuri, son existence est terminée, et c'est un axe secondaire qui, développé vers sa base, lui succédera et aura de même son évolution terminée. Si cette ramification sympodique ne se produisait pas, la plante mourrait après avoir fructifié.

2. Souvent grandes et belles; le calice souvent pâle; les pétales pourprés et fréquemment d'un bleu plus ou moins intense au sommet.

3. LEME, in *Jard. fleur.*, II, t. 180.

4. SCHULT., *Syst.*, VII, 1254 (part.). — COLL., in *Mem. Acad. Torin.*, XXVI, t. 19 (*Pourretia*). — HOOK., *Exot. Fl.*, t. 41, 42. — LODD., *Bot. Cab.*, t. 76 (*Tillandsia*), 1912 (*Helicodea*). — LOIS., in *Herb. amat.*, t. 345 (*Pitcairnia*). — PŒPP. et ENDL., *Nov. gen. et spec.*, t. 157. — E. MORR., in *Belg. hort.* (1866), t. 2; (1871), t. 1, 14; (1872), t. 1, 4; (1873), t. 1, 16, 17; (1874), t. 1, 8; (1875), t. 1, 13; (1876), t. 1, 15, 20, 22; (1877), t. 3; (1878), t. 1; (1880), t. 8 (1881), t. 4-6 (*Quesnelia*), 5, 18. — AD. BR., in *Ann. sc. nat.*, sér. 2, XV, 372; in *Portef. hort.*, II, 97, c. fig. — WAWR., in *Œst. Bot. Zeitschr.* (1880), 115; 149 (*Quesnelia*); *It. Pr. Cob.*, t. 25, 28, 35 B (*Quesnelia*); *Reis. Pr. Max. Bot.* (1866), 164. — GRAV. et WITTM., in *Gartenfl.* (1888), t. 41-43 (*Quesnelia*). — FR. MUELL., in *Ber. deutsch. Bot. Ges.*, XI, 366. — LINDM., in *Kon. Svensk. Vet. Ak. Handb.* (1891), 23, t. 3, 4 (*Quesnelia*). — HEMSL., *Bot. centr.-amer.*, III, 315. — MEZ, in *Mart. Fl. bras.*, fasc. CXII, 377, t. 74, 75 (*Quesnelia*); 388, t. 76-79. — WITTE, *Cat. Brom. Jard. Leid.*, 8; 51 (*Quesnelia*). — *Bot. Reg.*, t. 1068, 1181. — *Bot. Mag.*, t. 1732; 2686 (*Bromelia*), 4756, 4835, 5090, 5114, 6342, 6432, 6632, 6670, 6937.

pétales, tordus en sens inverse, sont bien plus longs que le calice et sans écailles à leur base.

Avec la même organisation générale des fleurs, les *Bromelia* (fig. 71) ont des sépales libres ou à peu près et un style dont les branches stigmatifères sont trop courtes pour se tordre les unes sur les autres d'une façon accentuée. Le fruit est une grosse baie, de forme variable. Les feuilles épineuses sont nombreuses, ensiformes; et l'inflorescence, qui occupe le sommet de la tige et l'aisselle des

Bromelia (Rhodostachys) longifolia

Fig. 73. Fleur. Fig. 72. Port. Fig. 74. Fleur, coupe longitudinale.

feuilles ou des bractées supérieures, est fortement ramifiée et composée de cymes souvent contractées.

Dans les espèces de *Bromelia* dont on a fait un genre *Rhodostachys* (fig. 72-74), cette inflorescence, au fond exactement située et construite de même, est contractée dans toutes ses parties; de sorte qu'elle a pu être décrite comme un capitule terminal, malgré sa grande complication, et qu'elle demeure en partie cachée entre les bases des feuilles ensiformes et spinescentes. Ces dernières plantes appartiennent à l'Amérique méridionale extratropicale, tandis que les vrais *Bromelia* sont généralement originaires des régions plus chaudes, depuis le Brésil méridional jusqu'au sud du Mexique.

Dans les vrais Ananas (fig. 75), l'inflorescence très contractée, ovoïde, surmontée souvent d'un bouquet de grandes feuilles vertes ou de bractées colorées et plus courtes, est formée de fleurs, puis de fruits charnus plus ou moins connés par leur réceptacle avec leur bractée axillante.

Ananas sativa.

Fig. 75. Fruit composé.

Dans les *Acanthostachys* (fig. 76-81), du Brésil central, l'inflorescence est aussi une sorte de cône, analogue à celui des Ananas. Mais, si rapprochés qu'ils soient, les fruits ne sont pas unis. Ils sont latéraux sur un axe étroit et allongé. Les fleurs ont de courts sépales triangulaires et de courts pétales, rappelant ceux des *Æchmea*. Les courtes branches du style ne sont pas tordues, et chaque loge ovarienne est 2, 3-ovulée.

L'*Arœococcus micranthus*, de la Guyane et de la vallée de l'Amazone,

Acanthostachys strobilacea.

Fig. 76. Inflorescence. Fig. 77. Fleur. Fig. 79. Fruit simple. Fig. 78. Fleur, coupe longitudinale. Fig. 80. Graine. Fig. 81. Graine, coupe longitudinale.

diffère des types précédents par les grappes lâchement composées et chargées de cymes de ses petites fleurs indépendantes. Ses feuilles loriformes sont peu nombreuses, et il a un petit fruit charnu et pisiforme. Ce genre renferme encore une ou deux espèces.

Le genre *Karatas* (fig. 82), dont les organes végétatifs se rapprochent beaucoup de ceux des *Bromelia*, en a aussi l'organisation florale; mais ses pétales sont unis en un tube plus ou moins long. Les fruits sont charnus et indéhiscents. L'inflorescence, décrite à tort comme un capitule, est très composée, organisée, en somme, comme celle des *Rhodostachys*. Ce sont de grandes ou petites plantes de l'Amérique tropicale. Tout à côté d'eux se rangent les *Greigia*, du Chili, qui ont aussi les fleurs pressées en capitules; mais ceux-ci sont latéraux, et leurs branches stylaires, courtes et assez épaisses, ne sont pas tordues. De même, les *Distiacanthus*, de la Nouvelle-Grenade et de la vallée de l'Amazone, ont pour inflorescence un faux-capitule de *Karatas*. Mais leurs branches stylaires sont linéaires, à peine tordues; et leurs feuilles, au lieu d'être sessiles comme celles des genres précédents, ont un pétiole et un limbe élargi.

Karatas (Nidularium) tristis.

Fig. 82. Fleur; les sépales enlevés.

Les *Cryptanthus* ont aussi des fleurs groupées en un faux-capitule central, de même que les deux genres voisins *Ochagavia* (?) et *Disteganthus*. Tous ont un calice tubuleux et gamosépale à sa base. Leurs pétales, au contraire, sont libres ou à peu près. Mais dans les *Cryptanthus*, qui ont une corolle blanche, étalée en haut, l'inflorescence est centrale, et les feuilles sont sessiles; et, dans les *Disteganthus*, la corolle est jaune; les feuilles sont pétiolées, et l'inflorescence est latérale; tandis que l'*Ochagavia*, genre peu connu, de l'île Juan Fernandez, a, avec un faux-capitule central, des pétales à limbe court et un petit fruit comprimé, des feuilles lancéolées et rigides. On dit le péricarpe charnu. Les étamines ont des filets dilatés à leur base et des anthères dorsifixes. Le style est grêle, dilaté et tronqué à son sommet stigmatifère obscurément lobé.

L'inflorescence redevient une grappe centrale, composée et cymifère, dans les *Portea*, du Brésil, dont la fleur rappelle celle des *Bill-*

bergia, avec un calice tubuleux à sa base, mais à lobes mucronés et dilatés fortement d'un côté. Leurs feuilles sont serrées-épineuses, sessiles et loriformes; leurs pétales bien plus longs que le calice; les branches de leur style fortement tordues. Comme dans certains *Billbergia* aussi, les pétales sont accompagnés de deux sortes d'écailles géminées. On peut donc considérer les *Portea* comme des *Billbergia* gamosépales, à calice non inerme.

Dans les deux genres très analogues *Fernseea* et *Ronnbergia*, l'inflorescence est également ramifiée. Les premiers, du Brésil, ont des feuilles et des styles de *Portea*. Mais leurs pétales, sans écailles, dépassent à peine le calice. Les derniers, de Colombie, ont des feuilles oblongues, pétiolées et spinescentes. Leurs pétales sont bien plus longs que le calice, et c'est seulement le sommet de leur limbe qui s'étale lors de l'épanouissement des fleurs. A part la gamosépalie, c'est donc un genre qui nous ramène manifestement à certaines formes du genre *Billbergia* par lequel débutait cette série. Mais les étamines, bien plus courtes que les pétales, s'insèrent ici au niveau de la gorge du calice.

II. SÉRIE DES TILLANDSIA.

Les fleurs des *Tillandsia*[1] (fig. 83-85), régulières ou à peu près, et hermaphrodites, ont un réceptacle à surface supérieure plane ou légèrement concave au centre. Sur ses bords s'insèrent trois sépales rigides, tordus[2], dont deux postérieurs. Avec eux alternent trois pétales plus longs, plus membraneux et plus colorés d'ordinaire, tordus en sens inverse dans le bouton. Leurs onglets sont connivents, et leur limbe plus ou moins étalé[3]. Les six étamines, insérées en dedans du périanthe, souvent unies à sa base, ont un filet d'ailleurs libre et une anthère dorsifixe ou basifixe, incluse ou rarement exserte, linéaire-oblongue, à loges parfois libres en bas, déhiscentes en dedans

1. L., *Gen.*, ed. I, n. 283; ed. VI, n. 369 (part.). — J., *Gen.*, 50. — ENDL., *Gen.*, n. 1306. — B. H., *Gen.*, III, 669, n. 26. — WITTM., *Pflanzenfam.*, 55, fig. 27, 28 A. — BAK., in *Trim. Journ.* (1887), 211; *Brom.*, 89. — *Renealmia* PLUM., ex L., *Gen.*, ed. I, n. 853 (non HOUTT., non L. F., non FEUILL., non R. BR.).

2. Le bord gauche recouvrant. C'est à tort qu'on les dit imbriqués et, vu la forme du réceptacle, hypogynes. La base des loges et des glandes septales est plus ou moins infère.

3. Il est doublé en dedans, de chaque côté de l'étamine superposée, d'une écaille de forme un peu variable. La portion du limbe de la corolle qui s'étale lors de l'anthèse, est variable de dimensions : ici très large et là très courte. Le tube que forment les pétales connivents est droit ou arqué, presque inclus ou exsert.

par des fentes longitudinales. L'ovaire sessile, à peu près libre ou plus ou moins adné par sa base au réceptacle, est surmonté d'un style dont le sommet, généralement exsert, est partagé en trois lobes entiers ou

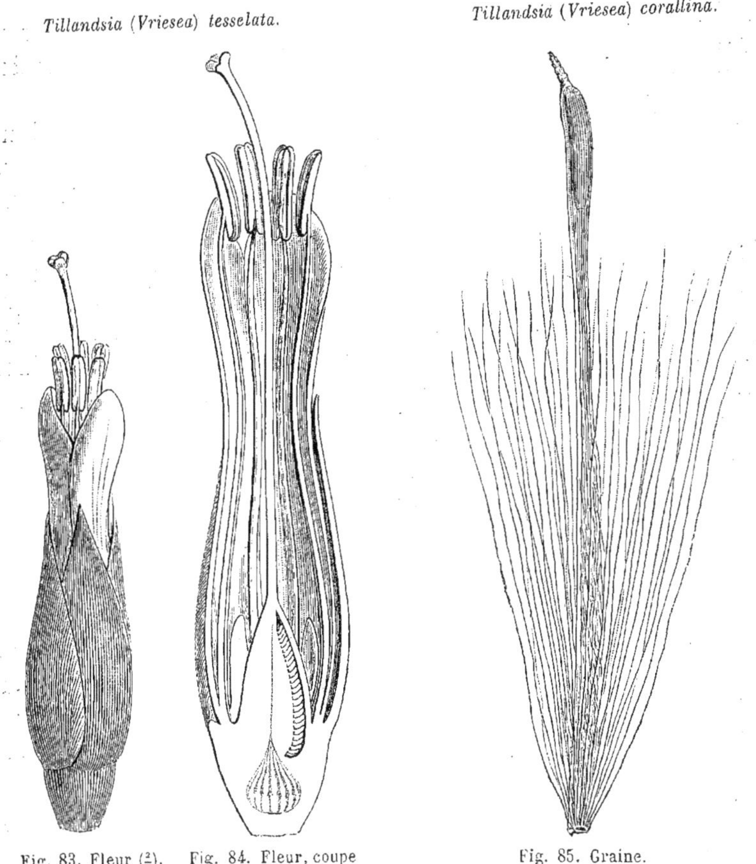

Tillandsia (Vriesea) tesselata. *Tillandsia (Vriesea) corallina.*

Fig. 83. Fleur ($\frac{2}{1}$). Fig. 84. Fleur, coupe longitudinale. Fig. 85. Graine.

bilobulés, courts et larges, étalés, chargés de papilles stigmatiques[1]. Dans l'angle interne de chaque loge[2] se voit un placenta axile, chargé

1. Le plus souvent, ils sont étalés, presque horizontaux, et leur ensemble représente comme une tête aplatie. En réalité, ils sont comprimés, obtus et plus ou moins nettement bilobulés. Les papilles abondent vers leurs bords. On observe parfois chez eux un commencement de torsion. Plus bas, le corps du style est souvent creux.

2. Dans l'épaisseur de la cloison s'observe, tout en bas, une fente appartenant à la glande septale très développée. Au-dessous même de l'ovaire, cette glande prend une grande expansion dans une cavité infère du réceptacle, avec de nombreux replis ou sinuosités cérébriformes. La production de nectar est abondante. Le périanthe est parfois aussi enduit d'une assez riche couche visqueuse ou cireuse extérieure.

d'ovules plurisériés, anatropes et ascendants; le micropyle extérieur[1]. Le fruit est capsulaire, septicide; l'exocarpe souvent séparé de l'endocarpe, dont les bords s'infléchissent autour des semences. Celles-ci sont ascendantes, longuement linéaires. Elles ont un corps oblong qui s'atténue inférieurement en une longue baguette. Elle appartient au tégument extérieur qui, finalement, se scinde plus ou moins complètement en longs filaments qu'abandonne aussi la portion intérieure de la graine, et qui simule ainsi une aigrette[2]. L'albumen abondant est farineux, et l'embryon, inférieur, est parfois plus long que lui.

Les *Tillandsia* sont originaires des régions chaudes des deux Amériques, vivant sur les arbres, les rochers, rarement sur terre. Leur surface est glabre ou furfuracée. Leurs tiges portent des feuilles à bords entiers, non spinescents. Leur inflorescence est une grappe ou un épi, simple ou composé. Une fleur[3] occupe l'aisselle de chaque bractée, dont la taille et la coloration sont très variables.

Dans les espèces dont on a fait le genre *Vriesea*[4], les feuilles sont disposées en rosette, et l'inflorescence comprimée a les bractées distiques, de même que les fleurs. Les pétales portent de chaque côté de l'étamine superposée une écaille, souvent insymétrique.

On a proposé un genre *Wallisia*[5] pour des espèces à feuilles disposées en rosette, minces et larges, glabres, et à inflorescence aplatie, comme celle des *Vriesea*.

Dans les *Allardtia*[6], les fleurs sont de même distiques; les feuilles larges et en rosette; le limbe des pétales obovale; les étamines et le style courts.

Les *Cyathophora*[7] ont les caractères des *Allardtia;* mais leurs inflorescences n'ont pas les bractées et les fleurs distiques.

Dans les *Conostachys*[8], tous les caractères floraux sont ceux des *Vriesea;* mais les fleurs ne sont pas distiques.

On a génériquement distingué, sous le nom d'*Anoplophytum*[9], des

1. Ils ont deux enveloppes, et leur chalaze se prolonge souvent plus ou moins en une corne rectiligne ou arquée.

2. WITTM., *Pflanzenfam.*, 37, fig. 20. Il y a de vrais poils à la base.

3. Blanche, rose, jaune, bleue ou violacée, souvent grande et belle.

4. LINDL., *Bot. Reg.* (1843), t. 10; *Veg. Kingd.*, 148 (*Vriesea*). — BEER, *Brom.*, 21, 91. — WITTM., *Pflanzenfam.*, 57.

5. REG., *Gartenfl.*, XVIII, 193, t. 619. — *Amalia* ENDL. — *Phytarrhiza* VIS., in *Mem. Ist. venet.*, V, 340, c. tab. (part.). Le nom vient de ce que beaucoup de ces plantes, dépourvues de racines, vivent, dans nos serres, sur une tablette ou suspendues dans l'air par un fil. Mais elles végètent souvent mieux dans la terre.

6. DIETR., in *Allg. Gartenz.* (1852), 241. — ANT., in *Œst. Bot. Zeitschr.* (1878), 56, c. ic. — *Bonapartea* R. et PAV., *Fl. per. et chil.*, III, 38 (part.), t. 263. — *Acanthospora* SPRENG., *Syst.*, II, 25.

7. K. KOCH. — BAK., *Amar.*, 158, 228.

8. GRISEB. — BAK., *Amar.*, 158, 230.

9. BEER, *Brom.*, 39. — BAK., *Amar.*, 157, 196.

Tillandsia dont les fleurs ne sont pas distiques, mais rapprochées en épi simple ou composé, et dont les feuilles, parsemées de poils écailleux, sont coriaces, acuminées, disposées en rosette.

Avec les mêmes caractères que les *Anoplophytum*, les *Pityrophyllum*[1] ont des fleurs rapprochées en un capitule qui occupe le centre des rosettes de feuilles.

Les *Platystachys*[2] sont des *Tillandsia* à feuilles en rosette, acuminées, coriaces, écailleuses, mais à inflorescences simples ou composées, distiques. Leurs étamines et leur style sont d'ordinaire plus longs que les pétales oblongs ou lingulés, ordinairement de couleur lilacée.

Les *Pseudo-Catopsis*[3] forment une section qui a les caractères des *Platystachys*, mais avec des fleurs petites, à sépales obtus, et un fruit trois ou quatre fois plus long qu'eux.

Chez les vrais *Phytarhiza*[4], les feuilles et les inflorescences sont celles de la section précédente, avec des pétales à limbe obovale, un style et des étamines courts.

Les *Diaphoranthema*[5] sont des espèces à tiges feuillées courtes, à fleurs peu nombreuses ou même solitaires, avec des étamines et un style courts.

On a fait un genre *Strepsia*[6] pour des *Tillandsia* dont les tiges sont grêles, pendantes, allongées, portant des feuilles alternes, subulées, sur toute leur longueur, avec des fleurs solitaires, sessiles, à la base dilatée des feuilles. Cette section ne comprend que le *T. usneoides* L.[7], espèce à port tout particulier, rappelant celui de certains Lichens.

On connaît déjà plus de trois cents espèces[8] dans ce grand genre.

1. BEER, *Brom.*, 79. — BAK., *Brom.*, 200.
2. BEER, *Brom.*, 80 (part.), 264 (nec K. KOCH). — BAK., *Amar.*, 158, 168.
3. BAK., *Amar.*, 157, 192. — *Tussacia* KL. — BEER, *Brom.*, 9, 20 (part.).
4. VIS., in *Mem. Ist. venet.*, V, 340, c. tab. (part.). — BAK., *Amar.*, 157, 163 (part.).
5. BEER, *Brom.*, 153. — BAK., in *Trim. Journ.* (1878), 236; *Brom.*, 157, 160.
6. NUTT., *Gen.*, I, 208. — BAK., *Amar.*, 159.
7. L., *Spec.*, 411. — *Bot. Mag.*, t. 6309. Le port est tellement particulier que les anciens auteurs ont fait de ce petit *Tillandsia* un *Fucus* et même un *Rhizomorpha*.
8. RŒM. et SCH., *Syst.*, VII, 1193. — JACQ., *St. amer.*, t. 63. — HOOK., *Ex. Fl.*, t. 154, 173, 205. — GAUDICH., *Voy. Bon. Bot.*, t. 65-70. — GRISEB., in *Nach. K. Ges. Wiss. Gœtt.* (1864), 14; *Cat. pl. cub.*, 254; *Fl. brit. W. — Ind.*, 594; *Symb. Fl. argent.*, 332. — WAWR., in *Œst. Bot. Zeitschr.*, 182, 218 (*Vriesia*), 221; *Reis. Max.* (1866), 163; *Pr. Cob. Reis.*, I, 70, t. 32, 34 B. — K. KOCH, *App. 4 Ind. Sem. H. berol.* (1873). — C. GAY, *Fl. chil.*, VI, 13. — HEMSL., *Bot. centr.-amer.*, III, 319. — VELL., *Fl. flum.*, Atl., III, t. 129, 142. — PRESL, *Rel. Hænk.*, II, t. 24. — H. B. K., *Nov. gen. et spec.*, I, 291. — SW., *Prodr.*, 57; *Fl. ind. occ.*, I, 593. — MART. et GAL., *Enum.*, II, 9. — MIQ., in *Linnæa*, XVIII, 376. — A. RICH., *Fl. cub.*, III, 367. — VIS., *Ill.*, I, 29. — CHAM. et SCHLCHTL, in *Linnæa*, VI, 53; XVIII, 423. — AD. BR., *Bot. Coq.*, 186. — WENDL., in *Hamb. Gartenz.* (1863), 31. — SAUV., *Fl. cub.*, 167. — BENTH., *Sulph.*, 173. — ROSS., *Cat. Mod.*, t. 1. — S.-WATS., in *Proc. Amer. Acad.*, XXII, 456. — MAUR., in *Journ. Mor.* (1889), 270, fig. 13. — BRITT., in *Trim. Journ.* (1888), 170. — LODD., *Bot. Cab.*, t. 771. — WITTM., in *Engl. Jahrb.*, XI, 63. — ANDRÉ, *Enum.*, 6. — E. MORR., in *Belg. hort.* (1869), t. 18; (1870), t. 5, 12, 85; (1871), t. 12, 20; (1872), t. 23; (1874), t. 14; (1875), t. 23; (1876),

A côté des *Tillandsia* se rangent :

Les *Catopsis* (fig. 86), de l'Amérique tropicale, qui ont aussi les pétales libres, mais dont la graine, au-dessus d'une base épaisse et courte, a un long appendice chalazique, replié sur lui-même et terminé par un large pinceau pappiforme. Toutefois, ce caractère si remarquable, se retrouvant à différents degrés d'évolution dans certains *Tillandsia* proprement dits, ne pourrait servir à séparer d'une façon absolue les deux genres ; si bien qu'il a fallu recourir à cet autre caractère différentiel, qu'outre l'aigrette, le corps de la graine mûre des *Tillandsia* se trouve complètement nu, tandis que celui des *Catopsis* est chargé d'un épais duvet ;

Catopsis nitida.

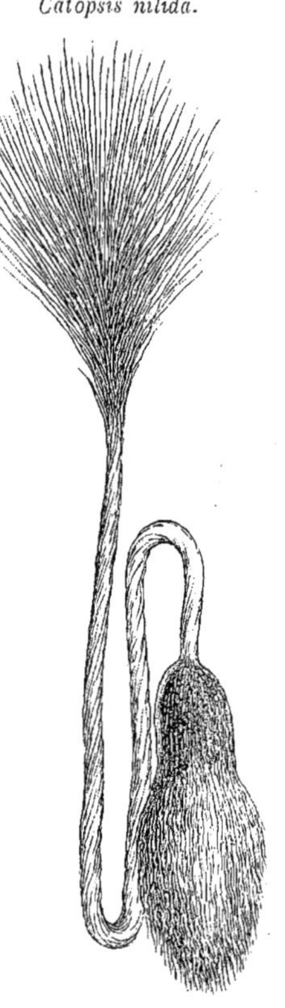

Fig. 86. Graine.

Les *Caraguata*, des Antilles, des Andes de l'Amérique du Sud et de la Guyane, qui sont des *Tillandsia* gamopétales, avec un calice à tube court, des étamines libres et des feuilles réunies en rosette basilaire ;

Les *Guzmannia*, de l'Amérique tropicale, qu'on peut définir des *Caraguata* à androcée syngénèse ;

Les *Sodiroa*, de la Nouvelle-Grenade et de l'Équateur, qui ont des fleurs de *Caraguata*, à tube calicinal allongé et scarieux, et dont les tiges allongées et flexibles portent des feuilles linéaires alternes et assez espacées.

III. SÉRIE DES PITCAIRNIA.

Les fleurs des *Pitcairnia*[1] (fig. 87) ont un réceptacle plus ou moins concave, obpyramidal et logeant dans sa concavité une portion plus

t. 14, 16 ; (1877), t. 15, 18 ; (1878), t. 11, 13, 14, 18 ; (1879), t. 6, 10 ; (1880), t. 1, 11, 15 ; (1881), t. 11. — MEZ, in *Mart. Fl. bras.*, 511, t. 97-106 (*Vriesea*), 577, t. 108-114. — *Bot. Reg.*, t. 105, 749 ; (1843), t. 10. — *Bot. Mag.*, t. 2841, 3275, 4288, 4382, 4415, 5108, 5229, 5246, 5287, 5562, 5892, 6014, 6309, 6435, 6495, 7320. — WALP., *Ann.*, VI, 94.

1. LHÉR., *Sert. angl.* (1788), VII, t. 11 (non FORST.). — ENDL., *Gen.*, n. 1305. — BEER,

ou moins étendue de la base de l'ovaire. Sur ses bords, le réceptacle porte trois sépales pétaloïdes, allongés, disposés dans le bouton en préfloraison tordue[1]. L'un d'eux est antérieur. Avec eux alternent trois pétales, bien plus longs, insérés de même, atténués aux deux extrémités et tordus aussi dans la préfloraison, mais en sens inverse.

Pitcairnia corallina.

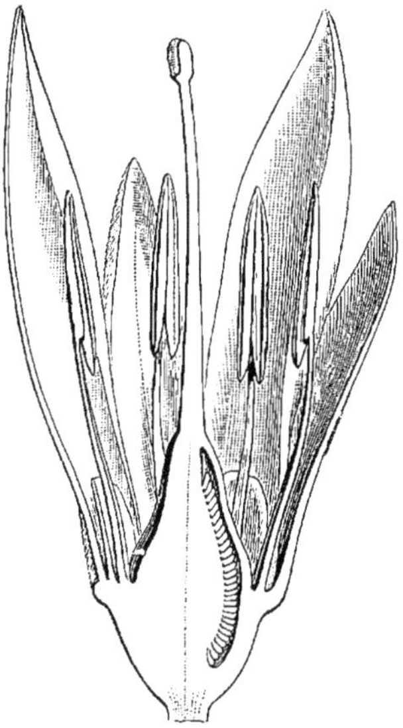

Fig. 87. Fleur, coupe longitudinale.

Deux verticilles staminaux trimères ont la même insertion; et les pièces en sont libres, formées ordinairement d'un filet subulé et d'une anthère linéaire, basifixe ou à peu près, à deux loges adnées et introrses, déhiscentes par des fentes longitudinales[2]. L'ovaire, libre supérieurement dans une grande portion de sa hauteur, est surmonté d'un long style trigone, dont le sommet se partage en trois branches stigmatifères. Elles sont ordinairement tordues[3], condupliquées, et leurs bords portent les papilles. Dans les trois loges alternipétales de l'ovaire se trouve un placenta axile chargé d'un grand nombre d'ovules anatropes, superposés [4]. Le réceptacle porte souvent encore des écailles analogues à celles des *Billbergia*, mais bien plus courtes. Le fruit est une capsule septicide. Les graines sont petites et nombreuses. Elles se terminent souvent aux deux extrémités par une pointe plus ou moins allongée, et renferment sous leurs téguments un abondant albumen farineux et, du côté du hile, un petit embryon en partie intrus.

Il y a des *Pitcairnia* dont les semences ont les prolongements des deux extrémités très allongés: ce sont les *Neumannia*[5] et les *Phlomostachys*[6], d'ailleurs distingués comme sections par des particularités notables de leurs organes végétatifs. Dans les *Melinonia*[7], les

Brom., 17, 50. — B. H., *Gen.*, III, 665, n. 17. — BAK., *Brom.*, 89. — *Hepetis* Sw., *Prodr. Fl. ind. occid.* (1788), 66.

1. Le bord gauche enveloppant.

2. De chaque côté de l'étamine oppositipétale se trouve ordinairement une écaille de forme et d'épaisseur très variables.

3. Dans le même sens que les pétales.

4. A double tégument; la chalaze obtuse ou acuminée.

5. AD. BR., in *Ann. sc. nat.*, sér. 2, XV, 369. — *Lamproconus* LEME, *Jard. fleur.*, II, sub t. 127.

6. BEER, *Brom.*, 45.

7. AD. BR. in *Morr. Cat. Brom. Jard. Lieg.* (1873).

Schweideleria[1] et les *Pepinia*[2], il n'y a pas de prolongements aux graines dont le tégument porte une bordure cornée. Ainsi constitué, ce genre compte, dans l'Amérique tropicale, environ cent trente espèces[3], saxicoles, épiphytes ou terrestres. Elles ont un port, un feuillage et un mode d'inflorescence très variables. Ainsi, dans le *P. integrifolia* et les espèces voisines, les feuilles sont linéaires, entières et furfuracées en dessous, de même que dans le *P. suaveolens* et les types analogues, dont la feuille est dépourvue de duvet. Dans le *P. australis* et ses alliés, la feuille est plus large, ensiforme, mais toujours entière; tandis que dans les espèces groupées autour du *P. bromeliœflora*, les feuilles, furfuracées en dessous, ont les dents épineuses des Ananas. Ces mêmes dents existent dans les feuilles ensiformes des *Puyopsis*[4], dont la tige est élevée et ligneuse. La feuille est entière dans les sections *Neumannia* et *Phlomostachys*. Les fleurs sont souvent belles, ordinairement rouges, plus rarement jaunes, blanches ou bleues. Elles sont disposées en grappes ou en épis, lesquels sont capituliformes dans la section *Cephalopitcairnia*[5]. Dans les *Phlomostachys*, la grappe est simple, spiciforme, avec des bractées florales de la longueur du calice. Dans les *Neumannia*, il y a un épi plus serré et de larges bractées florales colorées. Les *Schweideleria*, dont les feuilles oblongues ou oblancéolées sont pétiolées, ont de longues grappes lâches, à bractées lancéolées.

Les *Puya*, des Andes chiliennes, péruviennes et colombiennes, ont, avec le port des *Puyopsis* et une taille souvent élevée, un fruit libre, loculicide, et un long style entier ou à peu près.

Les *Dyckia*, du Brésil, de l'Uruguay et de la République Argentine, ont le style court, des feuilles épaisses, rigides et bordées de vigoureuses épines arquées. Leur fruit est septicide. Avec les mêmes caractères, les *Cottendorfia*, du Brésil et de la République Argentine, ont des feuilles minces, longues et entières; tandis que les *Hechtia*,

1. E. MORR., ex BAK., *Brom.*, 90, 114.

2. AD. BR., in *Ill. hort.*, XVII, 32, t. 5. — BAK., *Brom.*, 91, 115.

3. R. et PAV., *Fl. per. et chil.*, t. 258-260. — JACQ. F., *Ecl. amer.*, t. 79. — RED., *Lil.*, t. 73-76. — PRESL, *Rel. Hænk.*, t. 23 (*Pourretia*). — ANDR., *Bot. Rep.*, t. 249, 322. — LINDL., in *Paxt. Fl. Gard.*, III, t. 86 (*Puya*). — LINK, KL. et OTT., *Ic. pl. rar.*, t. 25. — LEME, *Jard. fleur.*, t. 127, 407. — REG., *Gartenfl.*, t. 53, 113, 114, 557, 781. — LODD., *Bot. Cab.*, t. 722. — PŒPP. et ENDL., *Nov. gen. et spec.*, t. 158. — GRISEB., *Fl. brit. W.-Ind.*, 594; *Symb. Fl. argent.*, 329. — HEMSL., *Bot. centr.-amer.*, III, 315, t. 85. — WAWR., *Reis. Pr. Max. Bot.*, 160, t. 27; *Reis. Pr. Cob. Bot.*, I, 174. — MART., in *Rœm. et Sch. Syst.*, VII, 1240. — MEY., in *Rel. Hænk.*, II, t. 23. — DON.-SM., in *Amer. Bot. Gaz.* (1888), t. 24. — S.-WATS., in *Proc. Amer. Acad.*, XXII, 456. — MEZ, in *Mart. Fl. bras.*, fasc. CX, 431, t. 81-86. — *Bot. Mag.*, t. 824, 856, 1416, 1547, 2657, 2813, 4241, 4309, 4540, 4696, 4709, 4770, 4775, 5225, 5234, 5356, 6318, 6480, 6535, 6600, 6606, 7175.

4. BAK., *Brom.*, 91, 117.

5. BAK., *Brom.*, 90, 109.

de l'Amérique du Nord, à feuilles de *Dyckia*, ont les fleurs polygames-dioïques.

Dans les *Bakeria* (?) et les *Brocchinia*, les uns du Brésil et de la Guyane, les autres de la Nouvelle-Grenade, le fruit est en majeure partie infère. Les premiers ont des feuilles ensiformes, entières, acuminées, écailleuses, avec, dit-on, des pétales bien plus longs que le calice. Les derniers ont des feuilles loriformes, entières et glabres, avec des pétales à peu près égaux en longueur au calice.

Cette famille est par la structure de ses fleurs tout à fait analogue à celle des Amaryllidacées. Elle n'en diffère que par ses sépales souvent plus courts et moins pétaloïdes que les pièces de la corolle, l'albumen de ses graines plus constamment farineux, et surtout par son port tout particulier et son feuillage[1]. Quant à la situation de son embryon, elle varie beaucoup, de même que sa forme souvent singulière. Toutes ces plantes sont américaines, beaucoup plus rarement des régions tempérées que de la zone tropicale. C'est A.-L. DE JUSSIEU[2] qui, en 1789, établit un ordre des Ananas (*Bromeliæ*), assemblage assez malheureux des *Burmannia* et des *Agave* avec de vraies Broméliacées. Ce dernier nom ne fut adopté par lui qu'en 1804[3], avec le même cadre, mais aussi avec les *Burmannia*, plus les *Fourcroya* et des *Barbacenia* (les *Xerophyta*). KUNTH[4] circonscrivit mieux, en 1815, la famille, à laquelle LINDLEY[5] rapportait encore les *Dasylirion* et (?) *Nolina*, et qui, richement représentée dans les serres des jardins modernes, y fut étudiée avec le plus grand soin par des spécialistes tels que BEER[6], ANTOINE[7], E. MORREN, MM. BAKER[8] et MEZ[9]. Aujourd'hui, nous y conservons vingt-six genres, avec environ quatre cents espèces, partagées en trois séries peu distinctes[10]:

1. Entraînant des caractères histologiques spéciaux (PFITZ., in *Pringsh. Jahrb.*, VIII, 16. — WESTERM., *loc. cit.*, XIV, 43. — CEDERV., in *Gœteb. Handl.*, XIX. — SCHIMP., in *Bot. Centralbl.*, XVII (1884), c. fig. — A. DE WEVRE, in *C. rend. Soc. bot. Belg.* (1887), 110. — WITTM., *Pflanzenfam.*, 33, fig. 17, 18).

2. *Gen.*, 49, Ord. 5, Cl. 3.

3. In *Dict.*, V, 347 (Ord.).

4. In *H. B. K. Nov. gen. et spec.*, I, 289.

5. In *Bot. Reg.* (1827), 1068; *Veg. Kingd.*, 147, Ord. 42. — ENDL., *Gen.*, 181, Ord. 65.

6. *Die Fam. Brom.* (Wien, 1857). « Systema... imprimis ad variationes vegetationis constructum, sed char. floris et fructu fere undique neglectis, botanicis minime conveniens » (B. H.).

7. *Phyto-Iconogr. d. Bromeliaceen* (Wien, 1880).

8. *Handb. of the Bromel.* (Londres, 1889).

9. In *Mart. Fl. bras.*, fasc. 110, 112, 115.

10. Surtout depuis qu'il est démontré que les ovaires absolument supères sont exceptionnels parmi les Broméliacées, plantes, on peut dire, toujours plus ou moins périgynes.

I. Broméliées[1]. — Fleurs à ovaire infère, avec des ovules ordinairement en nombre indéfini, descendants ou horizontaux. Fruit charnu ou coriace, indéhiscent ou rarement ouvert latéralement. Graines non appendiculées ou à appendice chalazique fort peu développé. — Feuilles presque toujours dentées-épineuses. — 17 genres.

II. Tillandsiées[2]. — Fleurs à ovaire infère seulement à sa base, libre dans la plus grande portion de sa hauteur, avec des ovules en nombre indéfini, ascendants. Fruit sec, septicide. Graines inégalement prolongées aux deux extrémités et à tégument extérieur longitudinalement divisé en filaments (simulant une aigrette). — Feuilles entières. — 5 genres.

III. Pitcairniées[3]. — Fleurs hermaphrodites ou unisexuées, à ovaire infère seulement à sa base ou jusque vers le milieu de sa hauteur; la portion supérieure libre. Fruit sec, septicide ou plus rarement loculicide. Graines à appendice des deux extrémités peu développé, linéaire, non divisé en fils, ou à aile marginale, ou sans appendice. — Feuilles ordinairement dentées-épineuses. — 7 genres.

Usages[4]. — La plus connue des Broméliacées utiles est l'Ananas[5], introduit d'Amérique dans toutes les régions tropicales du globe et cultivé chez nous en serre pour son fruit (fig. 75) excellent, sucré, parfumé, vanté en Amérique comme diurétique et vermicide, abortif avant sa maturité, de même que plusieurs *Bromelia*, tels que les *B. Pinguin*[6], *fastuosa*[7] et autres. C'est aussi une plante textile et dont les

1. B. H., *Gen.*, III, 658, Trib. 1. — Bak., *Brom.*, IX, 1, Trib. 1. — Wittm., *Pflanzenfam.*, 41.

2. Reichb., *Consp.*, 62. — B. H., *Gen.*, III, 659, Trib. 2. — Bak., *Brom.*, 88. — Wittm., *Pflanzenfam.*, 49. — *Puyæ* Beer, *Brom.*, 9, 22. — *Puyeæ* Wittm., *Pflanzenfam.*, 52.

3. A. Rich., in *Dict. d'Orb.*, II, 740 (Trib.). — Beer, *Brom.*, 7 (*Phylanthearum* Div.). — B. H., *loc. cit.*, 659, Trib. 3. — Wittm., *loc. cit.*, 54. — Bak., *Brom.*, 140, Trib. 3.

4. Endl., *Enchirid.*, 106. — Lindl., *Veg. Kingd.*, 147. — Rosenth., *Syn. pl. diaphor.*, 118, 1083. — Mez, in *Mart. Fl. bras.*, 631.

5. *Ananas sativus* Sch. f., *Syst.*, VII, 1283. — Bak., *Brom.*, 28, n. 1. — *Bromelia Ananas* L., *Spec.*, ed. I, 285. — Lamk. *Dict.*, I, 143. — *B. sylvestris* Vell. (*Nanas*, *Pita*, *Vanacous*, *Yayama*, *Boniama*, *Pinas*, *Ungley*, *Matzatli*, *Kapatsiaka*). Bien des auteurs ne considèrent que comme des variétés d'une même espèce les *A. pyramidalis* Mill., *coccineus* Mor., *variegatus* Boj., *Porteanus* K. Koch, *glaber* Mill., *lucidus* Mill., *semiserratus* W., *debilis* Schult. f., *macrodontes* Morr., *bracteatus* Schult. f., *Sagenaria* Arrud., *muricatus* Arrud., *microstachys* Lindm., etc., de même que les divers *Abacaxi* qu'on dit si recherchés au Brésil (Arrud., *Disc. util. Jard.*, 33).

6. L., *Spec.*, I, 285, n. 2. — Lamk, *Dict.*, I, 145; *Ill.*, t. 223, fig. 2. — *B. ignea* Beer, *Brom.*, 35, 165. — *Agallostachys Pinguin* Beer, *Brom.*, 36. — *Ananas Pinguin* Mill. — *Karatas Plumieri* Devans. (non Morr.) (*Pinguin*, *Maya*).

7. Lindl., *Coll.*, I, t. 1. — Bak., *Brom.*, 26, n. 5. — *Bromelia Acanga* W. (non *Auctt.*). — *B. antiacantha* Bertol. — *B. Sceptrum* Fenzl. — *B. Commeliniana* De Vr. — *Agallostachys fastuosa* Beer. — *A. Commeliniana* Beer (*Gravata do mato*). Le *Greigia sphacelata* Reg. passe pour avoir aussi un fruit comestible (*Chupon*).

fibres servent à faire des tissus délicats[1]. Les baies des vrais *Bromelia* sont rarement volumineuses et plaisent peu aux Européens, à cause de leur saveur vineuse ou acidulée. On les a dites âcres ; mais, si elles irritent la muqueuse buccale, c'est probablement par les nombreuses raphides d'oxalate de chaux qu'elles renferment. Les fibres textiles du *Caróá* servent à faire des cordages et des filets : c'est le *Dyckia variegata*[2]. On croit aussi, dans l'Amérique tropicale, que le suc des fruits des Ananas est digestif et, par conséquent, favorable aux dyspeptiques. Ce suc fermenté constitue un vin alcoolique[3] qu'on préconise comme stomachique et emménagogue. On accorde les mêmes vertus à celui des *Bromelia laciniosa*[4], *Binoti*[5] et des autres espèces mentionnées plus haut. Bien mûr, il devient mucilagineux et pectoral et perd ses qualités vermifuges et anti-aphtheuses. Plusieurs *Tillandsia* et *Ananas* servent encore à l'extraction d'un liquide acide, résineux et balsamique.

Le *Tillandsia usneoides*[6], petite espèce épiphyte, qui ressemble à une humble mousse blanchâtre, sert à rembourrer des coussins, matelas et divers autres meubles. On en fait aussi des cordages, et son suc est vanté au Pérou comme antihémorrhoïdal. Les *T. recurvata* L. et *utriculata* L. servent, dit-on, aux mêmes usages que l'espèce précédente. Le *Puya chilensis*[7] a la tige gorgée d'une sorte de moelle blanche, spongieuse et aqueuse, qui renferme une sève rafraîchissante, employée par les voyageurs altérés. Sèche, elle constitue un liège léger et poreux. Les fleurs du *P. lanata*[8] renferment un suc doux et gommeux. La moelle des tiges du *P. Bonplandiana*[9] est aussi alimentaire en Colombie, sous le nom d'*Achupalla*. L'*Æchmea tincto-*

1. *Pitta*, *Fil d'Ananas* (à ne pas confondre avec les produits textiles des *Agave*).

2. *D. Glaziovii* BAK., *Brom.*, 133. — *Bromelia variegata* ARRUD., *Pl. Pernamb.* — *Billbergia variegata* SCHULT. F., *Syst.*, VII, 1262. — *B. speciosa* BAK. — *Agallostachys variegata* BEER. — *Neoglaziovia variegata* MEZ, *Fl. bras.*, 427, t. 80, fig. 1 (voy. p. 112).

3. *Vino de Ananaz*, *Chicha*.

4. MART., in *Rœm. et Sch. Syst.*, VII, 1278. — *Agallostachys laciniosa* K. KOCH. — BAK., *Brom.*, 26.

5. MORR. — BAK., *Brom.*, 26 (*Gravata do mato*). Les fleurs de l'*Æchmea exsudans* BAK. (*Gravisia exsudans* MEZ) excrètent un abondant nectar à odeur de miel.

6. L., *Spec.*, ed. II, 411. — LAMK, *Dict.*, I, 619. — MORR., in *Belg. hort.* (1877), t. 17. — MEZ, in *Mart. Fl. bras.*, 613, n. 35. — *Bot. Mag.*, t. 6309. — *Renealmia usneoides* L. — *R. filiformis intorta* L., *H. Cliff.*, 129. — *Rhizomorpha ochreata* ACHAR., *Syn.*, 391. — *Fucus filum* ESP. — *Camanbaya* MARCGR. (*Crin végétal*, *Barbon*, *Barba de ucar*, *Baumhaar*).

7. MOL., *Sag. Chil.*, ed. II, 284. — REG., *Gartenfl.*, t. 225. — *Fl. serres*, t. 869, 870. — *Bot. Mag.*, t. 4715. — *P. suberosa* MOL. — *P. coarctata* FISCH. — C. GAY, *Fl. chil.*, VI, 11. — *Pourretia coarctata* R. et PAV., *Fl. per. et chil.*, III, 32. — GAUDICH., *Voy. Bon. Bot.*, t. 41-44 (*Puya*, *Cardon*, *Chagual*, *Maguey*).

8. SCHULT. F., *Syst.*, VII, 1233. — BAK., *Brom.*, 125, n. 6. — *Pourretia laxata* H. B. K. — *Bromelia lasiantha* W. — *Pitcairnia lanata* DIETR.

9. SCHULT. F., *Syst.*, VII, 1236. — BAK., *Brom.*, 126, n. 12. — *P. pyramidata* H. B. K. (non R. et PAV.).

ria[1] a une racine qui sert à teindre en jaune les étoffes et les filets des Indiens. Presque toutes les Broméliacées connues sont cultivées, pour la singularité de leur feuillage ou la beauté de leurs fleurs, dans les serres des amateurs qui ont déjà obtenu, principalement des *Tillandsia*, *Æchmea*, *Billbergia* et *Pitcairnia*, un grand nombre de variétés et d'hybrides[2].

1. MEZ, in *Mart. Fl. bras.*, 373, t. 73. — *Æ. bromeliæfolia* BAK. — *A. conspicuiarmata* BAK. — *Bromelia tinctoria* MART., *Reis.*, II, 554. — *Billbergia tinctoria* MART. — *Macrochordium tinctorium* DE VR., in *Jaarb. Ned. maat. tuins.* (1853), 14, c. ic. — *M. macracanthum* REG., *Gartenfl.* (1886), fig. 37.

2. MORR., *Cat. Brom.* — WITT., *Cat. Brom Jard. Leid.*, ed. II (1894); *Hybr. Brom. cult. Eur.* (1894).

GENERA

I. BROMELIEÆ.

1. **Billbergia** THUNB. — Flores hermaphroditi; receptaculo sacciformi germen intus adnatum fovente ultraque illud in cupulam margine perianthiiferam producto. Sepala 3, libera obtusa torta, sinistrorsum obtegentia. Petala alterna 3, multo longiora erecta, apice æqualiter v. sub-2-labiatim patula, nunc revoluta, in alabastro torta dextrorsumque obtegentia. Laminæ verticales 2, petalis interiores iisque nisi ad margines integras v. undulatas longitudinaliter adnatæ, apice attenuatæ obtusæ v. 2-lobæ, nunc ibi evanidæ v. omnino deficientes. Stamina 6, quorum alternipetala 3, libera; oppositipetala autem sublibera v. imo v. ad medium petalum connata, compressa v. (*Quesnelia*) latiora fereque ad apicem petalo adnata; anthera dorso cum filamento continua, nunc versatili, oblonga; loculis ima basi liberis, introrsum rimosis. Squamæ 2, ad stamen quodque laterales, receptaculi margini affixæ, aut supra concavæ fimbriato-laciniatæ, aut plus minus verticales planæque. Germen inferum, 3-loculare, extus glabrum, costatum v. rugosum, sæpe farinaceum; glandulis septalibus nectariferis evolutis, supra germen apertis; stylo erecto obtuse 3-gono tubuloso; ramis stigmatosis membranaceis induplicatis, margine papillosis, inter se plus minus tortis. Ovula in loculis singulis ∞, placentæ axili brevi v. ellipsoideo-2-lobæ inserta anatropa; chalaza plus minus in conum rectum v. arcuatum producta. Fructus indehiscens, plus minus carnosus; seminibus ∞; albumine farinaceo; embryone infero. — Herbæ perennes rupibus v. arboribus affixæ; caule brevi crassiusculo nunc sublignoso, aut simplici, aut e basi ramoso sympodiali. Folia rosulata rigida elongata concavo-convexa, basi nunc dilatata vaginantia, sæpe extus horizontaliter

albido-zonata; marginibus spinoso-serratis; inflorescentia ad summos ramos terminali varia, aut spiciformi flexuosa v. nutante; floribus distichis, 1-bracteatis; aut varie composita; bracteis quaquaversis imbricatis; nunc rarius (*Jonghea*) erecta spiciformi v. (*Quesnelia*) strobiliformi; floribus congestis quaquaversis; bracteis inferioribus vacuis remotiusculis plus minus petaloideo-dilatatis. (*America trop. austr.*) — *Vid. p.* 86.

2. **Æchmea** R. et PAV.[1] — Flores fere *Billbergiæ*[2]; sepalis ovatis v. lanceolatis, crassis v. coriaceis, sæpe mucronatis, tortis. Petala libera v. sublibera, plerumque sepalis vix v. haud multo longiora, tenuiora, basi intus squamigera[3], torta. Stamina 6, corolla breviora, quorum 3 petalorum basi adnata; 3 autem receptaculi margini affixa libera; filamentis tenuibus v. complanatis; antheris oblongis, dorso plus minus alte affixis; loculis basi liberis, introrsum rimosis. Germen inferum; ovulis in loculo ∞, rarius paucis (2-4), ad chalazam mucronatis. Stylus tenuis; lobis stigmatosis induplicatis tortisque. Fructus baccatus v. subcoriaceus; seminibus minutis. — Herbæ perennes; foliis dense rosulatis, sæpius loriformibus, margine spinoso-dentatis. Inflorescentia varia, spicata v. simpliciter compositeve racemosa; ramis distichis v. multifariis[4]; bracteis sub flore sæpius coriaceis et terminali-spinosis[5]; pedunculi bracteis foliifor-

1. *Prodr.*, 47, t. 8; *Syst.*, 83; *Fl. per. et chil.*, III, 37, t. 264. — ENDL., *Gen.*, n. 1301. — BAK., in *Trim. Journ.* (1879), 129 (part.); *Brom.*, 32. — WITTM., *Pflanzenfam.*, 47.

2. Plerumque breviores; corolla breviore obtusiore recta.

3. Squamis variis, liberis v. adnatis.

4. Floribus purpureis, cærulescentibus, albidis v. flavis.

5. Sectiones in genere heteromorpho sunt : *Euæchmea* (BAK., *Amar.*, 32, 34); inflorescentia composite racemosa multifaria cymigera; sepalis mucronatis; petalis 2-4-plo longioribus. *Hohenbergia* (SCH. F., *Syst.*, VII, 71, 1251 (part.). — BAK., *Brom.*, 32, Subgen. 2. — *Hoplophytum* BEER. — MORR., *Belg. hort.* (1865), c. ic.; (1873), t. 5. — WITTM., *Pflanzenfam.*, 49, n. 20); inflorescentia 2, 3-pinnatim racemosa; bracteis sepalisque mucronatis; corolla breviter exserta. *Pironneava* (GAUDICH., *Voy. Bon. Bot.*, t. 63. — WITTM., *Pflanzenfam.*, 49, n. 26. — BAK., *Amar.*, 33, Subgen. 3); inflorescentia 2, 3-pinnatim racemosa; spicis dense strobiliformicymigeris; germine versus axin incrassato. *Androlepis* (AD. BR., ex MORR., *Cat. Brom.*; ex HOULL., in *Rev. hort.* (1870), 12. — BAK., *Brom.*, 33, Subgen. 4); inflorescentia composite raceminformi, spiciformi v. capituliformi; ramis multifariis cymigeris (haud nitide coloratis); germine tereti; bracteis floralibus parvis v. 0. *Lamprococcus* (BEER, *Brom.*, 103. — WITTM., *Pflanzenfam.*, 48, n. 17. — BAK., *Brom.*, 33, Subgen. 5); inflorescentia composite cymigera; axibus nitide rubris; bracteis minutis v. 0; sepalis ovatis brevibus inermibus. *Platyæchmea* (B. H., *Gen.*, III, 663. — WITTM., *Pflanzenfam.*, 48, sect. 2. — BAK., *Brom.*, 33, Subgen. 6); inflorescentiæ composito-cymigeræ ramis distichis; bracteis sæpe rhachidi varie adnatis. *Pectinaria* (B. H., *Gen.*, III, 664. — BAK., *Brom.*, 33, Subgen. 7); inflorescentia dense simpliciformi-spicata, raro 2, 3-nata; bracteis floralibus ovato-acuminatis pectinatis; germine tereti. *Pothuava* (GAUDICH., *Voy. Bon. Bot.*, t. 116, 117. — WITTM., *Pflanzenfam.*, 48, n. 16. — BAK., *Brom.*, 33, Subgen. 8); spica simplici; sepalis parvis mucronatis coriaceis; germine subtereti. *Chevaliera* GAUDICH., *Voy. Bon. Bot.*, t. 61, 62. — WITTM., *Pflanzenfam.*, 48, n. 18. — BAK.,

mibus scariosis, acutis v. sæpe mucronatis, sæpe rubro-coloratis. (*America trop.*[1])

3. **Streptocalyx** BEER[2]. — Flores fere *Æchmeæ;* sepalis crassis mucronatis arcte tortis[3]. Petala plus minus elongata; squamis interioribus 0. Stamina libera. Germinis septa crassa, nunc sinuata; ovulis ∞, ad loculi summum angulum inserta, pleraque descendentia. Styli rami valde torti. Fructus indehiscens subexsuccus. — Herbæ perennes; foliis spinescenti-serratis; floribus in racemos terminales elongatos cymigeros dispositis; cymis sæpius 1-paris; bracteis sæpe coloratis. Cætera *Æchmeæ*. (*Brasilia, Guiana*[4].)

Brom., 34, Subgen. 9); spica simplici densissima strobiliformi; bracteis late ovatis coriaceis, 1-floris; germine ad axin incrassato.

Wittmackia (MEZ, in *Mart. Fl. bras.*, fasc. CX, 274, t. 61); foliis 2-morphis; sepalis haud spiraliter tortis; placentis in angulo loculorum linearibus; ovulis haud caudatis; cæteris *Hohenbergiæ*.

Prantleia (MEZ, *loc. cit.*, 257, t. 58); inflorescentia composita; foliis omnibus basilaribus, 1-morphis, valde aculeato-dentatis, basi haud vaginantibus; perianthii foliolis demum parce v. haud tortis; petalorum callis 2 (v. 0); staminibus 3 petalis altiuscule adnatis; germine suborbiculari; ovulis muticis.

Macrochordium (DE VRIESE. — BEER, *Brom.*, 145. — WITTM., *Pflanzenfam.*, 49, n. 24. — BAK., *Brom.*, 34, Subgen. 10); spicis densis tomentosis; bracteis sepalisque ovatis inermibus; styli ramis brevibus et plerumque breviter tortis.

Canistrum (MORR., *Belg. hort.* (1873), 257, t. 15; (1874), 376, t. 16; (1870), t. 13, 14. — WITTM., *Pflanzenfam.*, 49, n. 25. — BAK., *Brom.*, 34, Subgen. 11); floribus globoso-capitatis; bracteis inferioribus ovatis involucrantibus (coloratis).

Mosenia (LINDM., in *Kon. Svensk. Vet. Akad. Handl.* (1891), 27, t. 5, fig. 1-11); summo pedunculo foliorum involucro cyathiformi cincto; staminibus omnibus a corolla liberis; cæteris *Canistri*.

Gravisia (MEZ, *loc. cit.*, 298, t. 65); foliis anguste linearibus (brunneo-lepidotis) vaginantibus; inflorescentia composita; bracteis coloratis; floribus sessilibus; germine tubo receptaculi coronato; sepalis mucronulatis; petalis conniventibus, 2-ligulatis; placentis linearibus superioribus.

Ortgiesia (REG., *Gartenfl.* (1867), 193, t. 517. — WITTM., *Pflanzenfam.*, 48. — BAK., *Brom.*, 18); foliis sessilibus; inflorescentia centrali dense spiciformi v. capituliformi; sepalis plus minus basi connatis v. liberis, apice mucronatis; petalorum limbo parvo; bracteis floralibus serratis; ovulis haud appendiculatis.

1. Spec. ad 140. VELL., *Fl. flum.*, Atl., III, t. 135, 138 (*Tillandsia*). — SALISB., *Par. lond.*, t. 40. — PŒPP. et ENDL., *Nov. gen. et spec.*, t. 159. — HOOK., *Exot. Fl.*, t. 143 (*Bromelia*). — RUDGE, *Pl. Guian.*, t. 50 (*Tillandsia*). — KN. et WESTC., *Fl. Cab.*, t. 284. — REICHB., *Ic. exot.*, t. 239, 240 (*Bromelia*). — LODD., *Bot. Cab.*, t. 801 (*Bromelia*). — WAWR., in *Œst. Bot. Zeitschr.* (1880), 116; *Pr. Maxim. Reis. Bot.*, t. 28; *Pr. Cob. Reis. Bot.*, I, t. 23, 24; 28 (*Lamprococcus*); 34 A, 35. — GRISEB., *Fl. brit. W.-Ind.*, 592; *Symb. Fl. argent.*, 329 (*Chevaliera*). — MAUR., in *C. rend. Ass. fr.* (1857), 246, 555, c. tab. (*Chevaliera*). — LINDM., in *Kon. Svensk. Vet. Akad. Handl.* (1891), Bd 24, 28, t. 5, 6; t. 8 (*Canistrum, Macrochordium*). — SAUND., *Ref. bot.*, t. 284; 285 (*Hohenbergia*). — MORR., *Belg. hort.* (1862), 97, c. ic.; (1865), c. ic.; (1870), t. 18; (1873), t. 5, 15; (1874), t. 16; (1879), t. 13, 14; (1880), t. 13; (1881), t. 13. — MEZ, in *Mart. Fl. bras.*, fasc. CX, 247, t. 57 (*Canistrum*), 257, t. 58 (*Prantleia*), 267, t. 60 (*Hohenbergia*), 274, t. 61 (*Wittmackia*). — F. MUELL., in *Ber. deutsch. Bot. Ges.*, XI, 364. — *Hook. Icon.*, t. 1851. — *Bot. Reg.*, t. 766, 1130. — *Bot. Mag.*, t. 3186, 3304 (*Billbergia*), 4832; 4883 (*Billbergia*), 5235, 5321 (*Echinostachys*), 5447, 5668, 6329, 6435, 6447, 6565, 6939.

2. In *Flora* (1854), 348; *Brom.*, 22, 141. — B. H., *Gen.*, III, 629, n. 1. — WITTM., *Pflanzenfam.*, 48. — BAK., *Brom.*, 30.

3. Latere operto sæpe in alam magnam producto.

4. Spec. 7, 8. MART., in *Rœm. et Sch. Syst.*, VII, 1271 (*Æchmea*). — GAUDICH., *Voy. Bon. Bot.*, t. 64 (*Pironneava*). — BAK., *Brom.*, 35, n. 3 (*Æchmea*). — LINDM., in *K. Svensk. Vet. Akad. Handl.* (1891), 37. — WITTM., in *Engl. Jahrb.* (1891), *Beibl.*, 29, 14 (*Pironneava*). — CARR., in *Rev. hort.* (1877), 129, c. ic. (*Lamprococcus*). — MORR., in *Belg. hort.* (1883), 13, t. 1, 2. — MEZ, in *Mart. Fl. bras.*, fasc. CX, 279, t. 62.

4. **Bromelia** L.[1] — Flores liberi; receptaculo ultra germen inferum adnatumque cupulari. Sepala 3, libera, receptaculi margini inserta obtusa torta. Petala 3, calyce longiora, basi in tubum brevem connata, apice obtusa torta. Stamina 6, tubo affixa; filamentis liberis; antheris linearibus erectis subbasifixis; loculis basi liberis, introrsum rimosis. Germen cylindraceum v. obtuse 3-gonum; styli gracilis ramis brevibus late conduplicatis tortis. Fructus baccatus sphæricus v. ovoideus. Semina compressa, nunc orbicularia, albuminosa. — Herbæ perennes, nunc elatæ; foliis rosulatis longis ensiformibus rigidis late spinoso-dentatis; floribus[2] in racemum spurium cymigerum terminalem longiusculum (*Eubromelia*) v. breviorem contractumque capituliformem (*Rhodostachys*[3]) dispositis; bracteis variis, nunc coloratis; inferioribus nunc spinoso-dentatis. (*America trop. et extratrop.*[4])

5. **Ananas** T[5]. — Flores *Bromeliæ*; sepalis liberis carinato-acuminatis. Petala erecta multo longiora, staminum ope nunc cohærentia. Squamellæ ad petalorum basin 2. Stamina oppositipetala basi adnata; antheris linearibus introrsis petalo brevioribus. Germen inferum, basi rhachi adnatum v. immersum; styli erecti ramis linearibus rectis v. arcuatis vix tortis. Ovula in loculis plura horizontalia v. descendentia. Fructus baccati cum rhachi et cum bracteis adnatis in syncarpium ovoidcum connati, nunc ex parte decidui basinque persistentem relinquentibus. Semina oblongo-ovoidea compressiuscula; embryone juxta hilum intra albumen omnino v. ex parte intruso. — Herbæ perennes; caule brevi, parce v. dense foliato; foliis elongatis spinoso-serratis; inflorescentia strobiliformi terminali; floribus[6] crebris spiraliter quaquaversis; bracteis fertilibus apice tantum liberis;

1. *Gen.*, ed. I, n. 282 (part.). — ADANS., *Fam. des pl.*, II, 67 (part.). — K., *Syn.*, I, 299 (part.). — ENDL., *Gen.*, n. 1300 (part.). — SPRENG., *Syst.*, II, 20 (part.). — ROEM. et SCHULT., *Syst.*, VII, 1274. — B. H., *Gen.*, III, 660, n. 2. — WITTM., *Pflanzenfam.*, 43. — BAK., *Brom.*, 25. — *Agallostachys* BEER, *Brom.*, 35.

2. Majusculis, sæpe decoris, albidis, roseis, rubris, violaceis v. cærulescentibus.

3. PHIL., in *Linnæa*, XXIX, 57; XXX, 201. — B. H., *Gen.*, III, 662, n. 10. — WITTM., *Pflanzenfam.*, 45. — BAK., *Brom.*, 27. — *Ruckia* REG., *Gartenfl.* (1868), 69, t. 571.

4. Spec. ad 15. L., *Spec.*, ed. I, I, 285. — GÆRTN., *Fruct.*, t. 11 (*Ananas*). — JACQ., *H. schœnbr.*, t. 55. — RED., *Lil.*, t. 396. — LINDL., *Coll.*, I, t. 1; in *Paxt. Fl. Gard.*, II, t. 65 (*Bromelia*). — W., *Spec.*, II, 10. — RUDGE, *Pl. Guian.*, t. 49 (*Bromelia*). — C. GAY, *Fl. chil.*, t. 67 (*Bromelia*). — MORR., in *Belg. hort.* (1873), t. 14; (1881), 164. — VERL., in *Rev. hort.* (1868), 211, c. ic. (*Hechtia*). — BERTOL., *Misc.*, IV, t. 1. — GRISEB., *Symb. Fl. argent.*, 329. — MEZ, in *Mart. Fl. bras.*, fasc. CX, 181, t. 51 (*Rhodostachys*), 183 (part.). — BLANCH., in *Rev. hort.* (1881), 153, c. fig. — *Bot. Mag.*, t. 2392.

5. *Inst.*, 653, t. 126-128. — ADANS., *Fam. des pl.*, II, 67 (*Zingiberaceæ*). — B. H., *Gen.*, III, 662, n. 11. — WITTM., *Pflanzenfam.*, 45, fig. 23. — BAK., *Brom.*, 22. — *Ananassa* LINDL., *Bot. Reg.*, sub t. 1068; t. 1081.

6. Purpureis, violaceis v. cærulescentibus.

summis vacuis foliaceis v. coloratis comamque sæpe viviparam ultra fructum compositum formantibus. (*America trop. utraque*[1].)

6. **Acanthostachys** LINK, KL. et OTT.[2] — Flores fere *Bromeliæ;* receptaculo subsphærico, basi lateraliter dilatato. Sepala deltoidea acuta. Petala paulo longiora lingulata, basi squamata. Stamina 6: alternipetala libera; oppositipetala autem imæ corollæ adnata; filamentis valde complanatis; antheris introrsis ad basin dorsifixis. Germen inferum; styli gracilis ramis stigmatosis breviter cuneatis haud tortis. Ovula in loculis 2, 3, collateraliter descendentia, ad chalazam longe tenuiterque caudata. Fructus perianthio coronatus pulposus. — Herba perennis; foliis paucis rigidis subulatis, intus canaliculatis, obscure lepidotis, margine spinoso-denticulatis; pedunculo ad medium v. apice strobilifero; strobili squamis rigidis serratis; bracteolis tenuioribus; floribus ad squamas axillaribus abque iis cum fructibus omnino liberis. Cætera *Ananassæ*. (*Brasilia*[3].)

7. **Aræococcus** AD. BR.[4] — Flores fere *Æchmeæ;* receptaculo ovoideo. Sepala supera parva ovata, torta v. imbricata. Petala paulo longiora torta. Stamina 6, libera; filamentis basi crassioribus; antheris corolla brevioribus dorsifixis, introrsum rimosis. Germen inferum; styli tenuis ramis stigmatosis brevibus erectis v. parce tortis. Ovula in loculis 2, collateraliter descendentia; altero nunc abortivo, v. ∞. Fructus subexsuccus. Semina pauca v. 1, oblonga (nigrescentia) exappendiculata; albumine copioso farinaceo; embryone juxta hilum parvo subintruso. Herbæ perennes; rhizomate repente; ramis aeriis basi vaginis foliorum obtectis; vaginis superioribus limbo angusto spinescenti-serrato superatis; floribus[5] in racemum amplum terminalem longe pedunculatum laxe compositum cymigerumque dispositis, ad axillam bractearum sessilibus v. pedicellatis. (*Guiana, Brasilia*[6].)

1. Spec. 3, 4. PLUM., *Amer.*, t. 60. — L., *Spec.*, 408 (*Bromelia*). — RED., *Lil.*, t. 455, 456 (*Bromelia*). — VELL., *Fl. flum.*, Atl., III, t. 113 (*Bromelia*). — RŒM. et SCH., *Syst.*, VII, 1283. — DC., in *Mém. Gen.*, VII, 161. — MORR., *Belg. hort.* (1872), t. 17, 19; (1878), t. 4, 5. — MEZ, in *Mart. Fl. bras.*, 287. — *Bot. Reg.*, t. 1081. — *Bot. Mag.*, t. 1554, 5025.

2. *Ic. pl. rar.*, I, 21, t. 9. — BAK., *Brom.*, 24 (part.).

3. Spec. 1. *A. strobilacea* LINK. — LINDL., in *Paxt. Gardn.*, III, 46, c. ic. — MEZ, in *Mart. Fl. bras.*, 287, t. 63, I. — *Hohenbergia strobilacea* SCHULT., *Syst.*, 1252. — BEER, *Brom.*, 72.

4. In *Ann. sc. nat.*, sér. 2, XV, 370. — B. H., *Gen.*, III, 664, n. 13. — WITTM., *Pflanzenfam.*, 49. — BAK., *Brom.*, 28.

5. Minutis, nunc cærulescentibus.

6. Spec. 2. *A. micranthus* AD. BR. — *Bromelia Acanga* SCHULT. F., VII, 1281 (non *alior.*); et *A. parviflorus* LINDM., *Brom. Regnell.*, 12. — MEZ, in *Mart. Fl. bras.*, 262, t. 69. — *Æchmea parviflora* BAK., *Brom.*, 50. — *Lamprococcus chlorocarpus* WAWR., *Reis. Maxim. Bot.*, t. 28 (? Vid. *Bakeria*, p. 118, n. 28).

8. **Karatas** PLUM.[1] — Flores fere *Bromeliæ;* sepalis sæpius oblongo-lanceolatis. Corollæ gamopetalæ exsertæ tubus cylindraceus; lobis ovatis v. lingulatis tortis patulis. Stamina tubo affixa; filamentis brevibus v. longiusculis, aut dorso ad medium (*Nidularium*[2]), aut ad basin affixis; antheris lineari-oblongis; loculis sape basi liberis, introrsum rimosis. Germen inferum, ∞-loculare; placenta nunc subpeltata; styli ramis complicatis tortis. Fructus baccatus v. coriaceus, glaber v. tomentosus, nunc fusiformis; seminibus sphæricis inappendiculatis. — Herbæ perennes; foliis ensiformibus, loratis v. lanceolatis, basi nunc dilatata vaginantibus, margine spinosis; floribus[3] in capitulum spurium pedunculatum dispositis; pedunculo brevi crasso; bracteis cymigeris; cymis contractis, 1-paris; foliis interioribus (sæpe coloratis) involucrantibus. (*America trop. utraque*[4].)

9. **Greigia** REG.[5] — Flores fere *Karatas;* sepalis liberis lanceolatis. Petala in tubum longum infundibularem connata; limbi lobis ovatis. Stamina fauci affixa; antheris filamento longioribus subbasifixis lineari-oblongis; loculis ima basi liberis, introrsum rimosis. Germen inferum, clavato-3-quetrum; styli gracilis lobis stigmatosis exsertis brevibus crassiusculis rectis. Fructus baccatus[6] pulposus, basi attenuatus; seminibus[7] oblongis ∞; albumine copioso. — Herbæ perennes; foliis longissimis ensiformibus rigidis spinosis; floribus[8] ad axillam foliorum exteriorum dense capitatis; cæteris *Karatas*. (*Chili et Columbia austr. andin.*[9])

10? **Distiacanthus** BAK.[10] — Flores fere *Karatas* (v. *Bromeliæ*); sepalis lineari-oblongis, ima basi connatis. Petala multo longiora in tubum cylindraceum connata, apice tantum patula. Stamina corolla

1. ADANS., *Fam. des pl.*, II, 67. — B. H., *Gen.*, III, 660, n. 3. — WITTM., *Pflanzenfam.*, 44. — BAK., *Brom.*, 1.

2. LEME, *Jard. fleur.*, IV, *Misc.*, 60, t. 411. — WAWRA, in *Œst. Bot. Zeitschr.* (1880), 112. — WITTM., *loc. cit.*, n. 3, fig. 22. — MEZ, in *Mart. Fl. bras.*, 210, t. 55, 56. — *Regelia* LEME, *Ill. hort.* (1860), sub t. 245 (non SCHAU.). — *Gemelleria* PIN., in *Leme Jard. fl.*, II, 13; IX, sub t. 329.

3. Albis, lutescentibus, lilacinis v. purpurascentibus.

4. Spec. ad 25. JACQ., *H. vindob.*, t. 31, 32; *Ic. rar.*, t. 60 (*Bromelia*). — RED., *Lil.*, t. 457 (*Bromelia*). — LINDM., *Of. Acad. holm.* (1890), 542; in *K. Svensk. Vet. Akad. Handl.*, Bd 24, 6. — ANT., *Brom.*, t. 24-33. — BEER, *Brom.*, 28, 75 (*Nidularium*). — REG., *Gartenfl.* (1859), 265, 267 (*Nidularium*). — MORR., in *Belg. hort.* (1872), t. 11-13. — MEZ, *loc. cit.*, 187, n. 3-6 (*Bromelia*). — *Bot. Mag.*, t. 2892, 5502 (*Billbergia*), 6024, 6904.

5. *Gartenfl.* (1865), 137, t. 474. — B. H., *Gen.*, III, 660, n. 4. — WITTM., *Pflanzenfam.*, 45. — BAK., *Brom.*, 12.

6. Pulposus, albidus.

7. Fuscatis.

8. Albis v. rubris.

9. Spec. 3. R. et PAV., *Fl. per. et chil.*, III, 32 (*Bromelia*). — C. GAY, *Fl. chil.*, VI, 8 (*Bromelia*). — PHIL., *Cat. pl. chil.*, 278.

10. *Brom.*, 13.

multo breviora ejusque ad faucem affixa; antheris linearibus dorsifixis. Germen ∞-ovulatum; styli ramis stigmatosis linearibus haud tortis. Fructus oblongo-cylindraceus baccatus. Herbæ perennes; foliis petiolatis; limbo lato; floribus[1] in capitulum spurium terminale congestis; cæteris *Bromeliæ*. (*N. Granada*, *Reg. amazon.*[2])

11. **Cryptanthus** OTT. et DIETR.[3] — Flores fere *Karatas;* calycis superi tubo campanulato v. subcylindrico; lobis ovato-lanceolatis muticis, imbricatis v. tortis. Petala longiora, ima basi connata, torta demumque expansa. Stamina 6, corollæ 2-seriatim affixa; filamentis tenuibus; antheris oblongis plus minus alte dorsifixis, versatilibus; loculis basi sæpius discretis, introrsum v. fere ad margines rimosis. Germen inferum; ovulis in loculo quoque paucis (3, 4) v. ∞. Stylus gracilis; ramis stigmatosis falcatis induplicatis, superne ad margines papillosis, haud tortis. Fructus demum siccus; seminibus subsphæricis. — Herbæ perennes fragiles; foliis rosulatis ∞, oblongo-lanceolatis, sæpe maculatis v. vittatis; exterioribus in axilla stolonigeris; sessilibus v. petiolatis, ad apicem aculeatis; floribus[4] ad axillam foliorum supremorum spurie capitatis. (*America merid. trop.*[5])

12? **Ochagavia** PHIL.[6] — Flores hermaphroditi; « perianthii superi tubulosi lobis 6; exterioribus calycinis erectis; interioribus autem paulo longioribus (corallinis), apice subreflexis. Stamina 6, tubi fauci inserta; filamentis longe filiformibus, basi dilatatis; antheris lineari-oblongis, infra medium affixis, basi emarginatis. Germen inferum, 3-quetrum; stylo filiformi, apice incrassato truncato infundibulari stigmatoso-sub-3-lobo. Ovula ∞, horizontalia, angulo interno loculorum 2-seriatim inserta. Fructus (latus) baccatus compressus. — Herba perennis caulescens, dense foliosa; caule (pedali) simplici v. parce ramoso; foliis breviusculis, subtus argenteo-lepidotis,

1. Lutescentibus v. purpureis et albo-marginatis.

2. Spec. 2. REG., *Gartenfl.* (1888), 157 (*Cryptanthus*). — MORR., in *Belg. hort.* (1881), 164 (*Bromelia*). — MEZ, in *Mart. Fl. bras.*, 186, n. 1, 2, t. 52 (*Bromelia*). — WITT., *Cat. Brom. Jard. Leid.*, 19 (*Bromelia*).

3. In *Gartenz.*, IV, 297 (1836). — ENDL., *Gen.*, n. 1301[1]. — SPACH, *Suit. à Buff.*, XII, 399. — BEER, *Brom.*, 18, 75. — B. H., *Gen.*, III, 661, n. 5. — WITTM., *Pflanzenfam.*, 45. — BAK., *Brom.*, 14. — *Pholidophyllum* VIS., *Ind. sem. H. patav.* (1845); in *Mem. Ist. venet.*, V, 343. — *Madvigia* LIEBM., in *Ann. sc. nat.*, sér. 4, II, 373 (part.).

4. Albis, inconspicuis.

5. Spec. ad 12. BAK., in *Saund. Ref. bot.*, t. 287. — WAWR., in *Pr. Maxim. Reis. Bot.*, 163, t. 87. — MORR., *Belg. hort.* (1880), 241; (1881), 342, t. 17. — REG., *Gartenfl.*, t. 458. — MEZ, in *Mart. Fl. bras.*, 200. — ROEM. et SCH., *Syst.*, VII, 1229 (*Tillandsia*). — *Bot. Reg.*, t. 1157 (*Tillandsia*). — *Bot. Mag.*, t. 5270 (*Billbergia*). — WALP., *Ann.*, VI, 66 (*Madvigia*).

6. In *Ann. sc. nat.*, sér. 4, VII, 107. — B. H., *Gen.*, III, 661, n. 8. — BAK., *Brom.*, 19.

margine spinoso-dentatis; floribus[1] in spicam terminalem dispositis bracteasque æquantibus. (*Ins. J. Fernandez* [2].) »

13? **Disteganthus** LEME[3]. — Flores fere *Bromeliæ;* calyce tubuloso; lobis parvis ovatis tortis. Petala multo longiora, oblongo-unguiculata libera; limbis exsertis patentibus. Stamina 6, quorum 3 sepalorum basi, 3 autem corollæ fauci affixa; antheris oblongis dorsifixis introrsis inclusis. Germen turbinatum inferum; stylo gracili; ramis stigmatosis sublinearibus tortis. Ovula in loculis 2-4. Fructus oblongus baccatus; seminibus oblongis glabris. — Herba perennis brevis; rhizomate crassiusculo; foliis rosulatis spinoso-serratis; floribus[4] in spicas breves strobiliformes crassas e rhizomate ortas dispositis; bracteis[5] imbricatis obtusis crebris. (*Guiana* [6].)

14. **Portea** AD. BR.[7] — Flores fere *Streptocalycis;* receptaculo ultra germen in cupulam intus disciferam producto; disco margine tenui sinuato. Calyx basi tubulosus; lobis inæqui-obovatis, valde inæqualibus; costa excentrica plus minus longe aristata; præfloratione torta; latere minore intimo. Petala longe lingulata calyce multo longiora torta. Stamina 6 : alternipetala receptaculi margini affixa; oppositipetala autem petalo adnata. Squamæ ad filamenta laterales elongatæ, petalo secundum lineam verticalem affixæ, margine liberæ. Squamulæ 6, cum staminibus receptaculo affixæ alternantes suborbiculares laciniatæ. Antheræ lineares introrsæ dorsifixæ. Germinis loculi completi v. superne incompleti, ∞-ovulati. Stylus longe filiformis; lobis stigmatosis complicatis arcte tortis. Ovula ∞, acuminata. Fructus (parvus) indehiscens. — Herbæ perennes; foliis fere *Billbergiæ;* floribus[8] in spicam terminalem stipitatam dispositis; bracteis magnis (coloratis); axilla 1-pluriflora. (*Brasilia* [9].)

1. Roseis, parvis.
2. Spec. 1. *O. elegans* PHIL. « Genus evidenter (B. H.) *Rhodostachyo* affine ».
3. *Fl. serres* (1847), t. 227. — B. H., *Gen.*, III, 661, n. 6. — WITTM., *Pflanzenfam.*, 45. — BAK., *Brom.*, 18.
4. Aureis, majusculis.
5. Rubris; inferioribus sterilibus.
6. Spec. 1. *D. basilateralis* LEME.
7. K. KOCH, *Ind. sem. H. berol.* (1856). — B. H., *Gen.*, III, 662, n. 9 (part.). — WITTM., *Pflanzenfam.*, 47. — BAK., *Brom.*, 21. — H. BN, in *Bull. Soc. Linn. Par.*, 1145.
8. Purpureis v. violaceis.
9. Spec. 3. ANT., in *Gartenfl.* (1875), 129. — REG., in *Act. H. petrop.*, III, 283 (*Billbergia*); *Gartenfl.* (1875), 166 (*Billbergia*). — *Rev. hort.* (1870), 230, c. fig. — WAWR., in *Œst. Bot. Zeitschr.*, XXX, 116 (*Æchmea*); *Pr. Sax.-Cob. Reis. Bot.*, 146, t. 34, A; t. 147, t. 24, 35, A; in *Gartenfl.* (1884), 190; in *Bull. Féder. Soc. hort. Belg.* (1880), 57 (*Æchmea*). — BAK., *Brom.*, 32, n. 8 (*Streptocalyx*), 34, n. 2; 51, n. 65 (*Æchmea*). — ANT., in *Gartenfl.* (1875), t. 829. — WITTM., *Cat. Brom. Jard. Leid.*, 49. — MEZ, in *Mart. Fl. bras.*, 294, t. 64.

15. **Fernseea** BAK.[1] — Flores fere *Bromeliæ;* sepalis lineari-oblongis obtusis, basi breviter ultra receptaculum connatis. Petala lingulata paulo longiora. Stamina 6, fauci affixa corollaque breviora; filamentis linearibus; antheris lineari-oblongis introrsis, ad basin dorsifixis. Germen inferum subsphæricum, 3-sulcum; styli gracilis ramis stigmatosis longe linearibus arcte tortis. Ovula in loculis pauca, ad chalazam appendiculata. Fructus sphæricus (parvus) indehiscens; seminibus 1-paucis (parvis). — Herba perennis; caule brevissimo; foliis basilaribus crebris, e basi ovata longe linearibus arcuatis, subtus lepidotis, margine deltoideo-spinosis, secundum axin ad bracteas scariosas integras reductis; floribus[2] in racemum cylindraceum densum parce compositum dispositis; bracteis lanceolatis scariosis. (*Brasilia mont. centr.*[3])

16? **Neoglaziovia** MEZ.[4] — Flores fere *Portesiæ* (v. *Fernseeæ*); sepalis summo tubo receptaculi infundibulari affixis, erectis conniventibus, margine intimo alatis, apice mucronulatis. Petala longiora erecta obovato-oblonga, basi intus verticali-2-callosa. Stamina inclusa; filamentis linearibus compressis. Germen teres glabrum; styli gracilis lobis stigmatosis contortis. Ovula in placentis singulis 2-5, inappendiculata; funiculo brevi. Fructus baccatus succosus. — Herba perennis alta; foliis paucis, basi anguste vaginanti-amplexicaulibus, minute aculeatis, dorso lepidotis; superioribus coloratis; floribus[5] in summo scapo racemosis, breviter pedicellatis; bracteis lineari-lanceolatis, 1-floris. (*Brasilia centr.*[6])

17. **Ronnbergia** MORR.[7] — Flores fere *Billbergiæ;* calyce supra germen breviter campanulato-tubuloso; lobis ovatis parvis inermibus. Petala oblongo-unguiculata, in tubum ultra calycem conniventia; summo limbo solo patente. Stamina breviora, calycis fauci affixa; antheris breviter linearibus basifixis inclusis. Germen ∞-ovulatum; ovulis apice appendiculatis; styli ramis linearibus tortis. Fructus

1. *Brom.*, 19.
2. Rubentibus, parvis.
3. Spec. 1. *F. Italiaiæ* BAK. — MEZ, in *Mart. Fl. bras.*, 429, t. 80, II. — *Bromelia Italiaiæ* WAWR., *Reis. Pr. Sax.-Cob. Bot.*, 141, t. 19; in *Œst. Bot. Zeitschr.*, XXX, 114. — *Æchmea stenophylla* BAK., *Brom.*, 64.
4. In *Mart. Fl. bras.*, 426, t. 80, I.
5. Purpureo-violaceis, parvulis.
6. Spec. 1. *N. variegata* MEZ. — *Bromelia variegata* ARRUD., *Diss.*, 7; *Discors.*, 42; *Cent. pl. Pernamb.* — *Billbergia variegata* SCHULT., *Syst.*, VII, 1262. — *B. speciosa* BAK., *Brom.*, 73. — *Agallostachys variegata* BEER. — *Dyckia Glaziovii* BAK., *Brom.*, 133.
7. Ex ANDRÉ, in *Ill. hort.* (1874), 120, t. 177. — B. H., *Gen.*, III, 661, n. 7. — PAX, *Pflanzenfam.*, 49. — BAK., *Amar.*, 20.

parvus sphæricus baccatus. — Herba perennis erecta; foliis longè petiolatis integerrimis amplis; floribus[1] in summo scapo longo in racemum compositum dense spiciformem dispositis; bracteis inferioribus erectis angustis. (*Columbia*[2].)

II. TILLANDSIEÆ.

18. **Tillandsia** L. — Flores regulares v. subregulares; receptaculo subplano v. concaviusculo. Sepala 3, margini receptaculi inserta libera rigidula erecta, torta sinistrorsumque obtegentia. Petala multo v. paulo longiora 3, erecta inque tubum rectum v. arcuatum conniventia, calyce multo v. paulo longiora, dextrorsum obtegentia. Squamulæ petalis interiores 2, variæ v. 0. Stamina 6, intra corollam inserta; filamentis gracilibus liberis; antheris oblongo-linearibus erectis inclusis v. exsertis, basifixis v. dorsifixis; loculis inferne liberis, introrsum rimosis. Germen sessile; basi sublibera v. receptaculo plus minus immersa; stylo gracili, nunc exserto, apice stigmatoso-3-lobo; lobis patentibus brevibus obtusis v. 2-lobulatis, margine papillosis, haud v. leviter tortis. Ovula in loculis ∞, adscendentia; chalaza nunc varie producta. Fructus pyramidatus, oblongus v. linearis, maxima ex parte superus, septicidus; exocarpio nunc solubili; endocarpii v. pericarpii totius valvis margine placentiferis, nunc inflexo-subclausis invicemque solubilibus. Semina ∞, adscendentia longe linearia; nucleo demum a testa in fila longa fissa indeque pappiformi soluto; chalaza varie producta. Embryo ad imum nucleum sæpius albumine farinaceo longior. — Herbæ epiphyticæ v. saxicolæ, nunc rarius terrestres, glabræ v. rarius furfuraceæ; foliis rosulatis angustis integris, sæpe rigidis; floribus in spicam terminalem simplicem v. ramosam dispositis, nunc raro solitariis; bracteis variis, 1-floris. (*America trop. et temp. utraque.*) — *Vid. p.* 93.

19. **Catopsis** Griseb.[3] — Flores fere *Tillandsiæ*[4]; sepalis erectis obtusis persistentibus. Petala æqualia v. paulo longiora tenuiora.

1. Cæruleis v. violaceis.
2. Spec. 1. *R. Morreniana* Lind. et André.
3. In *Nachr. Ges. Wiss. Gött.* (1844), 10, 21. — B. H., *Gen.*, III, 670, n. 27. — Wittm., *Pflanzenfam.*, 59. — Bak., *Brom.*, 153. — *Pogospermum* Ad. Br., in *Ann. sc. nat.*, sér. 5, I, 327, t. 23. — *Tussacia* W. — Schult., *Syst.*, VII, X, 57. — Kl. — Beer, *Brom.*, 99 (non Reichb., non Benth.).
4. Minores indecori.

Stamina hypogyna inclusa. Germen sessile liberum; styli brevissimi ramis erectis, patentibus v. recurvis. Fructus septicidus; valvis arcte incurvis. Semina ∞, adscendentia; stipite brevi crasso; embryone ad imum albumen farinaceum parvo breviter intruso; appendice apicali brevi v. longissima pluries plicata, in fila numerosa fissa indeque longe pappiformi. — Herbæ perennes; foliis in caule brevi integris, membranaceis v. crassiusculis; floribus in spicam simplicem v. compositam dispositis, remotis, sessilibus, ad axillas bractearum solitariis v. 2-nis. (*Antillæ, Mexicum, America austr. andin.*[1])

20. **Caraguata** LINDL.[2] — Flores fere *Tillandsiæ*. Sepala 3, libera, torta, rigida v. scariosa. Petala totidem libera, majora v. minora, torta. Stamina 6, 2-seriata; filamentis liberis; antheris introrsis, 2-rimosis. Germen superum liberum; loculis 3, completis, angulo interno ∞-ovulatis; stylo erecto, apice in ramos intus papillosos v. plumosos tortos diviso. Capsula trigona septicida; seminibus ∞, basi in stipitem elongatum demumque in fila fissum productis. — Herbæ perennes; foliis inferioribus confertis concavis; superioribus paucis angustis; summis sub inflorescentia involucrantibus plerumque majoribus; floribus in glomerulos densos composite capituliformes dispositis, pluribracteatis; bracteis nunc nitide coloratis. (*Antillæ, America centr. et austr. occid.*[3])

21. **Guzmania** R. et PAV.[4] — Flores *Caraguatæ*; sepalis oblongis tortis, ima basi connatis. Corollæ gamopetalæ lobi torti, tubo cylindrico breviores. Stamina corollæ fauci affixa; antheris circa stylum plus minus alte syngenesis. Germen superum v. subsuperum; styli elongati ramis brevibus obtusis induplicatis. Fructus cæteraque

1. Spec. ad 15. R. et PAV., *Fl. per. et chil.*, t. 269, 271 b (*Tillandsia*). — HOOK., *Exot. Fl.*, t. 218 (*Tillandsia*). — LINK, KL. et OTT., *Ic. pl. rar.*, t. 40 (*Tillandsia*). — CHAM. et SCHCHTL, in *Linnæa*, VI, 35 (*Tillandsia*). — BAK., in *Trim. Journ.* (1887), 175. — WITTM., in *Engl. Jahrb.*, XI, 70. — MEZ, in *Mart. Fl. bras.*, 575, t. 107. — WITT., *Cat. Brom. Jard. Leid.*, 21.

2. In *Bot. Reg.*, sub t. 1068. — ENDL., *Gen.*, 183. — B. H., *Gen.*, III, 668, n. 23. — WITTM., *Pflanzenfam.*, 55. — BAK., *Brom.*, 142. — *Devillea* BERT., in *R. et Sch. Syst.*, VII, 1229. — *Massangea* MORR., in *Belg. hort.* (1877), 59, 199, t. 8. — *Schlumbergeria* MORR., in *Belg. hort.* (1889), 46, t. 4-6. — B. H., *Gen.*, III, 668, n. 24.

3. Spec. ad 40. JACQ., *St. amer.*, t. 62 (*Tillandsia*). — MART., in *R. et Sch. Syst.*, VII, 1198 (*Bonapartea*). — BEER, *Brom.*, 43 (*Anoplophytum*). — ANDRÉ, in *Rev. hort.* (1886), 324 (*Guzmannia*). — MORR., in *Belg. hort.* (1882), 113, t. 8, 9 (*Guzmannia*). — REG., *Gartenfl.* (1885), 116 (*Guzmannia*). — MEZ, in *Mart. Fl. bras.*, 618. — *Bot. Mag.*, t. 4991 (*Puya*), 6059, 6675, 6765.

4. *Fl. per. et chil.*, III, 38, t. 261. — PERS., *Enchir.*, n. 765. — ENDL., *Gen.*, n. 1308. — BEER, *Brom.*, 21, 101. — B. H., *Gen.*, III, 669, n. 25. — WITTM., *Pflanzenfam.*, 55, fig. 20, B. — BAK., *Brom.*, 152. — *Guzmannia* PERS., *Enchir.*, I, 344. — BEER, *Brom.*, 21, 101.

Caraguatæ. — Herbæ perennes; foliis *Caraguatæ;* floribus in spicam simplicem bracteatam dispositis. (*America trop.*[1])

22? **Sodiroa** ANDRÉ[2]. — « Flores fere *Caraguatæ;* sepalis ad medium connatis, superne valde dilatatis, convoluto-imbricatis, demum patentibus. Petala intra calycem angustissima, ibi cohærentia, apice ovata patentia exserta. Stamina tubo adnata; antheris sagittatis connatis dorsifixis inclusis. Germen liberum; stylo filiformi, apice clavato breviter stigmatoso-3-lobo; ovulis ∞. Fructus coriaceus (*Tillandsiæ*); seminibus ∞, erectis angustis, basi in stipitem pappiformem inque fila fissum productis. — Herbæ perennes, scandentes et ab arboribus pendentes, basi radicantes vaginisque obtectæ, usque ad inflorescentiam foliatæ. Folia breviter vaginantia, graminea v. caricina. Flores[3] in summis caulibus pauci, ad axillam bracteæ coloratæ solitarii; folio florali ad inflorescentiæ basin spathaceo colorato. (*Columbia et Ecuadoria andin.*[4]) »

III. PITCAIRNIEÆ.

23. **Pitcairnia** LHÉR. — Flores hermaphroditi; receptaculo cupulari germinis partem inferam brevissimam v. altiorem fovente, margine perianthiifero. Sepala 3, libera acutata rigidula torta, sinistrorsum obtegentia. Petala libera unguiculata, erecta v. apice patentia, dextrorsum obtegentia. Squamellæ sæpius 2, petalis interiores. Stamina 6, perianthio interiora; filamentis subulatis tenuibus v. basi compressa dilatatis; antheris basifixis v. supra basin dorsifixis; loculis inferne liberis, introrsum rimosis. Germen subliberum sessile v. basi v. ad medium inferum, cæterum liberum; styli gracilis elongati ramis induplicatis, plus minus tortis, margine papillosis. Ovula in loculis ∞, adscendentia; chalaza obtusa v. nunc appendiculata. Fructus nisi basi liber, septicidus. Semina ∞, nunc apice basique in appendiculam variam producta, nunc mutica; albumine

1. Spec. ad 5. PLUM., *Ic.*, 288, fig. 1 (*Tillandsia*). — HOOK., *Exot. Fl.*, t. 163. — BAK., in *Trim. Journ.* (1887), 178. — WITTM., in *Engl. Jahrb.*, XI, 62. — LODD., *Bot. Cab.*, t. 462. — *Fl. serres*, t. 918, 1089. — REG., *Gartenfl.* (1885), 116. — WITT., *Cat. Brom. Jard. Leid.*, 26.

2. In *Bull. Soc. bot. Fr.*, XXIV, 167. — B. H., *Gen.*, III, 668, n. 22. — WITTM., *Pflanzenfam.*, 55. — BAK., *Brom.*, 140.

3. Virides v. flavescentes, speciosi.

4. Spec. ad 7. Plantarum male cognitarum, ut aiunt, habitus omnino singularis.

farinaceo copioso; embryone parvo inferiore leviter intruso. — Herbæ perennes, nunc suffrutescentes; foliis basilaribus v. ad apicem caulis confertis v. rosulatis, integris membranaceis v. rigidis spinoso-serratis; floribus in racemum terminalem simplicem v. parce ramosum, nunc spiciformem v. valde reductum, dispositis; bracteis minimis, mediocribus v. amplis imbricatis, aut herbaceis, aut rarius coloratis. (*America trop.*) — *Vid. p.* 97.

24. **Puya** MOL.[1] — Flores fere *Pitcairniæ;* sepalis leviter tortis v. imbricatis. Petala multo longiora, oblonga v. spathulata, torta. Stamina 6, petalis breviora; antheris dorsifixis linearibus introrsis. Germen nisi basi liberum; styli elongati ramis linearibus leviter tortis; ovulis ∞. Fructus oblongus loculicidus; seminibus sessilibus corneo-marginatis. — Herbæ perennes v. arborescentes; foliis dense rosulatis ensiformi-acuminatis rigidis late spinoso-arcuato-dentatis; floribus[2] terminali-racemosis; inflorescentia angusta spiciformi v. late composito-pyramidata. (*Columbia, Ecuadoria, Peruvia et Chili andin.*[3])

25. **Dyckia** SCHULT.[4] — Flores regulares v. leviter irregulares, hermaphroditi v. polygami; receptaculo subplano v. plus minus cupulari. Sepala 3, libera v. ima basi connata; antico 1; præfloratione imbricata, torta v. demum subvalvata. Petala 3, longiora, sæpe basi angustata, sæpius obliqua asymmetrica, torta v. imbricata. Stamina 6, subhypogyna v. leviter perigyna; filamentis angustis v. latiusculis, liberis v. imæ corollæ adnatis; antheris ad basin dorsifixis, introrsum rimosis. Germen (in floribus masculis rudimentarium) aut subsuperum sessile, aut ima basi plus minus receptaculo immersum, pyramidato-3-quetrum; styli sæpius brevissimi ramis stigmatosis induplicatis leviter tortis, margine papillosis. Ovula ∞, 2-seriatim subhorizontalia v. obliqua. Fructus omnino v. majore ex parte liber, septicidus; valvis plus minus alte 2-fidis. Semina ∞, superposita,

1. *Sagg. Chil.*, 162; ed. II, 284. — J., *Gen.*, 447. — BEER, *Brom.*, 22, 141. — B. H., *Gen.*, III, 666, n. 18. — WITTM., *Pflanzenfam.*, 52, fig. 25. — BAK., *Brom.*, 123. — *Pourretia* R. et PAV., *Prodr.*, 46, t. 7; *Syst.*, 80; *Fl. per. et chil.*, III, 33, t. 256, 257. — ENDL., *Gen.*, n. 1314.

2. Cæruleis, albis v. luteis, nunc speciosis.

3. Spec. ad 14. FEUILL., *Obs.*, III, t. 491 (*Renealmia*). — H. B. K., *Nov. gen. et spec.*, I, 296 (*Pourretia*). — SCHULT. F., *Syst.*, VII, 1233. — GAUDICH., *Voy. Bonit. Bot.*, t. 41-44. — FISCH., *Sert. petrop.*, t. 12. — REG., *Gartenfl.*, t. 225. — ANDRÉ, in *Rev. hort.* (1881), 315, c. ic.; *Enum.*, 5. — C. GAY, *Fl. chil.*, V, 10. — *Fl. serres*, t. 869, 870. — WITT., *Cat. Brom. Jard. Leid.*, 50. — *Bot. Mag.*, t. 4715, 5732.

4. *Syst.*, VII, 65, 1194. — ENDL., *Gen.*, n. 1312. — B. H., *Gen.*, III, 667, n. 20. — BEER, *Brom.*, 24, 157. — WITTM., *Pflanzenfam.*, 54. — BAK., *Brom.*, 129. — *Garrelia* GAUDICH., *Voy. Bonit. Bot.*, t. 115.

margine incrassata v. varie membranaceo-alata; albumine copioso; embryone ad basin laterali, hinc sæpe acuminato. — Herbæ perennes, nunc basi frutescentes; foliis basilaribus dense rosulatis crassiusculis, varie spinoso-serratis; floribus[1] in spicas nunc contractas, simplices v. superne ramosas, dispositis; bractea florali membranacea varia[2]. (*Brasilia, Argentaria*[3].)

26. **Cottendorfia** SCHULT. F.[4] — Flores (fere *Dickiæ*) hermaphroditi; sepalis oblongis obtusis subliberis, tortis v. imbricatis. Petala longiora unguiculata, in alabastro (nec serius) torta. Stamina petalis breviora, quorum hypogyna alternipetala 3; 3 autem imæ corollæ adnata; filamentis subulatis; antheris linearibus, introrsum rimosis. Germen sessile liberum; styli brevis trifidi ramis linearibus tortis; ovulis ∞. Fructus...? — Herbæ perennes v. frutescentes; foliis angustis (*Pitcairniæ*); floribus[5] in racemum nunc humilem compositum dispositis. (*Brasilia,? Argentaria*[6].)

27. **Hechtia** KL.[7] — Flores (fere *Dickiæ*) polygamo-diœci; sepalis oblongis, imbricatis v. tortis, sæpe coriaceis. Petala longiora obtusa, demum patula. Stamina 6 (in flore fœmineo rudimentaria), oppositipetala imæ corollæ adnata; filamentis subulatis; antheris prope basin dorsifixis, introrsum rimosis. Germen superum (in flore masculo rudimentarium); styli brevissimi ramis linearibus subfalcatis haud tortis. Ovula in loculis singulis pauca superposita. Fructus septicidus; seminibus subsessilibus aliformi-marginatis; nucleo lineari-oblongo. Herbæ perennes; foliis dense rosulatis rigidis ensiformi-acuminatis late spinescenti-dentatis; floribus[8] ab axilla foliorum exteriorum quorumdam v. bractearum enatis; pedunculo plus minus ramoso;

1. Flavis, aurantiacis v. coccineis.

2. Sectiones, docente BAKER, in genere :
Prionophyllum K. KOCH., *Ind. sem. H. berol.* (1873), *App.*, 7. — MEZ, in *Mart. Fl. bras.*, 500, t. 92; floribus polygamis, 2-morphis.
Encholirion MART., in *R. et Sch. Syst.*, VII, LXVIII, 1233. — ENDL., *Gen.*, n. 1313. — B. H., *Gen.*, III, 667, n. 19. — WITTM., *Pflanzenfam.*, 54. — MEZ, *loc. cit.*, 504, t. 94.
Deuterocohnia MEZ, *loc. cit.*, 506, t. 95.
Navia R. et SCH., *Syst.*, VII, 1195. — ENDL., *Gen.*, n. 1310. — MEZ, *loc. cit.*, 508, t. 96.
Cephalonavia BAK., *Brom.*, 130, 137.

3. Spec. ad 50. SCHOMB., in *Verh. Preuss. Gart.*, 18, t. 2 (*Encholirion*). — GRISEB., *Symb. Fl. argent.*, 331. — MEZ, *loc. cit.*, 464, t. 88-91. — LEME, *Jard. fleur.*, t. 224. — BAK., in *Saund. Ref. bot.*, t. 236; in *Gardn. Chron.* (1884), II, 198. — WITT., *Cat. Brom. Jard. Leid.*, 24. — *Bot. Reg.*, t. 1782; (1881), *Misc.*, 183. — *Bot. Mag.*, t. 3449, 6294.

4. *Syst.*, VII, LXIV, 1193. — ENDL., *Gen.*, n. 1311. — REICHB., *Nom.*, 45. — A. RICH., in *Dict. d'Orb.*, II, 740. — BAK., *Brom.*, 128 (part.).

5. Parvis, albis.

6. Spec. 2, 3 (ex MEZ, 1). BEER, *Brom.*, 44 (*Anoplophytum*). — GRISEB., *Symb. Fl. argent.*, 330. — MEZ, in *Mart. Fl. bras.*, 502, t. 93.

7. EX ZUCC., in *Abh. Akad. Wiss. Münch.*, III, 239, t. 6. — ENDL., *Gen.*, n. 1314². — WITTM., *Pflanzenfam.*, 53, fig. 26. — BAK., *Brom.*, 138.

8. Albidis, minutis.

ramis ad axillam bractearum varie cymigeris v. glomeruligeris. (*America bor. calid.*[1])

28? **Bakeria** André[2]. — Flores parvi « perianthio ad medium germen inserto. Sepala ovata. Petala multo longiora oblonga. Stamina 6, petalis æquilonga; filamentis linearibus; antheris parvis oblongis versatilibus. Germen magis quam semi-inferum clavato-3-gonum. Ovula in loculis ∞, superposita. Stylus brevissimus; ramis haud tortis. Fructus parvus clavato-3-gonus, apice septicide 3-valvis. — Herba acaulescens; foliis dense rosulatis patentibus ensiformi-acuminatis integris, utrinque lepidotis, apice convolutis; floribus[3] in scapo tenui laxe composito-racemosis; bracteis minutis. (*Columbia*[4].) »

29. **Brocchinia** Schult. f.[5] — Flores fere *Cottendorfiæ;* sepalis perigynis, obovatis v. oblongis erectis tortis. Petala vix longiora latiora torta, basi contracta. Stamina perianthio breviora; filamentis brevibus, liberis v. ima basi perianthio adnatis; antheris dorsifixis brevibus subsphæricis. Germen semi-inferum, 3-gonum; styli brevis ramis stigmatosis erectis v. patentibus brevibus haud tortis. Ovula ∞. Fructus clavato-3-gonus, apice septicidus. Semina ∞, adscendentia imbricata, corneo-marginata, utrinque in appendicem lanceolatam producta. — Frutices; trunco[6] erecto; foliis dense rosulatis late ligulatis, calloso-acuminatis integris; floribus[7] in racemum terminalem amplum compositum furfuraceum v. scabrum, nunc glabrum, dispositis; bracteis sub ramis spathaceis, sæpe pungentibus. (*Guiana, Brasilia bor.*[8])

1. Spec. 6, 7. Zucc., *Pl. nov. H. monac.*, IV, 241, t. 6. — Kl., in *Gartenz.* (1835), 401. — Hemsl., *Bot. centr.-amer.*, III, 317. — Leme, in *Ill. hort.*, t. 378. — Witt., *Cat. Brom. Jard. Leid.*, 27. — S.-Wats., in *Proc. Amer. Acad.*, XX, 374. — *Bot. Mag.*, t. 5842, 6554.

2. In *Rev. hort.* (1889), 84, c. tab. — Bak., *Amar.*, 89.

3. Violaceis, parvis pulchellis.

4. Spec. 1. *B. tillandsioides* André. — Witt., *Cat. Brom. Jard. Leid.*, 8. — *Vriesia glaucophylla* hort. (non Hook.). Planta raro florens, quoad flores cæteraque, ut videtur, cum *Aræococco parvifloro* Lindm. comparanda.

5. *Syst.*, VII, 70, 1250. — B. H., *Gen.*, III, 665, n. 116. — Wittm., *Pflanzenfam.*, 50. — Bak., *Brom.*, 88.

6. *Yuccæ* v. *Furcræœ.*

7. Parvis v. minimis, albidis.

8. Spec. 3. Bak., in *Gardn. Chron.* (1880), II, 241, 243, fig. 47 (*Cordyline*); in *Trim. Journ.* (1882), 330. — Mez, in *Mart. Fl. bras.*, 462, t. 87.

CXXV

IRIDACÉES

I. SÉRIE DES IRIS.

Les fleurs des Iridacées diffèrent essentiellement de celles des Amaryllidacées par leur androcée réduit à trois étamines, superposées aux sépales. Dans celles des Iris[1] (fig. 88-93), le réceptacle concave enveloppe l'ovaire infère et porte sur ses bords trois sépales pétaloïdes et trois pétales alternes ; les uns et les autres tordus[2] ou imbriqués dans le bouton. Les sépales sont d'ordinaire plus larges, étalés ou réfléchis, et leur face interne porte souvent sur sa ligne médiane une rangée de papilles claviformes plurisériées et colorées[3]. Les pétales, ordinairement plus étroits, sont dressés, incurvés ou légèrement récurvés vers leur sommet. Avec le périanthe s'insèrent les trois étamines, à filets grêles, libres, sauf dans leur portion inférieure, et à anthères basifixes, biloculaires, extrorses et déhiscentes par deux fentes longitudinales[4]. L'ovaire est infère, sauf dans sa portion tout à fait supérieure qui supporte un style à trois branches superposées aux sépales, dilatées sur les deux côtés en une lame pétaloïde qui présente à son sommet trois lobes, dont un médian et stigmatifère. Chaque loge ovarienne, répondant à une branche du style, et complète ou plus rarement incomplète, renferme deux séries d'ovules anatropes[5], insérés dans l'angle interne. Le fruit est une capsule arrondie ou à trois ou six côtes, loculicide dans sa portion supérieure

1. *Iris* T., 358, t. 186-188. — L., *Gen.*, ed. I, n. 29; ed. VI, n. 59. — ADANS., *Fam. des pl.*, II, 60. — J., *Gen.*, 57. — GÆRTN., *Fruct.*, I, t. 13. — LAMK, *Dict.*, 293; *Ill.*, t. 33. — TURP., in *Dict. sc. nat.*, Atl., t. 190. — NEES, *Gen. Fl. germ.*, *Monoc.*, V, n. 18. — ENDL., *Gen.*, n. 1226. — SPACH, *Suit. à Buff.*, XIII, 12; in *Ann. sc. nat.*, sér. 3, V, 89. — BAK., in *Gardn. Chron.* (1876); in *Journ. Linn. Soc.*, XVI, 136. — KLATT, in *Linnæa*, XXXIV; *Erg. u. Ber.*, 35; in *Ann. sc. nat.*, sér. 3, V, 89; in *Bot. Zeit.* (1872), 497, 513. — TAUSCH, in *R. et Sch. Syst.*, I, *Mant.*, *Add.*, 369. — B. H., *Gen.*, III, 686, n. 1. — PAX, in *Engl. u. Prantl Pflanzenfam.*, II, 5, p. 145, fig. 99 B, 100.

2. Le bord droit le plus souvent recouvrant dans nos espèces cultivées.

3. D'où le nom de *Pogoniris* TAUSCH. — SPACH, in *Ann. sc. nat.*, *loc. cit.*, 103 (Subgen., 12).

4. Le pollen est ellipsoïde, avec un sillon longitudinal et une membrane externe ponctuée (H. MOHL) dans la plupart des Iridacées, sauf les *Crocus*. La bande est unie ou ponctuée. Il y a des *Iris* (*I. flavescens, ruthenica, florentina*) où la membrane externe est celluleuse.

5. A double enveloppe.

ou dans toute sa hauteur, et à graines nombreuses, sphériques ou comprimées. Sous leurs téguments[1] se trouve un albumen corné qui loge un embryon excentrique et de longueur variable. Les Iris sont des herbes vivaces à organes végétatifs très divers.

Leur portion souterraine est très variable, comme celle de tant

Iris florentina.

Fig. 88. Port.

d'autres Monocotylédones. Dans nos espèces vulgaires, c'est un rhizome simple ou plus ou moins ramifié, qui porte des écailles,

1. Souvent épais et même charnus, ou l'extérieur fongueux, scrobiculé, caronculé dans la section *Hermodactylus*. Dans les *Xyridion*, le tégument extérieur se prolonge plus ou moins aux deux extrémités. L'intérieur est souvent assez épais, crustacé.

feuilles modifiées, ou leurs cicatrices, et inférieurement, de nombreuses racines adventives. Il est épais ou grêle, et il présente, dans l'aisselle de ses appendices, des bourgeons dont un certain nombre se développent en branches aériennes, simples ou ramifiées, foliifères et en partie terminées par l'inflorescence. Souvent la base de ces

Iris germanica.

Fig. 89. Inflorescence. Fig. 90. Fleur, coupe longitudinale.

branches s'épaissit en un bulbe plein, ou bien les appendices qu'elle porte deviennent aussi plus ou moins charnus ou, plus tard, secs et fibreux-réticulés; et il se forme ainsi des bulbes sphériques, ovoïdes ou parfois très allongés, semblables à ceux qui s'observent dans divers autres genres de la famille. Quant au rhizome qui leur a donné naissance, il peut persister plus ou moins longtemps aussi; mais il arrive fréquemment qu'il se détruise; auquel cas les axes secondaires et leurs renflements bulbiformes deviennent finalement indépendants. Ainsi, les *Xiphion*[1], qu'on a parfois placés très loin des *Iris*, en constitueront pour nous une section qui ne se distingue essentiellement des autres espèces que par une portion souterraine renflée en forme de bulbe.

Iris Pseudoacorus.

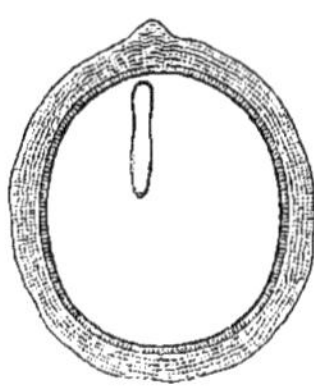

Fig. 91. Graine, coupe longitudinale.

Les feuilles sont alternes et simples. Dans nos espèces vulgaires, où elles sont distiques, équitantes, elles se recouvrent les unes les autres par leur gaine, formée de deux moitiés symétriques l'une de l'autre et repliée suivant sa ligne dorsale. En haut, ce dos supporte un limbe vertical[2], comprimé bilatéralement, rectinerve, à bords intérieur et extérieur tranchants, et dont le parenchyme peut se résorber en partie vers le milieu de son épaisseur. Sur les portions souterraines, ces feuilles sont réduites à une écaille plus ou moins charnue ou scarieuse. La feuille des *Xiphion* peut perdre beaucoup de sa largeur et devenir d'autant plus épaisse bilatéralement dans sa portion limbaire[3]. A la base des branches aériennes, la feuille

1. T., *Inst.*, 362, t. 189. — MILL., *Dict.*, ed. X. — BAK., in *Journ. Linn. Soc.*, XVI, 122, n. 33. — *Chamoletta* ADANS., *Fam. des pl.*, II, 60. — *Juno* TRATT., *Ausw.*, I, 135. — *Thelysia* SALISB., in *Trans. Roy. Hort. Soc. lond.*, I, 303. — PARLAT., *Fl. ital.*, III, 316. — *Diaphane* SALISB. (part.). — *Costia* WILLK., in *Bot. Zeit.* (1860), 131. — *Coresanthe* ALEF., in *Bot. Zeit.* (1863), 298.

2. C'est M. TRÉCUL qui, par l'étude des développements (in *Ann. sc. nat.*, sér. 3, XX, 235), a constaté que telle est la nature de ce limbe, dans les feuilles dites ensiformes de ce genre et de beaucoup d'autres, suffisamment bien définies, il y a longtemps, par BISCHOFF (*Handb. Termin.*, I, 192). On peut donc négliger l'opinion des théoriciens qui, à l'exemple de M. VAN TIEGHEM (*Tr. Bot.*, éd. II, 300), supposent, on ne sait pourquoi, qu'une feuille d'*Iris* n'est qu'une gaine. L'opinion de M. NAUDIN, citée par A. SAINT-HILAIRE (*Morphol.*, 156), que le limbe est formé de deux moitiés soudées, de façon que son bord supérieur représente un des deux bords réunis, l'autre bord répondant à une côte dorsale, n'est pas non plus admissible. Dans leur mémoire récent sur la feuille des Iridées, M. CHODAT et Mme BALICKA-IWANOWSKA n'ont pas renoncé à cette idée, puisqu'ils disent de la feuille que, « repliée selon la nervure médiane, elle applique ses deux moitiés l'une contre l'autre, de manière à ne plus laisser voir à l'extérieur que la face inférieure » (juin 1892). C'est en octobre 1892 que M. DUCHARTRE a commencé (in *Journ. Soc. hort. Fr.*, sér. 3, XIV, 556, 618) la publication d'observations sur les feuilles ensiformes des Iridées, où est cité le travail de M. H. ROSS sur l'anatomie comparée des feuilles des Iridées (*Malpighia*, VI, 90), mais qui ne renferme, bien entendu, aucun résultat nouveau de quelque importance.

3. Dans ce cas, le limbe foliaire fistuleux apparaît complètement clos sur sa coupe transversale, avec deux angles plus ou moins saillants en dehors et en dedans. Le tissu central se résorbant plus ou moins complètement ou ne laissant que des traces, sous forme de fausses cloisons, cette coupe est, quant à la disposition des faisceaux, tout à fait celle de certains axes creux et plus ou moins comprimés, tels que les hampes des Amaryllidacées; tandis que, dans la gaine, l'orientation des faisceaux est celle de la plupart des feuilles. On pourrait dire qu'anatomiquement, la feuille de quelques espèces est appendice par sa gaine et axe par son limbe. Dans les espèces à limbe très aplati, le parenchyme du limbe se résorbe cependant fréquemment avec l'âge. Il y a souvent d'épaisses nervures latérales costiformes.

se réduit à sa portion vaginale condupliquée, tout en demeurant membraneuse et parfois très développée ; c'est alors le limbe qui fait défaut. Il y a quelques espèces qui, outre ces premières feuilles réduites à la gaine, n'ont qu'une ou deux feuilles plus élevées, pourvues d'un limbe vert et insérées sur l'axe florifère, en pareil cas presque toujours peu développé et, comme on va le voir, pauciflore. Le mode d'inflorescence des *Iris* est, en effet, plus ou moins compliqué. Sur l'axe aérien qui s'élève au printemps de la souche, il peut y avoir une seule fleur terminale, sous laquelle cet axe porte

Iris pumila.

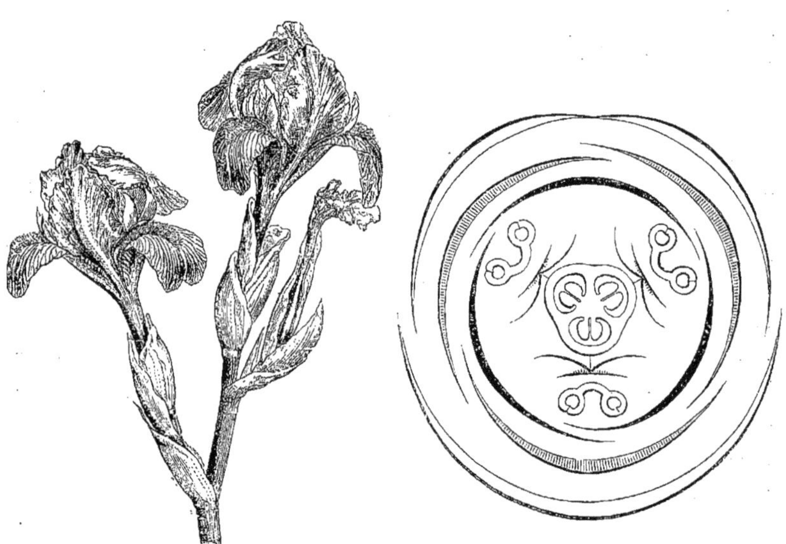

Fig. 92. Inflorescence. Fig. 93. Diagramme.

une, deux ou quelques bractées alternes, stériles, imparinerves et passant graduellement aux feuilles de la base. On désigne le plus souvent ces bractées sous le nom de *Spathe.*

Une de ces bractées, ou deux, trois d'entre elles peuvent, au contraire, devenir fertiles. Elles ont alors dans leur aisselle une fleur, représentant une cyme unipare réduite ; auquel cas, l'axe même de cette fleur porte en arrière une bractéole parinerve, concave sur la ligne médiane, du côté de l'axe qui la comprime. Au-dessus de cette bractéole peuvent, si l'axe secondaire qui la porte s'allonge davantage, s'insérer une ou quelques bractées imparinerves, ou stériles, ou fertiles si l'inflorescence comportait trois degrés d'axes successifs. Avec tous ses développements possibles, l'inflorescence d'un *Iris* représenterait donc une grappe terminée de cymes unipares alternes et souvent réduites à une fleur. C'est généralement la fleur terminale de l'inflorescence totale qui s'épanouit la première; après quoi les fleurs latérales s'ouvrent successivement de bas en haut.

Le périanthe présente dans l'ensemble du genre d'assez nombreuses variations. Ses folioles, plus ou moins longuement rétrécies à la base, y sont presque libres ou forment par leur réunion un tube plus ou moins allongé. Les sépales, dont le limbe est plus ou moins large, se réfléchissent quelquefois beaucoup, et leur sommet devient pendant en dehors de la fleur. Dans plusieurs groupes du genre, le cordon de papilles de la ligne médiane interne disparaît complètement. Les pétales, plus ordinairement dressés dans une grande étendue, se réfléchissent souvent aussi seulement au sommet. Dans quelques espèces ils se réduisent à de très courtes lames. Les étamines, qui ont toujours une anthère extrorse, abritée sous la courbure d'une lame stylaire, sont généralement libres jusqu'à leur base. Mais dans les *Gynandriris*[1], elles sont réellement monadelphes dans une courte étendue, tout le reste étant d'ailleurs semblable. Le sommet de l'ovaire peut être obtus et arrondi en dôme, mais parfois aussi il se prolonge en cône ou en bec acuminé[2]. Le style est véritablement libre, et ses branches dilatées et pétaloïdes affectent des formes très variées. Dans nos espèces les plus vulgaires, ces branches portent sur leur dos, en dedans et en dessus, deux lames supplémentaires, plus ou moins unies avec la lame stylaire véritable, distinctes souvent sur la ligne médiane où se voit un étroit sillon, libres à leur sommet aigu qui dépasse plus ou moins la lame stylaire[3]. C'est celle-ci qui est stigmatifère dans son extrémité arrondie, dont la face supérieure porte des papilles saillantes et clairsemées sur une surface terminale de forme souvent semi-circulaire. Dans l'espèce japonaise et chinoise dont on a fait le genre *Evansia*[4], les lobes supplémentaires sont découpés à leur sommet de nombreuses languettes formant franges. Le fruit est lisse ou à trois-six côtes, ou triquêtre, les angles

1. *Nuov. gen. et spec. Monoc.*, 49. Fondé sur l'*Iris Sisyrinchium* L. et ses variétés.

2. Pris pour le tube du périanthe par M. ALEFELD qui a, pour cette raison, établi un genre *Neubeckia* (in *Bot. Zeit.* (1863), 290, 297. — B. H., *Gen.*, III, 686).

3. Leur ensemble a été décrit comme la lèvre intérieure ou supérieure du stigmate.

4. SALISB., in *Trans. Roy. Hort. Soc. lond.*, I, 303. — BAK., in *Journ. Linn. Soc.*, XVI, 143, Subgen. 3. — *Lophiris* TAUSCH. — REICHB., *Consp.*, 59.

dorsaux des loges saillants et étroitement aliformes. Comme celui de l'ovaire, le sommet de ce fruit est obtus ou prolongé en rostre de longueur variable, lequel peut, à la maturité, demeurer indivis ou bien se séparer en segments qui occupent le sommet des valves de la capsule. La graine a, comme on l'a vu, une enveloppe extérieure qui peut s'épaissir et devenir spongieuse ou presque charnue.

Il est fréquent que dans nos espèces communément cultivées, les loges ovariennes soient plus ou moins incomplètes ; c'est pour cela que nous ne considérerons que comme une section du genre les *Hermodactylus*[1], dont le type est l'*I. tuberosa*[2], de la région Méditerranéenne, herbe vivace, à rhizome digité[3] et à pétales bien plus petits que les sépales.

Compris dans ces limites[4], le genre renferme une centaine d'espèces[5], originaires des régions tempérées de l'Europe, l'Asie, l'Afrique et l'Amérique septentrionale. Leurs fleurs[6] sont souvent grandes et belles.

Les *Morœa* (fig. 94), de la région Méditerranéenne et du sud de l'Afrique, se distinguent à peine des *Iris* par les folioles libres de leur périanthe, les lames pétaloïdes de leur style pourvues de deux

1. T., *Coroll.*, 50. — ADANS., *Fam. des pl.*, II, 60. — SALISB., in *Trans. Hort. Soc. lond.*, I, 304. — BAK., in *Journ. Linn. Soc.*, XVI, 147. — B. H., *Gen.*, III, 687, n. 2. — PAX, *Pflanzenfam.*, 145.

2. SIBTH. et SM., *Fl. græc.*, t. 41. — RED., *Lil.*, t. 48. — REICHB., *Ic. Fl. germ.*, t. 348. — *Bot. Mag.*, t. 531. — SPACH, in *Ann. sc. nat.*, sér. 3, V, 91. — *I. bispathacea* SPACH, *Suit. à Buff.*, XIII, 15. — *I. longifolia* SPACH. — *Hermodactylus tuberosus* SALISB. — GREN. et GODR., *Fl. de Fr.*, III, 245.

3. On désigne ainsi un axe souterrain court, qui porte deux ou trois branches tuberculiformes, allongées et radicantes à leur base.

4. SPACH a divisé les *Iris* en quinze sous-genres : *Hermodactylus* (T.), *Hermodactyloides*, *Scorpiris*, *Xiphium* (T.), *Xyridion* (TAUSCH), *Graminiris*, *Spatkula* (TAUSCH), *Eremiris*, *Ioniris*, *Limniris* (TAUSCH), *Phœiris*, *Pogoniris* (*Pogiris* TAUSCH), *Psammiris*, *Susiana*, *Crossiris*. Pour d'autres (B. H.), il y a dans le genre (dont les *Hermodactylus* et *Xiphion* sont séparés), quatre sections : *Euiris*, *Diaphane* (SALISB.), *Juno* (TRATT.), in *Rœm. et Schult. Syst.*, I, 471, 474. — *Thelysia* SALISB., in *Trans. Hort. Soc. lond.*, I, 303. — *Costia* WILLK., in *Bot. Zeit.* (1860), 131. — *Coresanthe* (ALEF.), *Gynandriris* (PARLAT.). Les *Chamolœta* ADANS., *Fam. des pl.*, II, 60, comprennent le *Gynandriris* avec des *Juno* et *Diaphane*. L'*Onocyclus* SIEMSS., in *Bot. Zeit.* (1846), 706, est rapporté aux *Euiris*, de même que l'*Evansia* (SALISB.). Les *Xiphion* de M. BAKER correspondent à l'union des *Diaphane* et *Juno*.

5. JACQ., *Fl. austr.*, t. 1-5. — WALDST. et KIT., *Pl. rar. hung.*, t. 57, 226. — CAV., *Ic.*, t. 193. — RED., *Lil.*, t. 29, 189, 211, 212, 337, 458. — DESF., *Fl. atl.*, t. 5, 6. — BROT., *Phyt. lusit.*, t. 95, 96. — SIBTH., *Fl. græc.*, t. 39-42. — LEDEB., *Ic. Fl. ross.*, t. 101, 102, 342. — WALL., *Pl. as. rar.*, t. 86. — ROYLE, *Ill. himal.*, t. 91. — BOISS., *Voy. Esp.*, t. 170; *Fl. or.*, V, 117. — REG., *Gartenfl.*, t. 452. — GREN. et GODR., *Fl. de Fr.*, III, 239. — REICHB., *Ic. Fl. germ.*, t. 327-347. — FR. et SAV., *En. pl. jap.*, II, 41. — BRANDZ., *Prodr. Fl. rom.*, 449. — HOOK. F., *Fl. brit. Ind.*, VI, 271. — HEMSL., *Bot. centr.-amer.*, III, 325. — TH. MOR., in *Bull. Torr. Bot. Club*, XX, 467. — H. BN, *Iconogr. Fl. fr.*, n. 181, 279. — MAXIM., in *Bull. Ac. Pétersb.*, *Mél. biol.*, X, 687. — WILLK. et LGE, *Prodr. Fl. hisp.*, I, 141. — WALP., *Ann.*, VI, 53.

6. Blanches, bleues, jaunes, pourprées ou livides, plus ou moins verdâtres, souvent odorantes. Sur la constitution, la symétrie et les anomalies de ces fleurs, HEINRICH., *Beitr. Bluthenmorph.* Iris, in *Pringhsh. Jahrb.*, XXIV, H. 1 (Voir aussi CELAK., *Ueb. Narben.* Iris, in *Œsterr. Bot. Zeitscr.*, XLIII).

crêtes apicales. Leurs étamines sont libres ou unies à la base, et leur portion souterraine est bulbeuse.

Dans les *Marica*, qui donnent leur nom à une petite sous-série (*Maricées*), les fleurs sont portées par un axe aplati; les divisions stylaires sont plurifides, et la portion souterraine est un rhizome. Très voisins de ce genre américain et africain sont encore les *Cypella* et les *Trimezia*, de l'Amérique du Sud.

Morœa (Vieusseuxia) glaucopis.

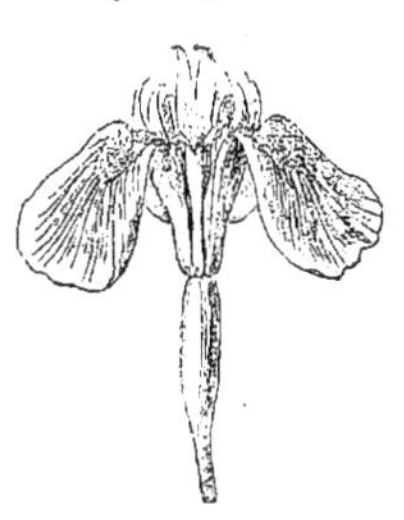

Fig. 94. Fleur.

Les *Tigridia* sont aussi le prototype d'un petit groupe (*Tigridiées*) où se rangent les *Alophia* et les *Rigidella*, américains comme eux. Ils ont un périanthe étalé et coloré, sans tube, avec des pétales bien plus petits que les sépales; un androcée monadelphe; un style à branches bifides; une portion souterraine bulbeuse et tuniquée.

Le genre *Cipura*, des régions chaudes de l'Amérique, se distingue par un bulbe, des spathes pluriflores et groupées en nombre variable au sommet des branches aériennes. Le tube du périanthe est très court, et les branches du style sont dilatées et pétaloïdes, compliquées. Les genres rapprochés des *Cipura* dans cette sous-série (*Cipurées*) n'en diffèrent guère que par des caractères d'importance secondaire, notamment la forme des branches stylaires et le mode de groupement des cymes sur l'axe. Ce sont les *Cardiostigma* et *Gelasine*, tous habitants du nouveau monde; les *Homeria*, du sud de l'Afrique; les *Calydorea*, de l'Amérique méridionale.

Dans les *Ferraria*, de l'Afrique australe, les caractères généraux sont aussi ceux des *Cipura*; mais les branches du style sont ramifiées, et les bractées s'unissent autour des fleurs en une sorte d'étui ou d'involucre plus ou moins étroit. Avec eux se rangent les *Nemastylis*, américains, et les *Hexaglottis*, de l'Afrique australe.

Les *Tekel* (fig. 95), plantes vivaces des deux mondes, ont pour portion souterraine un rhizome. Leurs cymes florales sont groupées le long d'un axe commun, et leurs fleurs ont deux périanthes à peu près égaux, à moins que la corolle ne soit un peu plus grande. Il n'y a pas de tube au-dessus de l'ovaire, et les branches stylaires sont simples. A cette sous-série (*Tekéliées*) se rapportent encore les trois genres: *Gemmingia*, d'Asie; *Bobartia*, de l'Afrique méridionale; *Diplarrhena*, d'Australie; ce dernier à périanthe et à androcée plus ou moins irréguliers.

Avec les caractères généraux du groupe précédent, les *Sisyrinchium*, *Tapeinia* et *Symphyostemon*, plantes à rhizome (*Sisyrinchiées*), ont les cymes terminales, solitaires ou en petit nombre et l'androcée monadelphe; un périanthe avec ou sans tube. Ce sont en général des plantes américaines.

Les *Genosiris*, type d'une autre sous-série (*Génosiridées*), sont des plantes australiennes à rhizome, à tube du périanthe grêle, à androcée monadelphe, à branches stylaires simples et ordinairement grêles. Les *Solenomelus* et *Chamælum*, herbes vivaces du Chili, appartiennent au même petit groupe.

Tekel paniculatum.

Fig. 95. Inflorescence.

Les *Aristea*, plantes africaines, à rhizome, ont les inflorescences en forme de capitules et un périanthe à limbe rotacé, avec des étamines libres. Leur ovaire, à loges bi- ou pluriovulées, est surmonté d'un style simple, dont le sommet est seulement partagé en trois dents stigmatifères. La sous-série à laquelle ce genre appartient (*Aristéées*) comprend aussi un type malgache, le *Geosiris*, dépourvu de chlorophylle et peut-être parasite ou saprophyte; puis les genres frutescents et africains *Nivenia*, *Witsenia*, *Klattia*; les *Cleanthe*, d'Afrique; les *Eleutherine*, d'Amérique; les *Orthrosanthus*, d'Australie et d'Amérique, types herbacés, à branches stylaires simples, courtes ou étroites, ordinairement non dilatées au sommet, et à fleurs solitaires ou en grappes de cymes.

II. SÉRIE DES SAFRANS.

Les Safrans[1] (fig. 96-102) ont des fleurs régulières, à périanthe pétaloïde en entonnoir, inséré sur les bords d'un réceptacle en forme de bourse dont la cavité loge l'ovaire. Ses bords donnent insertion au

1. *Crocus* T., *Inst.*, 350, t. 183, 184. — L., *Gen.*, ed. 1, n. 26; ed. VI, n. 55. — ADANS., *Fam. des pl.*, II, 60. — J., *Gen.*, 59. — RŒM. et SCH., *Syst.*, I, 340, 367. — ENDL., *Gen.*, n. 1248. — HERB., in *Journ. Hort. Soc.*, II, 249. — KER, *Irid. Gen.*, 72. — BAK., in *Gardn. Chron.* (1873); in *Journ. Linn. Soc.*, XVI, 79. — J. MAW, in *Gardn. Chron.* (1881); *Mon. Croc.*, c. tab. (1886). — KLATT, in *Linnæa*, XXIV, 675. — B. H., *Gen.*, III, 693, n. 13. — PAX, *Pflanzenfam.*, 142, fig. 97, A-D, 98. — *Crociris* SCHUR, *Sert. pl. transs.*, 73; *Enum. pl. transs.*, 653.

tube étroit et allongé du périanthe, graduellement dilaté à la gorge, avec un limbe de six folioles bisériées, toutes semblables, imbriquées ou tordues, dressées, puis étalées à la vive lumière du soleil. Les trois

Crocus sativus.

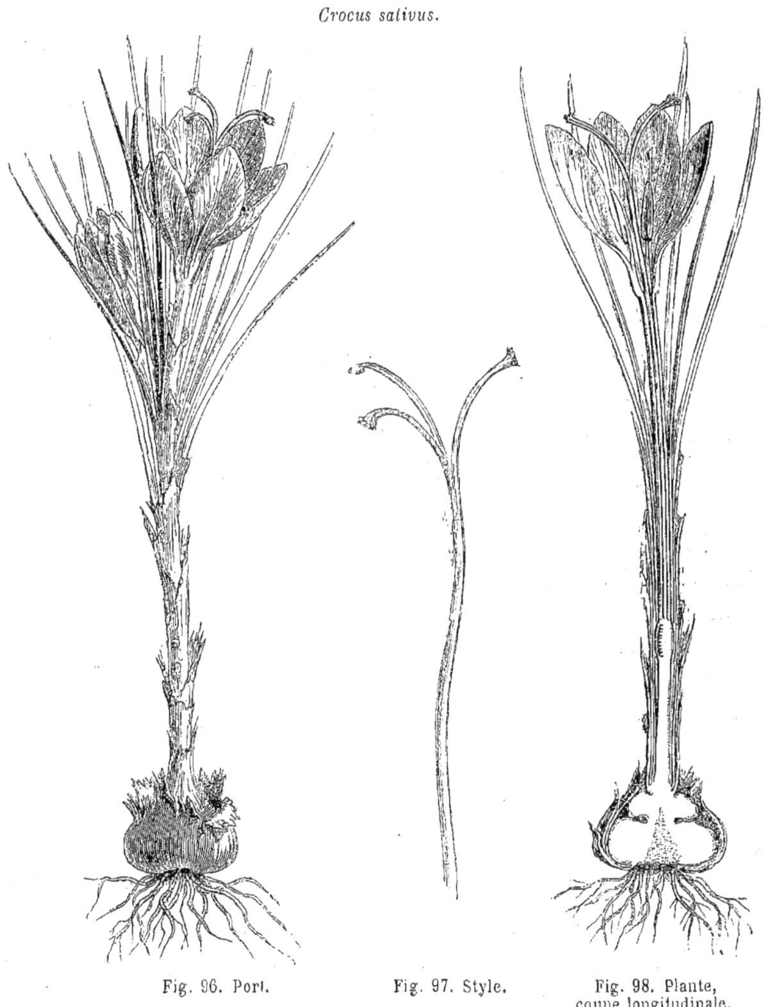

Fig. 96. Port. Fig. 97. Style. Fig. 98. Plante, coupe longitudinale.

étamines, superposées aux sépales et insérées à la gorge, plus courtes que le limbe, ont un filet court et libre, qui vient s'insérer à la base du connectif, entre les extrémités inférieures libres des loges d'une anthère sagittée, qui s'ouvre en dehors ou vers les côtés par des fentes longitudinales[1]. L'ovaire infère a trois loges, généralement complètes, multiovulées, et il est surmonté d'un style grêle et allongé, qui suit la cavité du tube floral et vient sortir entre les anthères. Ses trois branches, souvent inégales, courtes ou longues, dressées ou pendantes hors de la fleur, sont dilatées en éventail, souvent inégalement divisées, lobées ou multifides, plus ou moins involutées ; les bords supérieurs de leurs divisions chargés de papilles stigmatiques. Le fruit est une petite capsule membraneuse, oblongue et loculicide, dont

Crocus aureus.

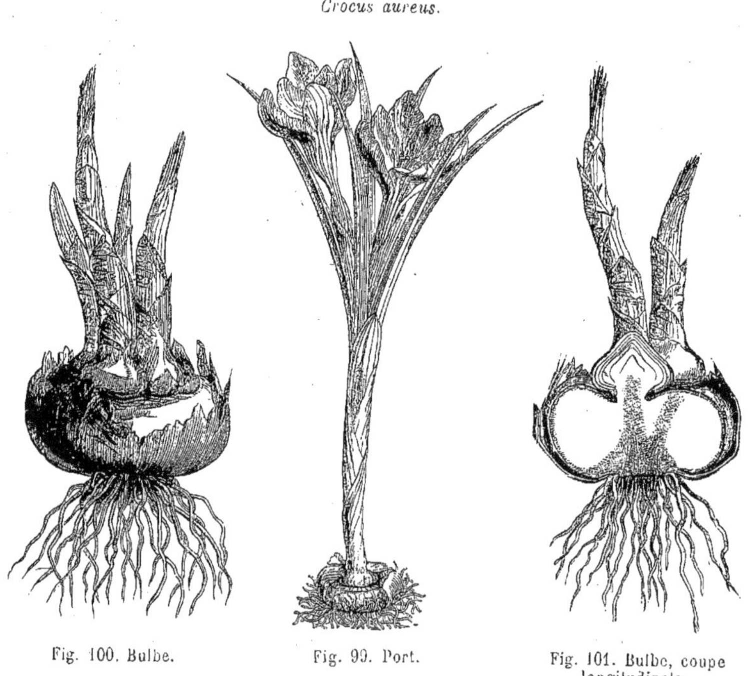

Fig. 100. Bulbe. Fig. 99. Port. Fig. 101. Bulbe, coupe longitudinale.

les valves septifères sont finalement étalées ou même réfléchies. Les graines, sphériques ou ovoïdes, ont un tégument extérieur plus ou moins épais et charnu, et, sous leur tégument intérieur plus résistant et plus coloré, un albumen charnu ou très dur, qui renferme un petit embryon voisin du hile.

Les *Crocus* sont des herbes bulbeuses qui, au nombre de plus de

1. Le pollen est sphérique, avec une membrane externe ponctuée, sans plis ni pores, ou formant une bande roulée en spirale (H. MOHL, in *Ann. sc. nat.*, sér. 2, III, 308).

soixante[1], habitent l'Europe centrale et austro-orientale et l'Asie centrale. Leur tige est représentée par un bulbe plein, généralement sphérique-déprimé, portant inférieurement, à quelque distance de son centre, des racines adventives. En haut, il s'atténue en un axe qui s'élève vers le sol et dont, après la floraison, on trouve longtemps des traces. Sur la surface convexe du bulbe s'insèrent tout autour les feuilles alternes, par la large base, fortement concave en dedans, d'une gaine courte et assez épaisse. Le limbe qui lui fait suite et se colore en vert à la lumière, est longuement linéaire, aplati de dehors en dedans et le plus souvent parcouru extérieurement d'une large côte saillante à coupe transversale rectangulaire[2]. Les bords, plus minces, se récurvent ou se révolutent de chaque côté de cette saillie. Les tuniques fibreuses et brunes qui entourent le bulbe adulte[3] sont formées par des gaines foliaires desséchées. Dans l'aisselle des feuilles naît un bourgeon à feuilles, toujours excentrique, par conséquent, ou un bourgeon à fleurs[4] disposées en cymes unipares, réduites parfois à une fleur, et supportées par un pédoncule assez long, caché entre les feuilles et rendu anguleux par la compression de celles-ci. Il y a une bractée ou spathe extérieure, largement membraneuse, souvent mince et hyaline, dont la fleur occupe l'aisselle, et une bractéole intérieure, parinerve, de même consistance, parfois peu développée ou même absente.

Crocus aureus.

Fig. 102. Fruit débiscent.

Les *Syringodea*, de l'Afrique australe, ont l'organisation générale des *Crocus*, avec un périanthe dont le tube est très long et très grêle; les lobes de son limbe connivents ou très étalés; le style partagé en branches subulées, non découpées, portant les papilles stigmatiques en haut et en dedans sur les bords.

Près des Safrans se rangent encore deux genres de l'ancien monde,

1. SIBTH., *Fl. græc.*, t. 35. — BIEB., *Cent. pl. ross.*, t. 1. — CHAUB. et BOR., *Fl. pelop.*, t. 2, 3. — GRAELLS, *Ram. pl. Esp.*, t. 4. — BROT., *Phyt. lusit.*, t. 94. — WILLK. et LGE, *Prodr. Fl. hisp.*, I, 146. — TEN., *Mem. Croc. Fl. nap.* (1826), c. t. 4. — MOGGR., *Fl. Ment.*, t. 20, 40. — J. GAY, in *Bull. Féruss.* (1831). — RAFIN., *Caratt.*, 84, t. 19. — PARL., *Fl. ital.*, III. — HOOK. F., *Fl. brit. Ind.*, VI, 276. — BOISS., *Fl. or.*, V, 94. — REICHB., *Ic. Fl. germ.*, 355-361. — BRANDZ., *Prodr. Fl. rom.*, 448. — GREN. et GODR., *Fl. de Fr.*, III, 236. — H. BN, *Iconogr.*, *Fl. fr.*, n. 60. — *Bot. Mag.*, t. 45, 652, 845, 860, 938, 1110, 1267, 1384, 2240, 2986, 2991, 3861, 3864, 3866, 3868, 3871, 3998, 5297, 6000, 6031, 6036, 6141, 6197, 6211. — WALP., *Ann.*, III, 614; VI, 50.

2. PAX, *Pflanzenfam.*, 139, fig. 94, B. — CHOD. et BAL., *Feuill. Irid.*, 3, fig. 1.

3. PAX, *loc. cit.*, 138, fig. 93.

4. Blanches, jaunes, violettes ou panachées, vernales ou plus rarement automnales.

à périanthe en entonnoir : les *Galaxia* et *Romulea*. Le style des premiers se dilate en une sorte de cloche pétaloïde, à lobes papilleux ou frangés sur les bords. Celui des derniers a trois branches bifides ou bipartites, à bords papilleux compliqués. Les fleurs, solitaires ou en petit nombre dans la cyme unipare, se dégagent aussi, à la base de la plante, du milieu des feuilles étroites et dressées.

III. SÉRIE DES GLAIEULS.

Les Glaïeuls[1] (fig. 103, 104), par lesquels nous commençons cette étude, se font tout d'abord remarquer par l'irrégularité de leurs fleurs hermaphrodites. Leur réceptacle loge l'ovaire dans sa concavité et est surmonté d'un périanthe coloré, plus ou moins arqué, avec un tube épigyne, court ou long. Il est obliquement infundibuliforme, plus ou moins dilaté à la gorge. Dans le limbe bilabié, on distingue trois sépales imbriqués ou tordus, dont un antérieur. Celui-ci forme avec les deux lobes antérieurs de la corolle, qui sont ordinairement teintés et tachés comme lui, une lèvre plus courte, à laquelle viennent souvent se joindre les sépales latéraux. Quand ceux-ci sont reportés davantage en arrière, ils forment une autre lèvre avec le pétale postérieur, le plus grand de tous les lobes du périanthe. Toutes ces pièces peuvent être atténuées et comme onguiculées à la base. Celles de la corolle sont aussi imbriquées ou tordues dans le bouton. Les étamines, au nombre de trois, sont superposées aux sépales ; elles ont un filet inséré à la gorge, arqué sous le pétale postérieur, et une anthère extrorse, dorsifixe et à deux loges déhiscentes par des fentes longitudinales[2]. Le connectif est replié sur lui-même en canal ; ce qui rapproche l'une de l'autre les deux loges parallèles. L'ovaire infère a trois loges oppositisépales. Il est surmonté d'un style creux, arqué et à concavité antérieure, dont le sommet se partage en trois branches récurvées, obovales, plus ou moins pétaloïdes, repliées sur elles-

1. *Gladiolus* T., *Inst.*, 365, t. 190. — L., *Gen.*, ed. I, n. 27 ; ed. VI, n. 57. — J., *Gen.*, 58. — NEES, *Gen. Fl. germ.*, *Monoc.*, III, n. 9. — ENDL., *Gen.*, n. 1239. — KLATT, in *Linnæa*, XXXII, 689 ; *Erg. u. Ber.*, 3. — BAK., in *Journ. Linn. Soc.*, XVI, 170. — B. H., *Gen.*, III, 709, n. 56. — PAX, *Pflanzenfam.*, 156, fig. 105. — *Hebea* PERS., *Enchir.*, I, 44. — *Sphærospora* SWEET, *Brit. fl. Gard.*, ed. II, 501. — *Schweiggera* MEY., in hb. Drège (non MART.). — *Symphyodolon* SALISB. — *Ballosporum* SALISB. — *Ophiolyza* SALISB. — *Hyptissa* SALISB. — *Renisia* SALISB., *Gen. pl. Fragm.*, 142.

2. Le pollen ellipsoïde a souvent les bandes ponctuées (H. MOHL).

mêmes suivant leur nervure dorsale et chargées sur leurs bords rapprochés de papilles stigmatiques. Dans l'angle interne de chaque loge ovarienne s'insèrent deux rangées verticales d'ovules anatropes[1], qui se regardent par leurs raphés et sont horizontaux ou plus ou moins

Gladiolus tristis.

Fig. 103. Fleur. Fig. 104. Fleur, coupe longitudinale.

obliques. Le fruit est capsulaire, membraneux, loculicide; et les graines, sphériques ou anguleuses, plus rarement ailées, renferment sous leurs téguments, parfois épais et spongieux, un albumen souvent dur, qui entoure l'embryon.

Les Glaïeuls sont des herbes vivaces, de la région Méditerranéenne,

1. A double enveloppe. Ils peuvent parfois manquer sur la portion supérieure des placentas.

de l'Afrique tropicale et australe et de ses îles orientales. Ils ont un bulbe plein, entouré de quelques bases de feuilles ou tuniques membraneuses ou fibreuses. Plus haut, les feuilles alternes sont linéaires ou ensiformes. L'inflorescence est un épi terminal et lâche, dont les fleurs sont distiques. Mais elles s'inclinent finalement toutes d'un même côté de l'axe général. Les bractées sont uniflores, et le côté postérieur de la fleur[1] est accompagné d'une bractéole binerve. On admet dans le genre près de cent espèces[2].

Antholyza æthiopica.

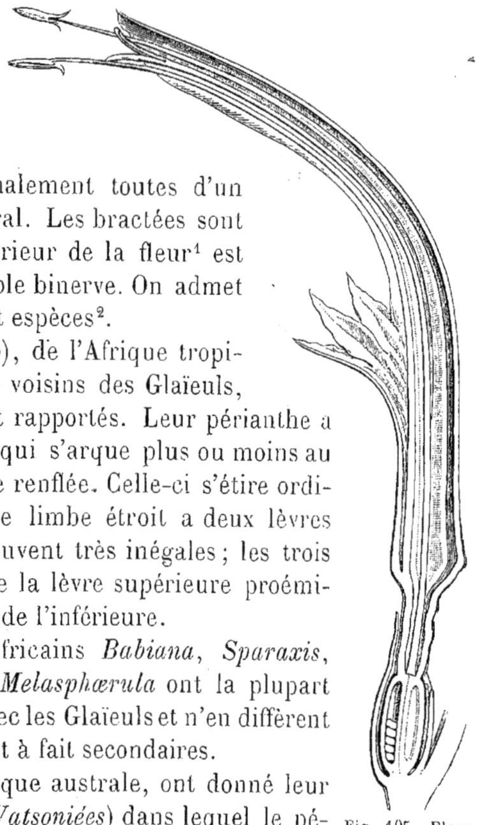

Fig. 105. Fleur, coupe longitudinale.

Les *Antholyza* (fig. 105), de l'Afrique tropicale et australe, sont très voisins des Glaïeuls, auxquels on les a souvent rapportés. Leur périanthe a un tube grêle et allongé, qui s'arque plus ou moins au niveau d'une gorge à peine renflée. Celle-ci s'étire ordinairement beaucoup, et le limbe étroit a deux lèvres presque égales ou plus souvent très inégales ; les trois lobes égaux ou inégaux de la lèvre supérieure proéminant beaucoup au-dessus de l'inférieure.

De même, les genres africains *Babiana*, *Sparaxis*, *Acidanthera*, *Tritonia* et *Melasphærula* ont la plupart été confondus autrefois avec les Glaïeuls et n'en diffèrent que par des caractères tout à fait secondaires.

Les *Watsonia*, de l'Afrique australe, ont donné leur nom à un petit groupe (*Watsoniées*) dans lequel le périanthe est aussi plus ou moins irrégulier, à limbe plus ou moins oblique. Mais les filets staminaux, plus courts, y sont rectilignes ou à peu près, de même que le style, parfois un

1. Blanche, jaune ou pourprée.

2. THUNB., *Diss.*, t. 1. — JACQ., *Obs.*, t. 78; *Ic. rar.*, t. 242-252, 254-257, 259, 260. — SIBTH., *Fl. græc.*, t. 37, 38. — RED., *Lil.*, t. 35, 36, 122, 123, 125, 136, 267, 273, 344, 377, 425. — SALISB., *Par. lond.*, t. 8. — ANDR., *Bot. Rep.*, t. 8, 11, 12, 27, 99, 111, 122, 147, 188, 219, 227, 240, 241, 589. — GUSS., *Pl. inarim.*, t. 14. — LODD., *Bot. Cab.*, t. 1022 (*Antholyza*), 1756. — SWEET, *Brit. fl. Gard.*, t. 156, 501; ser. II, t. 140, 281. — REICHB., *Icon. eur.*, t. 598-600, 643; *Ic. Fl. germ.*, t. 349-353. — OLIV., in *Trans. Linn. Soc.*, XXIX, t. 100. — SAUND., *Ref. bot.*, t. 23. — BOISS., *Fl. or.*, V, 139. — GREN. et GODR., *Fl. de Fr.*, III, 247. — WILLK. et LGE, *Prodr. Fl. hisp.*, I, 140. — *Bot. Reg.*, t. 169, 1442. — *Bot. Mag.*, t. 86, 135, 272, 538, 562, 574, 578, 582, 591, 602, 610, 625, 632, 645,

peu latéral dans sa portion supérieure, dont les deux branches sont stigmatifères en dedans. A ce groupe se rapportent encore les genres africains *Lapeyrousia* (fig. 85) et *Freesia*. Les premiers ont des fleurs à peu près régulières ou, comme dans les *Anomatheca*, un périanthe nettement irrégulier, avec toutes les transitions possibles. Les derniers se rapprochent beaucoup plus encore des Glaïeuls.

Lapeyrousia (Anomatheca) cruenta.

Fig. 106. Fleur, coupe longitudinale.

Dans les *Ixia*, type d'une autre sous-série (*Ixiées*), le périanthe est de même, ou régulier, ou à limbe légèrement oblique ; le style a trois branches simples, et il est à peu près droit, comme les étamines. Ici se rangent encore les quatre genres *Schizostylis*, *Geissorhiza*, *Streptanthera* et *Hesperantha*, qui sont tous également africains.

La famille des Iridacées a été distinguée dès 1759 par B. DE JUSSIEU, sous le nom de *Irides*[1]. VENTENAT en fit en 1799 ses *Irideæ*[2], et le nom actuellement adopté ne date que de 1836[3]. On peut définir ces plantes : des Liliacées triandres[4] à ovaire infère, ou des Amaryllidacées à trois étamines. Les organes de végétation y présentent, en somme, toutes les particularités qui peuvent s'observer chez les Liliacées ; mais les feuilles y sont, plus que dans tout autre groupe de Monocotylédones, de celles qu'on appelle ensiformes[5] ; et les

647, 648, 719, 727, 823, 874, 992, 1042, 1098, 1483, 1561, 1575, 1665, 2585, 3032, 3686, 5427, 5565, 5873, 5884, 5944, 6202, 6291, 6335, 6463, 6739, 6897, 6919. — WALP., *Ann.*, VI, 47.

1. In *Hort. Trian.*, Ord. 10. — A.-L. JUSS., *Gen.*, 57, Ord. 8.

2. *Tabl.*, II, 188, Ord. 8. — KER, *Iridear. Gen.* (1827). — ENDL., *Gen.*, 164, Ord. 61. — B. H., *Gen.*, III, 681, Ord. 173.

3. *Iridaceæ* LINDL., *Nat. Syst.*, ed. II, 332; *Veg. Kingd.*, 159, Ord. 47. — BAK., *Syst. Iridac.*, in *Journ. Linn. Soc.*, XVI, 61 (1877). — PAX, in *Engl. et Prantl Pflanzenfam.*, II, 5, p. 137 (1887).

4. Pour ADANSON (*Fam. des pl.*, II, 58), elles constituent la section 8 des Liliacées.

5. D'où le nom de *Ensatæ* (L., *Phil. bot.* (1751), 27). — BATSCH, *Tab.*, 143 (*Gladialium fam. un.*). — KER, in *Kœn. Ann. bot.*, I, 219. — BARTL., *Ord.*, 40 (part.). — ENDL., *Gen.*, 159 (part.). Les particularités anatomiques et morphologiques que présentent parfois les

anthères y sont constamment alternipétales et extrorses; le fruit, presque toujours finalement capsulaire.

Les sept cents espèces environ que comprend cette famille sont réparties dans cinquante-trois genres qui habitent les régions tempérées et chaudes des deux mondes, et surtout l'Afrique australe et la région Méditerranéenne. Ils sont moins richement représentés en Asie, en Australie et dans les deux Amériques. Nous les disposons en trois séries de la façon suivante :

I. IRIDÉES[1]. — Fleurs régulières, à sépales ordinairement différents comme forme des pétales. Étamines disposées régulièrement autour du centre, libres ou monadelphes. — Herbes vivaces, à rhizomes ou à bulbes variables, rarement à tige frutescente. Inflorescence générale ordinairement pédonculée, souvent composée de plusieurs cymes unipares latérales. — 34 genres.

II. CROCÉES[2]. — Fleurs régulières, à sépales généralement semblables aux pétales. Étamines disposées régulièrement autour du centre, ordinairement libres. — Herbes vivaces, à bulbe plein, avec tuniques plus ou moins développées. Inflorescence terminale, uniflore ou en cyme unipare, au sommet d'un axe basilaire, souvent court, caché entre les feuilles. — 4 genres.

III. GLADIOLÉES[3]. — Fleurs plus ou moins irrégulières; les étamines plus ou moins déjetées d'un côté de la fleur, souvent inégales. — Herbes vivaces, bulbeuses; les fleurs en épis ou en grappes, solitaires ou groupées en cymes pauciflores sur les côtés d'un axe d'inflorescence commun. — 15 genres.

USAGES[4]. — Les Iridacées utiles sont peu nombreuses. Celle que l'homme emploie le plus souvent est sans contredit le Safran cultivé[5]

feuilles (voy. p. 122, not. 2, et 139, not. 2) ne peuvent être appliquées à la classification, parce que, dans un genre d'ailleurs très naturel (*Crocus*, *Iris*, etc.), ces caractères peuvent être absolument variables.

1. BAK., *loc. cit.*, 76, ser. 2. — *Moræeæ* B. H., *Gen.*, III, 682, Trib. 1. — *Iridoideæ* PAX, *loc. cit.*, 144, II.

2. *Croceæ* RITG., *Schr. Marb. Ges.*, II, 128 (part.). — BAK., in *Journ. Linn. Soc.*, XVI, 73 (*Ixiearum* Trib. 1). — *Crocoideæ* PAX, *Pflanzenfam.*, 142.

3. *Gladioleæ* SALISB., in *Trans. Hort. Soc. lond.* (1812), I, 316.— BAK., *loc. cit.*, 78, ser. 3. — *Ixieæ* B. H., *Gen.*, III, 684, Trib. 3. — *Ixioideæ* PAX, *Pflanzenfam.*, 153.

4. ENDL., *Enchirid.*, 99. — LINDL., *Veg. Kingd.*, 160. — ROSENTH., *Syn. plant. diaphor.*, 108, 1082. — H. BN., *Tr. Bot. méd. phanér.*, 1418.

5. *Crocus sativus* L., *Spec.*, 50. — LAMK, *Ill.*, t. 30. — FOUGER. DE BONDER., in *Mém. math. Ac. sc. Par.* (1782), 89, 105. — RED., *Lil.*, t. 173. — ROYLE, *Ill. himal.*, t. 91, fig. 1. — GUIB., *Drog. simpl.*, éd. 7, II, 193. — BERG et SCHM., *Darst. off. Gew.*, t. 1 *d*. — CHAPP., in *Bull. Soc. bot. Fr.*, XX, 191. — H. BN, *Tr. Bot. méd. phanér.*, fig. 3458-3462. — G. MAW, *Mon. gen. Crocus*, t. 29-29D (à la suite de ce travail, LACAITA, *App. on etym. words Saffron and Crocus*). — *C. Orsinii* PARLAT. —? *C. intromissus* HERB. (*Kesar*, *Azafran*).

(fig. 96-98), espèce orientale, plantée en Espagne depuis le dixième siècle et chez nous depuis le quatorzième, notamment dans le Gâtinais, l'Orléanais et l'Angoumois. La partie employée dans l'industrie comme tinctoriale, et dans la thérapeutique comme emménagogue, stimulante, antispasmodique, est le style orangé, à lobes flabelliformes, qu'on arrache lors de la floraison automnale et dont il faut environ 140000 pour faire un kilogramme de safran commercial[1]. Les *Crocus aureus*[2] (fig. 99-101) et *vernus*[3] peuvent servir comme substitutifs en teinture, mais non en médecine[4]. En Syrie, on mange le bulbe du *C. cancellatus*[5]. Le plus recherché des *Iris* est l'*I. florentina*[6] (fig. 88), dont le rhizome passe pour donner la meilleure poudre d'Iris, à odeur de violettes, usitée en parfumerie. Mais en Italie, où ces plantes se cultivent pour le commerce, on plante également, sous le nom commun de *Giaggioli*, les *I. germanica*[7] (fig. 89, 90) et *pallida*[8]. Frais, leurs rhizomes sont âcres et irritants; aussi servent-ils à aviver les exutoires; usage auquel on les emploie encore secs, sous forme de pois à cautères. L'*I. fœtidissima*[9] de nos bois, remarquable par son odeur spéciale, a un rhizome purgatif et a passé pour antihystérique. L'*I. Pseudacorus*[10] (fig. 91), de nos localités aquatiques, est dangereux, violemment éméto-cathartique. Depuis l'époque du blocus

1. J. MAISCH, *Saffron and its adulterations*, in *Amer. Journ. Pharm.* (1885), 487. Le périanthe du *Tritonia* (*Crocosma*) *aurea* PAPPE a la coloration et l'odeur du Safran.

2. SIBTH., *Fl. græc.*, I, 24. — KER, in *Bot. Mag.*, sub t. 652. — BAK., in *Journ. Linn. Soc.*, XVI, 80. — *C. luteus* LAMK, *Dict.*, VI, 385. — RED., *Lil.*, t. 196. — *C. vernus* CURT. (non ALL.). — *C. floribundus* HAW. (*Safran jaune*).

3. ALL., *Fl. pedem.*, I, 84. — RED., *Lil.*, t. 266. — JACQ., *Fl.*, *austr.*, V, t. 36. — REICHB., *Ic. exot.*, t. 22; *Ic. crit.*, t. 929-934; *Ic. Fl. germ.*, t. 355. — H. BN, *Iconogr. Fl. fr.*, n. 60.

4. Le *C. odorus* BIV. est employé comme tinctorial, de même que les *C. reticulatus* STEV., *susianus* KER, *variegatus* HOPPE, *autumnalis* MILL., *Thomasii* TEN., *Pallasii* GOLDB. Plusieurs espèces du genre ont été indiquées comme antiépileptiques.

5. HERB., in *Bot. Mag.*, t. 3864. — *C. nudiflorus* SIBTH. et SM. — *C. dianthus* K. KOCH. — *C. Schimperi* J. GAY. — *C. damascenus* HERB. — *C. edulis* BOISS. et HELDR. On dit qu'en Moldavie, on mange aussi le bulbe du *C. vernus* ALL.

6. L., *Spec.*; ed. II, 55. — RED., *Lil.*, t. 23. — SIBTH., *Fl. græc.*, t. 39. — REICHB., *Ic. Fl. germ.*, t. 339. — WOODV., *Med. Bot.*, IV, t. 263. — FLÜCK. et HANB., *Pharmacogr.*, 598. — BENTL. et TRIM., *Med. pl.*, t. 273. — H. BN, *Tr. Bot. méd. phanér.*, 1418. — *I. alba* SAV., *Fl. pis.*, 32.

7. L., *Spec.*, ed. II, 55. — RED., *Lil.*, t. 309. — REICHB., *Ic. Fl. germ.*, t. 338; *Ic. crit.*, t. 924. — GREN. et GODR., *Fl. de Fr.*, III, 241. — H. BN, *Iconogr. Fl. fr.*, n. 279. — *I. violacea* SAV. — *I. nepalensis* WALL., in *Bot. Reg.*, t. 818. — *I. deflexa* KN. et WETSC., *Fl. Cab.*, II, t. 51 (*Glaïeul bleu*, *Flamme bleue*, *Gle*).

8. LAMK, *Dict.*, III, 294. — RED., *Lil.*, t. 366. — *Bot. Mag.*, t. 685. — *I. odoratissima* JACQ. — *I. hortensis* TAUSCH. — *I. pallide-cœrulea* PERS. — *I. glauca* SALISB.

9. L., *Spec.*, ed. II, 57. — RED., *Lil.*, t. 354. — POIT. et TURP., *Fl. par.*, t. 45. — *I. fœtida* THUNB. — *Xiphion fœtidissimum* PARLAT. (*Iris-jambon*, *I.-gigot*, *Glaïeul puant*, *Spatule*).

10. L., *Spec.*, ed. II, 56. — POIT. et TURP., *Fl. par.*, t. 46. — GREN. et GODR., *Fl. de Fr.*, III, 242. — H. BN, *Iconogr. Fl. fr.*, n. 180; *Herbor. par.*, 435. — *I. lutea* LAMK, *Fl. fr.*, III, 496. — *I. palustris* MŒNCH. — *Xiphion Pseudacorus* PARLAT. — *Xyridion Pseudacorus* KLATT (*Flambe des marais*, *Fausse-Flambe*, *Glaïeul jaune*, *Acore adultérin*, *Pavé*, *Liaverd*, *Ganche*).

continental, ses graines torréfiées ont parfois été substituées à celles du Caféier. Aux États-Unis, le rhizome de l'*I. versicolor*[1] est employé comme évacuant; on extrait de son rhizome une oléo-résine dont les effets ont été comparés à ceux de l'Aloès et de la Rhubarbe. L'*I. cristata*[2] a aussi un rhizome purgatif. Ses fleurs servent, en Virginie, à préparer un faux sirop de violettes. En Sibérie, le rhizome de l'*I. sibirica* L. se prescrit contre la syphilis. Celui des *I. dichotoma* L. F. et *virginica* L. est purgatif, vomitif et diurétique. Les fleurs de l'*I. Xiphium*[3] servent à teindre en vert, et l'on mange en Mauritanie les bulbes de l'*I. juncea*[4]. Au Kashmyr, on nourrit le bétail, dans les prairies sèches, avec les feuilles de l'*I. pabularia* NDN. En Californie, l'*I. tenax*[5] sert à faire des cordes et des filets. Les Glaïeuls ont jadis été fort employés en médecine : les *Gladiolus communis*[6] et *segetum*[7] comme antiscrofuleux, emménagogues. Le bulbe de plusieurs espèces, notamment du *G. tristis*[8] (fig. 103, 104) serait comestible pour l'homme ou pour les animaux[9]. Ceux-ci mangent le bulbe du *Babiana plicata* KER[10] et du *Sparaxis bulbifera* KER. On vend sur les marchés, dans l'Afrique australe, celui du *Tritonia crocata* KER. Au Mexique, on indique comme fébrifuge le *Tigridia Pavonia*[11]. Dans l'Indo-Chine, le *Gemmingia chinensis*[12] se prescrit, à l'intérieur et à l'extérieur, contre les morsures des serpents venimeux. Les racines du *Witsenia maura*[13]

1. L., *Spec.*, ed. II, 57. — RED., *Lil.*, t. 339. — JACQ., *Fl. austr.*, t. 233. — *Bot. Mag.*, t. 21. — *I. sativa* MILL. — *I. picta* MILL. — *Xiphion versicolor* ALEF. (*Blue Flag*).

2. SOLAND., in *Ait. H. kew.*, I, 71. — RED., *Lil.*, t. 376. — *Bot. Mag.*, t. 412. — *Bot. Cab.*, t. 1366. — *I. odorata* PERS. — *Neubeckia cristata* ALEF. (espèce de la section *Evansia*).

3. L., *Spec.*, 58 (part.). — EHRH., *Beitr.*, VII, 139. — RED., *Lil.*, t. 337. — GREN. et GODR., *Fl. de Fr.*, III, 245. — *I. variabilis* JACQ. — *Xiphium vulgare* MILL., (*Iris d'Angleterre*, *I. en gouttière*, *Lis d'Espagne*).

4. DESF., *Fl. atl.*, I, t. 4. — *Bot. Mag.*, t. 5890. — *I. mauritanica* CLUS. — *I. imberbis* POIR. — *Diaphane stylosa* SALISB. — *Xiphion junceum* KLATT.

5. DOUGL., in *Bot. Reg.*, t. 1218. — *Bot. Mag.*, t. 3343. — *Ioniris tenax* KLATT. MARTIUS a décrit, au Brésil, un *Iris cathartica*. L'Hermodacte, dont les anciens médecins faisaient si grand usage, a été en partie attribué (PL.) à l'*I. tuberosa* L. (*Hermodactylus tuberosus* SALISB.), mais probablement par erreur.

6. L., *Spec.*, I, 52. — RED., *Lil.*, t. 267. — REICHB., *Ic. Fl. germ.*, t. 349. — GREN. et GODR., *Fl. de Fr.*, III, 248. — *Bot. Mag.*, t. 86, 1575 (*Glais*, *Iris nostras*, *Petite Flambe*, *Lis de la Saint-Jean*.

7. KER, in *Bot. Mag.*, t. 719. — REICHB., *Ic. Fl. germ.*, t. 353. — GREN. et GODR., *Fl. de Fr.*, III, 248. — *G. italicus* GAUD. — *Sphærospora imbricata* SWEET (*Glaïeul des moissons*).

8. L., *Spec.*, I, 53 (part.). — RED., *Lil.*, t. 35. — JACQ., *Ic. rar.*, t. 243. — *Bot. Mag.*, t. 272.

9. Il y aurait, au Cap, un *G. edulis* BURCH.

10. In *Bot. Mag.*, t. 576. — *Gladiolus plicatus* THUNB. (part.). — *G. fragrans* JACQ. — *G. reflexus* LICHT.

11. KER, in *Kœn. et Sims Ann.*, I, 246. — *Ferraria Pavonia* L. F. — CAV., *Diss.*, VI, t. 189, fig. 1. — RED., *Lil.*, t. 6. — *F. Tigridia* KER, in *Bot. Mag.*, t. 532. — *Moræa Tigridia* THUNB. (*Œil-de-paon*).

12. O. K., *Revis.*, 701. — *Belemcanda chinensis* LEM., in *Red. Lil.*, t. 121. — *B. punctata* MOENCH. — *Ixia chinensis* L. — *Pardanthus chinensis* KER. — *Fl. serres*, t. 1632. — *P. nepalensis* SWEET.

13. THUNB., *Nov. gen.*, II, 34. — RED., *Lil.*, t. 245, 463. — MAUND, *Bot.*, t. 125. — REICHB., *Ic. exot.*, t. 23. — *Fl. serres*, t. 72. — *Bot. Reg.*, t. 5. — *Antholyza maura* L. — *Ixia disticha* LAMK.

sont adoucissantes et sucrées. Au Brésil, on emploie comme purgatifs plusieurs *Trimezia* de la section *Lansbergia*, notamment les *T. purgans*[1] et *cathartica*[2]. Aux Antilles, on a vanté le *T. martinicensis*[3] comme tonique, astringent et emménagogue; son suc comme sternutatoire; son périanthe et son rhizome comme tinctoriaux; ce dernier sert à préparer une encre. Dans l'Amérique méridionale, le *Tekel ixioides*[4] est usité comme évacuant et diurétique. Les souches de plusieurs *Sisyrinchium* sont indiquées comme évacuantes, hydragogues et dépuratives. Le nombre d'Iridacées ornementales[5] est considérable; la plupart appartiennent aux genres *Iris*, *Tigridia*, *Crocus*, *Gladiolus*, *Ixia*, *Sparaxis*, *Ferraria*, *Nivenia*, *Aristæa*, *Moræa*, *Marica*, *Lapeyrousia*, *Watsonia*, *Tritonia*, *Babiana*, *Freesia* et *Antholyza*. Celles de l'Afrique tropicale, cultivées dans le midi et l'ouest de la France, affluent aujourd'hui sur les marchés des grandes villes et deviennent l'objet d'un commerce qui prend de jour en jour plus d'importance.

1. *Ferraria purgans* MART., *Reis.*, II, 547. — *Lansbergia purgans* KLATT (*Ruibarba da Pyretro*).

2. *Ferraria cathartica* MART., *Reis.*, II, 547. — *Lansbergia cathartica* KLATT (*Ruibarba do campo*).

3. *T. lurida* SALISB., in *Trans. Hort. Soc. lond.*, I, 280. — *Iris martinicensis* L. — RED., *Lil.*, t. 172. — DESCOURT., *Fl. Ant.*, t. 252. — *Bot. Mag.*, t. 416. — *Cipura martinicensis* H. B. K. — *Marica martinicensis* KER. — *Sisyrinchium fluminense* VELL. — *S. galaxioides* GOM. — *Vieusseuxia martinicensis* DC. — *Poarchon fluminense* ALLEM. — *Remaclea funebris* MORR. — *Xanthocromyon Herberti* KARST. — *Lansbergia caracasana* DE VR. — *L. martinicensis* BAK.

4. *Tekelia ixioides* O. K., *Revis.*, 702. — *Libertia ixioides* SPRENG., *Syst.*, I, 168. — REICH., *Hort.*, t. 157. — *Moræa ixioides* THUNB. — *Ferraria ixioides* W. — *Sisyrinchium ixioides* FORST. — *Nematostigma ixioides* DIETR.

5. Figurées en grand nombre dans les *Liliacées* de REDOUTÉ, le *Botanical Magazine*, le *Botanical Register*, le *Botanical Repository*, le *Botanical Cabinet*, les *Icones* de JACQUIN, etc., etc.

GENERA

I. IRIDEÆ.

1. **Iris** T. — Flores hermaphroditi regulares; receptaculo oblongo sacciformi germenque cavitate intus adnatum fovente. Perianthium petaloideum receptaculi margini affixum; foliolis 2-seriatis infra medium unguiculatis inque tubum sæpius brevem connatis. Sepala 3, basi contracta; limbo dilatato patente v. reflexo; costa sæpe intus inferne papilloso-cristata; præfloratione sæpius torta. Petala alterna 3, sæpe angustiora, nunc minora linearia subulata; limbo patente v. nunc erecto, recurvo v. connivente; præfloratione torta v. rarius imbricata. Stamina 3, alternipetala, tubo sub sepalis affixa; filamentis subulatis, liberis v. raro (*Gynandriris*) basi 1-adelphis; antheris basifixis linearibus, styli ramis extus arcte applicitis; loculis parallelis distinctis, extrorsum rimosis. Germen inferum, apice obtusum, acuminatum v. plus minus longe rostratum; styli brevis ramis multo longioribus petaloideo-dilatatis, supra antheras recurvis, apice obtuso membranaceo superne stigmatoso-papillosis; additis laminis interioribus 2 plus minus alte connatis, apice liberis angulatis, integris v. raro (*Evansia*) parce v. longe ciliato-fimbriatis. Ovula in loculis sæpius completis v. (*Hermodactylus*) in placentis parietalibus ∞, 2-seriatim angulo interno affixa anatropa. Fructus brevis, oblongus v. sæpius longiusculus, teres lævis v. 3-6-costatus, raro 3-queter v. subalatus, vertice obtusus v. rostratus, loculicidus; rostro farcto aut 3-fido, aut varie disrupto v. marcescente. Semina ∞, sphærica v. angulato-compressa, extus nunc spongioso-incrassata v. spurie arillata; albumine corneo; embryone excentrico plus minus elongato. — Herbæ perennes; rhizomate vario, brevi v. elongato, crasso v. tenui, simplici v. ramoso, squamato v. cicatrisato; ramis aeriis alternis

solitariis v. fasciculatis, simplicibus v. rarius ramosis, basi in bulbum solidum v. varie tunicatum incrassatis (*Xiphion*) ; tunicis variis, nunc elongatis, nunc demum in fibras reticulatas solutis. Folia ad ramorum basin pauca vaginata, aut linearia tenuia, aut sæpius ensata plana disticha et equitantia ; limbo lato radiante ; foliis altius alternis paucis in bracteas abeuntibus. Flores terminales solitarii v. sæpius racemosi ; cymis lateralibus alternis in axilla bracteæ (spathæ) imparinervis 1-paucifloris ; bracteola inter florem axinque postica parinervi. (*Europa, Asia temp., Africa bor., America bor.*) — *Vid. p.* 119.

2. **Moræa** L.[1] — Flores fere *Iridis ;* perianthii foliolis ad basin liberis. Petala sæpius unguiculata, sepalis maculatis angustiora minoraque, nunc minima v. (*Vieusseuxia*[2]) 3-dentata v. 3-fida. Stamina plus minus alte 1-adelpha ; antheris ad styli ramos alatos arcte applicitis. Cætera *Iridis*. — Herbæ perennes ; rhizomate brevissimo ; bulbo in eo solitario v. 0 ; foliis basilaribus ensiformibus v. angustissime linearibus ; cymis[3] spathaceis 2-∞-floris ; fructibus cum pedicello sæpius exsertis. (*Africa austr., trop. cont. et ins. or., Australia*[4].)

3. **Marica** Ker.[5] — Flores fere *Moræœ ;* perianthii foliolis liberis tortis ; tubo 0. Sepala ovato-oblonga patentia. Petala angustiora, basi erecta, superne patentia, incrassata v. undulata. Stamina 3 ; filamentis gracilibus liberis erectis, basi breviter dilatatis ; antheris linearibus basifixis stylo applicitis[6]. Germen ∞-ovulatum ; styli gracilis ramis erectis, 3-alatis v. acute 3-quetris ; angulis 2, 3 in lobos acuminatos erectos ultra antheram applicitam productis ; lobulis stigmatosis ad loborum basin transversis auriculiformibus, breviter patentibus, 2-partitis v. 2-fidis. Fructus obovoideo-oblongus, apice

1. *Spec.*, ed. II, 59 ; *Gen.*, ed. VI, n. 60. — J., *Gen.*, 58. — Gærtn., *Fruct.*, I, t. 13, fig. 2. — Roem. et Sch., *Syst.*, 1, 342, 450. — Bak., in *Journ. Linn. Soc.*, XVI, 129. — Klatt, in *Linnæa*, XXXIV, 557. — B. H., *Gen.*, III, 688, n. 3. — Pax, *Pflanzenfam.*, 146, fig. 99, C. — *Dietes* Salisb., in *Trans. Hort. Soc. lond.*, I, 307. — Klatt, *Erg. u. Ber.*, 40. — *Helixyra* Salisb., *loc. cit.*, 305. — *Hymenostigma* Hochst., in *Flora* (1844), 24. — *Freuchenia* Eckl., *Verz. Pfl. Samml.*, 14.

2. Delar., ex DC., in *Ann. Mus.*, II, 136, t. 42. — Bak., *loc. cit.*, 132. — Klatt, *Erg. u. Ber.*, 34.

3. Floribus majusculis, nunc speciosis.

4. Spec. ad 40. Jacq., *Ic. rar.*, t. 221, 222, 224, 225 ; *H. schœnbr.*, t. 196, 197 ; *H. vindob.*, III, t. 10 (*Iris*), 20. — Red., *Lil.*, t. 71. — Salisb., *Par. lond.*, t. 10. — Lodd., *Bot. Cab.*, t. 1861, 1886. — Andr., *Bot. Rep.*, t. 45 (*Iris*), 364. — *Fl. serres*, t. 423. — *Bot. Reg.*, t. 312, 1074, 1404. — *Bot. Mag.*, t. 168 ; 571 (*Iris*), 577, 593, 613, 693, 696, 702, 712, 750, 759, 771, 772, 1012, 1045, 1047, 1061, 1247, 1276, 1284, 5785. — Walp., *Ann.*, VI, 46.

5. In *Bot. Mag.*, t. 654 (non t. 655, nec Schreb.). — Endl., *Gen.*, n. 1228 (part.). — Bak., in *Journ. Linn. Soc.*, XVI, 149. — B. H., *Gen.*, III, 689, n. 4. — Pax, *Pflanzenfam.*, 147, fig. 99 A.

6. Connectivo inter loculos extrorsum lineari prominulo.

truncatus v. obtusus, loculicidus; seminibus ∞, sphæricis v. angulatis; albumine durissimo. — Herbæ perennes; rhizomate brevi; ramis aeriis erectis brevibus, sæpius validis; foliis basilaribus distichis equitantibus ensatis, florali 1; angulis in axi decurrentibus 2; spathis in folio florali 2-paucis; altera sessili v. brevius stipitata; floribus[1] in spatha pluribus 1-pari-cymosis pedicellatis; fructu demum exserto. (*America trop. or.*, *Africa trop. occid.*[2])

4. **Cypella** HERB.[3] — Flores *Maricæ;* perianthii foliolis liberis. Stamina alte libera v. plus minus monadelpha. Styli cæteraque *Maricæ*. — Herbæ perennes; bulbo tunicato; foliis basilaribus paucis, ensiformibus plicato-venosis v. angustissimis; spathis in axi tenui v. validiore solitariis v. ∞, nunc fasciculato-axillaribus, stipitatis v. ex parte sessilibus. (*America austr. subtrop. et extratrop.*[4])

5. **Trimezia** SALISB.[5] — Flores fere *Maricæ;* perianthii tubo 0. Sepala libera torta. Petala sæpius minora concava, sub apice sæpe angustata. Stamina 3; filamentis filiformibus; antheris extrorsis, nunc styli ramis applicitis. Ovula adscendentia. Stylus basi tenui simplex; ramis crassioribus erectis, apice sæpius 4-lobis; lobis interioribus brevibus dentiformibus, acutis v. nunc setaceis; exterioribus autem stigmatoso-papillosis. Fructus brevis v. oblongus loculicidus. — Herbæ perennes; bulbo tunicato; foliis basilaribus paucis, planis v. teretibus; floribus in summo scapo in cymas 1 v. plures alternantes dispositis; bracteis primum cymas includentibus; pedicellis longe exsertis. (*America austr. et antillana*[6].)

1. Flavis v. cærulescentibus.

2. Spec. 8, 9. PERS., *Syn.*, I, 52 (*Iris*). — RED., *Lil.*, t. 56 (*Moræa*). — LINK, KL. et OTT., *Ic. pl. sel.*, t. 58. — HOOK., *Exot. Fl.*, t. 222. — LINDL., in *Trans. Roy. Hort. Soc.*, VI, t. 1. — ANDR., *Bot. Rep.*, t. 255 (*Moræa*). — LODD., *Bot. Cab.*, t. 1164. — SALISB., *Prodr.*, 42 (*Ferraria*). — KLATT, *Erg. u. Ber.*, 40; in *Mart. Fl. bras.*, III, I, t. 66 (*Cypella*). — HEMSL., *Bot. centr.-amer.*, III, 325. — *Bot. Reg.*, t. 713. — *Bot. Mag.*, t. 654, 3713, 3809, 6380.

3. In *Bot. Mag.*, sub t. 2637. — ENDL., *Gen.*, n. 1228. — BAK., in *Journ. Linn. Soc.*, XVI, 128. — B. H., *Gen.*, III, 689, n. 5. — PAX, *Pflanzenfam.*, 147. — *Polia* TEN., in *Mem. Ac. Pontad.* (ann. ?), t. 2. — *Hesperoxiphon* BAK., *loc. cit.*, 127. — *Phalocallis* HERB., in *Bot. Mag.*, t. 3710. — O. K., *Revis.*, 702.

4. Spec. 4, 5. SWEET, *Brit. fl. Gard.*, ser. II, t. 33; ed. II, 497 (*Herbertia*). — HERB., in *Bot. Mag.*, t. 2599 (*Tigridia*). — KLATT, in *Linnæa*, XXXI, 544; 545 (*Polia*); in *Mart. Fl. bras.*, III, I, t. 66 (*Phalocallis*). — LINK, KL. et OTT., *Ic. pl. sel.*, t. 59 (*Ferraria*). — BAK., in *Bot. Mag.*, t. 6213. — *Fl. serres*, t. 395, 1466 (*Phalocallis*). — *Bot. Reg.*, t. 949 (*Moræa*).

5. In *Trans. Roy. Hort. Soc. lond.*, I, 308. — B. H., *Gen.*, III, 690, n. 6. — PAX, *Pflanzenfam.*, 147. — *Lansbergia* DE VR., *Ind. sem. H. lugd.-bat.* (1846), 2. — KLATT, in *Linnæa*, XXXI, 547. — *Xanthocromyon* KARST., in *Bot. Zeit.* (1847), 694. — *Poarchon* MART., *Mat. med. bras.*, 77. — ALLEM., *Tract.*, *R. Jan.* (1849). — *Remaclea* MORR., in *Belg. hort.*, III, 3, t. 1.

6. Spec. ad 6. L., *Spec.*, 58 (*Iris*). — JACQ., *St. amer.*, t. 7 (*Iris*). — RED., *Lil.*, t. 416 (*Iris*). — DC., in *Ann. Mus.*, II, 188 (*Vieus-

6. **Tigridia** J.[1] — Flores hermaphroditi; perianthii foliolis 6, sessilibus liberisque. Sepala latissima subsessilia, apice patentia v. incurva, torta. Petala multo minora patentia oblonga, apice obtusa, basi breviter abruptepue contracta, plus minus undulata, torta. Stamina intra perianthium affixa; filamentis longe in tubum cylindraceum connatis; antheris sessilibus ad apicem tubi basifixis; antheris linearibus; loculis extrorsis adnatis, longitudine rimosis. Germen 3-loculare; loculis ∞-ovulatis; stylo intra tubum stamineum gracili; ramis plus minus alte 2-lobis; lobis linearibus, induplicatis, apice intus papillosis; dente ad basin loborum subulato, glanduliformi v. nunc 0. Fructus lineari-oblongus, apice convexus, loculicidus. Semina angulata ∞. — Herbæ perennes; bulbo tunicato; foliis ad basin caulis paucis, angustis v. nunc latioribus, plicato-venosis; caulinis paucis dissitis minoribus; floribus[2] in spatha terminalibus paucis v. 2, 1-pari-cymosis. (*Mexicum*, *America centr. et austr. bor.-occid.*[3])

7. **Alophia** Herb.[4] — Flores fere *Tigridiæ*; perianthii foliolis liberis membranaceis; sepalis obovatis v. late oblongis, breviter unguiculatis, mox patentibus; tubo 0; petalis calyci subæqualibus v. minoribus acutis, sæpe erectis. Stamina fauci affixa; filamentis usque ad apicem 1-adelphis; antheris linearibus, nunc demum tortis. Germen ∞-ovulatum; stylo intra androcæi tubum gracili; ramis divergentibus linearibus v. membranaceo-dilatatis, nunc 2-fidis, antheræ superpositis eique arcte applicitis. Fructus apice truncatus v. prominulus, loculicidus; seminibus angulatis ∞. — Herbæ perennes; bulbo tunicato; foliis paucis anguste linearibus v. latioribus et plicato-nervosis; floribus in spatha terminali solitaria v. in spathis

seuxia). — Klatt, in *Mart. Fl. bras.*, III, I, t. 67 (*Lansbergia*), 68 (*Remaclea*); *Erg. u. Ber.*, 29. — Ker, in *Kœn. et Sims Ann.*, I, 225 (*Marica*). — *Bot. Mag.*, t. 416 (*Iris*).

1. *Gen.*, 57. — Ker, in *Kœn. et Sims Ann.*, I, 246. — Endl., *Gen.*, n. 1229. — Klatt, in *Linnæa*, XXXI, 566. — B. H., *Gen.*, III, 690, n. 7. — Bak., in *Journ. Linn. Soc.*, XVI, 135. — Pax, *Pflanzenfam.*, 147, fig. 99, C, D. — *Beatonia* Herb., in *Bot. Mag.*, sub t. 3779. — Klatt, *loc. cit.*, 565. — *Hydrotænia* Lindl.

2. Purpureis, violaceis v. lutescentibus, in specie 1 magnis speciosis.

3. Spec. 6, 7. Cav., *Diss. Monad.*, t. 189 (*Ferraria*), 192, fig. 2 (*Sisyrinchium*). — Thunb., *Diss.*, n. 20 (*Moræa*). — Salisb., in *Trans. Hort. Soc.*, I, 309. — Red., *Lil.*, t. 6 (*Ferraria*). — Link, Kl. et Ott., *Ic. pl. sel.*, t. 20, 34. — Sweet, *Brit. fl. Gard.*, t. 128. — Andr., *Bot. Rep.*, t. 178 (*Ferraria*). — *Fl. serres*, t. 908-910, 2174. — Herb., in *Bot. Reg.* (1843), *Misc.*, 72. — Hemsl., *Bot. centr.-amer.*, III, 326. — Lodd., *Bot. Cab.*, t. 1424. — Paxt., *Mag.*, XIV, 53. — *Bot. Mag.*, t. 532 (*Ferraria*), 6295. — Walp., *Ann.*, VI, 47.

4. In *Bot. Mag.*, sub t. 3779 (1848). — Bak., in *Journ. Linn. Soc.*, XVI, 125. — B. H., *Gen.*, III, 691, n. 9. — Pax, *Pflanzenfam.*, 147. — *Trifurcia* Herb., *loc. cit.* — *Herbertia* Sweet, *Brit. fl. Gard.*, t. 222. — Klatt, in *Linnæa*, XXXI, 553. — Bak., *loc. cit.*, n. 133 (non S.-F. Gray).

paucis ad axillam folii floralis pedunculatis paucis; bracteola 2-nervi membranacea spathaque inclusa. (*America calid. utraque*[1].)

8. **Rigidella** LINDL.[2] — Flores[3] fere *Tigridiæ;* perianthii foliolis supra germen in cupulam conniventibus; sepalis latioribus, breviter unguiculatis, oblongis, superne patentibus v. reflexis; petalis autem suberectis styloque appressis angustioribus v. in cupula perianthii occultis. Stamina 3, 1-adelpha; filamentis circa stylum in tubum anguste cylindraceum omnino connatis; antheris lineari-elongatis erectis; loculis adnatis, extrorsum rimosis. Germen angustum, ∞-ovulatum; stylo gracillimo; ramis 3 mox 2-partitis; ramulis stigmatosis lineari-subulatis, margine induplicato papillosis; addito et sæpe dente inter ramulos patente nudo. Fructus oblongus loculicidus, apice convexus; seminibus subsphæricis ∞. — Herbæ perennes; bulbo parce tunicato; foliis basilaribus paucis plicato-nervosis petiolatis; inflorescentia pluriflora cæterisque *Tigridiæ.* (*Mexicum*, *Guatemala*[4].)

9. **Cipura** AUBL.[5] — Flores fere *Tigridiæ;* perianthii tubo brevi, mox in sepala plana lata, plus minus distincte unguiculata, dilatato; petalis minoribus et magis quam sepalis erectis. Stamina libera imis lobis affixa. Germen ∞-ovulatum; styli tenuis ramis androcæo longioribus et apice v. fere a basi petaloideo-dilatatis, integris v. ciliato-denticulatis. Fructus[6] loculicidus; seminibus angustis v. subsphæricis. — Herbæ perennes; bulbo tunicato; axi aerio simplici; foliis basilaribus paucis, aut angustis, aut latioribus plicato-venosis; floribus in racemum terminalem dispositis; ramis ad axillam bracteæ floralis flores paucos 1-pari-cymosos v. nunc solitarios pedicellatos gerentibus; spathis angustis; bracteola postica parinervi. (*America centr. et calid. utraque*[7].)

1. H. B. K., *Nov. gen. et spec.*, I, 321 (*Moræa*). — HERB., in *Bot. Mag.*, t. 3862. — STEUD., in *Lechl. Pl. chil.*, n. 298 (*Roterbe*). — GRAH., in *Edinb. N. Phil. Journ.*, XX, 190 (*Cypella*).

2. *Bot. Reg.* (1840), t. 16; *Misc.*, 35. — BAK., in *Journ. Linn. Soc.*, XVI, 134. — B. H., *Gen.*, III, 691, n. 8. — PAX, *Pflanzenfam.*, 147.

3. Rubri v. violacei, longe pedicellati.

4. Spec. 3. HERB., in *Bot. Reg.* (1841), t. 68. — PAXT., *Mag.*, VII, 247; XIV, 121, c. ic. — HEMSL., *Bot. centr.-amer.*, III, 327. — *Fl. serres*, t. 502, 2215.

5. *Pl. Guian.*, I, 38, t. 13. — POIR., *Dict.*, IX, 247. — K., *Syn.*, I, 313. — ENDL., *Gen.*, n. 1222. — KLATT, in *Linnæa*, XXXI, 551. — BAK., in *Journ. Linn. Soc.*, XVI, 125. — B. H., *Gen.*, III, 694, n. 17. — PAX, *Pflanzenfam.*, 149. — *Marica* SCHREB., *Gen.*, 37.

6. E spathis exsertus.

7. Spec. 2, 3. GMEL., *Syst.*, 118 (*Marica*). — W., *Spec.*, I, 246 (*Marica*). — H. B. K., *Nov. gen. et spec.*, I, 320. — KLATT, in *Mart. Fl. bras.*, III, 514, t. 64, fig. 1. — KER, in *Bot. Mag.*, t. 646 (*Marica*). — HEMSL., *Bot. centr.-amer.*, III, 328.

10. **Cardiostigma** BAK.[1] — Flores fere *Tigridiæ;* perianthii mox explanato-patentis foliolis obovatis, basi vix connatis; petalis nunc brevioribus tenuioribus. Stamina imis foliolis affixa libera; antheris oblongis extrorsum rimosis. Germen ∞-ovulatum; styli gracilis ramis androcæo longioribus, a basi v. a medio in laminam petaloideam conduplicatam marginibusque papillosam dilatatis. Fructus ovoideo-oblongus loculicidus, apice truncatus v. obtusus. Semina ∞, sphærica v. oblonga. — Herbæ perennes; bulbo tunicato; foliis paucis elongatis plicato-nervosis; floribus ad summum pedunculum in spathis paucis v. in spatha solitaria terminali cymosis; cymis 1-paris paucifloris; fructibus exsertis; cæteris *Cipuræ. (America trop. et temp. utraque*[2].)

11. **Gelasine** HERB.[3] — Flores fere *Tigridiæ;* perianthii tubo subnullo v. brevissimo subcampanulato v. subinfundibulari; lobis 6, æqualiter ovatis erecto-patentibus. Stamina fauci affixa; filamentis 1-adelphis; tubo brevi; antheris in summo tubo rectis linearibus, extrorsum rimosis. Germen ∞-ovulatum; styli brevis ramis divergentibus subulatis integris complicatis, superne secundum margines papillosis. Fructus oblongus, apice truncatus v. convexus, loculicidus; seminibus ∞, sphæricis v. angulatis. — Herbæ perennes; bulbo tunicato; foliis basilaribus lineari-lanceolatis plicato-nervosis; floribus[4] in spatha terminali cymosis ∞; pedicellis fructiferis e spatha herbacea striata exsertis; bracteolis interioribus tenuioribus v. scariosis. (*America austr. extratrop.*[5])

12. **Homeria** VENT.[6]— Flores fere *Trigidiæ* (v. *Moræœ*); perianthii hypocraterimorphi v. subinfundibularis tubo brevi, mox ampliato; limbi lobis 6, subintegris obtusis erecto-patentibus. Stamina fauci affixa; filamentis monadelphis; antheris lineari-oblongis styli ramis basi applicitis. Germen longissime lineare; ovulis crebris; styli erecti androcæoque inclusi ramis exsertis v. brevioribus divergentibus, aut

1. In *Journ. Linn. Soc.*, XVI, 102. — *Sphenostigma* BAK., *loc. cit.*, 124. — B. H., *Gen.*, III, 694, n. 18. — PAX, *Pflanzenfam.*, 149.

2. Spec. ad 5. HERB., in *Benth. Pl. Hartweg.*, 53 (*Gelasine*). — BAK., in *Trim. Journ.* (1876), 188 (*Calydorea*). — KLATT, in *Linnæa*, XXXI, 557 (*Alophia*), 565 (*Rotherbe*); in *Mart. Fl. bras.*, III, I, 516, t. 65 (*Alophia*). — HEMSL., *Bot. centr.-amer.*, III, 328 (*Sphenostigma*).

3. In *Bot. Mag.*, t. 3779 (part.). — BAK., in *Journ. Linn. Soc.*, XVI, 106. — B. H., *Gen.*, III, 696, n. 21. — PAX, *Pflanzenfam.*, 149.

4. Cæruleis v. flavidis, pulchellis.

5. Spec. 3, 4.

6. *Dec.*, 5. — ENDL., *Gen.*, n. 1224. — BAK., in *Journ. Linn. Soc.*, XVI, 104. — KLATT, in *Linnæa*, XXIV, 625. — B. H., *Gen.*, III, 692, n. 11. — PAX, *Pflanzenfam.*, 149.

linearibus, aut longioribus petaloideo-cuneatis, 2-dentatis v. fimbrillatis. Fructus elongatus loculicidus. — Herbæ perennes; bulbo tunicato; foliis angustis paucis; floribus[1] in spatha ∞, longe pedicellatis, 1-pari-cymosis; cymis axin simplicem v. ejus ramos breves terminantibus; bracteolis interioribus tenuibus hyalinis. (*Africa austr.*[2])

13. **Calydorea** HERB.[3] — Flores fere *Tigridiæ;* perianthii tubo breviter campanulato v. brevissimo; lobis 6, patentibus, basi contractis; petalis nunc minoribus angustioribus. Stamina imo perianthio affixa libera; antheris linearibus, nunc flexuosis. Germen 3-loculare, ∞-ovulatum; styli columnaris ramis divergentibus v. divaricatis, subulatis v. apice stigmatoso emarginatis clavatisve, supra basin nunc dente auctis. Fructus obovoideus truncatus loculicidus; seminibus ∞, sphæricis v. angulatis. — Herbæ perennes; bulbo tunicato lævi; foliis basilaribus paucis angustis; floralibus in axi minoribus 1, 2; spathis paucis v. 1, summo axi insertis, sessilibus v. stipitatis; cymis paucifloris, 1-paris. (*Mexicum, America austr. trop. et extratrop.*[4])

14. **Ferraria** L.[5] — Flores fere *Tigridiæ* (v. *Moræœ*); perianthii tubo breviter campanulato; limbi lobis æqualibus oblongo-lanceolatis, basi angustatis, margine undulatis, patentibus. Stamina 1-adelpha v. conniventia. Germen rostratum, ∞-ovulatum; styli gracilis ramis mox petaloideo-dilatatis, complicatis v. expansis, apice 2-fido ∞-setis; setis papillosis. Fructus acuminatus membranaceus loculicidus; seminibus evolutis paucis (fuscatis) compresso-inæquiquadratis rugulosis. — Herbæ perennes; bulbo tunicato; axi aerio foliato, superne ramoso; foliis ensiformibus; floribus[6] cymosis pedi-

1. Sæpe speciosis.

2. Spec. 5. — THUNB., *Diss.*, n. 13 (*Moræa*). — RED., *Lil.*, t. 171, 250 (*Sisyrinchium*). — JACQ., *H. schœnbr.*, t. 12; *Ic. rar.*, t. 226 (*Moræa*). — ANDR., *Bot. Reg.*, t. 404 (*Moræa*). — SWEET, *Brit. fl. Gard.*, t. 152, 178; ser. II, t. 178. — ECKL., *Top. Verz.*, 14 (*Moræa*). — SALISB., in *Trans. Hort. Soc. lond.*, I, 308. — *Bot. Mag.*, t. 1033, 1103, 1283, 1612 (*Moræa*).

3. In *Bot. Reg.* (1843), *Misc.*, 85. — BAK., in *Journ. Linn. Soc.*, XVI, 101 (part.). — B. H., *Gen.*, III, 695, n. 20. — PAX, *Pflanzenfam.*, 149. — *Botherbe* STEUD., ex KLATT, in *Linnæa*, XXXI, 562. — *Roterbe* KLATT, in *Mart. Fl. bras.*, III, 543, t. 71, fig. 4; *Erg. u. Ber.*, 53.

4. Spec. ad 8. HERB., in *Bot. Mag.*, sub t. 3779 (*Gelasine*). — BAK., in *Trim. Journ.* (1876), 188. — HOOK., in *Bot. Mag.*, t. 3544 (*Sisyrinchium*).

5. *Spec.*, ed. II, 1353; *Gen.*, ed. VI, n. 1018. — J., *Gen.*, 57. — TURP., in *Dict. sc. nat.*, Atl., t. 191. — ENDL., *Gen.*, n. 1230. — K., *Syn.*, I, 317. — BAK., in *Journ. Linn. Soc.*, XVI, 105. — KLATT, in *Linnæa*, XXXIV, 624. — B. H., *Gen.*, III, 692, n. 10. — PAX, *Pflanzenfam.*, 148.

Majusculis, nunc speciosis.

cellatis; cymis in spatha pluribus in ramulis congestis; bracteola postica hyalina. (*Africa austr.*[1])

15. **Nemastylis** NUTT.[2] — Flores fere *Moreæ;* perianthii tubo brevissimo expanso; lobis obovatis æqualibus, v. petalis minoribus. Stamina imo perianthio affixa; antheris plus minus alte 1-adelphis; antheris oblongis, nunc apice tortis; connectivo lineari v. latiore. Germen ∞-ovulatum; styli erecti ramis linearibus patentibus, apice stigmatoso 2-fidis. Fructus membranaceus, apice prominulus v. truncatus, loculicidus; seminibus sphæricis v. angulatis. — Herbæ perennes; bulbo tunicato; foliis ensiformibus v. subteretibus angustis; floralibus minoribus 1, 2; spatha terminali; floribus[3] solitariis v. 1-pari-cymosis pedicellatis. (*America bor. et trop.*[4])

16. **Hexaglottis** VENT.[5] — Flores fere *Nemastylidis:* perianthii tubo 0. Stamina ima basi vix sepalis adnata; antheris elongatis, rectis v. demum tortis. Germen cylindraceo-elongatum; styli brevis ramis antheras subæquantibus sub-2-partitis; ramulis demum inter stamina patentibus, anguste complicatis. Fructus linearis, sub-3-queter, apice obtusus, demum loculicidus. — Herbæ perennes; bulbo tunicato; ramis aeriis elongato-ramulosis virgatis; foliis longe linearibus rigidulis; floribus[6] in spatha 1-pari-cymosis pluribus; spathis angustis secus ramos inflorescentiæ sessilibus. (*Africa austr.*[7])

17. **Tekel** ADANS.[8] — Flores fere *Tigridiæ;* perianthii regularis

1. Spec. ad 6. JACQ., *H. schœnbr.*, t. 450 (*Moræa*); *H. vindob.*, t. 63. — CAV., *Diss. Monad.*, t. 190, fig. 1. — RED., *Lil.*, t. 28. — ANDR., *Bot. Rep.*, t. 285. — SWEET, *Brit. fl. Gard.*, t. 148, 161, 192. — LODD., *Bot. Cab.*, t. 1356. — PERS., *Syn.*, I, 50. — MILL., *Ic.*, 187, t. 280. — *Bot. Mag.*, t. 144, 751.

2. In *Trans. Amer. Phil. Soc.*, V, 157. — BAK., in *Journ. Linn. Soc.*, XVI, 102. — B. H., *Gen.*, III, 696, n. 22. — PAX, *Pflanzenfam.*, 148, fig. 101. — *Nemostylis* HERB., in *Bot. Mag.*, sub t. 3779. — *Eustylis* ENGELM. et A. GRAY, in *Pl. Lindheim.*, 27, 28. — *Chlamydostylis* BAK., in *Trim. Journ.* (1876), 185; in *Journ. Linn. Soc.*, XVI, 107.

3. Cæruleis v. violaceis.

4. Spec. 8-10. BART., *Fl. N.-Amer.*, I, 76 (*Ixia*). — KLATT, in *Mart. Fl. bras.*, III, I, 515, t. 65; in *Linnæa*, XXXI, 567; XXXIV, 733 (*Beatonia*). — BENTH., *Pl. Hartw.*, 95. — *Fl. serres*, n. 2171. — HEMSL., *Bot. centr.-amer.*, III, 328. — *Bot. Mag.*, t. 6666.

5. *Dec.*, 6. — BAK., in *Journ. Linn. Soc.*, XVI, 99. — B. H., *Gen.*, III, 602, n. 12. — PAX, *Pflanzenfam.*, 148. — ? *Plantia* HERB., in *Bot. Reg.* (1844), *Misc.*, 89.

6. Parvis, nunc flavis.

7. Spec. 2, 3. JACQ., *H. vindob.*, III, t. 90 (*Ixia*); *Ic. rar.*, t. 228 (*Moræa*). — L. F., *Suppl.*, 100 (*Moræa*). — KER, in *Bot. Mag.*, t. 695 (*Moræa*). — SWEET, *Brit. fl. Gard.*, ed. II, 498. — W., *Spec.*, I, 202 (*Ixia*). — SPRENG., *Syst.*, I, 167 (*Sisyrinchium*). — SAUND., *Ref. bot.*, t. 24 (*Homeria*). *Keitia* REG., in *Act. H. petrop.*, V, 639, genus ad plantam cultam natalensem conditum, hic ab auctt. locatur (PAX, *Pflanzenfam.*, 448) et distinguitur « spathis pedunculatis ovatis; filamentis ima basi connatis; styli ramis applanatis » (B. H., *Gen.*, III, 697, n. 27).

8. *Fam. des pl.*, II, 497. — *Libertia* SPRENG., *Syst.*, I, 127, 168. — ENDL., *Gen.*, n. 1221.

rotati foliolis erecto-patulis; tubo brevissimo. Sepala sæpius brevia minus petaloidea. Petala majora magisque colorata, torta. Stamina æqualia; filamentis liberis v. plus minus alte connatis; antheris versatilibus; loculis basi liberis. Germen breve, ∞-ovulatum; styli gracilis ramis divergentibus induplicato-subulatis integris, rectis v. falcatis, ad apicem stigmatosis. Fructus coriaceus brevis loculicidus; seminibus sphæricis v. minute 3-quetris; albumine corneo. — Herbæ perennes; rhizomate repente; foliis basilaribus distichis equitantibus; caulinis minoribus; floribus[1] in axi communi simplici v. ramoso, cymosis; bracteis 1-plurifloris; bracteola postica duplici. (*Australia, America austr. extratrop., N. Zelandia*[2].)

18. **Gemmingia** HEIST.[3] — Flores fere *Moreæ;* tubo supra germen brevissimo; lobis subæqualibus, 2-seriatim tortis, oblongis, patentibus. Stamina imo perianthio affixa libera; antheris basifixis sagittatis. Germen obovoideum, ∞-ovulatum; styli tenuis lobis elongatis obtriangularibus conniventibus, apice stigmatoso truncato-emarginatis; marginibus complicatis? Fructus obovoideus loculicidus; valvis demum reflexis placentasque relinquentibus. Semina subsphærica[4]; albumine corneo; embryone brevi. — Herba perennis; rhizomate repente; ramis aeriis erectis validis; foliis basilaribus ensiformibus equitantibus; floribus[5] in racemum 2, 3-chotomum dispositis; foliis sub ramis primariis spathaceis (viridibus); cymis ad ramos in axilla spatharum membranacearum insertis, 1-paris; bracteola postica 2-fida. (*India, China, Japonia*[6].)

19. **Bobartia** KER[7]. — Flores fere *Gemmingiæ;* perianthii foliolis 6,

— BAK., in *Journ. Linn. Soc.*, XVI, 152. — KLATT, in *Linnæa*, XXXI, 380. — B. H., *Gen.*, III, 696, n. 24. — PAX, *Pflanzenfam.*, 149, fig. 102. — *Renealmia* R. BR., *Prodr.*, 591 (non L. F.). — KER, *Irid. Gen.*, 26. — *Nematostigma* DIETR., *Syn.*, I, 150. — *Tekelia* O. K., *Revis.*, 702.

1. Albis v. cærulescentibus, mediocribus.

2. Spec. ad 8. SPRENG., *Syst.*, I, 168. — C. GAY, *Fl. chil.*, VI, 31. — SWEET, *Brit. fl. Gard.*, ed. I, 498. — HOOK. F., *Handb. N. Zeal. Fl.*, 274; *Fl. tasm.*, t. 129. — BENTH., *Fl. austral.*, VI, 412. — KLATT, in *Mart. Fl. bras.*, III, I, t. 68. — GRAH., in *Edinb. N. Phil. Journ.*, XV, 383. — K., in *Linnæa*, XIX, 382. — PHIL., in *Linnæa*, XXIX, 63. — *Bot. Reg.*, t. 1630. — *Bot. Mag.*, t. 3294, 6263 (omn. sub *Libertia*).

3. In *Fabr. Enum. pl. H. helmst.* (1759). — O. K., *Revis.*, 701. — *Belemcanda* ADANS., *Fam. des pl.*, II, 60. — BAK., in *Journ. Linn. Soc.*, XVI, 113. — B. H., *Gen.*, III, 697, n. 25. — PAX, *Pflanzenfam.*, 150. — *Pardanthus* KER, in *Kœn. et Sims Ann.*, I, 246. — ENDL., *Gen.*, n. 1231.

4. Nigra nitida et in axi diu persistentia, *Rubi* fructum nonnihil simulantia.

5. Speciosis, punctatis, fugitivis.

6. Spec. 1. *G. chinensis* O. K. — *Belemcanda chinensis* LEMAN, in *Red. Lil.*, t. 121. — HOOK. F., *Fl. brit. Ind.*, VI, 276. — *B. punctata* MŒNCH. — *Ixia chinensis* L., *Spec.*, 52. — TREW, *Ehret. Ic.*, t. 52. — CURT., in *Bot. Mag.*, t. 171. — *Pardanthus chinensis* KER. — *Fl. serres*, t. 1632. — *P. nepalensis* SWEET (*Blacberry Lily*).

7. *Gen. Irid.*, 29 (non L.). — BAK., in *Journ.*

liberis æqualibus ovato-oblongis patulis. Stamina libera, imo perianthio affixa; antheris erectis linearibus. Germen obovoideum v. obpyramidatum, ∞-ovulatum; styli brevis ramis longe linearibus induplicatis, apice integro nunc parum latioribus; marginibus papillosis. Fructus exsertus obovoideus v. sphæricus, vertice truncatus, loculicidus; seminibus angulatis ∞. — Herbæ perennes; rhizomate fibroso; ramis aeriis raro basi in bulbum incrassatis; foliis basilaribus paucis linearibus compressis v. subteretibus; floribus in spicas spurie umbellatas summoque pedunculo communi insertas dispositis; cymis spathiferis, 1-paris; spathis paucifloris[1]; bracteis circa inflorescentiam vacuis involucrantibus ∞; folio florali ad inflorescentiæ basin erecto pedunculumque spurie continuante. (*Africa austr.*[2])

20. **Diplarrhena** LABILL.[3] — Flores (fere *Moreæ*) irregulares; perianthii foliolis subliberis, apice patentibus; sepalo medio majore, apice subgaleato v. fornicato; petalis paulo angustioribus. Stamina 3; filamentis brevibus liberis; lateralibus inæqualibus; antheris lineari-oblongis; postico autem sæpius ananthero. Germen ∞-ovulatum; styli gracilis ramis dissimilibus; lateralibus apice stigmatoso dilatatis membranaceis obovatis v. flagellatis; intermedio autem brevissimo v. 0. Fructus oblongo-3-queter loculicidus; seminibus inæqui-compressis. — Herbæ perennes; rhizomate brevi; ramis aeriis simplicibus v. ramosis; foliis basilaribus angustis equitantibus; spathis in summo pedunculo 1, 2; floribus[4] in singulis 1-pari-cymosis pedicellatis[5]. (*Australia austr.*, *Tasmania*[6].)

21. **Sisyrinchium** L.[7] — Flores (fere *Tekelis*) regulares; perianthii

Linn. Soc., XVI, 114. — KLATT, in *Linnæa*, XXXIV, 554. — B. H., *Gen.*, III, 698, n. 28. — PAX, *Pflanzenfam.*, 150.

1. Pedicello compresso, nunc anguste marginato-alato.

2. Spec. 4, 5. L. F., *Suppl.*, 99. — THUNB., *Diss. Moræa*, t. 1, fig. 1, 2; 2, fig. 1. — LODD., *Bot. Cab.*, t. 1900 (*Xyris*). — SPRENG., *Syst.*, I, 166 (*Sisyrinchium*). — PERS., *Syn.*, I, 50 (*Sisyrinchium*). — SALISB., in *Trans. Hort. Soc.*, I, 313. — *Bot. Reg.*, t. 229 (*Marica*).

3. *Voy.*, I, 157, t. 15. — KER, *Irid. Gen.*, 44. — ENDL., *Gen.*, n. 1225. — KLATT, in *Linnæa*, XXXIV, 586. — B. H., *Gen.*, III, 696, n. 53. — BAK., in *Journ. Linn. Soc.*, XVI, 158. — PAX, *Pflanzenfam.*, 149.

4. Sæpius albis, mediocribus.

5. Genus ob flores irregulares *Irideas* cum *Gladioleis* nonnihil connectens.

6. Spec. 2. VAHL, *Enum.*, II, 154 (*Moræa*). — R. BR., *Prodr.*, 304. — HOOK. F., *Fl. tasm.*, II, 34. — BENTH., *Fl. austral.*, VI, 399.

7. *Gen.*, ed. I, n. 689; ed. VI, n. 1017. — J., *Gen.*, 57. — TURP., in *Dict. sc. nat.*, Atl., t. 192. — ENDL., *Gen.*, n. 1220. — BAK., in *Journ. Linn. Soc.*, XVI, 115. — KLATT, in *Linnæa*, XXXI, 63, 371; *Erg. u. Ber.*, 42. — PAX, *Pflanzenfam.*, 150, fig. 95, 103. — *Bermudiana* T., *Inst.*, 387, t. 208. — ADANS., *Fam. des pl.*, II, 60. — *Syorhynchium* HOFFMG, *Nachtr.*, II, 216. — *Souza* VELL., *Fl. flum.*, Atl., VII, t. 1-3. — *Hydastylus* SALISB., in

campanulati v. cupularis foliolis petaloideis, ima basi inter se et cum imo androcæo connatis, tortis v. imbricatis. Stamina 3; filamentis in tubum cylindraceum v. breviter urceolatum connatis, rarissime autem (*Nuno*[1]) subliberis; antheris variis erectis ad basin dorsifixis v. versatilibus; loculis extrorsum rimosis. Germen oblongum v. sphæricum; ovulis in angulo interno ∞, 2-∞-seriatis; styli brevis v. elongati ramis induplicatis, intus fissis, apice stigmatoso truncatis v. minute capitatis. Fructus loculicidus, apice sæpius truncatus; seminibus ∞. — Herbæ perennes, mediocres v. humiles; rhizomate brevi; radicibus nunc carnoso-incrassatis; ramis aeriis nunc basi incrassata bulbosis; foliis ensiformibus v. teretibus basilaribus v. ad imos ramos confertis; floribus[2] in spatha terminali unica 1-pari-cymosis, v. cymis pluribus in axi communi spathigeris; pedicellis sæpius longiusculis; fructibus exsertis. (*America trop. et temp.*[3])

22. **Tapeinia** COMMERS.[4] — Flores fere *Sisyrinchii;* perianthii infundibularis foliolis ima basi vix connatis, oblongo-lanceolatis; petalis angustioribus. Stamina 3, imo perianthio affixa; filamentis basi 1-adelphis; antheris inter lobos basifixis subsagittatis. Germen 3-loculare; ovulis (ad 10) 2-seriatis, demum adscendentibus; stylo gracili; ramis subsubulatis induplicatis, apice stigmatoso semicapitatis. Fructus loculicidus; valvis obtusis, demum patentissimis; seminibus ellipticis v. obovoideis. — Herba perennis pusilla cæspitosa; ramis crebris radicantibus; foliis distichis equitantibus lineari-confertis acutatis; floribus[5] solitariis terminalibus; bracteis sub flore dissitis inæqualibus lanceolatis 2. (*Magellania*[6].)

Trans. Roy. Hort. Soc. lond., I, 310. — *Echthrosema* HERB. — *Eriphilema* HERB. — *Glumosia* HERB., in *Bot. Reg.* (1843), *Misc.*, 85. — *Androsolen* LEME (ex BAK.).

1. BENTH., *Gen.*, III, 699.

2. Albis, lutescentibus v. cæruleis, sæpius parvis.

3. Spec. ad 50. CAV., *Diss. Monad.*, t. 190, 192; *Ic.*, t. 104. — W., *H. berol.*, t. 91. — RED., *Lil.*, t. 47, 66, 275. — JACQ., *H. schœnbr.*, t. 11 (*Moræa*). — LODD., *Bot. Cab.*, t. 1870. — LINK, KL. et OTT., *Ic. pl. rar.*, t. 10. — HOOK., *Ic.*, t. 218, 219, 513. — SWEET, *Brit. fl. Gard.*, ser. II, t. 388. — COLL., in *Mem. Ac. torin.*, XXXIX, t. 54. — HOOK. F., *Fl. antarct.*, t. 126. — KER, *Irid. Gen.*, 16 (*Marica*, part.). — E. MEY., in *Rel. Hænk.*, I, 118. — H. B. K., *Nov. gen. et spec.*, I, 323. — HEMSL., *Bot. centr.-amer.*, III, 329. — TH. MOR., in *Bull. Torr. Bot. Club*, XX, 467. — KLATT, in *Mart. Fl. bras.*, III, I, 534. — *Fl. serres*, t. 146. — HILLEBR., *Fl. haw.*, 436. — *Bot. Reg.*, t. 1067, 1364, 1914. — *Bot. Mag.*, t. 701 (*Marica*), 2116, 2117, 2313, 3509. — WALP., *Ann.*, VI, 46. Species 1, in Hibernia indigena sic dicta, sæpe apud nos culta, inquilina potius videtur (*S. bermudianum* L., *Spec.*, 1353).

4. J., *Gen.*, 59. — ENDL., *Gen.*, n. 1233. — BAK., in *Journ. Linn. Soc.*, XVI, 114. — B. H., *Gen.*, III, 599, n. 30. — PAX, *Pflanzenfam.*, 151.

5. Albis, minutis.

6. Spec. 1. *T. pumila*. — *T. magellanica* KER, *Irid. Gen.*, 9. — *Ixia pumila* FORST., in *Comm. gœtt.*, IX, 20, t. 8. — *I. magellanica* LAMK, *Ill.*, I, 109, t. 31, 4. — *Witsenia pumila* VAHL, *Enum.*, II, 48. — *W. magellanica* PERS. — *Echthronema pusillum* HERB. — *Galaxia*

23. **Symphyostemon** MIERS[1]. — Flores fere *Sisyrinchii;* perianthii longe infundibularis tubo cum limbi lobis subæqualibus acuminatis erecto-patentibus continuo. Stamina fauci affixa, alte 1-adelpha; filamentis apice liberis; antheris elliptico-oblongis versatilibus. Germen apice ∞-ovulatum; stylo tenui tubo stamineo incluso; ramis clavato-subcapitatis. Fructus subsphæricus loculicidus; seminibus angulatis 8. — Herbæ perennes; rhizomate brevi; radicibus fasciculatis; floribus[2] in summo scapo nunc brevissimo cymosis; cymis 2-paucifloris; pedicellis gracilibus. (*America austr. andin. et extratrop.*[3])

24. **Genosiris** LABILL.[4] — Flores fere *Sisyrinchii;* perianthii tubo tenui, plus minus, nunc valde elongato. Sepala 3 (petaloidea) lata patentia torta. Petala multo minora, minuta v. 0. Stamina 3, limbi basi affixa; filamentis subliberis v. plus minus alte 1-adelphis; antheris erectis; connectivo lineari v. nunc dilatato. Germen 3-merum; loculis completis v. incompletis. Stylus antheris demum longior, nunc sub ramis articulatus v. constrictus; ramis lineari-oblongis v. obovatis, demum patentibus. Fructus[5] loculicidus. Semina ∞, linearia v. angulata. —Herbæ perennes; rhizomate brevi, nunc crasso; foliis basilaribus distichis, nunc rigidis; floribus[6] in summo scapo 1-∞, 1-pari-cymosis; spathis 2, lanceolatis coriaceis rigidis involucrantibus; bracteis scariosis v. membranaceis ∞. (*Australia calid.*[7])

25. **Solenomelus** MIERS[8]. — Flores fere *Sisyrinchii;* perianthii tubo tenui; fauce ampliata; limbi lobis patentibus subæqualibus. Stamina fauci affixa, 1-adelpha; tubo nunc villosulo; antheris

obscura CAV., *Diss.*, t. 189, fig. 4. — *Sisyrinchium frigidum* PŒPP. — *S. pumilum* HOOK. F., *Fl. antarctic.*, t. 129. — *Moræa magellanica* W., *Spec.*, I, 241.

1. In *Trans. Linn. Soc.*, XIX, 97. — B. H., *Gen.*, III, 700, n. 32. — PAX, *Pflanzenfam.*, 151. — *Psithyrisma* HERB., in *Bot. Reg.* (1843), *Misc.*, 85. — *Susarium* PHIL., in *Linnæa*, XXVIII, 248 (part.).

2. Albidis, flavis v. purpureo-striatis, mediocribus.

3. Spec. 2, 3. THUNB., *Diss. Glad.*, n. 5 (*Gladiolus*). — CAV., *Diss.*, VI, t. 191, fig. 3 (*Sisyrinchium*). — W., *Spec.*, III, 583 (*Galaxia*). — *Bot. Reg.*, t. 1283 (*Sisyrinchium*). — BAK., in *Journ. Linn. Soc.*, XVI, 121, n. 6, 7.

4. *Pl. N.-Holl.*, I, 13, t. 9 (1804). — DESVX, in *Ann. sc. nat.*, sér. 1, XIII, 39 (*Xyrideæ*). — *Patersonia* R. BR., *Prodr.*, 303. — ENDL., *Gen.*, n. 1234; *Iconogr.*, t. 50. — BAK., in *Journ. Linn. Soc.*, XVI, 150. — KLATT, in *Linnæa*, XXIV, 630. — PAX, *Pflanzenfam.*, 151, fig. 104.

5. Spathis inclusus.

6. Cæruleis, speciosis, fugitivis.

7. Spec. ad 15-20. LODD., *Bot. Cab.*, t. 768, 1182. — SWEET, *Fl. austral.*, t. 15, 39. — BENTH., *Fl. austral.*, VI, 400. — F. MUELL., *Fragm. phyt. Austral.*, I, 214; VII, 32. — ENDL., in *Lehm. Pl. Preiss.*, II, 29. — LINDL., *Swan-Riv. App.*, 58. — *Bot. Reg.*, t. 51 (1839), t. 60. — *Bot. Mag.*, t. 1041, 2677 (pleraq. sub *Patersonia*).

8. In *Trans. Linn. Soc.*, XIX, 95, t. 8. — B. H., *Gen.*, III, 700, n. 34. — BAK., in *Journ. Linn. Soc.*, XVI, 120. — PAX, *Pflanzenfam.*, 152. — *Symphyostemon* MIERS, *loc. cit.*, 97. — *Crucksanksia* MIERS, *Trav.*, II, 259 (non

oblongo-ellipticis conniventibus. Germen ∞-ovulatum; stylo tenui, apice exserto parum dilatato denseque papilloso-ciliato. Fructus oblongus loculicidus; seminibus ∞. — Herbæ perennes; rhizomate brevi; ramis subfasciculatis, nunc basi incrassatis. Folia basilaria, v. minora cauli inserta, linearia, angusta v. ensata; floribus[1] in spathis paucis v. terminali solitaria pluribus, 1-pari-cymosis. (*Chili*[2].)

26. **Chamælum** PHIL.[3] — Flores fere *Solenomeli;* perianthii tubo infundibulari; lobis subæqualibus erecto-patentibus. Stamina 1-adelpha fauci affixa; antheris filamento longioribus erectis. Stylus gracilis; ramis brevibus recurvis acutatis, ad apicem stigmatosis. Fructus loculicidus. — Herbæ perennes; rhizomate repente; foliis basilaribus paucis, linearibus v. subteretibus; floribus[4] in spatha herbacea terminali solitaria v. in pluribus aggregatis cymosis 2-paucis; pedicellis brevissimis; fructibus spatha inclusis. (*Chili*[5].)

27. **Aristea** SOLAND.[6] — Flores fere *Sisyrinchii;* receptaculo concavitate germen totum fovente ultraque in cupulam producto. Perianthii superi lobi 2-seriati subæquales obtusi, torti v. imbricati, demum rotato-patentes. Stamina imo perianthio affixa; filamentis liberis; antheris erectis oblongis, inter lobos basifixis. Stylus gracilis, nunc elongatus; apice vix v. parum dilatato, 3-dentato v. 3-lobo. Ovula 2, demum subsuperposita; micropyle quoad situm varia; v. 3-∞[7]. Fructus ovoideus v. oblongus, 3-queter, loculicidus; seminibus sæpius compressis. — Herbæ perennes; rhizomate brevi v. cylindraceo; axi aerio nunc basi frutescente, simplici v. ramoso; foliis basilaribus v. in axi equitantibus, gramineis v. ensiformibus; floribus[8] in cymas 1-paras dispositis; cymis in racemum v. capitulum spurium dispositis. (*Africa trop. et austr., Malacassia*[9].)

HOOK.). — *Lechlera* GRISEB., in *Lechl. exs.*, n. 2966. — ? *Susarium* PHIL., in *Linnæa*, XXXIII, 248 (part.).

1. Flavis, parvis.

2. Spec. ad 2 (*S. chilense* et *Lechleri* BAK.). THUNB., *Diss. Glad.*, n. 5 (*Gladiolus*). — CAV., *Diss.*, VI, t. 191, fig. 3 (*Sisyrinchium*). — W., *Spec.*, III, 583 (*Galaxia*). — KLATT, in *Linnæa*, XXXIV, 736 (*Sisyrinchium*). — LEME, in *Fl. serres*, t. 255 (*Sisyrinchium*). — PHIL., in *Linnæa*, XXIX, 62 (*Sisyrinchium*). — *Bot. Mag.*; t. 2965 (*Sisyrinchium*).

3. In *Linnæa*, XXXIII, 250. — B. H., *Gen.*, III, 700, n. 32. — PAX, *Pflanzenfam.*, 152.

4. Flavis, parvis.

5. Spec. 2. BAK., in *Journ. Linn. Soc.*, XVI, 121 (*Solenomelus*).

6. In *Ait. H. kew.*, ed. 1, I, 67. — ENDL., *Gen.*, n. 1232. — KLATT, in *Linnæa*, XXXIV, 548; *Erg. u. Ber.*, 47. — BAK., in *Journ. Linn. Soc.*, XVI, 110. — B. H., *Gen.*, III, 701, n. 36. — PAX, *Pflanzenfam.*, 152. — ? *Wredowia* ECKL., *Verz. Pfl. Samml.*, 16.

7. H. BN, in *Bull. Soc. Linn. Par.*, n. 146.

8. Sæpe cærulescentibus, pulchellis.

9. Spec. ad 15. RED., *Lil.*, t. 462. — ANDR.,

28. **Geosiris** H. BN[1]. — Flores (fere *Aristeæ*) regulares; perianthii superi tubo breviter lateque infundibulari; lobis calycinis (coloratis) tortis; petalis conformibus, ovato-oblongis demumque longioribus lanceolatis persistentibus. Stamina 3, ad faucem affixa; filamentis liberis subulatis; antheris oblongis inter lobos basifixis; loculis apice liberis basique acuminata longius solutis, extrorsum rimosis. Germen compresso-3-quetrum; loculis 3, ∞-ovulatis; placentis axilibus 2-lobis. Stylus columnaris sub-3-queter, apice stigmatoso tubuloso breviter obtuseque 3-lobus. Fructus... ? — Herba (parasitica v. saphrophyta) haud viridis; ramis aeriis erectis brevibus, simplicibus v. superne parce ramulosis; foliis ad bracteas parvas reductis; floribus[2] in ramis corymbi spurii alternatim cymosis; cymis brevibus contractis, 1-paris; bracteis anticis posticisque demum late membranaceis imbricatis fusco-lineatis. (*Madagascaria*[3].)

29. **Nivenia** VENT.[4] — Flores fere *Aristeæ*; perianthii hypocraterimorphi tubo cylindraceo; limbo patulo. Stamina fauci affixa; antheris oblongis subbasifixis. Germen apice pulvinato minute 6-lobatum; ovulis adscendentibus, 2-seriatis; stylo tenui, apice anguste capitellato in dentes acutos 3 soluto. Fructus subturbinatus, ab apice loculicidus; seminibus paucis oblongis turgidis. — Herbæ perennes, basi frutescentes; foliis confertis distichis equitantibus amplexicaulibus lineari-acutatis; floribus[5] cymosis spurie corymbosis; ramulis inflorescentiæ cymigeris; bracteis exterioribus crassioribus (fuscatis); interioribus membranaceis. (*Africa austr.*[6])

30. **Witsenia** THUNB.[7] — Flores (*Niveniæ*) regulares; tubo longe obconico-cylindraceo; lobis brevibus conniventibus. Sepala crassiuscula concava, extus tomentella. Petala paulo breviora subscariosa,

Bot. Rep., t. 10, 160. — L., *Spec.*, 51 (*Ixia*), 53 (*Gladiolus*). — THUNB., *Fl. cap.*, I, 266 (*Moræa*). — LAMK, *Ill.*, t. 114 (*Moræa*). — KER, in *Kœn. et Sims Ann.*, I, 236; *Irid. Gen.*, 13. — BAK., in *Trim. Journ.* (1876), 267; in *Journ. Linn. Soc.*, XX, 268. — *Bot. Mag.*, t. 458, 520, 605, 1231.

1. In *Bull. Soc. Linn. Par.*, 1149.

2. Cæruleis, parvis.

3. Spec. 1. *G. aphylla* H. BN.

4. *Dec.*, n. 1 (1808). — BAK., in *Journ. Linn. Soc.*, XVI, 109. — PAX, *Pflanzenfam.*, 153. — *Genlisea* REICHB., *Consp.*, 60 (non A. S.-H.).

5. Cæruleis, parvis, fugitivis.

6. Spec. 2. SM., *Exot. Bot.*, t. 18. — RED., *Lil.*, t. 453. — LODD., *Bot. Cab.*, t. 254. — REICHB., *Ic. exot.*, t. 24. — PAXT., *Mag.*, III, 269. — SALISB., in *Trans. Hort. Soc. lond.*, I, 311 (omn. sub *Witsenia*). — THUNB., *Diss. Ixia*, I, t. 1, fig. 3 (*Ixia*). — LAMK, *Ill.*, t. 31, fig. 4 (*Ixia*). — KLATT, in *Linnæa*, XXXIV, 546 (*Witsenia*). — PERS., *Syn.*, I, 41 (*Aristea*).

7. *Gen. nov.*, 34, t. 17. — LAMK, *Ill.*, t. 30. — J., *Gen.*, 59. — ROEM. et SCH. F., *Syst.*, I, 341. — ENDL., *Gen.*, n. 1233. — BAK., in *Journ. Linn. Soc.*, XVI, 108. — B. H., *Gen.*, III, 701, n. 37. — PAX, *Pflanzenfam.*, 153. — H. BN, in *Bull. Soc. Linn. Par.*, n. 146.

nisi apice glabra. Stamina fauci affixa; filamentis dilatatis; antheris basifixis sagittatis; foveola basilari intrusa. Germen cum disco epigyno crasse 3-lobo connatum; stylo gracili, apice tubuloso, 3-dentato. Ovula in loculis 2, adscendentia; collateraliter ad medium angulum internum affixa; micropyle infera. Fructus coriaceus nitidulus loculicidus. Semina angulata pauca. — Frutex elatus ramosus; caule compresso acutangulo; foliis equitantibus ensiformibus; bracteis ad axillam foliorum supremorum ∞, complicatis, distiche imbricatis; superioribus gradatim majoribus. Flores[1] intra spatham sæpius solitarii; bracteola postica 2-plici. (*Africa austr.*[2])

31. **Klattia** BAK.[3] — Flores fere *Niveniæ;* perianthii tubo breviter cylindraceo et ad os constricto; loborum æqualium unguibus lineari-subulatis, apice in ligulam erectam dilatatis. Stamina 3, cum lobis similibus inserta; antheris erectis longe lineari-sagittatis. Germen obovoideum, apice incrassato solidum; loculis inferioribus 3; stylo gracili, apice stigmatoso minute 3-dentato. Ovula in loculo quoque pauca v. 1. Fructus brevis, apice induratus, loculicidus; semine in loculo 1, oblongo, compresso v. angulato. — Frutex ramosus[4]; ramis lignosis acute ancipitibus; foliis distichis equitantibus confertis linearibus rigidis, in bracteas 2-fariam imbricatas abeuntibus. Flores intra bracteas summas 2-4, singuli spatha occulti bracteolaque stipati. (*Africa austr.*[5])

32. **Cleanthe** SALISB.[6] — Flores fere *Aristeæ;* perianthii tubo recto brevi; limbi lobis ovato- v. obovato-oblongis; petalis majoribus. Stamina libera, fauci affixa; antherarum oblongo-linearium basifixarum loculis basi liberis. Germen lineare; stylo elongato, apice infundibulari; lobis brevibus. Ovula ∞. Fructus linearis. — Herba perennis; rhizomate brevi; ramis aeriis solitariis v. pluribus erectis; foliis basilaribus distichis ensiformibus; floribus in summo ramo umbelliformi-cymosis paucis; spatha rigida lanceolato-acuminata;

1. Majusculi longi, erecti, apice flavi, basi autem cæruleo-nigrescentes.
2. Spec. 1. *W. maura* THUNB. — RED., *Lil.*, t. 245, 463. — REICHB., *Ic. exot.*, t. 23. — MAUND, *Bot.*, t. 125. — PAXT., *Mag.*, VIII, 221, c. ic. — *Fl. serres*, t. 72. — *Bot. Reg.*, t. 5. — *W. tomentosa* SALISB. — *Antholyza maura* L., *Mantiss.*, 175. — *Ixia disticha* LAMK, *Dict.*, III, 333, n. 2.
3. In *Journ. Linn. Soc.*, XVI, 109. — KLATT, in *Linnæa*, XXXIV, 546. — B. H., *Gen.*, III, 702, n. 38. — PAX, *Pflanzenfam.*, 153.
4. *Witseniæ* habitu.
5. Spec. 1. *K. partita* BAK. — *Witsenia partita* KER, in *Kœn. et Sims Ann.*, I, 237.
6. In *Trans. Roy. Hort. Soc. Lond.*, I, 312. — B. H., *Gen.*, III, 701, n. 35. — PAX, *Pflanzenfam.*, 152.

bractea opposita subsimili; bracteolis interioribus tenuioribus. (*Africa austr.*[1])

33. **Eleutherine** HERB.[2] — Flores fere *Cipuræ;* staminibus liberis. Germen ∞-ovulatum; styli ramis elongatis subulatis integris complicatis, superne intus ad margines stigmatosis. Fructus subinclusus truncatus. — Herbæ perennes; bulbo tunicato; foliis elongatis acuminatis plicato-venosis; inflorescentia terminali in axilla folii floralis laxe flexuosa; pedicellis paucis; spathis ad pedicellos terminalibus; floribus 1-pari-cymosis. (*America centr. et trop. austr.*[3])

34. **Orthrosanthus** SWEET[4]. — Flores fere *Cipuræ;* perianthii tubo brevi; limbi lobis ovato-oblongis patentibus. Stamina imo perianthio affixa; filamentis liberis v. brevissime 1-adelphis; antheris oblongis erectis. Germen ∞-ovulatum; styli brevis ramis filiformibus induplicatis, apice truncatis v. vix dilatatis. Fructus oblongus v. clavatus, apice truncatus, loculicidus; seminibus subsphæricis, ovoideis v. angulatis. — Herbæ perennes; rhizomate brevi duro; foliis elongatis v. gramineis, lineari-ensiformibus v. tenuissimis, basi equitantibus; floribus[5] in summo pedunculo simplici v. ramoso in spathis dissitis sessilibus v. stipitatis 2-∞; bracteola parinervi membranacea v. scariosa. (*Australia occid., America andin. et extratrop.*[6])

II. CROCEÆ.

35. **Crocus** T. — Flores regulares; receptaculo germen concavitate totum fovente. Perianthii superi longe infundibularis tubus longus

1. Spec. 1. *C. melaleuca* SALISB. — *Aristea melaleuca* KER, in *Kœn. et Sims Ann.*, I, 236; in *Bot. Mag.*, t. 1277. — BAK., in *Journ. Linn. Soc.*, XVI, 112. — *Moræa melaleuca* THUNB., *Diss. Moræa*, I, t. 1, fig. 3. — *M. lugens* L. F. — *Sisyrinchium melaleucum* ECKL., *Verz.*, 16. — *S. inundatum* ECKL.

2. In *Bot. Reg.* (1843), sub t. 57. — BAK., in *Journ. Linn. Soc.*, XVI, 100. — B. H., *Gen.*, III, 695, n. 19. — PAX, *Pflanzenfam.*, 152. — *Galatea* SALISB., in *Trans. Hort. Soc.*, I, 310.

3. Spec. 2. CAV., *Diss. Monad.*, t. 19, fig. 1 (*Sisyrinchium*). — JACQ., *Ic. rar.*, t. 227 (*Moræa*). — RED., *Lil.*, t. 352 (*Sisyrinchium*). — SW., *Prodr.*, 17 (*Sisyrinchium*); *Fl. ind. occ.*, 82 (*Moræa*). — AUBL., *Guian.*, I, 33 (*Ixia*). — GRISEB., *Fl. brit. W.-Ind.*, 589 (*Cipura*). — *Bot. Mag.*, t. 655 (*Marica*).

4. *Fl. austral.*, t. 11. — BAK., in *Journ. Linn. Soc.*, XVI, 112. — B. H., *Gen.*, III, 697, n. 26. — PAX, *Pflanzenfam.*, 152.

5. Parvis.

6. Spec. ad 7. H. B. K., *Nov. gen. et spec.*, I, 322 (*Moræa*). — LODD., *Bot. Cab.*, t. 1474.

tenuisque, sensim in faucem ampliatus; limbi lobis petaloideis subæqualibus, v. petalis minoribus; præfloratione imbricata v. torta. Stamina 3, fauci affixa, limbo breviora; filamentis subulatis liberis; antheris basifixis erectis linearibus filamento brevioribus; connectivo nunc canaliculato; loculis marginalibus, basi sæpe liberis, extrorsum rimosis. Germen inferum; loculis 3, nunc incompletis, ∞-ovulatis; styli gracilis ramis 3, lineari-cuneatis plicatis, lobatis, multifidis v. dentatis, margine superiore stigmatosis. Fructus membranaceus loculicidus. Semina ∞, sæpe sphærica; integumento nunc carnosulo; albumine carnoso v. duro. — Herbæ perennes parvæ; bulbo solido paucitunicato; tunicis fibrosis v. reticulatis. Folia basilaria alterna linearia, dorso incrassato sub-4-gona, intus concava; inferioribus ad vaginas reductis. Flores basilares solitarii v. in cymas 1-paras congesti stipitati, bracteis sæpe cincti; bracteola nunc postica parinervi. (*Europa et Asia centr.*, *Reg. Medit. et caspica.*) — *Vid. p.* 127.

36. **Syringodea** Hook. f.[1] — Flores fere *Croci;* perianthii longe infundibularis v. hypocraterimorphi tubo gracillimo longo; limbi lobis patentibus v. conniventibus. Antheræ lineari-sagittatæ. Germen ∞-ovulatum; styli gracillimi ramis tenuibus cuneato-subulatis integris, apice intus stigmatosis. Fructus...? — Herbæ pusillæ; bulbi solidi tunicis lævibus; foliis basilaribus filiformibus; exterioribus ad vaginas squamiformes hyalinas reductis; floribus[2] in spatha intrafoliari angusta hyalina solitariis; bracteola parinervi angusta hyalina summo pedicello sub germine inserta. (*Africa austr.*[3])

37. **Galaxia** Thunb.[4] — Flores fere *Croci;* perianthii infundibularis tubo tenui, superne ampliato; lobis ovato-oblongis erecto-patentibus. Stamina fauci affixa, 1-adelpha. Germen ∞-ovulatum; stylo gracili ultra androcæum campanulato-petaloideo-dilatato; lobis cuneatis fimbriatis v. margine papillosis. Fructus oblongus v. subfusiformis loculicidus, ∞-spermus. — Herbæ perennes nanæ; bulbo solido, v.

— Hemsl., *Bot. centr.-amer.*, III, 329. — C. Gay, *Fl. chil.*, VI, 22 (*Sisyrinchium*). — Klatt, in *Linnæa*, XXXVI, 377 (*Sisyrinchium*). — Benth., *Fl. austral.*, VI, 410. — *Bot. Reg.*, t. 1090 (*Sisyrinchium*).

1. In *Bot. Mag.*, t. 6072. — Bak., in *Trim. Journ.* (1876), 66; in *Journ. Linn. Soc.*, XVI, 85. — B. H., *Gen.*, III, 693, n. 14. — Pax, *Pflanzenfam.*, 143.

2. Lilacinis, pulchellis.

3. Spec. 3. Klatt, in *Linnæa*, XXXIV, 665 (*Trichonema*). — *Fl. serres*, t. 965.

4. *Nov. gen.*, II, 50, c. ic. — Endl., *Gen.*, n. 1235. — Ker, *Irid. Gen.*, 72. — Klatt, in *Linnæa*, XXXII, 782; *Erg. u. Ber.*, 51. — Bak., in *Journ. Linn. Soc.*, XVI, 102. — B. H., *Gen.*, III, 693, n. 15. — Pax, *Pflanzenfam.*, 143.

subsuperpositis 2, parce tunicatis; foliis in summo caule erecto angustis, basi vaginantibus; extimis ad vaginam reductis; spathis inter folia sessilibus, 1-floris; cæteris *Croci*. (*Africa austr.*[1])

38. **Romulea** MARATT.[2] — Flores fere *Croci*; perianthii infundibularis tubo vario, nunc brevissimo; limbi lobis subæqualibus erecto-patentibus. Stamina fauci affixa sublibera conniventia; antheris lineari-sagittatis inter lobos basifixis. Germen ∞-ovulatum; styli gracilis ramis plus minus elongatis, 2-fidis v. 2-partitis, margine complicato papillosis. Fructus sphæricus v. ovoideo-oblongus loculicidus; seminibus sphæricis v. angulatis ∞. — Herbæ perennes, sæpius parvæ; bulbo lævi tunicato; foliis basilaribus, linearibus v. subulatis, nunc basi vaginantibus; caulinis minoribus; floribus[3] in spathis solitariis; pedicello brevi v. 0; bracteola sub flore postica parinervi. (*Europa occid.*, *Reg. Medit.*, *Africa occid. et austr.*[4])

III. GLADIOLEÆ.

39. **Gladiolus** T. — Flores irregulares; receptaculo sacciformi germen cavitate fovente. Perianthium plus minus incurvum; tubo brevi longove, ad faucem ampliato infundibulari; limbi 2-labiati lobis imbricatis v. tortis, basi angustatis v. unguiculatis. Sepalum anticum cum petalis minoribus 2 antice patens, sæpe maculatum. Posticum majus erectum convexum v. subfornicatum. Stamina 3,

1. Spec. 2. L. F., *Suppl.*, 93 (*Ixia*). — RED., *Lil.*, t. 246. — JACQ., *Ic. rar.*, t. 291; *Coll.*, II, t. 18. — CAV., *Diss. Monad.*, t. 189. — ANDR., *Bot. Rep.*, t. 94, 164. — SALISB., in *Trans. Hort. Soc.*, I, 315. — ECKL., *Top. Verz.*, 17. — *Bot. Mag.*, t. 1208, 1292.

2. *Diss. Romul. et Sat.* (1772), 13, t. 1. — BAK., in *Journ. Linn. Soc.*, XVI, 86. — B. H., *Gen.*, III, 694, n. 16. — PAX, *Pflanzenfam.*, 143. — *Trichonema* KER, in *Bot. Mag.*, sub t. 575; *Irid. Gen.*, 79. — ENDL., *Gen.*, n. 1247. — KLATT, in *Linnæa*, XXXIV, 659; *Erg. u. Ber.*, 64. — *Bulbocodium* T., *Inst.*, *Coroll.*, 50 (non L.). — LUDW., *Def.*, 12. — O. K., *Revis.*, 700. — ? *Spatalanthus* SWEET, *Brit. fl. Gard.*, t. 300 (ex B. H.).

3. Parvis, albidis, luteis, lilacinis v. violaceis, nunc purpureo-striatis.

4. Spec. ad 15. JACQ., *Ic. rar.*, t. 271, 272. — RED., *Lil.*, t. 88, 251. — TEN., in *Att. Ac. Nap.*, III, t. 7; *Fl. nap.*, t. 3, 203. — SIBTH., *Fl. græc.*, t. 36. — WEBB, *Phyt. canar.*, t. 222. — ANDR., *Bot. Rep.*, t. 170. — VIS., *Fl. dalm.*, Suppl., t. 2. — LGE, *Pl. nov. hisp.*, t. 34. — WILLK. et LGE, *Prodr. Fl. hisp.*, I, 144. — MOGGR., *Fl. Ment.*, t. 91-93. — REICHB., *Ic. Fl. germ.*, t. 356. — GREN. et GODR., *Fl. de Fr.*, III, 238. — JORD. et FOUR., *Ic. plant. eur.*, t. 106-110. — BOISS., *Fl. or.*, V, 115. — PAX, in *Engl. Jahrb.* (1892), 150. — *Bot. Reg.* (1847), t. 40. — *Bot. Mag.*, t. 265, 575, 1225, 1244, 1392, 1476 (plur. sub *Trichonemate*).

fauci affixa libera; filamentis arcuatis; antheris linearibus sub petalo postico incurvis; connectivo canaliculato; loculis extrorsum rimosis. Germen 3-loculare; loculis ∞-ovulatis; ovulis 2-seriatim horizontalibus v. obliquis; stylo arcuato cavo; ramis obovatis subpetaloideis complicatis, ad margines papilliferis. Fructus membranaceus obtusus, integer v. sub-3-dymus loculicidus. Semina sphærica v. angulata, nunc alata, extus sæpe spongiosa; albumine duro; embryone intrario parvo. — Herbæ perennes; bulbi solidi tunicis paucis membranaceis v. fibrosis; foliis alternis linearibus v. ensiformibus, basi complicatis; floribus in spicam terminalem dispositis, distichis demumque 1-lateraliter inclinatis omnibus; bracteis herbaceis, 1-floris; bracteola postica parinervi. (*Europa med.*, *Reg. Medit.*, *Africa trop.*, *austr. et insul. trop.-or.*) — *Vid. p.* 131.

40. **Antholyza** L.[1] — Flores[2] *Gladioli;* perianthii tubo elongato tenui inque faucem incurvam longe tubulosam ampliato; limbi oblique 2-labii imbricati lobis plus minus inæqualibus; petalo summo sæpius longiore. Stamina exserta; antherarum loculis inferne liberis; filamento subulato inter lobos affixo. Germen ∞-ovulatum; styli ramis tenuibus, apice obtusis v. leviter incrassatis. Fructus membranaceus loculicidus cæteraque *Gladioli.* — Herbæ perennes; bulbi solidi tunicis fibrosis; foliis ensiformibus; spica laxa densave, 1, 2-sticha; bracteola postica 2-plici. (*Africa trop. et austr.*[3])

41. **Babiana** KER[4]. — Flores fere *Gladioli;* perianthii tubo recto longo v. brevi; fauce infundibulari; limbi lobis æqualibus v. nunc inæqualibus; postico nunc longiore suberecto; præfloratione imbricata v. torta. Stamina 3, libera, fauci inserta; antheris lineari-sagittatis. Germen ovoideum; stylo gracili longo; ramis stigmatosis

1. *Gen.*, ed. I, n. 28; ed. VI, n. 58. — J., *Gen.*, 58. — ENDL., *Gen.*, 168. — BAK., in *Journ. Linn. Soc.*, XVI, 178; in *Trans. Linn. Soc.*, *Bot.*, I, 270. — KLATT, in *Linnæa*, XXXII, 729; XXXII, 726; XXXIV, 544; *Erg. u. Ber.*, 10. — B. H., *Gen.*, III, 710, n. 57. — PAX, *Pflanzenfam.*, 156. — *Cunonia* MILL., *Dict.*, ed. VI. — *Petamenes* SALISB., in *Trans. Hort. Soc. lond.*, I, 324. — *Anisanthus* SWEET, *Brit. fl. Gard.*, ser. II, t. 84. — KLATT, *loc. cit.*, 726. — *Homoglossum* SALISB., *loc. cit.*, 325. — BAK., *loc. cit.*, 161.

2. Sæpe speciosi majusculi.

3. Spec. 12, 13. L., *Spec.*, 54. — THUNB., *Diss.*, n. 3. — RED., *Lil.*, t. 12, 110; 369 (*Gladiolus*), 387. — JACQ., *Ic. rar.*, t. 233 (*Gladiolus*). — ANDR., *Bot. Rep.*, t. 32, 38, 116 (*Gladiolus*), 210. — SPRENG., *N. Entd.*, I, 253. — *Bot. Reg.*, t. 1159; (1838), t. 35 (*Tritonia*). — *Bot. Mag.*, t. 450, 561, 567, 569, 1172 (*Gladiolus*). — WALP., *Ann.*, VI, 44.

4. In *Kœn. et Sims Ann.*, I, 233. — SPRENG., *Anl.*, II, I, 260. — SPACH, *Suit. à Buff.*, XXI, 94. — ENDL., *Gen.*, n. 1238. — BAK., in *Journ. Linn. Soc.*, XVI, 164. — KLATT, in *Linnæa*, XXXII, 765; *Erg. u. Ber.*, 13. — PAX, *Pflanzenfam.*, 155. — *Acaste* SALISB., in *Trans. Roy. Hort. Soc. lond.*, I, 322.

simplicibus induplicatis, apice subulatis, cuneatis, truncatis v. membranaceo-dilatatis. Fructus ovoideus, nunc subinflatus, loculicidus; seminibus sphæricis v. angulatis; integumento nunc carnosulo. — Herbæ perennes, varie bulbosæ; tunicis paucis fibrosis; ramis aeriis erectis plerumque brevibus, sæpius varie pilosis. Folia latiuscula v. angusta, plicato-venosa, raro lævia; floribus dense spicatis; spica subsessili v. rarius longiore ramosa, sæpius pilosa; spathis angustis rigidis, striatis v. membranaceis; flore axillari sessili 1; bracteola postica membranacea, 2-fida v. 2-carinata. (*Africa austr.*, *Socotora*[1].)

42. **Sparaxis** KER[2]. — Flores fere *Babianæ;* perianthii tubo brevi; fauce campanulata; limbi lobis 6, æqualibus v. inæqualibus; postico paulo v. multo (*Synnotia*[3]) majore; omnibus demum erecto-patentibus. Stamina ad faucem affixa; filamentis 1-lateralibus; antheris rectis v. arcuatis. Stylus gracilis, 1-lateralis; ramis induplicatis, margine introrsum papillosis. Fructus membranaceus loculicidus; seminibus sphæricis v. angulatis. — Herbæ perennes; bulbi solidi tunicis fibrosis; foliis linearibus v. ensiformibus; floribus[4] in axi simplici v. parce ramoso spiciformi dissitis; bracteis scariosis, striatis v. fusco-striatis, margine fimbriato-dentatis[5]. (*Africa austr.*[6])

43. **Acidanthera** HOCHST.[7] — Flores fere *Sparaxeos;* perianthii tubo tenui elongato, recto v. arcuato; fauce leviter ampliata; limbi lobis oblongis v. sublinearibus acutis erecto-patentibus. Stamina ad

1. Spec. ad 30. JACQ., *H. schœnbr.*, t. 14, 15 (*Gladiolus*); *Ic. rar.*, t. 237-239 (*Gladiolus*), 253, 264, 266; 284-287 (*Ixia*). — RED., *Lil.*, t. 44; 142 (*Gladiolus*), 364. — ANDR., *Bot. Rep.*, t. 5, 137. — LODD., *Bot. Cab.*, t. 1006. — BAK., in *Trim. Journ.* (1876), 335. — *Bot. Mag.*, t. 410, 576, 583, 621, 626, 637, 638, 680, 847, 1019, 1053, 6585.

2. In *Kœn. et Sims Ann.*, I, 225. — ENDL., *Gen.*, n. 1241. — BAK., in *Journ. Linn. Soc.*, XVI, 98. — KLATT, in *Linnæa*, XXXII, 747; *Erg. u. Ber.*, 55. — B. H., *Gen.*, III, 708, n. 51. — PAX, *Pflanzenfam.*, 155.

3. SWEET, *Brit. fl. Gard.*, t. 150 (*Synotia*). — BAK., *loc. cit.*, 169. — KLATT, in *Linnæa*, XXXII, 749. — B. H., *Gen.*, III, 709, n. 55.

4. Sæpe speciosis, flavis v. rubris.

5. *Dierama* K. KOCH, in *Walp. Ann.*, VI, 42. — BAK., *loc. cit.*, 99. — KLATT, in *Linnæa*, XXXII, 751 (*Dicrama*); *Erg. u. Ber.*, 54. — B. H., *Gen.*, III, 703, n. 42. — PAX, *Pflanzenfam.*, 154, est, sensu nostro, *Sparaxeos* sect., styli ramis apice truncato cuneato-dilatatis; perianthio subregulari; spatharum scariosarum striatarum lineis brunneis tenuibus crebris interruptis. Rhizoma dicitur breve horizontale bulbigerum radiculisque longis carnosis instructum.

6. Spec. 10-12. THUNB., *Diss. Glad.*, n. 16, t. 2, fig. 1 (*Gladiolus*). — JACQ., *H. schœnbr.*, t. 17; *Ic. rar.*, t. 240, 258, 273, 274, 283. — RED., *Lil.*, t. 85, 109, 128, 129, 132, 362. — SWEET, *Brit. fl. Gard.*, t. 160 (*Synnotia*); ser. II, t. 131, 383. — ANDR., *Bot. Rep.*, t. 48, 87. — KLATT, in *Dreck. Reis. Bot.*, 73, t. 3 (*Dierama*). — ECKL., *Verz. top.*, 27. — *Bot. Reg.*, t. 1360. — *Bot. Mag.*, t. 381, 541, 545; 548 (*Ixia*), 779, 1482, 5555. — WALP., *Ann.*, VI, 43 (*Dierama*), 49.

7. In *Flora* (1844), 25. — BAK., in *Journ. Linn. Soc.*, XVI, 159. — B. H., *Gen.*, III, 706, n. 49. — PAX, *Pflanzenfam.*, 155. — *Houttuynia* HOUTT., *Syst.*, XII, t. 85, fig. 3 (non THUNB.). — *Sphærospora* KLATT, in *Linnæa*, XXXII, 275 (non SWEET).

faucem affixa, basi nunc dilatata cohærentibus; antheris erectis v. versatilibus linearibus, nunc acuminatis. Germen ∞-ovulatum; stylo tenui, apice laterali; ramis subulatis v. compressis, integris recurvis, apice introrsum stigmatosis. Fructus oblongus loculicidus. Semina varia. — Herbæ perennes; bulbi tunicis fibrosis; caule simplici v. parce ramoso; foliis linearibus planis paucis; floribus ad spatham axillaribus; bracteola postica sæpe 2-fida. (*Africa austr. et trop.*[1])

44. **Tritonia** KER[2]. — Flores fere *Sparaxeos;* perianthii tubo cylindraceo, recto v. arcuato, brevi v. longo, apice haud v. parce ampliato, nunc infundibulari. Limbus subregularis v. obliquus, nunc magis irregularis; lobis aut omnibus similibus, aut inferioribus 3 basi callosis v. maculatis. Stamina 3; filamentis liberis, sæpius brevibus; antheris linearibus sæpe versatilibus; loculis basi sagittata liberis, extrorsum rimosis. Germen ∞-ovulatum; stylo tenui, superne laterali; ramis nunc involutis, apice retuso v. clavato subintegris. Fructus membranaceus oblongus v. obovoideus loculicidus, apice obtusus v. sub-3-dymus; seminibus sphæricis, angulatis v. subalatis; cæteris *Sparaxeos*. — Herbæ perennes; bulbi solidi tunicis paucis varie fibrosis; foliis linearibus v. ensiformibus, nunc falcatis; ramis aeriis simplicibus v. parce ramosis; floribus[3] in axilla bractearum solitariis racemiformi-cymosis[4]. (*Africa austr.*[5])

45. **Melasphærula** KER[6]. — Flores fere *Tritoniæ;* receptaculo

1. Spec. ad 15. THUNB., *Diss. Glad.*, n. 8, t. 1, fig. 1 (*Gladiolus*). — HOUTT., *loc. cit.*, t. 78, fig. 2 (*Ixia*). — A. RICH., *Fl. abyss.*, II, 310 (*Ixia*). — BAK., in *Trim. Journ.* (1876), 338; in *Berl. Monatsb.*, XIX, 15. — ASCHERS. et KLATT, in *Linnæa*, XXXIV, 697 (*Tritonia*). — SCHINZ, in *Bull. herb. Boiss.*, II, 222. — *Gardn. Chron.* (1893), XIV, 682.

2. In *Kœn. et Sims Ann.*, I, 227. — ENDL., *Gen.*, n. 1242. — BAK., in *Journ. Linn. Soc.*, XVI, 161. — KLATT, in *Linnæa*, XXXII, 755. — PAX, *Pflanzenfam.*, 155. — *Waitzia* REICHB., *Consp.*, 63. — *Tritonixia* KLATT, *Erg. u. Ber.*, 21. — *Agretta* ECKL., *Verz.*, 23 (part.). — ?*Dichone* LAWS., ex SALISB., in *Trans. Hort. Soc. lond.*, I, 320.

3. Sæpe aurantiacis, speciosis.

4. Sectiones in genere sunt :

Montbretia DC., in *Bull. Soc. phil.*, III (1803), 251; in *Red. Lil.*, t. 53. — KLATT, in *Linnæa*, XXXII, 752. — BAK., in *Journ. Linn. Soc.*, XVI, 167; perianthii tubo producto adque apicem infundibulari; spatharum valvis sæpius brevibus apiceque plus minus sphacelatis; foliis planis glabris.

Crocosma PL., in *Fl. serres*, t. 702. — B. H., *Gen.*, III, 707, n. 51. — *Crocanthus* KL., in *Pet. Reis. Moss. Bot.*, t. 57; floribus majusculis; tubo perianthii ad faucem subcylindrico; staminibus styloque longe exsertis; styli ramis apice leviter dilatato denticulatis; fructu sub-3-lobo.

5. Spec. 22, 23. JACQ., *H. schœnbr.*, t. 24; *Fragm.*, t. 32, fig. 2; *Ic. rar.*, t. 262, 267 (*Gladiolus*), 275. — RED., *Lil.*, t. 87, 89, 127, 335, 433 (*Ixia*). — ANDR., *Bot. Rep.*, t. 14, 128, 134 (*Ixia*), 142 (*Gladiolus*). — BAK., in *Trans. Linn. Soc.*, XXIV, t. 101. — PAX, in *Engl. Jahrb.* (1892), 152. — *Bot. Reg.*, t. 747; (1847), t. 61. — *Bot. Mag.*, t. 184, 487, 581, 599, 609, 622, 629, 678, 1275; 4335 (*Crocosma*). — WALP., *Ann.*, VI, 45.

6. In *Bot. Mag.*, t. 615.— ENDL., *Gen.*, n. 1244. — BAK., in *Journ. Linn. Soc.*, XVI, 167. — B. H.,

sphærico-3-lobo, germen intus adnatum fovente; perianthii superi tubo brevissimo; limbi lobis lanceolatis acuminatis tenuiter membranaceis. Stamina imo perianthio affixa; filamentis brevibus gracillimis; antheris ovatis imo connectivo membranaceo latiusculo inter lobos basifixis. Germen breve; styli gracilis erecti ramis tenuibus divergentibus induplicatis, ad apicem obtusum anguste longeque dilatatis. Ovula in loculis adscendentia v. erecta 2-4; micropyle extrorsum infera. Fructus membranaceus, 3-lobus, loculicide 3-valvis. Semina pauca adscendentia oblongo-obovoidea, ad chalazam carnosula. — Herba perennis; bulbi parvi tunicis lævibus; foliis in caule gramineis; floribus[1] in racemum amplum laxe compositum dispositis et in ramis gracilibus inflorescentiæ spicatis, in axilla spatharum cum sepalis conformium solitariis sessilibus; bracteola postica 2-nervi hyalina. (*Africa austr.*[2])

46. **Watsonia** MILL.[3] — Flores fere *Gladioli;* perianthio gamophyllo tubuloso; tubo ad basin tenuem v. latiusculam subinflato-dilatato, plus minus arcuato, superne plerumque ampliato; limbi lobis 6, subæqualibus, tortis, tubo brevioribus v. subæqualibus, ovatis v. oblongo-lanceolatis, demum subæqui-patentibus. Stamina tubo affixa; filamentis longe subulatis, basi compressa dilatatis ibique tubo adnatis; antherarum perianthio breviorum et ad basin affixarum versatilium loculis linearibus distinctis. Glandulæ cum staminibus alternantes 3, compressæ tubo adnatæ. Germen 3-loculare; ovulis ∞; stylo gracili, ad apicem laterali; ramis brevibus sæpe inæqualibus, 2-fidis; lobis gracilibus subulatis, nunc brevissimis, superne intus stigmatosis. Fructus ovoideus v. oblongus loculicidus. Semina ∞, sphærica v. angulata. — Herbæ perennes; bulbi tunicis fibrosis rigidis; caule sæpius elato; foliis ensiformibus rigidis, nunc costatis; floribus[4] in spicas simplices v. ramosas dispositis; bracteis floralibus

Gen., III, 707, n. 52. — PAX, *Pflanzenfam.*, 155. — *Aglæa* PERS., *Enchir.*, I, 46. — ECKL., *Verz. top.*, 44. — *Diasia* DC., in *Bull. Soc. philom.*, III, 151 *bis.*

1. Luteo-viridibus purpureo-striatis, parvis.

2. Spec. 1. *M. graminea* KER. — *M. parviflora* LODD., *Bot. Cab.*, t. 1444. — *Gladiolus gramineus* L. — JACQ., *Ic. rar.*, t. 236. — ANDR., *Bot. Rep.*, t. 62. — *G. plicatus* L. — *Phalangium ramosum* BURM., *Prodr. Fl. cap.*, 3. — O. K., *Revis.*, 702. — *Diasia iridifolia* DC. — *Aglœa graminea* ECKL.

3. *Dict.*, ed. VI (1752); *Ic.*, 276, t. 294. — ENDL., *Gen.*, n. 1240. — B. H., *Gen.*, III, 705, n. 47. — BAK., in *Journ. Linn. Soc.*, XVI, 157. — KLATT, in *Linnæa*, XXXII, 735; *Erg. u. Ber.*, 17. — PAX, *Pflanzenfam.*, 157. — *Lomenia* POURR., in *Mém. Ac. sc. Toul.* (1786); in *Journ. phys.*, XXXV, 425 (*Lemonia*). (Specimen typ. certe ad *Watsoniam* pertinet). — *Meriana* TREW, *Pl. Erhet. sel.*, II, t. 40. — *Neuberia* ECKL., *Verz. Pfl. Samml.*, 37. — *Beilia* ECKL., *loc. cit.*, 43.

4. Parvis v. sæpe majusculis speciosis, albis, cærulescentibus v. roseis.

distichis v. quaquaversis; bracteola postica oblonga, 2-plici, apice nunc 2-dentata[1]. (*Africa austr.*, *Madagascaria*[2].)

47. **Lapeyrousia** POURR.[3] — Flores plus minus irregulares; perianthii infundibularis v. subhypocraterimorphi tubo tenui, nunc valde elongato; limbi obliqui foliolis leviter inæqualibus; posticis 3 (petalo 1 cum sepalis 2) cum anticis haud concoloribus, imbricatis, v. sepalis subvalvatis. Stamina ad faucem affixa; filamentis in tubum plus minus conspicue decurrentibus, superne liberis subulatis; antheris[4] oblongo-linearibus ad basin dorsifixis, extrorsum rimosis. Germen 3-loculare; stylo gracili, nunc demum elongato; ramis gracilibus, apice 2-fidis, introrsum ad margines induplicatos stigmatosis. Ovula in loculo quoque pauca v. ∞, 2-seriata; raphe nunc prominula. Fructus ovoideus v. sphæricus loculicidus; seminibus ∞, subsphæricis v. angulatis. — Herbæ perennes bulbosæ; habitu vario; bulbi solidi tunicis sæpius paucis, fibrosis v. rigide striatis reticulatisve, basi demum circumcissis. Folia sæpe pauca omnia basilaria ensata v. linearia; floribus[5] inter folia subsessilibus v. ad summum pedunculum in ramis pluribus dissitis v. approximatis; spathis 1-floris; bracteola postica 2-nervi, nunc 2-carinata, apice subintegra, 2-dentata v. 2-fida. (*Africa trop. et austr.*[6])

48. **Freesia** KLATT.[7] — Flores[8] fere *Gladioli*; perianthii tubo

1. Sectio generis est (BAK.) certe *Micranthus* PERS., *Syn.*, I, 46. — KLATT, in *Linnæa*, XXXII, 744. — PAX, *Pflanzenfam.*, 157, n. 154; tubo ob brevitudinem minus arcuato; filamentis breviusculis; floribus evidentius at ut in toto genere distichis.

2. Spec. ad 15. JACQ., *H. schœnbr.*, t. 6, 13; 16 (*Gladiolus*); *Ic. rar.*, t. 229-232, 234, 235 (*Gladiolus*). — RED., *Lil.*, t. 11 (*Gladiolus*), 96, 198 (*Ixia*), 343, 399. — ANDR., *Bot. Rep.*, t. 56, 177 (*Ixia*), 192 (*Antholyza*), 335 (*Gladiolus*). — LODD., *Bot. Cab.*, t. 1577. — VAHL, *Enum.*, II, 96 (*Gladiolus*). — THUNB., *Diss. Glad.*, n. 12 (*Gladiolus*). — LAMK, *Dict.*, II, 725 (*Gladiolus*). — HOUTT., *Handl.*, XII, t. 80, fig. 2 (*Phalangium*). — BURM., *Prodr.*, 2 (*Gladiolus*). — BAK., in *Trim. Journ.* (1876), 336. — *Bot. Mag.*, t. 418, 441 (*Antholyza*), 523, 533, 537; 553 (*Ixia*), 601, 608, 631, 1072, 1193-1195, 1406, 1530.

3. In *Mém. Acad. sc. Toul.* (1786); in *Journ. Phys.*, XXXV (1789), 425. — ENDL., *Gen.*, n. 1236. — BAK., in *Journ. Linn. Soc.*, XVI, 154. — B. H., *Gen.*, III, 705, n. 46. — PAX, *Pflanzenfam.*, 157. — *Peyrousia* SWEET, *Brit. fl. Gard.*, 499. — *Ovieda* SPRENG., *Syst.*, I, 147 (non L.). — KLATT, in *Linnæa*, XXXII, 776. — *Meristostigma* A. DIETR., *Sp. pl.*, II, 593. — *Anomatheca* KER, in *Kœn. et Sims Ann.*, I, 227. — KLATT, in *Linnæa*, XXXII, 774; *Erg. u. Ber.*, 21. — BAK., *loc. cit.*, 153. — *Anomaza* SALISB., in *Trans. Hort. Soc. lond.*, I, 323. — *Sophronia* LICHT., in *Rœm. et Sch. Syst.*, I, 482.

4. Nunc raro inæqualibus.

5. Parvis v. mediocribus, nunc speciosis, albis, flavidis, violaceis v. purpureis, nunc varie maculatis.

6. Spec. ad 20. JACQ., *Ic. rar.*, t. 268-270 (*Gladiolus*), 288 (*Ixia*), 292 (*Galaxia*). — ANDR., *Bot. Rep.*, t. 35 (*Ixia*). — SWEET, *Brit. fl. Gard.*, t. 143; ser. II, t. 39. — BAK., in *Trans. Linn. Soc.*, *Bot.*, I, 272, t. 36. — PET., *Reis. Moss. Bot.*, t. 58. — *Bot. Reg.*, t. 1903. — *Bot. Mag.*, t. 595, 606, 1246.

7. In *Linnæa*, XXXIV, 672 (non ECKL.), ex BAK., in *Journ. Linn. Soc.*, XVI, 163. — B. H., *Gen.*, III, 704, n. 45. — DUCHTR., in *Bull. Soc. hort. Fr.* (1891), 152, 215; (1892), 618. — PAX, *Pflanzenf.*, 157. — *Nymanina* O. K., *Revis.*, 701.

8. Pulchelli, sæpe suaveolentes, albidi.

curvo, basi attenuato; fauce longe campanulata; limbi sub-2-labiati lobis 6, nonnihil dissimilibus inæqualibusque. Stamina 6, tubo affixa; filamentis basi excepta liberis; antheris lineari-elongatis v. sagittatis; loculis connectivo lineari sejunctis, extrorsum rimosis. Germinis inferi loculi 3, ∞-ovulati; ovulis 2-seriatim adscendentibus; stylo tenui stamina demum superante; ramis 3, 2-fidis; ramulis leviter dilatatis induplicatis, margine papillosis. Fructus subsphæricus, ovoideus v. obovoideus loculicidus. Semina subsphærica v. angulata; raphe prominula v. aliformi. — Herbæ perennes, 2-morphe bulbosæ; foliis planis haud rigidis, supra caulis basin confertis; inflorescentia simplici v. parce ramosa; spathis 1-lateralibus; bracteola postica e foliolis 2, liberis inæqualibus ovatis brevibus rigidulis v. in spatham 2-carinatam coalitis constante. (*Africa austr.*[1])

49. **Ixia** L.[2] — Flores fere *Tritoniæ* (v. *Lapeyrousiæ*) regulares v. subregulares; perianthii rotati, subhypocriterimorpha v. subinfundibularis tubo cylindrico, brevi v. longo, ad faucem nunc (*Morphixia*[3]) turbinato; limbi lobis patentibus, 2-seriatim imbricatis. Stamina 3, summo tubo affixa; filamentis erectis brevibus, liberis v. plus minus alte 1-adelphis (*Eurydice*[4]); antheris elongatis, ad basin sagittatam affixis, extrorsum rimosis. Germen ∞-ovulatum; styli erecti ramis linearibus v. subfalcatis compressis induplicatis adque margines papillosis. Fructus obtusus loculicidus; seminibus sphæricis v. angulatis. — Herbæ perennes; bulborum tunicis paucis lævibus v. fibrosis; ramis aeriis erectis simplicibus v. parce ramosis. Folia basilaria conferta erecta, anguste ensiformia, rigidule nervosa; pauca minora altius inserta remotiora. Flores[5] in spicam terminalem nunc parce ramosam dispositi; spathis sæpe secundis parvis latis membranaceo-scariosis, concavis v. carinatis, nunc 2-dentatis, 1-floris; bracteola postica 2-carinata, 2-dentata v. 2-loba. (*Africa austr.*[6])

1. Spec. 2, 3. JACQ., *Ic. rar.*, t. 241 (*Gladiolus*). — RED., *Liliac.*, t. 124, 419 (*Gladiolus*). — KLATT, in *Reg. Gartenfl.*, t. 808. — KER, in *Kœn. et Sims Ann.*, I, 227 (*Tritonia*). — LODD., *Bot. Cab.*, t. 1820 (*Tritonia*). — HILL, in *Gardn. Chron.* (1888), 107.

2. *Gen.*, ed. I, n. 238; ed. VI, n. 56. — J., *Gen.*, 58. — ENDL., *Gen.*, n. 1243. — BAK., in *Journ. Linn. Soc.*, XVI, 90. — KLATT, in *Linnæa*, XXXIV, 635; *Erg. u. Ber.*, 61. — B. H., *Gen.*, III, 704, n. 44. — PAX, *Pflanzenfam.*, 154. — *Wuerthea* REG., *Gartenfl.*, II, t. 46.

3. KER, *Irid. Gen.*, 105. — BAK., *loc. cit.*, 96. — *Hyalis* SALISB., in *Trans. Hort. Soc. lond.*, I, 317.

4. PERS., *Syn.*, I, 48. — BAK., *loc. cit.*, 92.

5. Speciosi, sæpius mediocres, albi, cærulescentes, flavidi, viriduli v. varie purpurei.

6. Spec. 26-28. JACQ., *Ic. rar.*, t. 263 (*Gladiolus*), 275, 278, 281, 282; *H. schœnbr.*, t. 18-23. — RED., *Lil.*, t. 23, 29, 34, 50, 155, 159, 186, 196, 232, 256, 431, 432. — VENT., *Ch. de pl.*, t. 10; *Jard. Cels*, t. 48. — ANDR., *Bot. Rep.*, t. 23, 25, 50, 155, 159, 186, 196, 203, 211, 213,

50. **Schizostylis** BACKH. et HARV.[1] — Flores fere *Ixiæ;* perianthii tubo brevissime obconico; limbi lobis ovato-oblongis patentibus æqualibus. Stamina libera ad faucem affixa; antheris lineari-elongatis sagittatis. Germen ∞-ovulatum; styli tenuis ramis longioribus lineari-angustis arcte induplicatis; marginibus papillosis. Fructus vertice truncatus membranaceus loculicidus; seminibus angulatis ∞. — Herbæ perennes; rhizomate repente; ramis aeriis fasciculatis, basi incrassatis; foliis lineari-ensiformibus; floribus[2] in spathis secundum axin simplicem dissitis solitariis; bracteola postica, 2-nervi, 2-carinata. (*Africa austr.*[3])

51. **Geissorhiza** KER.[4] — Flores (fere *Ixiæ*) subregulares; perianthii infundibularis tubo tenui; fauce breviter ampliata; limbi lobis 6, ovatis v. angustatis subæqualibus, demum patentibus. Stamina fauci affixa; antheris lineari-sagittatis, nunc demum tortis. Germen oblongum, obovoideum v. brevissimum subsphæricum, ∞-ovulatum; styli gracilis elongati ramis linearibus complicatis; marginibus intus papillosis, demum recurvis v. revolutis. Fructus loculicidus cæteraque *Ixiæ*. — Herbæ perennes; bulbo varie tunicato; caule aerio simplici v. parce ramoso; foliis angustis v. linearibus ensiformibusve paucis; floribus[5] secus axin dissitis, in spatha sæpe herbacea solitariis v. paucis sessilibus; bracteola parinervi scarioso-membranacea. (*Africa austr.*, *Madagascaria*[6].)

52. **Streptanthera** SWEET[7]. — Flores (fere *Ixiæ*) regulares; perianthii tubo brevissime campanulato; limbi lobis æqualibus rotato-patentibus. Stamina fauci affixa; filamentis brevibus erectis; antheris linearibus extrorsis, demum tortis. Germen ∞-ovulatum; styli tenuis ramis stigmatosis cuneato-dilatatis, 2-lobis. Fructus subsphæricus

232, 250, 256, 392. — LODD., *Bot. Cab.*, t. 15. — ECKL., *Verz.*, 30 (*Freesea*). — *Bot. Reg.*, t. 530. — *Bot. Mag.*, t. 128, 256, 522, 539, 549, 570, 589, 594, 607, 617, 623, 624, 629, 630, 789, 846, 1013, 1173, 1285, 1379, 1502, 1503 (*Tritonia*). — WALP., *Ann.*, VI, 49.

1. In *Bot. Mag.*, t. 5422. — BAK., in *Journ. Linn. Soc.*, XVI, 108. — KLATT, in *Linnæa*, XXXV, 380. — B. H., *Gen.*, III, 702, n. 39. — PAX, *Pflanzenfam.*, 153.

2. Rubris, majusculis speciosis.

3. Spec. 2. LEME, *Ill. hort.*, t. 394. — *Fl. serres*, t. 1637.

4. In *Kœn. et Sims Ann.*, I, 223. — BAK., in *Journ. Linn. Soc.*, XVI, 93 (part.). — KLATT, in *Linnæa*, XXXIV, 650; *Erg. u. Ber.*, 56. — PAX, *Pflanzenfam.*, 154. — *Rochea* SALISB., in *Trans. Hort. Soc. lond.*, I, 322. — *Weihea* ECKL., *Verz.*, 22.

5. Sæpius parvis elegantibus.

6. Spec. 22, 23. ANDR., *Bot. Repos.*, t. 245 (*Ixia*). — SWEET, *Brit. fl. Gard.*, t. 138. — HEMSL., in *Journ. Linn. Soc.*, XX, *Rel.*, 137. — *Bot. Mag.*, t. 584, 597; 598 (*Ixia*), 672, 1255, 5877.

7. *Brit. fl. Gard.*, t. 209; ser. II, t. 122. — BAK., in *Journ. Linn. Soc.*, XVI, 92. — B. H., *Gen.*, III, 703, n. 43. — PAX, *Pflanzenf.*, 154.

loculicidus; seminibus subsphæricis. — Herbæ perennes bulbosæ humiles; foliis basilaribus erectis v. falcato-patentibus, lanceolatis v. ensiformibus; pedunculis ad folia superiora axillaribus paucis; spathis sessilibus 1-paucis spicatis membranaceo-scariosis et fusco-lineatis, apice dentatis lacerisve; floribus sessilibus ad axillam spathæ solitariis; bracteola postica 2-dentata. (*Africa austr.*[1])

53. **Hesperantha** KER.[2] — Flores fere *Ixiæ* (v. *Geissorhizæ*); perianthii tubo brevi v. longiusculo, recto v. arcuato; limbi lobis subæqualibus, demum patenti-reflexis; sepalis nunc rigidioribus. Stamina ad faucem affixa; antheris sagittatis inter lobos basifixis. Germen ∞-ovulatum; stylo erecto brevi v. brevissimo; ramis eo longioribus divergentibus subulatis conduplicatis, apice ad margines stigmatosis. — Herbæ perennes; bulbo parce tunicato; axi aerio sæpius simplici; foliis paucis basilaribus linearibus; bracteis secus axin spiciformem sessilibus quaquaversis, carinatis v. complicatis; floribus axillaribus solitariis sessilibus; bracteola postica parinervi 2-carinata. (*Africa trop. et austr.*[3])

1. Spec. 2. LODD., *Bot. Cab.*, t. 1359. — PAXT., *Mag.*, I, 8, c. ic. — KLATT, in *Linnæa*, XXXV, 378 (*Sparaxis*).

2. In *Kœn. et Sims Ann.*, I, 224. — BAK., in *Journ. Linn. Soc.*, XVI, 95. — KLATT, in *Linnæa*, XXXIV, 647; *Erg. u. Ber.*, 59. — B. H., *Gen.*, III, 702, n. 40. — PAX, *Pflanzenfam.*, 154.

3. Spec. ad 20. THUNB., *Diss.*, n. 5, 9, c. t. 2 (*Ixia*). — JACQ., *Ic. rar.*, t. 276, 279, 280 (*Ixia*). — RED., *Lil.*, t. 441 (*Ixia*). — ANDR., *Bot. Rep.*, t. 44, 59 (*Ixia*). — VAHL, *Enum.*, II, 58 (*Ixia*). — BAK., in *Trim. Journ.* (1876), 182, 239. — A. RICH., *Fl. abyss.*, II, 309 (*Ixia*). — *Bot. Mag.*, t. 566, 573, 790, 1054, 1254, 1379, 1475 (pleraq. sub *Ixia*).

HISTOIRE DES PLANTES

MONOGRAPHIE

DES

TACCACÉES

BURMANNIACÉES, HYDROCHARIDACÉES

COMMELINACÉES

XYRIDACÉES, MAYACACÉES, PHYLIDRACÉES

ET

RAPATÉACÉES

15404. — L.-Imprimeries réunies, rue Mignon, 2, Paris.

HISTOIRE DES PLANTES

MONOGRAPHIE

DES

TACCACÉES

BURMANNIACÉES, HYDROCHARIDACÉES

COMMELINACÉES

XYRIDACÉES, MAYACACÉES, PHYLIDRACÉES

ET

RAPATÉACÉES

PAR

H. BAILLON

PROFESSEUR D'HISTOIRE NATURELLE MÉDICALE A LA FACULTÉ DE MÉDECINE DE PARIS
DIRECTEUR DU JARDIN BOTANIQUE DE LA FACULTÉ, PRÉSIDENT DE LA SOCIÉTÉ LINNÉENNE DE PARIS

ILLUSTRÉE DE 68 FIGURES DANS LES TEXTES

DESSINS DE FAGUET

PARIS
LIBRAIRIE HACHETTE & Cie
BOULEVARD SAINT-GERMAIN, 79
LONDRES, 18, KING WILLIAM STREET, STRAND
1894

CXXVI

TACCACÉES

Les fleurs des *Tacca*[1] (fig. 107-113) sont régulières et hermaphrodites, à réceptacle concave qui, au-dessus de l'ovaire infère, se prolonge en une coupe épaisse dont les bords donnent insertion au périanthe et à l'androcée. Le calice est formé de trois sépales verdâtres ou plus ou moins colorés, légèrement imbriqués dans le bouton. Les trois pétales alternes, plus étroitement imbriqués, sont égaux aux

Tacca leontopetaloides.

Fig. 109. Graine.

Fig. 108. Fruit.

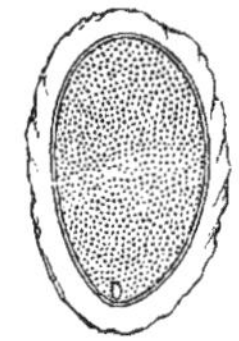

Fig. 110. Graine, coupe longitudinale.

sépales ou plus grands ou moins épais qu'eux, colorés de même, et étalés ou réfléchis comme eux lors de l'anthèse. Les étamines, superposées chacune à une des folioles du périanthe, ont un large filet fortement dilaté et incurvé en un capuchon de forme variable; si bien que l'anthère, qui serait introrse si son filet demeurait rectiligne, se trouve appliquée comme sessile contre la face regardant en dehors de la lèvre intérieure de la paroi du capuchon, et que la face

1. FORST., *Char. gen.*, 65 (1776). — SCOP., *Intr.*, 106. — J., *Gen.*, 56. — GÆRTN., *Fruct.*, I, 43, t. 14, fig. 2. — LAMK, *Ill.*, t. 232. — POIR., *Dict.*, VII, 548; Suppl., V, 278. — ENDL., *Gen.*, n. 1204. — H. BN, in *Adansonia*, VI, 243. — EICHL., in *Sitz. Bot. Ver. Prov. Brandenb.*, XXI (1879). — HANCE, in *Trim. Journ.* (1881), 289. — B. H., *Gen.*, III, 741. — ARCHANG., in *Giorn. bot. ital.*, XI, 189. — PAX, in *Engl. u. Prantl Pflanzenfam.*, II, 3, p. 127, fig. 89, 90. — *Ataccia* PRESL, *Rel. Hænk.*, 149, not. — ENDL., *Gen.*, n. 1205. — K., *Enum.*, V, 464. — *Leontopetaloides* AMM., in *Comm. Ac. petrop.*, VIII, 211, t. 13. — O. K., *Revis.*, 704.

de cette anthère se trouve ainsi dirigée vers l'extérieur[1]. Elle a d'ailleurs deux loges parallèles, profondément séparées l'une de l'autre, et qui s'ouvrent chacune par une fente longitudinale. Ces

Tacca leontopetaloides.

Fig. 107. Port.

loges peuvent être à peu près rectilignes. Mais assez souvent aussi elles s'arquent légèrement ou même beaucoup; de façon que l'anthère peut devenir très convexe du côté de sa face qui, dans d'autres cas,

1. Son extrémité inférieure, dépassant le bord inférieur de cette paroi, peut se récurver plus ou moins, comme il arrive dans le *T. leontopetaloides*. La base de l'étamine peut aussi se développer en auricules latérales plus ou moins manifestes. Ailleurs, les décurrences des bords de deux filets staminaux voisins forment un angle ouvert, à sinus supérieur.

demeure à peu près plane. L'ovaire est uniloculaire, surmonté d'un style épais et court, à trois ou six angles saillants, avec trois larges divisions pétaloïdes, récurvées et bilobées, superposées aux sépales. Il y a aussi, dans certaines espèces, trois bandelettes ou languettes papilleuses réfléchies et plus ou moins unies au style dans l'intervalle des lobes précédents. Ceux-ci sont stigmatifères dans une dépression

Tacca (Ataccia) cristata.

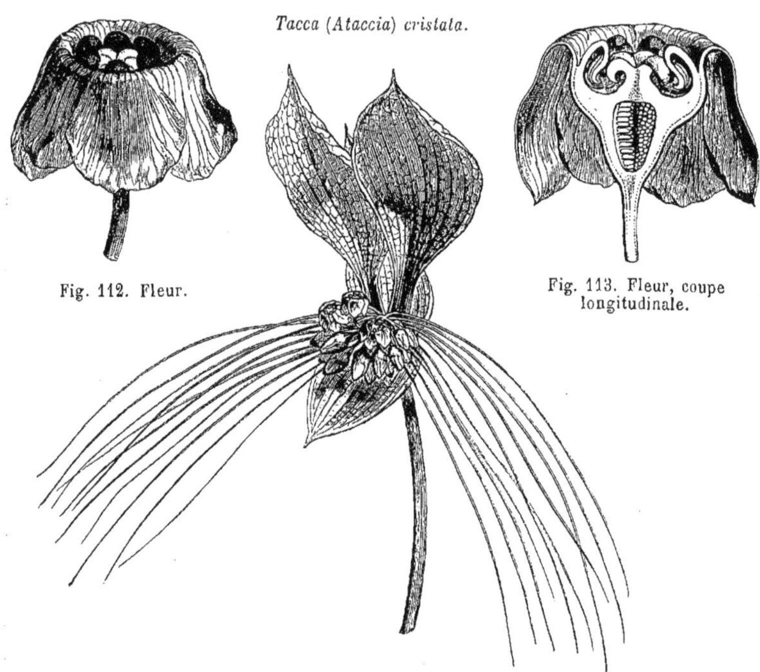

Fig. 112. Fleur.

Fig. 113. Fleur, coupe longitudinale.

Fig. 111. Inflorescence.

qui répond au fond du sinus de séparation des deux lobes[1] et qui conduit dans un canal de forme variable. Chacun des trois placentas pariétaux, superposés à un pétale, porte un nombre indéfini d'ovules anatropes[2], à raphé dorsal parfois épaissi. Le fruit, de forme variable, presque sphérique, obovoïde, turbiné ou allongé, à trois ou six côtes anguleuses, ou sans saillies, est presque sec, ou plus ou moins charnu et pulpeux, pouvant même devenir blet[3], demeure

1. L'orifice, qui conduit par un canal à l'ovaire, est plus ou moins nettement limité par trois lobules : un médian, inférieur, et deux latéraux, garnis de papilles sur les bords. En dehors des papilles des lobules latéraux, il y a parfois une surface blanchâtre subglanduleuse, assez régulièrement elliptique.

2. A double tégument.

3. Pouvant devenir à ce moment plus ou moins odorant, comme celui des Vanilles.

indéhiscent ou s'ouvre finalement plus ou moins nettement en trois valves loculicides[1]. Les graines sont nombreuses, souvent ovoïdes, à téguments épais, striés en long, pourvues d'un albumen charnu, dur ou granuleux, et d'un petit embryon apical.

Les *Tacca* sont des herbes vivaces, à tubercule souvent épais, de forme et de longueur variables. Il porte des feuilles basilaires alternes, engainantes, pétiolées, penninerves ou digitinerves[2], entières, lobées ou décomposées-disséquées. Leurs fleurs[3] sont disposées au sommet d'une hampe commune, parfois très longue, en deux cymes unipares-scorpioïdes. Chacune des cymes occupe l'aisselle d'une grande bractée foliacée[4], souvent colorée, qui, dans le principe, alterne avec deux autres grandes bractées, mais se déplace ensuite pour se porter d'un même côté de l'inflorescence que sa congénère et s'y dresser en manière d'étendard. Sur les côtés de chaque cyme se disposent en outre des bractéoles florales qui s'allongent en filaments grêles et pendants. Au début, l'inflorescence totale peut être réfléchie sur son pédoncule. Ces plantes habitent, au nombre d'une dizaine d'espèces[5], les régions tropicales des deux mondes.

La plupart des auteurs s'accordent à rapprocher les Taccacées des Amaryllidacées, dont elles ont l'inflorescence en ombelle de cymes. Elles s'en distinguent par leurs feuilles, la forme de leur périanthe, leur placentation pariétale[6], la structure de leurs graines et celle de leur androcée, souvent comparé à celui des Burmanniacées[7]. Elles en diffèrent surtout par le mode d'organisation de leurs orifices stigmatiques, qui rappellent ceux des Orchidacées. Il nous a semblé que, par leur mode de placentation, les dilatations stylaires et les propriétés des fruits, les *Tacca* représentaient une forme régulière

1. La déhiscence étant même complète, en trois panneaux spongieux récurvés et séminifères sur la ligne médiane, dans l'espèce chinoise, à feuilles entières, dont HANCE a fait le genre *Schizocapsa* (in *Trim. Journ.* (1881), 292. — B. H., *Gen.*, III, 741, n. 2. — PAX, *Pflanzenfam.*, 130).

2. Celles du *T. leontopetaloides* ont une nervation principale digitée, et leurs divisions secondaires sont penninerves.

3. Verdâtres ou d'un pourpre vineux ou noirâtre, de taille moyenne.

4. Elliptique ou ovale, plus souvent oblongue-subspathulée. Le nombre des grandes bractées et des cymes peut être plus considérable.

5. BUCH., *Dec.*, VI, t. 9; VII, t. 8. — K., *Enum.*, V, 458; 464 (*Ataccia*). — SEEM., *Fl. vit.*, 101. — LODD., *Bot. Cab.*, t. 692. — ROXB., *Pl. corom.*, t. 257. — JACK, in *Mal. Misc.*, I, n. 23. — MIQ., *Fl. ind. bat.*, III, 578. — HOOK. F., *Fl. brit. Ind.*, VI, 286. — *Bot. Mag.*, t. 1488, 4589, 6124.

6. Qui cependant existe dans le *Leontochir*.

7. HANCE a relevé, dans l'article cité, tout ce que les auteurs antérieurs ont dit des affinités controversées de ces plantes.

des Orchidacées. Parmi les Dicotylédones, les *Asarum* ont été avec raison signalés comme les analogues des Taccacées. On sait qu'ils ont été eux-mêmes comparés aux *Trichopus* qui appartiennent à la série des Amaryllidacées-Dioscoréées.

On n'utilise[1], chez les *Tacca*, que les tubercules souterrains, riches en fécule alimentaire[2] et employés aux mêmes usages que les Aroïdacées nommées *Taro*, notamment par les Polynésiens. Le plus connu est le *T. leontopetaloides*[3] (fig. 107-110), cultivé en Océanie et dans l'Indo-Chine où il fournit le Salep ou Arrow-root d'Otahiti. Aux Moluques, le *T. Rumphii* SCHAU. donne également une sorte de fécule analeptique, et sert à préparer un pain particulier et divers mets. Le fruit blet de certaines espèces prend, comme nous l'avons vu, une odeur assez forte de vanille. Les propriétés alimentaires des tubercules farineux se retrouvent à Java dans le *T. palmata* BL.; à Amboine dans le *T. dubia* SCHULT.; en Indo-Chine dans le *T. integrifolia*[4]. Plusieurs de ces plantes bizarres et à fleurs de couleur sombre, notamment le *T. cristata*[5] (fig. 111-113), sont cultivées comme ornementales dans nos serres[6].

1. ENDL., *Enchirid.*, 93. — LINDL., *Veg. Kingd.*, 150. — ROSENTH., *Syn. pl. diaphor.*, 107, 1082.

2. Souvent amers et âcres à l'état sauvage.

3. O. K., *Revis.*, 704. — *T. pinnatifida* FORST., *Pl. esc.*, n. 28. — ROXB., *Fl. ind.*, II, 172. — BENTH., *Fl. austral.*, VI, 458. — MIQ., *Fl. ind. bat.*, III, 566. — TREVIR., *Symb.*, t. 54, 55. — LODD., *Bot. Cab.*, t. 692. — REG., *Gartenfl.*, t. 582. — JARD., *Hist. nat. il. Marquis.*, 26. — PANCH., in *Cuz. Tahit.*, 240. — SEEM., *Fl. vit.*, 102. — DRAK., *Fl. Polyn. fr.*, 224. — HILLEBR., *Fl. haw.*, 337. — HOOK. F., *Fl. brit. Ind.*, VI, 287. — *T. pinnatifolia* GÆRTN., *Fruct.*, I, 43, t. 14. — *Leontice leontopetaloides* L. (*Youy*, *Haolan*, *Pia* des Polynésiens). Sur son tubercule, QUEVA, in *C. rend. Assoc. fr.* (1893), 237. A Madagascar, les *Tacca* sont usités comme aliments sous le nom de *Tavoulou*.

4. KER, in *Bot. Mag.*, t. 1488. — ROXB., *Pl. corom.*, t. 257. — *T. aspera* ROXB., *Fl. ind.*, II, 169. — *Ataccia integrifolia* PRESL. — *Fl. serres*, t. 860, 861.

5. JACK, in *Mal. Misc.*, I, V, 23. — MIQ., *Fl. ind. bat.*, III, 578. — HOOK. F., *Fl. brit. Ind.*, VI, 287. — *T. Rafflesiana* JACK. — *Ataccia cristata* K., *Enum.*, V, 466. — LEME, *Jard. fl.*, t. 186, 187. — *Fl. serres*, t. 860, 861. — *Bot. Mag.*, t. 4589.

6. Les Taïtiennes font, avec la hampe des *Tacca* qui a longtemps séjourné dans l'eau, des couronnes élégantes et certains autres ouvrages délicats de fine sparterie.

CXXVII
BURMANNIACÉES

I. SÉRIE DES BURMANNIA.

Les *Burmannia*[1] (fig. 114-117), qui ont donné leur nom à cette petite famille, n'en représentent cependant pas le type le plus parfait.

Burmannia bicolor.

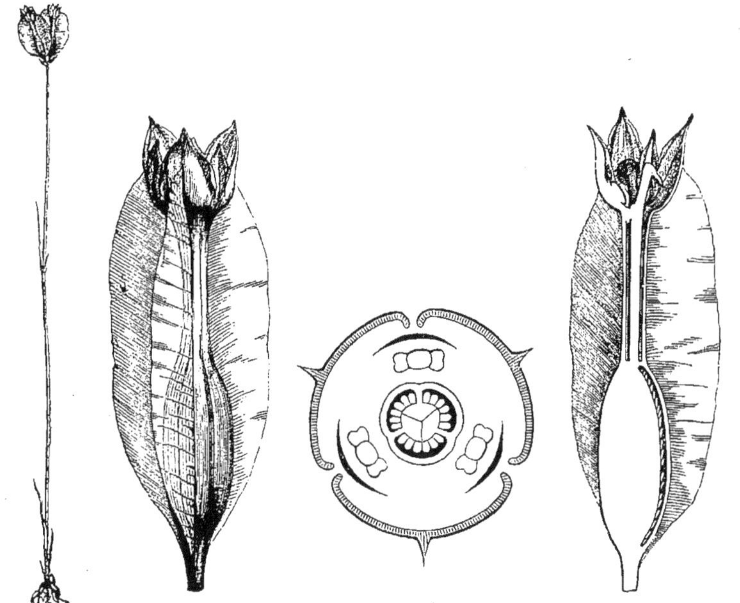

Fig. 114. Port. Fig. 115. Fleur. Fig. 116. Diagramme. Fig. 117. Fleur, coupe longitudinale.

Leurs fleurs, régulières et hermaphrodites, ont un réceptacle concave

1. L., *Gen.*, ed. I, n. 284; ed. VI, n. 397. — J., *Gen.*, 50 (Broméliacées); in *Dict.*, V, Suppl., 84 (Iridées). — MIERS, in *Linn. Trans.*, XVIII, 4, p. 549. — ENDL., *Gen.*, n. 1219. — SCHULT., *Syst.*, VII, 83 (not.). — B. H., *Gen.*, III, 457, n. 1. — ENGL., *Pflanzenfam.*, II, 6, p. 50, fig. 36, 39, H-M. — *Maburnia* DUP.-TH., *Gen. nov. madag.*, 4. — *Vogelia* GMEL., *Syst.*,

qui enveloppe l'ovaire infère, et dont les bords supportent un périanthe tubuleux, partagé seulement à son sommet en trois petits lobes triangulaires, valvaires-indupliqués. Sur le milieu de leur dos, ces lobes portent une aile verticale, plus ou moins développée, qui se continue sur le tube et sur le milieu du dos des loges de l'ovaire. Les pétales, au nombre de trois, insérés dans le sinus de séparation des sépales, sont bien plus petits qu'eux, ou très petits, ou même nuls : ils sont trop étroits pour arriver à se toucher dans le bouton. L'androcée est formé de trois étamines superposées aux pétales et insérées sur le tube un peu au-dessous d'eux. Elles ont un très court filet et une anthère basifixe, de configuration toute particulière. Le connectif, épais, plus ou moins parallélipipédique, aussi large ou plus large que haut, se prolonge supérieurement en une sorte de crête, simple ou double, variable de forme. Sur ses côtés s'insèrent plus ou moins loin l'une de l'autre, les deux loges d'une anthère qui s'ouvre latéralement en travers. L'ovaire infère a trois loges, le plus souvent complètes, alternipétales et multiovulées. Le style est dressé, inclus, dilaté supérieurement en une tête à trois lobes généralement épais, variables de forme[1], stigmatifères vers leur sommet. Le fruit est sec, surmonté du périanthe persistant. Il s'ouvre verticalement ou se déchire d'une façon variable entre ses trois ailes, c'est-à-dire en face des cloisons. Les graines, petites et nombreuses, presque sphériques ou plus ou moins allongées, sont striées ou réticulées[2]. Elles renferment une masse charnue et d'apparence homogène[3].

Les *Gonyanthes*[4] sont des *Burmannia* de l'Inde et de l'Océanie tropicale, dont les lobes calycinaux sont plus petits que dans les plantes précédentes; les loges ovariennes parfois incomplètes; la paroi du péricarpe ouverte plus ou moins en travers à la complète maturité. C'est une section du genre assez peu nettement définie.

On compte dans l'ensemble du genre une vingtaine d'espèces[5]. Ce

II, 107. — *Tripterella* MICHX, *Fl. bor.-amer.*, I, 19, t. 3. — *Cryptonema* TURCZ., in *Bull. Mosc.* (1848), I, 590. — *Nephrocœlium* TURCZ., in *Bull. Mosc.* (1853), I, 287. — *Tripteranthus* WALL., *Cat. pl. ind.* — *Cyanotis* MIERS, in *Cat. Wall.*, n. 9007. — *Tetraptera* MIERS, in *Lindl. Veg. Kingd.*, 172.

1. Souvent pourvus d'une lame accessoire ou d'une crête médiane, de forme et de taille variables suivant les espèces.

2. C'est leur tégument extérieur qui présente ces caractères, le plus souvent appliqué contre les parties plus profondes. Mais parfois aussi il devient lâche et s'étend même en haut et en bas de la semence, à la façon d'un sac aliforme.

3. Considéré longtemps comme un embryon, mais représentant plutôt un albumen (TREUB, in *Ann. Jard. Buitenz.* (1883), 120, 122, t. 18).

4. BL., *Cat. Gew. Buitenz.*, ex *Flora* (1825), 123; *Enum. pl. jav.*, 28. — MIERS, in *Trans. Linn. Soc.*, XX, 379.

5. WALT., *Fl. carol.*, 68 (*Anonymos*). — ROXB., *Pl. corom.*, t. 242. — MART., *Nov. gen. et spec.*, I, 9, t. 5. — SEUB., in *Mart. Fl. bras.*, III, I, 55, t. 7. — MIQ., *Fl. ind. bat.*, Suppl., 616. — GRIFF., *Ic. pl. asiat.*, t. 272. — BENTH.,

sont des herbes, souvent humbles, dressées et simples, rarement ramifiées. Elles peuvent être colorées, saprophytes ou (?) parasites, et ont alors des feuilles alternes réduites à de minimes écailles de même couleur que l'axe. Ailleurs, les feuilles plus développées sont vertes, basilaires; ou bien elles s'élèvent plus ou moins haut sur l'axe aérien. Les fleurs[1] peuvent être terminales et solitaires, ou en cymes pauciflores; ou bien la cyme se partage en deux branches sur lesquelles les fleurs, accompagnées de leurs bractées, simulent une grappe ou un épi. On a observé des *Burmannia* dans toutes les régions chaudes des deux mondes.

Très voisin des *Burmannia*, le *Campylosiphon*, du nord du Brésil, petite plante colorée, se distingue par son périanthe arqué, à petits lobes linéaires, et par son fruit étroit et dépourvu d'ailes.

Les *Apteria*, petites plantes des deux Amériques, ont aussi des fleurs de *Burmannia*, non ailées, mais avec un ovaire uniloculaire, à placentas pariétaux, et des étamines à filet pétaloïde et dilaté.

A peine distincts des *Apteria*, les *Dictyostega*, qui croissent en Amérique et aussi dans l'Afrique tropicale, ont des anthères à peu près sessiles, dont les loges subsphériques et subbilobées font saillie sur les côtés d'un connectif étroit; des pétales beaucoup plus petits que les divisions calycinales; des fleurs disposées en cyme terminale, ordinairement bifide, à divisions racémiformes.

Les *Gymnosiphon*, observés dans l'Amérique, l'Afrique et l'Océanie tropicales, ont aussi un tube floral dépourvu d'ailes, mais qui se détache circulairement après la floraison. Les anthères ont un connectif non appendiculé; et le fruit, surmonté de la base du tube floral, s'ouvre vers son sommet ou parfois en même temps sur ses côtés.

II. SÉRIE DES THISMIA.

Les fleurs régulières et hermaphrodites des *Thismia*[2] (fig. 118, 119) ont un réceptacle concave dans lequel est enchâssé l'ovaire infère,

Fl. austral., VI, 397. — BECC., *Males.*, I, 242, t. 14, 15. — HOOK. F., *Fl. brit. Ind.*, V, 664. — BAK., in *Journ. Linn. Soc.*, XX, 268. — RIDL., in *Trim. Journ.* (1891), 159. — OLIV., in *Hook. Icon.*, t. 1357. — WALP., *Ann.*, I, 812; VI, 42.

1. Bleues, pourprées, violacées, lilacées, blanches ou jaunâtres, ordinairement petites.

2. GRIFF., in *Trans. Linn. Soc.*, XIX, 341, t. 39. — B. H., *Gen.*, III, 459, n. 6. — ENGL., *Pflanzenfam.*, 48, fig. 38, A-K. — POULS., in *Rev. gén. Bot.*, I, 549. — F. MUELL., in *Act.*

au-dessus duquel il porte un périanthe de forme variable, campanulé, turbiné ou subinfundibuliforme, rétréci ou plus ou moins renflé à sa

Thismia (Geomitra) clavigera.

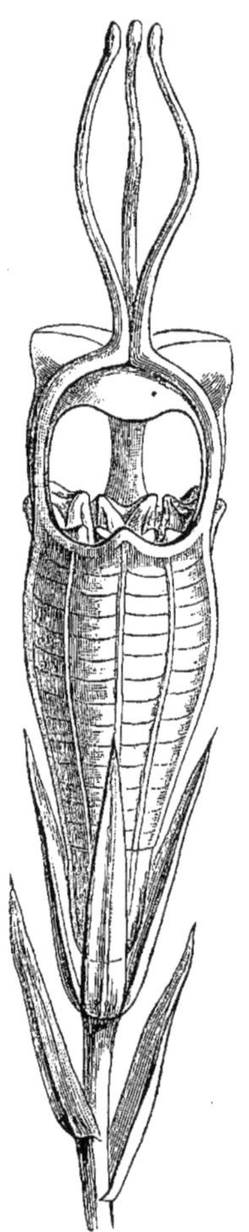

Fig. 118. Fleur.

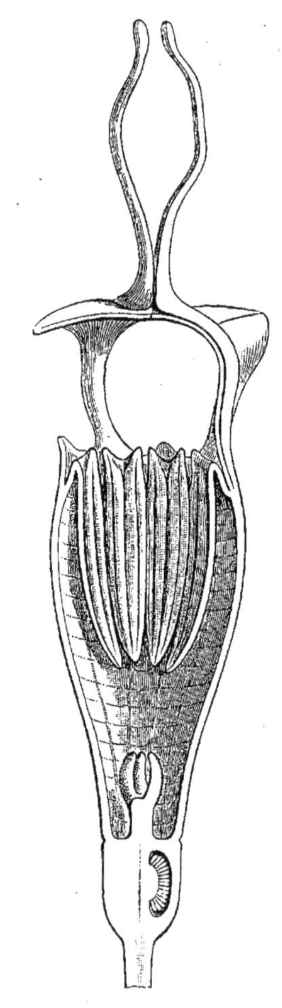

Fig. 119. Fleur, coupe longitudinale.

base, large ou resserré à son orifice supérieur, que bordent six lobes

Roy. Soc. Tasman. (dec. 1890); in *Victor. Nat.* (dec. 1890). — *Sarcosiphon* BL., *Mus. lugd.-bat.*, I, 250, t. 10, 11. — *Ophiomeris* MIERS, in *Trans. Linn. Soc.*, XX, 373, t. 15. — *Myostoma* MIERS, *loc. cit.*, XXV, 474, t. 57. — *Bagnisia* BECC., *Males.*, I, 249, t. 12. — B. H., *Gen.*, III, 459, n. 7. — ENGL., *Pflanzenfam.*, 48, fig. 38, L-O. — *Geomitra* BECC., *loc. cit.*, 250, t. 10, 11. — B. H., *Gen.*, III, 459, n. 8. — *Rodwaya* F. MUELL., *loc. cit.*

disposés sur deux verticilles qui répondent l'un au calice et l'autre à la corolle. Les sépales sont valvaires, plus ou moins rétrécis à leur base, souvent surmontés d'un appendice dorsal plus ou moins développé, finalement réfléchis ou bien rapprochés en une sorte de toit à trois pieds. Les pétales sont ordinairement beaucoup plus courts et se recourbent souvent en dehors. L'androcée, attaché à la gorge du périanthe, est formé de six étamines qui s'insèrent dans une fossette plus ou moins prononcée et s'infléchissent fortement dans le tube, de façon à porter leur sommet en bas. Elles ont chacune un filet court et une anthère à deux loges parallèles. Quand elles sont infléchies, la face de ces loges, déhiscente par une fente longitudinale, regarde en dehors. Mais, redressées, elles auraient des loges introrses, assez souvent surmontées d'un prolongement du connectif. L'ovaire est uniloculaire, avec trois placentas pariétaux oppositipétales et multiovulés; mais ces placentas peuvent s'avancer jusqu'à l'axe et s'y toucher finalement. Le style est court ou allongé, conique ou cylindrique, partagé supérieurement en trois branches stigmatifères souvent courtes, épaisses, entières, bilobulées ou bifides. Le fruit plus ou moins turbiné, surmonté d'une cupule que lui forme la base du périanthe circulairement détachée du reste du tube, est plus ou moins épais et charnu, polysperme. Les graines sont petites, sphériques, ovoïdes ou fusiformes, parfois rugueuses à la surface.

On connaît une douzaine de *Thismia*[1], originaires des régions tropicales de l'Amérique du Sud et surtout de l'Asie et de l'Australie ou de la Tasmanie. Ce sont de petites plantes parasites ou saprophytes, colorées, charnues, simples ou peu ramifiées, dont les feuilles sont réduites à des écailles, courtes et souvent peu nombreuses, alternes. Leurs fleurs sont terminales, solitaires ou en cymes pauciflores, racémiformes, accompagnées de bractées analogues aux feuilles.

III? SÉRIE DES CORSIA.

Les fleurs irrégulières des *Corsia*[2] (fig. 120, 121) sont hermaphrodites. Leur réceptacle allongé et tubuleux[3] loge l'ovaire infère dans sa

1. Hook. f., in *Thw. En. pl. Zeyl.*, 325; *Fl. brit. ind.*, V, 666. — Becc., *Males.*, I, 251, t. 11, 12. — Walp., *Ann.*, III, 609 (*Ophiomeris*, *Sarcosiphon*).

2. Becc., *Males.*, I, 238, t. 9. — B. H., *Gen.*, III, 460, n. 9. — Engl., *Pflanzenfam.*, 51, fig. 40, A-E.

3. A six côtes peu saillantes.

cavité et porte sur ses bords un calice de trois sépales fort dissemblables. Le médian représente une large lame membraneuse, cordée-subarrondie, subcrénelée, parcourue d'un riche réseau de nervures, doublé à sa base d'un épais disque aplati, à peu près de même forme et adhérent au sépale dans sa portion inférieure ; tandis que les deux autres sépales ont la forme de longues languettes linéaires ou subulées,

Corsia ornata.

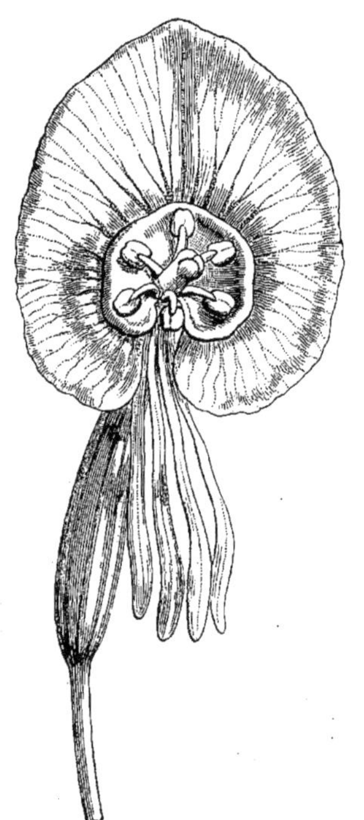

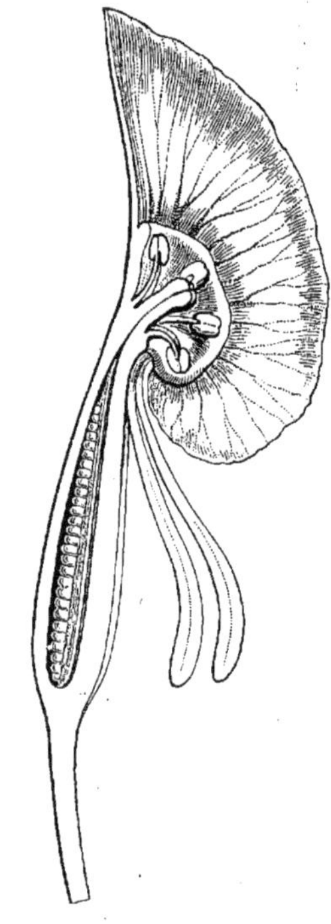

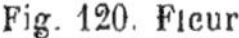

Fig. 120. Fleur. Fig. 121. Fleur, coupe longitudinale.

étalées-réfléchies. Les pétales, alternes, sont pareils aux sépales linéaires et étalés comme eux. L'androcée est formé de six étamines épigynes et bisériées, bien plus courtes que les pièces du périanthe. Elles ont un filet court, épais, comprimé, récurvé, et une anthère terminale, courte, à loges parallèles et contiguës, déhiscentes en dehors par une fente longitudinale. L'ovaire, surmonté d'un style à trois branches stigmatifères courtes et épaisses, est presque complètement partagé par trois placentas pariétaux bifides, dont les lobes portent de nombreux ovules fusiformes et obliquement descendants. Le fruit est une longue capsule cylindrique, que surmontent les restes du périanthe et de l'androcée. Elle s'ouvre en trois valves, et ses graines sont nombreuses, descendantes et fusiformes. On ne connaît qu'un *Corsia*[1], de la Nouvelle-Guinée : c'est une herbe colorée, dont les branches grêles, simples, s'élèvent d'un rhizome vivace et portent des écailles alternes. La fleur est solitaire et terminale.

A côté de ce genre on a placé l'*Arachnites*, du Chili, qui a des fleurs également très irrégulières, mais unisexuées, avec un grand sépale impair ovale-lancéolé, des étamines à filet dressé-infléchi et des placentas multiovulés peu saillants.

Cette petite famille a été établie en 1825 par Sprengel[2], qui y comprit à tort les *Sonerila*. Blume lui donna en 1830 le nom qu'elle porte actuellement[3]. Avant ces auteurs, les *Burmannia*, seul type connu du groupe, avaient été rapportés aux Liliacées, aux Iridacées, aux Broméliacées ou même aux Hydrocharidacées. Les Thismiées furent rattachées comme tribu à la famille par Miers en 1847. Griffith avait décrit, en 1845, le *Thismia* comme genre intermédiaire aux Taccacées et aux Burmanniacées. Quant aux Corsiées, ce n'est qu'avec doute et provisoirement qu'il convient de les attribuer à cette même famille, qui se trouve de la sorte ainsi constituée :

I. Burmanniées[4]. — Fleur régulière, à tube cylindrique ou en entonnoir, à trois angles ou à trois ailes. Étamines 3, presque sessiles à l'intérieur du tube. Ovaire à une ou trois loges. — Plantes feuillées et vertes ou plus souvent colorées et aphylles. — 4 genres.

II. Thismiées[5]. — Fleur régulière, à tube oblong ou obovoïde, souvent resserré à la gorge. Étamines 6, à anthères défléchies dans l'intérieur du tube, rapprochées ou unies en partie. — Plantes charnues et colorées, aphylles. — 1 genre.

1. *C. ornata* Becc.
2. *Syst.*, I, 125 (*Burmanniæ*).
3. *Burmanniaceæ* Bl., *En. pl. jav.*, I, 27 (Ord.). — Endl., *Gen.*, 163, Ord. 60. — Lindl., *Veg. Kingd.*, 171, Ord. 61. — B. H., *Gen.*, III, 455, Ord. 168. — Engl., *Pflanzenfam.*, II, 6, p. 44.
4. Reichb., *Consp.*, 60 (*Narcisseæ*). — Reichb., *Nom.*, 45 (*Hæmodorearum* Subdiv.). — Miers, in *Trans. Linn. Soc.*, XV, III, 549 ; in *Ann. and Mag.*, ser. 2, I, 235 (Trib.). — *Euburmannieæ* B. H., *Gen.*, III, 456, 457 (Trib. 1). — Engl., *Pflanzenfam.*, 48.
5. Miers, in *Gardn. Chron.* (1847), n. 19; in *Bot. Zeit.* (1847), 735; in *Ann. and Mag.*, ser. 2, I, 235 (Trib.). — B. H., *Gen.*, III, 456, 459 (Trib. 2). — Becc., *Males.*, I, 247. — Engl., *Pflanzenfam.*, 47. — *Thismiaceæ* Miq., *Fl. ind. bat.*, III, 615 (Ord.). J.-E. Planchon leur a rapporté bien à tort le *Stenomeris*, en 1852.

III? CORSIÉES[1]. — Fleur irrégulière, avec un des sépales bien plus développé que les autres, qui sont linéaires-subulés. Étamines 6. — Plantes colorées et aphylles. — 2 genres.

Les deux dernières séries sont formées de petites plantes colorées, tandis que, parmi les Burmanniées, plusieurs espèces sont pourvues de chlorophylle. Il en résulte naturellement dans l'organisation des tissus des particularités plus ou moins notables. Distinctes des Liliacées proprement dites par leur ovaire nettement infère, les Burmanniacées sont comparables aux Amaryllidacées par leur androcée hexandre; et quand elles ont seulement, comme les Iridacées, trois étamines, celles-ci sont en face des pétales et non des sépales. Ces étamines se distinguent par une conformation particulière de celles des Amaryllidacées, et de celles des *Tacca* dont elles n'ont pas le filet en capuchon. On a comparé les Corsiées[2] aux Orchidacées, en faisant toutefois remarquer que le grand labelle des premières appartient au calice et non à la corolle. Les Hydrocharidacées, qu'on pourrait considérer comme une forme aquatique des Burmanniées, ont, de ce fait, des organes végétatifs tout particuliers et n'ont pas des étamines à conformation aussi exceptionnelle. Les Thismiées semblent représenter une forme inférovariée et syncarpellée des Triuridacées, principalement analogues de celles de ces dernières qui sont légèrement colorées et parasites ou saprophytes.

Les Burmanniacées, au nombre d'une soixantaine, sont des plantes des régions tropicales ou sous-tropicales des deux mondes. Leurs usages[3] sont peu importants. Le *Burmannia cœrulea* et l'*Apteria setacea* NUTT. sont des herbes un peu âcres, amères, astringentes; on les a comparées de ce fait au thé vert.

1. B. H., *Gen.*, III, 456, 460, Trib. 3. — ENGL., *Pflanzenfam.*, 50. — *Corsiaceæ* BECC., *Males.*, I, 238.

2. Dont on ne connaît pas le fruit mûr.

3. ENDL., *Enchirid.*, 97. — LINDL., *Veg. Kingd.*, 172.

GENERA

I. BURMANNIEÆ.

1. **Burmannia** L. —Flores hermaphroditi regulares; receptaculo sacciformi, concavitate germen inferum fovente perianthioque coronato. Tubus sæpius elongatus, 3-angulatus v. sæpius 3-pterus, alis ad sepalorum loculorumque dorsum productis. Lobi calycini 3, 3-angulares, intus concavi crassiusculi, induplicato-valvati. Petala sinubus affixa 3, minora, minuta v. 0. Stamina 3, petalis opposita subque eis affixa; filamentis brevissimis v. 0; connectivo crasso lato, ultra loculos varie producto, 1, 2-cristato; antheræ loculis lateralibus, sub-2-lobis, transversim rimosis. Germen 3-loculare; styli inclusi erecti lobis stigmatosis 3, brevibus crassis, apice extus varie concavis. Ovula in placentis axilibus ∞. Fructus perianthio persistente plus minus diu coronatus, inter alas plus minus evolutas varie ruptus. Semina ∞, subsphærica v. oblonga, striata v. reticulata; integumento exteriore appresso v. laxo nuncque utrinque producto. Albumen semini conforme carnosum. — Herbæ erectæ simplices (virides v. coloratæ); foliis aut ad squamas reductis, aut basilaribus caulinisque majoribus confertis herbaceis; floribus in summo scapo solitariis v. paucis cymosis; axi nunc 2-furcato; ramis racemiformibus bracteatis. (*Orbis utriusque reg. omn. calid.*) — *Vid. p.* 170.

2. **Campylosiphon** BENTH.[1] — Flores fere *Burmanniæ;* perianthii tubo tenui arcuato exalato; limbi lobis 6, 2-seriatis, lineari-angustatis subæqualibus. Stamina 3, oppositipetala, sub apice tubi inserta; antherarum inclusarum subsessilium connectivo superne haud pro-

1. In *Hook. Icon.*, t. 1384; *Gen.*, III, 458, n. 2. — ENGL., *Pflanzenfam.*, 50, fig. 39, M, N.

ducto; loculis ad latera prominentibus transversimque superposite 2-valvibus. Germen inferum, 6-costatum, 3-loculare; placentis axilibus, ∞-ovulatis; stylo incluso, ad apicem clavato, apice stigmatoso late 3-lobo. Fructus incurvus, perianthio marcescente coronatus, demum dehiscens (?); seminibus angulatis ∞. — Herba tenuis carnosula; caule simplici v. apice 2-fida; foliis ad squamas alternas (coloratas) reductis; floribus in racemum terminalem simplicem v. 2-fidum dispositis; pedicellis brevibus. (*Brasilia bor.*[1])

3. **Apteria** NUTT.[2] — Flores fere *Burmanniæ;* tubo exalato, sub petalis plus minus conspicue sacculato. Calycis lobi concavi, 3-angulares subvalvati. Petala angustiora erecta. Stamina 3, oppositipetala; filamentis brevibus dilatatis; antherarum inclusarum connectivo lato, varie ciliato v. nunc lobulato; loculis lateralibus divaricatis, transversim rimosis, 2-lobis. Germen 1-loculare; styli inclusi lobis crassis divergentibus subglobosis, extus concavis. Placentæ parietales 3, ∞-ovulatæ. Fructus subsphæricus v. obovoideus, perianthio marcescente diu coronatus, demum inæqui-ruptus v. sub-3-valvis. Semina ∞, obovoidea reticulata; integumento laxo. — Herba tenera (colorata), simplex v. parce ramosa; squamis alternis concoloribus parvis; floribus terminalibus solitariis v. paucis subspicatis bracteatis nutantibus. (*America trop. et bor. calid.*[3])

4? **Dictyostega** MIERS[4]. — Flores fere *Apteriæ*[5]; perianthii tubo exalato; petalis calyce multo minoribus. Stamina oppositipetala 3; antherarum crassiuscularum subsessilium loculis lateralibus sub-2-lobis. Germen 1-loculare; placentis 3, ∞-ovulatis; styli inclusi lobis stigmatosis crassis, extus concaviusculis. Fructus sub-3-valvis v. inæqui-ruptus. Semina ∞, linearia; integumento laxo hyalino reticulato. — Herbæ saprophytæ (coloratæ) simplices v. parce ramosæ; squamis parvis; cyma terminali sæpius 2-fida; ramis plurifloris racemiformibus. (*America trop. utraque, Africa trop.*[6])

1. Spec. 1. *C. purpurascens* BENTH.

2. In *Journ. Ac. sc. Philad.*, VII, 64, t. 9. — ENDL., *Gen.*, n. 1218[1]. — MIERS, in *Trans. Linn. Soc.*, XVIII, 545, t. 38. — B. H., *Gen.*, III, 458, n. 5. — ENGL., *Pflanzenfam.*, 49, fig. 39, A-C. — *Stemoptera* MIERS, in *Proc. Linn. Soc.*, I, 62. — ENDL., *Gen.*, n. 1218[4].

3. Spec. variabilis 1. *A. setacea* NUTT. — BENTH., *Pl. Hartweg.*, 67. — CHAPM., *Fl. S. Un.-St.*, 452. — HOOK., *Icon.*, t. 660. — GRISEB., *Fl. brit. W.-Ind.*, 606. — MIQ., *St. surin.*, 216, t. 65. — HEMSL., *Bot. centr.-amer.*, III, 196. — *A. lilacina* MIERS. — *A. hymenanthera* MIERS. — WALP., *Ann.*, III, 606.

4. In *Trans. Linn. Soc.*, XVIII, 538, t. 37; in *Ann. Nat. Hist.*, V, 134. — ENDL., *Gen.*, n. 1218[2]. — B. H., *Gen.*, III, 458, n. 4. — ENGL., *Pflanzenfam.*, 49, fig. 39, D-G.

5. Cujus sectio (?) inflorescentia magis ramosa.

6. Spec. ad 4. HOOK., *Icon.*, t. 254 (*Ap-*

5. **Gymnosiphon** Bl.[1] — Flores fere *Burmanniæ;* perianthii exalati tubo elongato, mox plus minus alte circumcisso; limbi lobis 3, 3-angularibus, nunc basi connatis v. lateraliter lobulatis, induplicato-valvatis. Petala sinubus affixa 3, parva v. 0. Stamina 3, sub petalis affixa; filamentis brevissimis v. 0; antherarum loculis ad connectivum breve crassumque lateralibus, transversim rimosis. Germen 1-loculare; stylo gracili erecto; ramis mox in lobos[2] terminales stigmatiferos dilatatis; lobis nunc breviter v. longe 2-cornutis. Placentæ parietales 3, ∞-ovulatæ. Fructus[3] imo tubo coronatus oblongo-obovoideus, clavatus v. subsphæricus, apice lateraliterque inæqui-ruptus v. rimosus; seminibus exappendiculatis rugosis exalbuminosis. — Herbæ teneræ (coloratæ v. hyalinæ) haud v. parce ramosæ; squamis alternis parvis; inflorescentia terminali varie cymosa, nunc contracta; ramis basi bracteatis, sæpe divergentibus et racemiformibus; floribus (parvis) nunc ebracteolatis[4]. (*America trop. utràque, Africa trop., Malaisia*[5].)

II. THISMIEÆ.

6. **Thismia** Griff. — Flores hermaphroditi regulares; receptaculo concavo germen intus adnatum fovente. Perianthii superi varie campanulati, ovoideo-oblongi v. turbinati, ori plus minus v. vix constricti, lobis 6, 2-seriatis. Sepala forma varia, plus minus unguiculata, nunc in calyptram v. fornicem conniventia, valvata, demum nunc recurva, appendicibus variis subulatis v. acuminatis erectisque aucta. Petala aut subæqualia, aut sæpius multo minora dentiformia v. subnulla. Stamina 6, fauci affixa, in tubum deflexum conniventia; filamentis brevissimis v. subnullis; antheris 2-locularibus; loculis linearibus parallelis distinctis rimosis; connectivis plus minus late membranaceo-dilatatis. Germen inferum, 1-loculare; placentis parie-

teria). — Benth., in *Hook. Kew Journ.*, VII, 13; *Niger Fl.*, 528. — Griseb., *Fl. brit. W.-Ind.*, 606. — Karst., in *Linnæa*, XXVIII, 421. — Hemsl., *Bot. centr.-amer.*, III, 196.

1. *Enum. pl. jav.*, 29. — Endl., *Gen.*, n. 1217. — B. H., *Gen.*, III, 458, n. 3. — Engl., *Pflanzenfam.*, 48. — *Ptychomeria* Benth., in *Hook. Kew Journ.*, VII, 14. — *Benitzia* Karst., in *Linnæa*, XXVIII, 420.

2. Nunc aurantiacos.

3. Inæqui-refractus dicitur in *Cymbocarpa* Miers, in *Trans. Linn. Soc.*, XVIII, 543, t. 38, fig. 4.

4. Cum ramulo elevatis.

5. Spec. ad 12. Becc., *Males.*, I, 240, t. 14. — Benth., in *Hook. Niger Fl.*, 529 (? *Dictyotega*). — Walp., *Ann.*, VI, 38 (*Ptychomeria*), 41 (*Benitzia*).

talibus 3, oppositipetalis, ∞-ovulatis, plus minus prominulis sæpeque demum a germinis pariete solutis columnaribus. Stylus brevis v. brevissimus, sæpe basi conicus; ramis stigmatosis 3, brevibus crassis, nunc emarginatis. Fructus turbinatus carnosus, perianthio circumcisso deciduo truncatus v. ejus basi annulari coronatus, apice sæpe cupulatus ibique nunc centro dehiscens. Semina ∞, minuta subsphærica v. ovoidea; testa adnata lævi v. rugosa. — Herbæ humiles carnosæ (coloratæ) parasiticæ v. saprophytæ, sæpe simplices, nunc parce ramosæ; foliis ad squamas concolores reductis. Flos terminalis solitarius v. cymosi pauci racemiformes. (*Asia et Oceania trop.*) — *Vid. p.* 172.

III? CORSIEÆ.

7. **Corsia** Becc. — Flores irregulares hermaphroditi; receptaculo tubuloso germen intus adnatum fovente. Perianthium superum; sepalis dissimilibus 3 : postico (?) late cordato-subrotundato maximo membranaceo dite venoso patente; anticis autem 2, longe lineari-subulatis reflexo-patentibus. Discus sepalo postico conformis eoque multo brevior subplanus, basi adnatus. Petala 3, sepalis anticis similia æqualiaque. Stamina epigyna 6; filamentis brevibus liberis crassiusculis compressis recurvo-patentibus; antheris terminalibus breviter ovatis; loculis parallelis contiguis, extrorsum rimosis. Germen inferum, sub-3-loculare; placentis parietalibus 3, valde intrusis, 2-fidis; styli ramis stigmatosis brevibus crassis. Ovula ∞, oblique descendentia, breviter fusiformia. Fructus elongato-cylindraceus exuviis coronatus, 3-valvis; seminibus...? — Herba parasitica v. saprophyta (colorata); rhizomate brevi; caule erecto tenero simplici squamigero; flore terminali solitario. (*Nova Guinea.*) — *Vid. p.* 174.

8. **Arachnites** Phil.[1] — « Flores irregulares, 1-sexuales; perianthii superi sepalis dissimilibus 3 : postico maximo ovato-lanceolato, ad imam costam glanduloso-incrassato; cæteris cum petalis 3 longe lineari-subulatis patentibus. Stamina 6; filamentis brevibus crassiusculis erecto-inflexis; antheris 1-rimosis. Germen rudimentarium;

1. In *Bot. Zeit.* (1864), 217; in *Verh. Zool.-bot. Ges. Wien*, XV, 517, t. 12. — B. H., *Gen.*, III, 460, n. 10. — Engl., *Pflanzenfam.*, 51, fig. 40, F, G.

stylo ovoideo, 3-fisso. Staminodia in flore fœmineo minima. Germen inferum latum, 1-loculare; placentis parietalibus 3, ∞-ovulatis; stylis 3, brevibus crassis, vertice stigmatosis. Fructus sphæricus cupularis, vertice dehiscens. Semina ∞, minima; testa laxa reticulata, utrinque ultra nucleum parvum longe producta; embryone (?) homogeneo. — Herba parasitica saprophyta? (colorata[1]), e rhizomate fasciculato-tuberoso erecta simplex tenuis; foliis ad squamas concolores reductis; flore terminali solitario. (*Chili*[2].) »

1. « Rubro-fuscata. »

2. Spec. 1. *A. uniflora* PHIL.

CXXVIII
HYDROCHARIDACÉES

I. SÉRIE DES MORÈNES.

Les Morènes (fig. 122-125) qui ont donné leur nom (*Hydrocharis*[1])

Hydrocharis Morsus-ranæ.

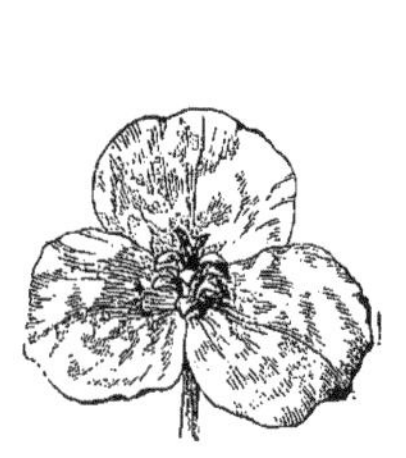

Fig. 122. Fleur mâle.

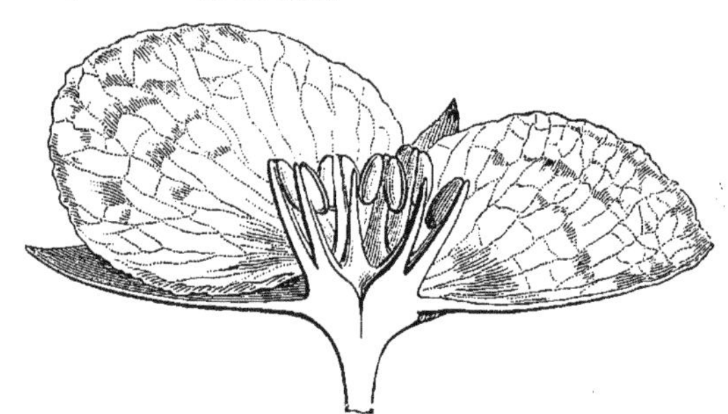

Fig. 123. Fleur mâle, coupe longitudinale.

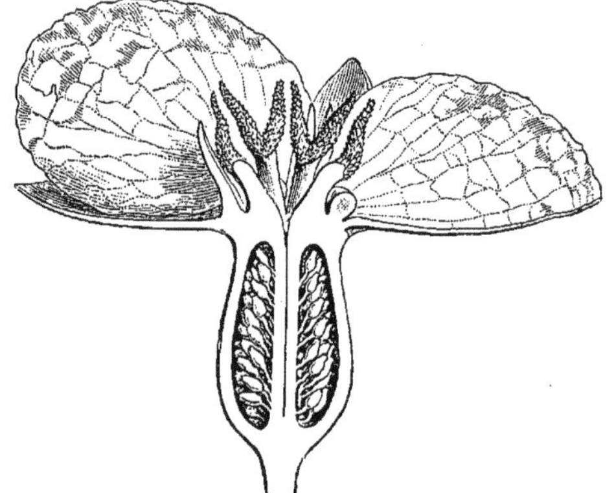

Fig. 125. Fleur femelle, coupe longitudinale

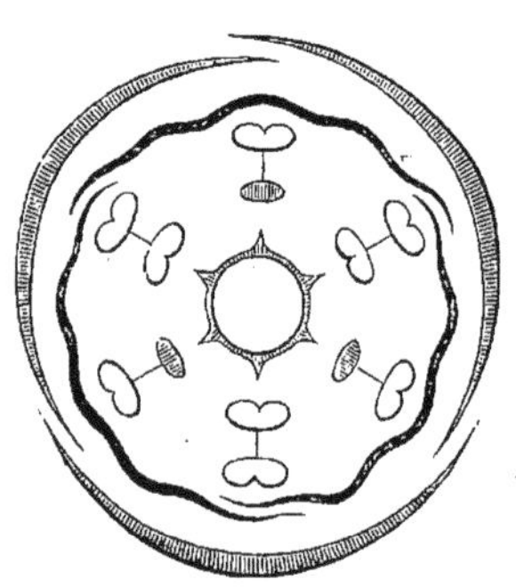

Fig. 124. Fleur mâle, diagramme.

à cette famille, ont les fleurs monoïques. Le réceptacle convexe des

1. L., *Gen*, ed. I, n. 757; ed. VI, n. 1126. — ADANS., *Fam. des pl.*, II, 76 (Aristoloches). — J., *Gen.*, 67. — LAMK, *Ill.*, t. 820. — L.-C. RICH., in *Mém. Inst. Par.* (1811), 36, 67, t. 9.—TURP.,

mâles porte trois sépales herbacés, imbriqués ou tordus, et trois pétales alternes, bien plus grands, très fragiles, de couleur blanche, sessiles, corrugués et tordus ou imbriqués dans le bouton. L'androcée se compose de neuf étamines fertiles : trois superposées aux sépales; trois alternes; trois autres encore alternipétales. Les six premières ont une anthère extrorse, biloculaire, basifixe, déhiscente par deux fentes longitudinales; et les trois autres ont la déhiscence latérale, introrse ou extrorse. Il y a généralement, en outre, trois staminodes papilleux, entourant un rudiment de gynécée, masse charnue, supère, surmontée d'une, deux ou trois cornes stylaires[1]. Dans la fleur femelle, le réceptacle devient un sac qui loge dans sa concavité l'ovaire infère et qui porte sur ses bords un double périanthe, semblable à celui de la fleur mâle; des staminodes épigynes, au nombre de trois, superposés aux sépales, simples ou dédoublés, et trois épaisses glandes qui répondent à la base des pétales. L'ovaire est surmonté de six branches stylaires bifides, et sa cavité est partagée par six placentas centripètes, non unis d'abord au centre, en six loges incomplètes, superposées aux sépales et aux pétales. Sur chaque placenta s'insèrent, de part et d'autre, un grand nombre d'ovules orthotropes, transversaux ou obliques[2]. Le fruit est infère, charnu. Sa pulpe molle renferme des graines en nombre indéfini, orthotropes, à téguments épais, entourant un embryon charnu, subfusiforme, avec une fente latérale au fond de laquelle se trouve la gemmule. L'*H. Morsus-ranæ*[3], seule espèce du genre, est une petite herbe vivace des eaux douces. Son rhizome porte des racines adventives et des stolons minces, avec des feuilles alternes, rapprochées, les unes parfaites et les autres réduites à une gaine membraneuse. Les premières ont un long pétiole et un limbe orbiculaire-cordé, entier, qui s'étale à la surface de l'eau. D'entre les feuilles se dégagent les hampes qui portent, ou une fleur[4], comme il arrive normalement pour les femelles; ou plusieurs fleurs disposées en cyme unipare-scorpioïde; ce qui est souvent le cas des mâles. Celles-ci sont

in *Dict. sc. nat.*, Atl., M., t. 77. — NEES, *Gen. Fl. germ.*, *Monoc.*, III, n. 52. — ENDL., *Gen.*, n. 1216. — B. H., *Gen.*, III, 452, n. 8. — ASCHERS. et GRKE, in *Engl. u. Prantl Pflanzenfam.*, II, I, p. 258, fig. 191. — *Morsus-ranæ* T., in *Act. Acad. par.* (1705), 237.

1. Parfois très réduites ou nulles, souvent unies à leur base, simples ou bifurquées.

2. A funicule grêle et ascendant. Leur tégument est double.

3. L., *Spec.*, 1466. — REICHB., *Ic. Fl. germ.*, t. 62. — HOOK. F., *Fl. brit. Ind.*, V, 662. — FR. et SAV., *En. pl. jap.*, II, 19. — BENTH., *Fl. austral.*, VI, 256. — BOISS., *Fl. or.*, V, 4. — DC., *Fl. fr.*, III, 266. — GREN. et GODR., *Fl. de Fr.*, III, 307. — DUB., *Bot. gall.*, 436. — BRANDZ., *Prodr. Fl. rom.*, 461. — WILLK. et LGE, *Prodr. Fl. hisp.*, I, 161 (*Morène commune*, *Morsus ranæ*, *M. diaboli* off.).

4. Blanche, légèrement odorante.

enveloppées de deux bractées qui se recouvrent l'une l'autre, ou, quand il s'agit de la fleur femelle, d'une seule bractée compliquée. La plante habite l'Europe et l'Asie moyenne; on l'a observée à Madagascar et en Australie où on la suppose introduite.

A côté des Morènes se placent les *Limnobium* et *Hydromystria*, plantes également d'eau douce, américaines, qui ont aussi un double périanthe, de trois à neuf étamines et un ovaire infère, surmonté de trois branches stylaires. Leurs spathes unisexuées et formées de deux folioles, enveloppent ou une fleur femelle, ou bien d'une à trois fleurs mâles.

Le *Stratiotes aloides*, herbe européenne, vivace et submergée, donne son nom à une sous-série (*Stratiotées*). Ses feuilles sont dentées en scie; et ses fleurs unisexuées, à double périanthe, ont de grands pétales blancs. Le nombre des étamines est indéfini dans les mâles en cyme; et les femelles solitaires ont un ovaire infère, multiovulé, surmonté d'un style à six branches simples ou bifurquées, qu'entourent des staminodes en nombre indéfini. Les *Boottia*, de l'Asie et l'Afrique tropicales, ont aussi des fleurs unisexuées et des inflorescences mâles à fleurs nombreuses, en cyme ombelliforme, émergeant d'une sorte d'involucre sacciforme; tandis que les *Ottelia*, asiatiques, africains, océaniens et américains, sont en réalité plus parfaits, puisque leur fleur, solitaire dans sa spathe costée ou ailée, au sommet d'une hampe simple, est normalement hermaphrodite.

Les *Vallisneria*[1] (fig. 126-131), type d'un groupe (*Vallisnériées*) souvent élevé au rang de tribu, ont des fleurs dioïques. Dans les mâles, le réceptacle est convexe et porte un petit calice à trois divisions valvaires. A ces divisions se superposent un même nombre d'étamines, ou deux, ou une seule. Elles peuvent être toutes fertiles, formées d'un filet épais, à insertion centrale, et d'une anthère basifixe, à quatre lobes obtus, qui s'étalent en panneaux irréguliers pour laisser sortir le pollen. Ou bien il y a une, plus rarement deux de ces étamines, qui sont réduites à un staminode en forme de baguette. Souvent, en outre, à deux étamines fertiles s'interpose un appendice

1. MICHELI, *Nov. pl. gen.* (1729), 12, t. 10. — L., *Gen.*, ed. I, n. 741; ed. VI, n. 1097. — J., *Gen.*, 67.— LAMK, *Ill.*, t. 799. — ADANS., *Fam. des pl.*, II, 76 (Aristoloches). — L.-C. RICH., in *Mém. Inst. Par.* (1811), 12, 62, t. 3. — TURP., in *Dict. sc. nat.*, Atl., t. 78, 79. — NEES, *Gen. Fl. germ.*, *Monoc.*, III, n. 50. — ENDL., *Gen.*, n. 1209. — A. CHAT., *Mém. Vallisn.* (1855). — B. H., *Gen.*, III, 451, n. 4. — J.-F. MUELL., *Entw. v. Vallisn.*, in *Hanst. Bot. Abh.*, III (1878), 31, t. 6-9. — H. BN, in *Adansonia*, XII, 256, t. 8, fig. 18-25. — ASCHERS. et GRKE, *Pflanzenfam.*, 251, fig. 184, G, H. — *Physcium* LOUR., *Fl. cochinch.*, 662.

conique ou subulé et alternisépale. Dans la fleur femelle, le réceptacle prend la forme d'un long tube cylindrique qui enveloppe l'ovaire

Vallisneria spiralis.

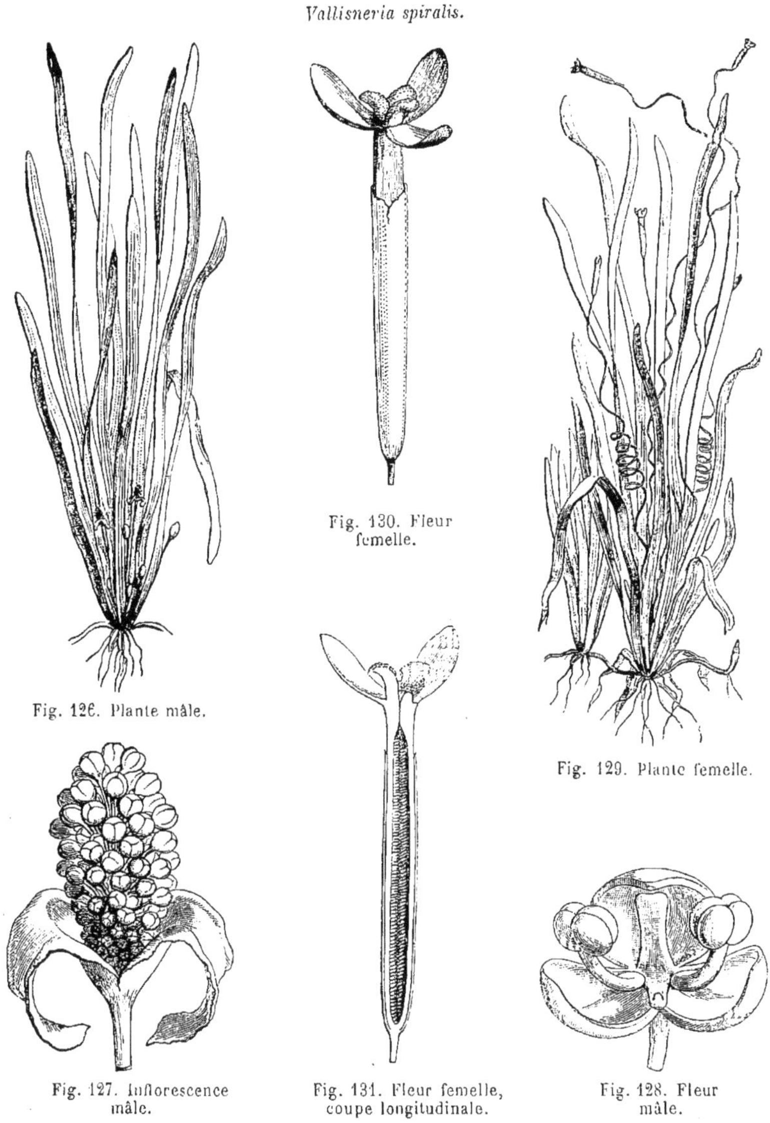

Fig. 126. Plante mâle.

Fig. 130. Fleur femelle.

Fig. 129. Plante femelle.

Fig. 127. Inflorescence mâle.

Fig. 131. Fleur femelle, coupe longitudinale.

Fig. 128. Fleur mâle.

infère et dont les bords portent trois sépales valvaires, avec un, deux ou trois staminodes alternes, entiers, bifides ou même nuls. Le style, très épais et très court, se partage immédiatement en trois lobes stigmatifères oppositisépales, simples ou bilobulés, chargés de papilles stigmatiques. Dans la loge unique de l'ovaire proéminent faiblement trois placentas pariétaux, alternisépales, chargés d'ovules ascendants, orthotropes, supportés par un funicule et à micropyle supérieur[1]. Le fruit est cylindrique, linéaire, membraneux; il renferme de nombreuses graines atténuées à leur base, et dont les téguments membraneux recouvrent un embryon charnu, à très petite gemmule cachée dans une fente latérale peu visible.

Le *V. spiralis*[2] est, pour bien des auteurs, la seule espèce du genre, avec plusieurs variétés. C'est une petite herbe submergée[3], à rhizome court, portant des racines adventives et assez souvent des stolons. Les feuilles, longuement et étroitement linéaires, molles, se dilatent à leur base en une courte gaine; elles sont alternes et très rapprochées les unes des autres. Entre elles s'élèvent des hampes qui, dans le pied mâle, sont courtes et dressées, terminées par plusieurs cymes unipares de fleurs pédicellées, et dont le pédicelle grêle se rompt, au moment de l'anthèse, sous le bouton qui s'élève vers la surface de l'eau. Dans le pied femelle, les hampes sont très longues et spiralées, de façon à porter, en se déroulant, la fleur jusqu'à la surface du liquide. Après la fécondation, les tours de la spirale se rapprochent et ramènent au fond de l'eau le fruit qui doit y mûrir[4]. Sous la fleur femelle, comme sous l'inflorescence mâle, le pédoncule porte un involucre ou spathe. C'est un sac membraneux, gamophylle, ovoïde dans le pied mâle, cylindrique dans le pied femelle où il entoure étroitement l'ovaire, puis le fruit, et qui est formé de deux ou trois bractées, distinctes seulement d'abord à leur extrême sommet. On a observé la plante dans presque toutes les régions chaudes et tempérées des deux mondes.

Mais on a encore adjoint aux Vallisnères, comme sous-genre, le *Nechamandra*[5], dont le type, des eaux douces asiatiques et africaines, est le *Vallisneria alternifolia* ROXB.[6], parfois aussi uni aux *Lagaro-*

1. A double tégument.

2. L., *Spec.*, 1441. — HOOK. F., *Fl. tasm.*, II, 37; *Fl. brit. Ind.*, VI, 660. — FR. et SAV., *En. pl. jap.*, II, 18. — BENTH., *Fl. austral.*, VI, 258. — RIDL., in *Journ. Linn. Soc.*, XXII, 236. — BOISS., *Fl. or.*, V, 3. — WILLK. et LGE, *Prodr. Fl. hisp.*, I, 160. — REICHB., *Ic. Fl. germ.*, t. 62. — DC., *Fl. fr.*, III, 267. — GREN. et GODR., *Fl. de Fr.*, III, 308. — *V. nana* R. BR., *Prodr.*, 345. — *Physcium natans* LOUR.

3. Dans les eaux douces, et aussi, dit-on, dans les eaux salées du golfe du Mexique.

4. Sur l'accroissement de la hampe, A.-W. BENN., in *Trans. Linn. Soc.*, ser. 2, I, 133; in *Trim. Journ.* (1877), 243.

5. J.-E. PL., in *Ann. sc. nat.*, sér. 3, XI, 78 (part.). — THW., *En. pl. Zeyl.*, 332.

6. *Fl. ind.*, III, 750. — WIGHT, in *Hook. Bot. Misc.*, III, 344; Suppl., t. 11. — HAM., in *Edinb. Journ. sc.*, I, 34.

siphon[1], et qui a les feuilles inférieures opposées, serrulées; la spathe mâle axillaire et sessile; des pétales plus courts que les sépales ou même nuls, et un bec aigu à l'ovaire et au fruit. Ses anthères sont souvent au nombre de deux. Ses tiges grêles portent des feuilles aiguës, souvent tordues.

Elodea canadensis.

Fig. 133. Rameau florifère femelle.

Les *Blyxa*, de l'Asie tropicale, des îles Mascareignes et de Madagascar, sont voisins des Vallisnères par leurs spathes unisexuées : les femelles uniflores et les mâles pluriflores. Leur pédoncule femelle ne s'enroule pas en spirale. Ces plantes ont de trois à neuf étamines, un calice et une corolle dans les fleurs des deux sexes; et leurs styles à trois branches stigmatiques longues et grêles existent aussi dans les unes et les autres.

Halophila ovalis.

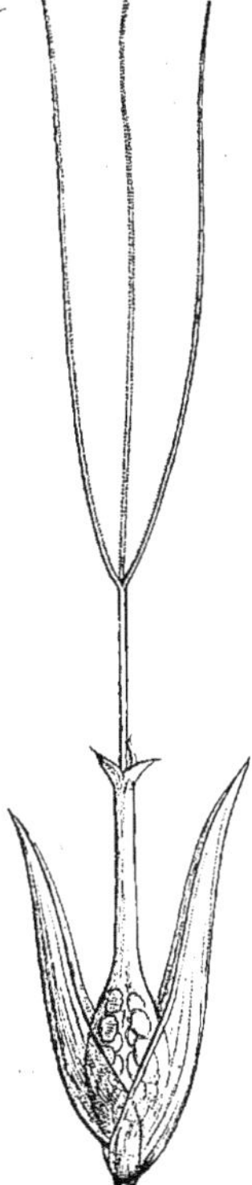

Fig. 132. Fleur femelle.

Avec de plus grandes dimensions que les Vallisnères, les *Enalus*, asiatiques et océaniens, ont tout à fait la même organisation fondamentale. Ils ont aussi des fleurs femelles à style de Stratiotées, solitaires au bout d'une grande hampe qui peut se dérouler et porter la fleur au-dessus de l'eau, tandis que les mâles, en grand nombre dans leur spathe, au sommet d'un pédoncule court, se détachent pour venir flotter à la surface. Mais ce sont des plantes marines, à grandes feuilles linéaires (*Thalassiées*). A côté de ce genre se placent les *Thalassia*, des mers chaudes de l'ancien monde, dont les fleurs sont apétales et dont le fruit mûr est partagé en lanières par des fentes longitudinales interplacentaires. Les *Halophila*

1. *L. Roxburghii* Benth. — Hook. f., *Fl. brit. Ind.*, V, 659. — Balf. f., *Bot. Socot.*, 284.

(fig. 132), des mêmes mers, sont plus réduits encore : leurs fleurs des deux sexes, très petites, solitaires dans leur spathe, n'ont qu'un calice court, trois étamines ou un ovaire à long bec, avec des placentas pariétaux pluriovulés. Leurs petites spathes diphylles sont solitaires au niveau des feuilles courtes, sur des axes stolonifères grêles et radicants.

Les *Hydrilla*, plantes submergées des eaux douces de l'Asie et de l'Océanie, donnent leur nom à une sous-série (*Hydrillées*), formée d'herbes délicates, ramifiées, à branches feuillées longues et grêles. Les fleurs des deux sexes sont axillaires et solitaires, sessiles, enveloppées d'une spathe formée de deux folioles; et l'ovaire infère n'a qu'une loge, avec des placentas pariétaux, peu saillants, pluriovulés. Le style est partagé en trois branches papilleuses, et les ovules sont anatropes, tandis qu'ils sont orthotropes dans les deux genres voisins *Elodea* (fig. 133) et *Lagarosiphon;* ce dernier à feuilles alternes, tandis que dans les deux autres genres du groupe, elles sont ou opposées, ou plus généralement verticillées.

Cette petite famille fut établie en 1789 par A.-L. DE JUSSIEU[1]; mais il y comprenait les Nymphæacées et les *Nepenthes*. SPRENGEL[2] alla plus loin, y faisant en outre rentrer les Alismacées et plusieurs Onagrariacées aquatiques. Les Hydrocharidées de L.-C. RICHARD[3] furent bien plus nettement délimitées, et LINDLEY qui, en 1847, leur donna leur nom actuel[4], n'y admit, comme lui, que des Monocotylédones aquatiques à ovaire infère. Ces plantes représentent donc la forme aquatique[5] des Amaryllidacées, Broméliacées, Burmanniacées et Iridacées, en même temps que la forme à ovaire infère des Pontédériées, Naiadées et Alismacées. Les quatorze genres qu'on y con-

1. *Gen.*, 67, Ord. 4 (*Hydrocharides*).

2. *Anleit.*, II, I, 262, Fam. 21 (1817).

3. In *Mém. Inst. Par.* (1811). — B. H., *Gen.*, III, 448, Ord. 167. — ENDL., *Gen.*, 160, Ord. 59.

4. *Hydrocharidaceæ* LINDL., *Veg. Kingd.*, 141 (*Hydralium* Ord.). — *Hydrocharitaceæ* ASCH. et GRKE, *Pflanzenfam.*, 238. — *Vallisneriaceæ* LINK. — *Stratioteæ* LINK, *Handb.*, I, 281. — *Anacharideæ* ENDL., *Gen.*, 161. — *Hydrilleæ* CASP., in *Mon. Berl. Akad.* (1858), 39. — *Stratioteæ* REICHB., *Consp.*, 45.

5. Elles doivent à leur station des particularités organographiques et anatomiques remarquables (voy. SCHENCK, *Vergl. Anat. d. submerg. Gew.* (1886). — NOLTE, *Bot. Bem.* Stratiotes *u.* Sagittaria (1825). — H. DE VRIESE, in *Ned. Kruidk. Arch.* (1872), I, 203. — ASCHERS., in *Monatsb. Nat. Freund.* (1875), 101; in *Sitzungsber. Bot. Ver. Prov. Brandenb.* (1875), 80. — HOLM, in *K. Svensk. Vet.-Akad. Handling.* (1885), et les recherches spéciales de M. A. CHATIN, dans la première partie de son *Anatomie comparée des végétaux;* puis celles relatives à l'histologie des tiges, feuilles, etc., de M. SAUVAGEAU, dans le *Journal de Morot* (1890), 269 et seq. pass.

serve renferment une cinquantaine d'espèces, qui habitent[1] les eaux douces ou salées des régions chaudes et tempérées des deux mondes. Trois d'entre eux seulement appartiennent à l'Amérique.

Ce sont des plantes peu utilisées[2]. Toutes celles qui habitent la mer et ressemblent aux Zostères par leurs feuilles, peuvent être employées aux mêmes usages économiques. On cite comme plantes comestibles l'*Enalus acoroides*[3], l'*Ottelia alismoides*[4], le *Boottia cordata*[5] et quelques autres, dont on consomme soit les fruits, soit les rhizomes. L'*Hydrocharis Morsus-ranæ*[6] (fig. 122-125), probablement fort peu actif, passe, dans nos campagnes, pour mucilagineux et légèrement astringent. Sous le nom de *Jangi*, on utilise dans l'Inde, pour raffiner le sucre, des *Vallisneria* et des *Hydrilla*[7]. Les phénomènes qui accompagnent la fécondation et la maturation des fruits des Vallisnères ont beaucoup occupé les naturalistes et même les poètes. On observe absolument les mêmes faits, dans les bas-fonds maritimes de l'Asie et de l'Océanie, chez l'*Enalus acoroides*.

1. Voy. ASCHERS., in *Neumay. Anl. Wiss. Berb. Reis.* (1888), 191.
2. ENDL., *Enchir.*, 96. — LINDL., *Veg. Kingd.*, 141. — ROSENTH., *Syn. pl. diaphor.*, 107, 1082.
3. Voy. p. 196, not. 4.
4. PERS., *Syn.*, I, 400. — *Damasonium indicum* W. — ROXB., *Pl. corom.*, II, t. 85. — *Stratiotes alismoides* L., *Spec.*, 526.
5. WALL., *Pl. as. rar.*, I, 51, t. 65. — MIQ., *Fl. ind. bat.*, III, 238. — HOOK. F., *Fl. brit. Ind.*, VI, 662.
6. Voy. p. 184, not. 3.
7. Ce sont, dit-on, l'*Hydrilla verticillata*, α *Roxburghii* CASP. et le *Vallisneria alternifolia* ROXB. On a considéré leur rôle comme purement mécanique.

GENERA

1. **Hydrocharis** L. — Flores regulares diœci; masculorum receptaculo breviter convexo. Sepala 3, membranacea subherbacea imbricata. Petala 3, alterna, multo longiora latioraque tenuiter membranacea (colorata) imbricata v. torta corrugata. Stamina sæpius 12, quorum oppositisepala 6 totidemque oppositipetala; filamentis 6, 2-fidis, quorum 9 antherifera; 3 autem sæpe sterilia; antheris basifixis brevibus; loculis adnatis, lateraliter, introrsum v. extrorsum rimosis. Gynæcei rudimentum centrale varium. Floris fœminei receptaculum oblongo-ovoideum germenque intus adnatum fovens, perianthium (marium) margini insertum ferens. Glandulæ oppositipetalæ 3. Staminodia intra corollam numero varia, linearia. Styli rami stigmatosi 6, lineares, 2-fidi. Placentæ parietales 6, valde intrusæ, intus fere contiguæ. Ovula ∞, placentis inserta, in pulpa mucosa nidulantia, orthotropa; funiculo tenui. Fructus carnosus, intus pulposus, spurie 6-locularis. Semina ∞, nidulantia; embryone carnoso conformi; gemmula intra fissuram lateralem tenuem recondita. — Herba perennis fluitans stolonifera; radicibus evolutis; foliis ad nodos fasciculatis petiolatis; perfectorum limbo cordato-orbiculato natante. Scapi inter folia erecti, spatham 1, 2-phyllam sub inflorescentia gerentes; bractea exteriore interiorem amplectente; floribus masculis ∞, intra spatham 1-pari-cymosis; fœmineo autem plerumque solitario. (*Europa et Asia media.*) — *Vid. p.* 183.

2. **Limnobium** L.-C. Rich.[1] — Flores (fere *Hydrocharidis*) monœci; sepalis 3 petalisque totidem alternis tenuioribus imbricatis. Stamina 9-12; fertilium antheris basifixis linearibus; locu-

1. In *Mém. Inst. Par.* (1811), 32, 66, t. 8. — Endl., *Gen.*, n. 1215. — Spach, *Suit. à Buff.*, XII, 4. — B. H., *Gen.*, III, 452, n. 7 (part.). — Aschers. et Grke, *Pflanzenfam.*, 258.

lis connectivum marginantibus. Gynæcei rudimentum varium ; ramis sæpius 3, setiformibus. Floris fœminei receptaculum supra germen tubulosum ; perianthio marium. Staminodia 3-6. Germen inferum, imperfecte 6-loculare ; placentis valde prominentibus, ∞-ovulatis. Ovula orthotropa ; funiculo tenui. Styli rami sæpius 6, subulati simplices v. sæpius 2-fidi. Fructus baccatus, ∞-spermus ; embryone exalbuminoso ceterisque *Hydrocharidis*. — Herba perennis aquatica ; foliis[1] in rhizomate basilaribus petiolatis orbiculato-reniformibus cordatis, subtus spongioso-reticulatis ; floribus cymosis ad 10 ; fœmineorum pedicello longiore, demum cernuo. (*America bor. et austr. extratrop.*[2])

3. **Hydromystria** G.-F. MEY.[3] — Flores (fere *Limnobii*) monœci v. diœci ; sepalis 3, imbricatis. Petala 3, imbricata v. torta. Stamina 6-12. Staminodia in flore fœmineo 3-6, conico-subulata. Germen inferum cylindraceum, 1-loculare ; placentis parietalibus parum prominulis, ∞-ovulatis. Ovula orthotropa[4]. Styli rami 6, simplices v. sæpius 2-furcati subulati. Fructus baccatus cæteraque *Limnobii*. — Herbæ aquaticæ perennes ; rhizomate sæpius brevi radicifero v. stolonifero ; foliis ovatis v. orbiculatis ; floribus[5] in spatha 2-folia paucis (1-3). (*America calid. et temp. utraque*[6].)

4. **Stratiotes** L.[7] — Flores diœci ; masculorum receptaculo convexo parvo. Sepala 3, herbacea, dorso carinata, imbricata. Petala 3[8], alterna, longiora (tenuiter membranacea), imbricata v. torta corrugata. Stamina ∞ ; exteriora ∞ ad staminodia subulata reducta ; interiora autem fertilia 9-15 ; filamentis brevibus erectis ; antheris lineari-elongatis basifixis ; loculis linearibus, lateraliter v. subextrorsum rimosis. Floris fœminei receptaculum lageniforme ; perianthio (marium) ori inserto. Staminodia epigyna subulata ∞. Germen inferum oblongum longe rostratum, sub-6-loculare ; pla-

1. Et habitu *Hydrocharidis*.

2. Spec. 1. *L. Spongia*. — *L. Bosci* L.-C. RICH. — GRISEB., *Symb. Fl. argent.*, 281. — *Hydrocharis Spongia* BOSC, in *Ann. Mus.*, IX, t. 30.

3. *Prim. Fl. essequeb.*, 152. — ASCH. et GRKE, *Pflanzenfam.*, 257. — *Jalambicea* LL. et LEX., *Nov. veg. Desc.*, II, 12. — *Trianea* KARST., in *Linnæa*, XXVIII, 424.

4. Integumento duplici.

5. Minimis, albidis v. viridulis.

6. Spec. 2, 3. BENTH., *Gen.*, III, 452 (*Limnobium*, part.). — GRISEB., *Fl. brit. W.-Ind.*, 506 (*Limnobium*, part.). — HEMSL., *Bot. centr.-amer.*, III, 196.

7. *Gen.*, ed. I, n. 454 ; ed. VI, n. 685. — J., *Gen.*, 67. — LAMK, *Ill.*, t. 489. — RICH., in *Mém. Inst. Par.* (1811), II, 64. — NEES, *Gen. Fl. germ.*, *Monoc.*, III, n. 51. — ENDL., *Gen.*, n. 1211. — B. H., *Gen.*, III, 454, n. 11. — ASCH. et GRKE, *Pflanzenfam.*, 255.

8. Alba, majuscula.

centis intus nunc contiguis; styli ramis 6, subulatis canaliculatis, sæpe 2-fidis. Ovula ∞, adscendentia anatropa; micropyle introrsum infera. Fructus[1] ovoideus acuminatus baccatus, mox exsertus recurvusque. Semina in muco gummoso nidulantia; integumentis crassiusculis; embryonis conformis carnosi gemmula intra fissuram lateralem recondita. — Herba submersa perennis; caule brevi stolonifero; foliis basilaribus crebris confertis lineari-lanceolatis argute serratis. Scapi axillares, sub floribus 2-bracteati; bracteis rigidis acutis; extima complicata intimam amplectente; flore fœmineo solitario; masculis autem cymosis 2-∞; singulis bractea membranacea complicata stipatis; omnibus sub anthesi supra aquam exsertis. (*Europæ temp. aquæ dulces*[2].)

5. **Boottia** WALL.[3] — Flores (fere *Stratiotis*) monœci; masculorum sepalis 3, oblongis v. linearibus. Petala 3, multo majora obovato-oblonga tenuiter membranacea imbricata. Stamina 6-12; antheris erectis oblongis, ad margines rimosis. Gynæcei rudimentum pulvinatum carnosum; stylis 3, longe petaloideis, 2-fidis. Floris fœminei perianthium (marium) summo tubo insertum. Staminodia parva ∞. Germen inferum; stylis 6-15, lineari-filiformibus, 2-fidis; loculis totidem subcompletis; placentis valde intrusis in centro conniventibus. Ovula ∞, septa spuria undique obtegentia. Fructus carnosus. Semina ∞; integumentis crassiusculis pulpa mucosa indutis; embryone carnoso. — Herbæ submersæ perennes; rhizomate nunc crasso in limo radicante; foliis confertis petiolatis, ovato-oblongis v. late cordatis. Spathæ 1-sexuales tubulosæ v. demum lageniformes v. subfusiformes, ∞-costatæ, breviter 2-fidæ; costis lateralibus 2 nunc magis prominentibus nec alatis. Flores masculi in spatha plures cymosi pedicellati; fœmineus autem intra spatham sessilis 1. (*Asia et Africa trop.*[4])

6. **Ottelia** PERS.[5] — Flores (fere *Boottiæ*) hermaphroditi; recep-

1. GÆRTN., *Fruct.*, I, t. 14, fig. 8.

2. Spec. 1. *S. aloides* L., *Spec.*, 754. — DC., *Fl. fr.*, III, 266. — NOLTE, *Bem. ub.* Strat. *u.* Sagitt. (in-4), t. 1. — REICHB., *Ic. Fl. germ.*, t. 61. — GREN. et GODR., *Fl. de Fr.*, III, 307. — T. IRM., *Beitr. Strat.*, in *Flora* (1865), 81, t. 1. — *Aloides* BOERH.

3. *Pl. as. rar.*, I, 51, t. 65. — ENDL., *Gen.*, n. 1214. — B. H., *Gen.*, III, 453, n. 10. — ASCH. et GRKE, *Pflanzenfam.*, 255, fig. 189.

4. Spec. 8, 9. SPACH, *Suit. à Buff.*, XII, 4. — PL., in *Ann. sc. nat.*, sér. 3, XI, 81 (*Damasonium*). — BAK., in *Trans. Linn. Soc.*, XXIX, 151 (*Ottelia*). — RIDL., in *Journ. Linn. Soc.*, XXII, 239, t. 13. — HOOK. F., *Fl. brit. Ind.*, V, 662. — MIQ., *Fl. ind. bat.*, III, 238.

5. *Syn.*, 1, 400. — L.-C. RICH., in *Mém. Inst. Par.* (1811), 27, 65, t. 7. — J., in *Dict.*, XXII, 121. — ENDL., *Gen.*, n. 1213. — B. H., *Gen.*, III, 453, n. 9. — ASCH. et GRKE, *Pflan-*

taculo germen fere totum fovente. Sepala 3, margini inserta, oblonga v. linearia membranacea rigidula. Petala 3, alterna, multo majora obovata, appendiculis obovoideis carnosis basi instructa. Stamina 6-∞, epigyna; filamentis plus minus dilatatis; antheris linearibus v. oblongis erectis, ad margines rimosis. Germen inferum, apice rostratum; styli ramis 6, linearibus, sub-2-fidis. Placentæ parietales 6, valde intrusæ atque germinis ad centrum conniventes; ovulis ∞, placentas undique obtegentibus. Fructus inferus, ovoideo-oblongus, spatha inclusus; pericarpio crassiusculo, apice attenuato. Semina ∞, in pulpa viscosa nidulantia oblonga; embryonis conformis carnosi gemmula intra fissuram brevem laterali. — Herbæ perennes; caule brevi; foliis basilaribus confertis, aut submersis breviterque petiolatis, aut natantibus limboque lato ovato, oblongo, cordato v. reniformi petioloque longo donatis; floribus[1] in summo scapo longo solitariis; spatha herbacea tubulosa, 2-fida v. 2-dentata, ∞-nervi v. nunc 2-pluricostata v. alata, florem demum emersum involucrante; alis sæpius inæqualibus undulatis. (*Asia*, *Oceania*, *Africa cont. et ins. trop.*, *Brasilia*[2].)

7. **Vallisneria** L. — Flores diœci; masculorum receptaculo minuto convexo. Sepala 3, valvata. Stamina totidem opposita centralia, v. 1, 2; filamento crasso; anthera basifixa, obtuse 4-loba irregulariter dehiscente; nunc ad staminodia reducta. Appendicula nunc alternisepala 1, subulato-conica. Floris fœminei masculo multo majoris receptaculum tubulosum germen intus adnatum fovens marginique perianthium (marium) staminodiaque 1-3 gerens. Stylus brevissimus crassissimusque; lobis stigmatiferis brevibus, simplicibus v. 2-lobulatis. Placentæ in germine parietales 3; ovulis ∞, adscendentibus orthotropis; micropyle supera; funiculo tenui. Fructus cylindraceus membranaceus; seminibus ∞, basi attenuatis; embryone conformi carnoso; gemmula in fissura laterali recondita. — Herbæ submersæ perennes; rhizomate brevi, nunc stolonifero. Folia basilaria conferta longissime angusteque linearia, basi bre-

zenfam., 257, fig. 190. — *Damasonium* SCHREB., *Gen.*, 242 (non J.).

1. Albis, majusculis.

2. Spec. 8, 9. SM., *Exot. Fl.*, t. 15 (*Stratiotes*). — HEDW., *Gen.*, 255. — ROXB., *Pl. corom.*, t. 185 (*Damasonium*). — MIQ., in *Ann. Mus. lugd.-bat.*, II, 271. — PL., in *Ann. sc. nat.*, sér. 3, XI, 81 (*Damasonium*). — BENTH., *Fl. austral.*, VI, 256. — HOOK. F., *Fl. brit. Ind.*, V, 662. — FR. et SAV., *En. pl. jap.*, II, 19. — RIDL., in *Journ. Linn. Soc.*, XXII, 237. — A. RICH., *Fl. abyss.*, II, 280, t. 95. — BOISS., *Fl. or.*, V, 5. — *Bot. Mag.*, t. 1201 (*Damasonium*). — WALP., *Ann.*, III, 510.

viter vaginantia. Scapi masculi breves recti floribusque dense 1-pari-cymosis terminati; spatha sub floribus ovoidea, breviter 2, 3-fida. Scapi fœminei longissime filiformes cylindracei spirales flore unico terminati; spatha circa florem cylindracea, breviter 2, 3-fida fructumque involvente. (*Orbis utriusque regionum calid. et temp. aquæ dulces et* (?) « *salsæ* ».) — *Vid. p.* 185.

8. **Blyxa** Dup.-Th.[1]. — Flores (fere *Vallisneriæ*) 1-sexuales. Masculorum perianthium duplex; sepalis oblongis 3. Petala 3, multo angustiora longioraque, nunc subfiliformia. Stamina 3 (*Diplosiphon*[2]), v. 6-9; filamentis brevibus; antheris erectis lineari-oblongis, 2-rimosis (in staminibus nunc 1 v. paucis effœtis v. rudimentariis sterilibus). Germen rudimentarium centrale; stylis 3, basi nunc dilatatis, cæterum linearibus. Floris fœminei perianthium tubi ori longissimi insertum superum, ei marium simile. Staminodia epigyna pauca minuta v. 0. Germen inferum valde elongatum lineare, apice longe attenuato-rostratum, 1-loculare; placentis parietalibus 3; styli ramis simplicibus lineari-filiformibus 3. Ovula in placentis singulis ∞. Fructus inferus longe linearis membranaceus, spatha inclusus. Semina ∞, oblonga, pulpa mucosa extus induta. — Herbæ submersæ; radicibus fasciculatis; caule brevissimo. Folia conferta longe lineari-subulata; scapis inter folia brevibus immersis v. valde elongatis, spathiferis. Spatha 1-sexualis, apice 2-fida[3]; floribus masculis in ea pluribus stipitatis; fœminea autem florem sessilem 1 fovente. (*Asiæ trop., Australiæ et Africæ orient. insul. aquæ dulces*[4].)

9. **Enalus** L.-C. Rich.[5] — Flores diœci; masculorum minimorum receptaculo minuto convexo. Sepala 3, ovato-ellipsoidea petalaque totidem subsimilia tenuiora. Stamina 3, oppositisepala; antheris subsessilibus ovatis erectis, ad margines rimosis. Floris fœminei masculo multo majoris receptaculum lageniforme sessile,

1. *Gen. nov. madag.*, 4. — L.-C. Rich., in *Mém. Inst. Par.* (1811), II, 63, t. 4, 5. — Endl., *Gen.*, n. 1210. — B. H., *Gen.*, III, 451, n. 5. — Asch. et Grke, *Pflanzenfam.*, 252, fig. 186, 187. — *Saivala* Wall., herb.

2. Dcne, in *Jacquem. Voy. Bot.*, 166, t. 167. — *Hydrotrophus* C.-B. Clke, in *Journ. Linn. Soc.*, XIV, 8, t. 1. — B. H., *Gen.*, III, 452, n. 6.

3. Nunc raro echinata.

4. Spec. ad 6. Roxb., *Pl. corom.*, t. 165 (*Vallisneria*). — Benth., *Fl. austral.*, VI, 258. — Thw., *En. pl. Zeyl.*, 332. — Ridl., in *Journ. Linn. Soc.*, XXII, 236, t. 14. — Jon., in *As. Res.*, IV, 275. — Hook. f., *Fl. brit. Ind.*, V, 660. — Boiss., *Fl. or.*, V, 4.

5. In *Mém. Inst. Par.* (1811), 64 (*Enhalus*). — Endl., *Gen.*, n. 1212. — Meissn., *Gen.*, 365 (273). — Griff., *Notul.*, III, 175; *Ic. pl. as.*, t. 249, 250. — B. H., *Gen.*, III, 454, n. 12. — Asch. et Grke, *Pflanzenfam.*, 254.

extus aculeatum, superne in collum rostriforme productum. Sepala 3, supera oblonga, imbricata v. subvalvata. Petala 3, alterna longiora angustioraque tenuiora, plicato-corrugata demumque ex parte exserta. Germen inferum, 1-loculare; placentis parietalibus ad 6, inferne ovuligeris; stylis 6-15, lineari-subulatis[1]. Ovula in placentis singulis pauca adscendentia subsessilia anatropa; micropyle infera. Fructus ovoideus carnosus, ob placentas accretas[2] sub-6-locularis. Semina pauca adscendentia[3]; integumento exteriore celluloso. Embryo conformis; cotyledone subconica exserta laterali, 2-labiata; gemmula magna recondita polyphylla; foliolo extimo a basi lineari, apice serrulato. — Herba submersa marina; rhizomate crasso repente, foliorum detritorum fibris dense crinito. Folia longissime linearia plana angusta, per 2-5 folio brevi ad vaginam reducto stipata, ad margines crassiora apiceque obtuso denticulata. Scapi masculi inter folia breves compressi, apice ∞-flori; floribus creberrimis 1-pari-cymosis, a pedicello tenui sub anthesi solutis superficiemque aquæ petentibus. Scapi fœminei multo longiores rigiduli rugosi erecti floremque unicum terminalem super aquam producentes, post anthesin spiraliter contracti; flore tunc submerso; maturitate autem fructum iterum emersum elevantes. Spatha sub flore fœmineo et sub inflorescentia mascula 2-phylla; bractea extima intimam subæqualem amplectente. (*Asia et Oceania calid.*[4])

10. **Thalassia** SOLAND.[5] — Flores (fere *Enali*) 1-sexuales; masculorum calycis foliolis 3, 4, lineari-elongatis tenuiter membranaceis[6], reflexis revolutisque; præfloratione imbricata. Stamina 6-9; antheris subsessilibus erectis, lineari-elongatis, apiculatis, 2-locularibus, extrorsum v. ad margines rimosis. Floris fœminei receptaculum longe lageniforme germen inferum concavitate fovens inque collum longe attenuatum. Perianthium (masculorum) receptaculi ori insertum; styli ramis subulatis numero variis, simplicibus v. 2-fidis. Ovula in placentis parietalibus pauca adscendentia. Fruc-

1. An exteriores staminodia referentes?
2. Demum farinoso-carnosis.
3. Mucilagine induta.
4. Spec. 1. *E. acoroides* STEUD. — ZOLL., *Verz.*, II, 69. — BOISS., *Fl. or.*, V, 6. — ASCH., in *N. Giorn. bot. ital.*, III, 299; in *Linnæa*, XXXV, 158. — *E. Kœnigii* L.-C. RICH. — HOOK. F., *Fl. brit. Ind.*, V, 663. — *E. marinus* GRIFF. — *Straliotes acoroides* L. FIL., *Suppl.*, 268. — POIR., *Dict.*, VII, 465. — *Acorus marinus* RUMPH., *Herb. amboin.*, VI, 191, t. 75, fig. 2.
5. In *Kœn. et Sims Ann. bot.*, II, 96. — ENDL., *Gen.*, n. 1658. — ASCH., in *Neum. Anl. Wiss. Berb.*, 361; *Pflanzenfam.*, 254, fig. 181, 188. — B. H., *Gen.*, III, 455, n. 13. — *Schizotheca* EHRENB. et SCHWEINF., *Beitr. Fl. æthiop.*, 293.
6. Tenuiter purpureo-lineatis.

tus receptaculo lævi v. varie echinato inclusus, demum inter placentas ab apice fissus stellatimque patens; valvis inæqualibus 3-∞. Semina pauca v. ∞, pulpa induta, adscendentia; embryone demum valde accreto[1], apice plus minus attenuato. — Herbæ marinæ[2] submersæ perennes; rhizomate in limo longe repente annulato; ramis ad nodos brevibus erectis foliiferis. Folia alterna conferta longe lineari-loriformia, vaginis exterioribus paucis scariosis basi cincta. Flores in summo scapo erecto compresso solitarii; spatha sub flore tubulosa e bracteis connatis membranaceis 2, sub anthesi ab apice solutis, confecta. (*Maria Rubrum*, *Indicum*, *Oceania*[3].)

11. **Halophila** Dup.-Th.[4] — Flores diœci; masculorum receptaculo minuto convexo. Sepala 3, ovata concava membranaceo-subherbacea imbricata. Stamina alterna 3; antheris centralibus subsessilibus linearibus erectis, extrorsum rimosis. Floris fœminei receptaculum lageniforme; collo tenui elongato, apice perianthium minutum 3-merum gerente. Germen inferum receptaculo inclusum, 1-loculare; stylis 3 perlongis lineari-subulatis tenuissimis, undique minute stigmatoso-papillosis. Placentæ parietales 3, vix prominulæ, pluriovulatæ; ovulis anatropis, 2-seriatim adscendentibus; micropyle extrorsum infera. Fructus subsphæricus, receptaculi tubo coronatus membranaceus. Semina subsphærica, breviter funiculata; integumento tenui subreticulato; embryonis carnosi granulosi gemmula cum cotyledone vaginante in fossula apicali prominente arcuata v. spiraliter parce torta. — Herbæ mari submersæ tenues; caulibus gracilibus repentibus ad nodos foliatis radicantibusque. Folia perfecta petiolata ovato-oblonga penninervia ad nodum quemque 2-na; rudimentaria tertia exteriore ad squamam hyalinam caulemque amplectentem reducta; floribus[5] in spatha e bracteis 2 circa fructum persistentibus constante solitariis; masculo pedunculato. (*Maria Rubrum*, *Pacificum*, *India or.*, *China*, *Africa trop.*, *Oceania trop.*[6])

1. Carnoso, albido, bulbiformi.

2. *Cymodoceæ* fere habitu.

3. Spec. 2. Poir., *Suppl.*, V, 94. — Solms, in *Schweinf. Beitr. Fl. æthiop.*, 194, 246 (*Schizotheca*). — Ehrenb., in *Abh. Berl. Akad.* (1832), I, 429. — Magn., in *Sitzb. Naturf. Fr. Berl.* (1870), 86. — Boiss., *Fl. or.*, V, 7.

4. *Gen. nov. madag.*, 2. — Gaudich., in *Freycin. Voy. Bot.*, 429, t. 40, fig. 1. — Endl., *Gen.*, n. 1837. — Aschers., in *N. Giorn. bot. ital.*, III, 300; in *Neum. Anl. Wiss. Beob.*, 367; *Pflanzenfam.*, 247, fig. 182. — Balf. f., in *Trans. Bot. Soc. Edinb.*, XIII, 290, t. 8-11, 16. — B. H., *Gen.*, III, 455, n. 14. — *Barkania* Ehrenb. et Hempr., in *Abh. Berl. Akad.* (1832), I, 429.

5. Minutis; masculis fugacibus.

6. Spec. 3, 4. Forsk., *Fl. æg.-arab.*, 158 (*Zostera*). — R. Br., *Prodr.*, 339 (*Caulinia*). — Griff., *Ic. pl. as.*, t. 161, C, fig. 2 (*Diplan-*

12. **Hydrilla** L.-C. Rich.[1] — Flores monœci v. diœci; masculorum receptaculo brevi convexo. Sepala 3, ovata, elliptica v. obovata, membranacea, imbricata. Petala 3, alterna sepalis æquilonga angustiora imbricata. Stamina 3, centralia, alternipetala; filamentis brevibus crassiusculis; antheris ovatis v. ellipticis, 2-locularibus. Floris fœminei receptaculum elongatum supra germen inferum inclusum adnatumque valde angustato-lageniforme; perianthio (marium) ori inserto. Germen 1-loculare; placentis 2, 3, parum prominulis pauciovulatis. Ovula anatropa. Styli rami 2, 3, lineares simplices dense stigmatoso-papillosi. Fructus angustus; pericarpio tenui; seminibus paucis muco immersis; integumento extimo utrinque producto; embryone exalbuminoso carnoso. — Herbæ submersæ tenues ramosæ; caule ramisque gracilibus elongatis undique foliosis. Folia opposita v. sæpius 3, 4-natim verticillata brevia membranacea. Flores axillares solitarii spatha 2-folia inclusi; masculorum spatha subsphærica tenuiter membranacea plus minus muricata subque anthesi inæqui-rupta; fœmineorum autem tubulosa, ore 2-dentata, demum fructum includente. (*Asiæ et Oceaniæ trop. aquæ dulces*[2].)

13. **Elodea** Michx[3]. — Flores (fere *Hydrillæ*) diœci v. polygami; masculorum receptaculo brevi perianthiumque duplex ferente. Sepala 3 (v. rarius 2), subpetaloidea imbricata. Petala alterna 3, tenuiora nuncque latiora imbricata. Stamina 3, alternipetala (v. 6-9); antheris oblongis erectis, ad margines 2-rimosis. Floris hermaphroditi v. fœminei receptaculum sacciforme oblongum germen inferum cavitate fovens ultraque illud in tubum gracilem perlongum productum, fauce perianthium (marium) ferens cum stami-

thera). — Benth., *Fl. austral.*, VII, 182. — Boiss., *Fl. or.*, V, 2. — Koen., *Ann. bot.*, II, 97 (*Thalassia*). — Miq., *Fl. ind. bat.*, III, 236 (*Thalassia*). — Hook. f., *Fl. brit. Ind.*, V, 663.

1. In *Mém. Inst. Par.* (1811), 9, 61, t. 2. — Endl., *Gen.*, n. 1208. — Casp., in *Pringsh. Jahrb.*, I, 493; in *Vers. deutsch. Naturf. Kœn.*, t. 4-7 (1860), 293; in *Ann. sc. nat.*, sér. 4, IX, 325, fig. 1-21. — B. H., *Gen.*, III, 450, n. 1. — Asch. et Grke, *Pflanzenfam.*, 249, fig. 184, A, B. — *Epigynanthus* Bl., in *Flora* (1825), 679; in *Hassk. Cat. H. bogor.*, 53. — *Hydrospondylus* Hassk., in *Flora* (1842), II, *Beibl.*, 33. — *Leptanthus* Wight, herb.

2. Spec. 1, 2. Roxb., *Pl. corom.*, t. 164 (*Serpicula*). — Hook. f., *Fl. brit. Ind.*, V, 659. — Boiss., *Fl. or.*, V, 8. — Fr. et Sav., *En. pl. jap.*, II, 17. — Benth., *Fl. austral.*, VI, 259. — Miq., *Fl. ind. bat.*, III, 239.

3. *Fl. bor.-amer.*, I, 20. — L.-C. Rich., in *Mém. Inst. Par.* (1811), 4, 60, t. 1. — Endl., *Gen.*, n. 1206. — Casp., in *Pringsh. Jahrb.*, I, 497; in *Ann. sc. nat.*, sér. 4, IX, 334, fig. 22-28. — H. Bn, in *Adansonia*, XII, 255, t. 8, fig. 1-17. — B. H., *Gen.*, III, 450, n. 2. — Engl., *Pflanzenfam.*, 250, fig. 184, C-F. — *Udora* Nutt., *Gen. n.-amer. pl.*, II, 242. — *Anacharis* L.-C. Rich., *loc. cit.*, 7, 61, t. 2. — Bab. et Pl., in *Trans. Bot. Soc. Edinb.*, III, 27, t. 2; in *Ann. Nat. Hist.*, ser. 2, 1, 81, t. 8. — *Apalanthe* Bab. et Pl., *loc. cit.* — Pl., in *Ann. sc. nat.*, sér. 3, XI, 75. — *Egeria* Pl., in *Ann. sc. nat.*, sér. 3, XI, 79. — *Philotria* Rafin., in *Amer. Monthl. Mag.* (1819) (ex Endl.).

nibus alternipetalis 3, fertilibus (marium) v. ad filamenta subulata reductis cumque styli ramis linearibus papillosis oppositipetalis, integris v. breviter longeve 2-fidis. Ovula basilaria pauca (3[1]) v. 4-∞, placentis parietalibus affixa orthotropa; micropyle supera[2]. Fructus oblongus, spatha inclusus v. lateraliter exsertus. Semina 1-∞, oblonga, pulpa immersa; embryonis conformis gemmula inclusa. — Herbæ submersæ valde ramosæ cum ramis radicantibus undique foliosæ. Folia 3, 4-natim verticillata, v. inferiora opposita, sessilia. Flores[3] in ramulo axillari, aut brevissimo (subsessiles), aut longiore bracteifero, terminales; bracteis lateralibus 2 in spatham tubulosam apiceque 2-dentatam fructumque cingentem connatis. (*America calid. et temp.*[4])

14. **Lagarosiphon** HARV.[5]— Flores (fere *Hydrillæ*) diœci; masculorum sepalis petaloideis 3, petalisque totidem alternis sæpe minoribus. Stamina fertilia 3, alternipetala; filamentis brevibus; antheris ovatis; additis nunc staminodiis 3, 2. Floris fœminei germen inferum oblongum, 1-loculare; perianthio (fere marium) supero. Staminodia parva v. 0. Styli rami stigmatosi intra perianthium 3, integri, emarginati v. 2-furcati. Placentæ parietales 3, 1-pauci-ovulatæ; ovulis orthotropis suberectis; micropyle supera. Fructus ovoideo-oblongus v. linearis membranaceus. Semina pauca pulpa mucosa immersa orthotropa; funiculo recto; exostomio breviter tubuloso papilloso; embryone carnoso conformi. — Herbæ submersæ; ramis elongatis gracilibus foliosis. Folia alterna, linearia v. setacea, integra, ciliata v. serrulata. Flores axillares : masculi in spatha sessili, apice 2-fida, ∞, minute pedicellati; fœminei in spatha axillari[6] oblonga angusta, hinc fissa, solitarii. (*Indiæ, Africæ trop. cont. et insul. aquæ dulces*[7].)

1. Cum placentis vix prominulis (viridibus) alternantia.
2. Integumento duplici.
3. Pallide rosei, parvi.
4. Spec. 7, 8. REICHB., *Ic. Fl. germ.*, t. 59 (*Udora*). — BAB. et PL., in *Ann. sc. nat.*, sér. 3, XI, 69 (*Anacharis*), 75 (*Apalanthe*), t. 1. — MICHX, *Fl. bor.-amer.*, I, 20. — H. B., *Pl. æquin.*, II, 150.
5. In *Hook. Journ. Bot.*, IV, 230, t. 22. — CASP., in *Bot. Zeit.* (1870), 88; in *Pringsh. Jahrb.*, I, 503; in *Schweinf. Beitr. Fl. æthiop.*, 200, t. 4; in *Abh. Naturw. Ver. Brem.*, VII, 252, t. 18. — B. H., *Gen.*, III, 450, n. 3 (part.). — ASCH. et GRKE, *Pflanzenfam.*, 251, fig. 184, C, H.
6. Spathæ nunc 2-natæ.
7. Spec. 8, 9. HOOK. F., *Fl. brit. Ind.*, V, 659. — RIDL., in *Journ. Linn. Soc.*, XXII, 233. Genus *Hydrillam* cum *Euvallisnerieis* nonnihil connectens.

CXXIX

COMMELINACÉES

I. SÉRIE DES ÉPHÉMÉRINES.

Les Éphémérines (*Tradescantia*[1]) (fig. 134-138) représentent le type le plus complet de cette famille. Leurs fleurs, hermaphrodites et régulières, ont un réceptacle convexe qui porte un double périanthe: trois sépales imbriqués, herbacés ou pétaloïdes, et trois pétales alternes, d'un tissu délicat, également imbriqués dans le bouton. L'un d'eux est quelquefois un peu inégal aux deux autres. Les étamines sont au nombre de six, disposées sur deux verticilles, et celles qui sont superposées aux pétales sont généralement les plus grandes. Toutes ont un filet libre, souvent chargé de poils moniliformes[2], et une anthère qui s'attache sur le sommet du filet et par la base d'un connectif épais, ordinairement large et court, dont les bords portent deux loges déhiscentes par des fentes marginales ou légèrement introrses et pouvant se rapprocher beaucoup l'une de l'autre quand les loges se portent parallèlement en dedans[3]. Le gynécée se compose d'un ovaire supère, à trois loges alternipétales, surmonté d'un style d'abord arqué, dont le sommet stigmatifère est tronqué ou légèrement renflé; et l'angle interne de chaque loge donne insertion à deux ovules, finalement superposés, orthotropes ou à peu près, à axe horizontal, à micropyle regardant directement en dehors[4]. Le fruit est une capsule loculicide, dont les graines, au nombre d'une ou deux, superposées dans chaque loge, ont une conformation et une organisation particu-

1. L., *Gen.*, ed. I, n. 277. — J., *Gen.*, 45. — GÆRTN., *Fruct.*, I, t. 15. — TURP., in *Dict. sc. nat.*, Atl., t. 167. — ENDL., *Gen.*, n. 1031. — K., *Enum.*, IV, 80. — C.-B. CLKE, *Comm.*, 287. — PAYER, *Organog.*, t. 140. — B. H., *Gen.*, III, 853, n. 17. — SCHOENL., *Pflanzenfam.*, 68, fig. 29, 30, C; 36, D, F. — *Ephemerum* T., *Inst.*, 367, t. 193, fig. 1. — *Gonatandra* SCHLCHTL, in *Linnæa*, XXIV, 659. — *Descantaria* SCHLCHTL, in *Linnæa*, XXVI, 140. — *Heterachthia* KZE, in *Bot. Zeit.* (1850), 1. — *Mandonia* HASSK., in *Flora* (1871), 260. — *Skofitzia* HASSK. et KAN., in *Œstr. Bot. Zeit.* (1872), 147. — *Knowlesia* HASSK., *Comm. ind.*, 5. — KN. et WESTC., *Fl. Cab.*, III, 133, t. 124. — *Disgrega* HASSK., *Comm. ind.*, 6.

2. Souvent signalés dans les traités classiques pour l'étude des courants protoplasmiques.

3. Par inflexion du connectif. Le pollen est ellipsoïde, avec un pli longitudinal. Mouillé, il devient ovale, avec une bande ponctuée.

4. Le tégument est double.

lière qui se retrouve avec des modifications de détail dans la famille entière. La ligne qui s'étend de leur base organique à leur sommet

Tradescantia virginica.

Fig. 134. Port.

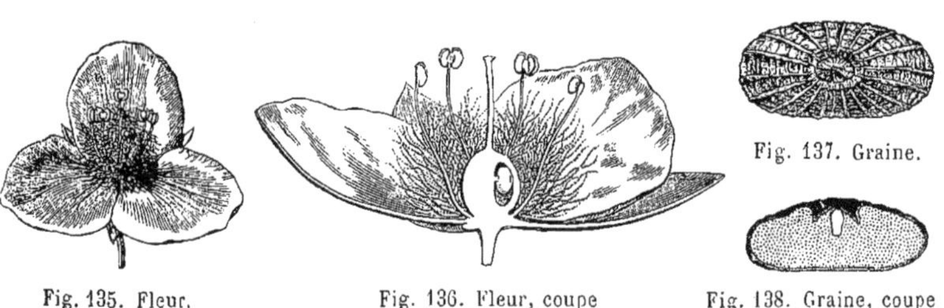

Fig. 135. Fleur.

Fig. 136. Fleur, coupe longitudinale.

Fig. 137. Graine.

Fig. 138. Graine, coupe longitudinale.

micropylaire, est horizontale, et le micropyle se trouve latéralement situé en dehors. Là les téguments sont couronnés par un petit opercule nommé embryotège, qui se détache circulairement, à la façon d'une soupape, lors de la germination, pour laisser sortir l'embryon situé au-dessous de lui dans la portion supérieure de l'albumen. Des bords de l'embryotège partent en rayonnant des sillons et des lignes saillantes alternatives qui se dirigent vers le hile. Celui-ci est ventral, linéaire. En outre, la graine est lisse ou rugueuse, fovéolée. L'albumen est dur, épais, et l'axe de l'embryon trochléaire est horizontal.

Il y a des Éphémérines dans lesquelles les anthères des petites étamines ne sont pas conformes à celles des grandes. Dans beaucoup d'espèces, les filets ne portent pas de poils, ou bien le connectif prend la forme d'une grande lame pétaloïde sur les côtés de laquelle s'insèrent les loges disjointes. Le nombre des ovules dans chaque loge peut s'élever quelquefois jusqu'à cinq ou six.

Ce sont des herbes américaines, vivaces, dont la souche radicante porte des rameaux aériens, à feuilles alternes, à limbe rectinerve, avec ou sans pétiole, et à base plus ou moins dilatée en une gaine qui entoure les axes. Dans le *T. fuscata*, dont on a fait un genre *Pyrrheima*[1], la tige est presque nulle, et les feuilles développées sont hérissées de poils bruns. Les fleurs[2], souvent entourées de feuilles modifiées, bractéiformes ou spathiformes, sont disposées en cymes unipares-scorpioïdes, de configuration variable, souvent réduites à quelques fleurs, parfois même à une seule, comme il arrive dans le *T. nana*[3]. L'inflorescence générale, plus ou moins composée, est d'ailleurs tantôt terminale et tantôt axillaire. On connaît environ trente-six espèces[4] de ce genre.

Les *Tinantia*, de l'Amérique tropicale, sont très voisins des Éphémérines; ils en ont le périanthe et jusqu'à cinq ovules dans chaque loge. Leurs étamines sont de deux sortes : trois plus grandes d'un côté de la fleur, et trois plus petites de l'autre. Leurs fleurs sont portées

1. HASSK., in *Flora* (1869), 366; *Comm. ind.*, 171. — C.-B. CLKE, *Comm.*, 271.

2. Blanches, jaunes, roses, bleuâtres ou violacées, souvent élégantes.

3. MART. et GAL., *En. pl. mex.*, 3. — C.-B. CLKE, *Comm.*, 308 (§ *Monantha*).

4. RED., *Lil.*, t. 94, 95. — CAV., *Ic.*, t. 75. — JACQ., *Ic. rar.*, t. 355. — VENT., *Jard. Cels*, t. 24. — H. B. K., *Nov. gen. et spec.*, t. 672, 673. — BART., *Fl. n.-amer.*, t. 41. — R. et PAV., *Fl. per. et chil.*, t. 272. — LEHM., in *N. Act. nat. cur.*, XIV, t. 48. — VELL., *Fl. flum.*, Atl., III, t. 152-154. — MART., *Ausw. Merk. Pfl.*, t. 7. — SEUB., in *Mart. Fl. bras.*, III, I, t. 34. — LINK et OTT., *Ic. pl. rar.*, t. 7. — SCHLCHTL., *H. hall.*, t. 11. — HOOK., *Ic.*, t. 654, 665. — LODD., *Bot. Cab.*, t. 374, 1513, 1560. — ORTG., in *Reg. Gartenfl.*, t. 901. — GRISEB., *Fl. brit. W.-Ind.*, 523. — TH. MOR., in *Bull. Torr. Bot. Club* (1893), 470. — HEMSL., *Bot. centr.-amer.*, III, 390, t. 95, fig. 12-21. — *Bot. Reg.*, t. 1055; (1840), t. 34, 42. — *Bot. Mag.*, t. 105, 1507, 1598, 2935, 3291, 3501, 3546, 4849, 5079, 5188. — WALP., *Ann.*, III, 659; VI, 162.

par un pédoncule terminal dressé, du sommet duquel divergent deux ou plus rarement trois cymes scorpioïdes.

Les *Stickmannia*, de l'Amérique tropicale, ont les mêmes fleurs que les *Tradescantia*, avec six étamines fertiles, mais à anthère allongée et s'ouvrant par un pore au sommet des deux loges contiguës.

Dans les *Floscopa*, herbes des deux mondes, l'inflorescence terminale est courte et contractée, et l'ovaire a deux loges uniovulées. Le fruit capsulaire est à une ou deux loges.

Les *Forrestia* ont des cymes groupées en faux-capitules axillaires, sortant des gaines foliaires. Ils sont asiatiques et africains. Les *Buforrestia*, qui en sont très voisins, sont de la Guyane et de l'Afrique tropicale occidentale. Le mode d'inflorescence est encore le même dans les *Coleotrype*, africains et malgaches; mais leurs pétales sont inférieurement unis en un tube étroit.

Dans les *Cyanotis*, asiatiques et africains, les étamines sont unies à la corolle atténuée inférieurement en tube; elles ont des filets barbus, et le fruit a des loges dispermes : l'une des graines ascendante et l'autre descendante. Les cymes scorpioïdes sont pourvues de bractées insymétriques, latérales, bisériées.

Dans les *Cartonema*, tous australiens, l'inflorescence est spiciforme; et les six étamines égales, à loges courtes et contiguës, ont un filet court, dressé et glabre. Les loges ovariennes sont biovulées.

Le *Streptolirion*, de l'Inde, est une liane à feuilles cordées et longuement pétiolées. Ses fleurs, disposées en grappes de cymes, sont d'ailleurs à peu près celles des *Tradescantia*, à six étamines fertiles, pourvues d'un large connectif. L'ovaire est à trois loges biovulées.

Dans les genres américains *Spironema* (fig. 139, 140), *Callisia*, *Campelia* et *Sauvallea*, les loges ovariennes sont aussi biovulées, et le fruit loculicide. Les premiers ont de nombreuses cymes contractées et capituliformes. Leurs six étamines ont un large connectif membraneux des bords duquel pendent les loges de l'anthère. Les *Callisia* ont les mêmes étamines, mais au nombre de trois (ou seulement une ou deux, rarement quatre), sans staminodes interposés. Leurs inflorescences sont ou lâches, ou contractées. Les *Campelia* ont des inflorescences latérales, en cymes contractées. Leurs six étamines ont un connectif bifide, et leur fruit capsulaire est induvié du calice devenu plus ou moins charnu. Le *Sauvallea* est une petite herbe à fleurs solitaires, enfermées dans une bractée compliquée. Les loges de ses anthères sont oblongues et divariquées, et son ovaire est biloculaire.

Dans les *Rhœo* et *Leptorhœo*, américains aussi, il n'y a plus qu'un ovule dans chaque loge. Le premier a de grandes feuilles, des cymes contractées, des filets staminaux barbus. Le dernier a des feuilles petites et distantes, des cymes florales grêles et lâches et des étamines glabres.

Spironema fragrans.

Fig. 139. Fleur.

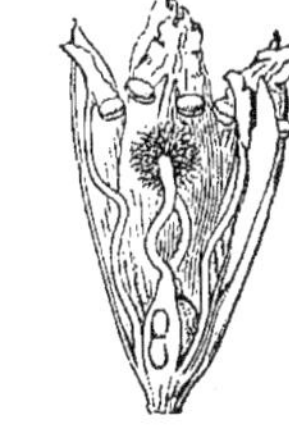

Fig. 140. Fleur, coupe longitudinale.

Les *Zebrina* et *Weldenia*, plantes américaines, ont des loges ovariennes uniovulées et une corolle atténuée en tube à sa base. L'un d'eux a des fleurs très petites, presque sessiles entre deux feuilles extrêmes d'un rameau. L'autre a des fleurs axillaires et solitaires, de plus grande taille, et à tube du périanthe bien plus long, qui se dégagent latéralement par une fente de la gaine foliaire axillante.

II. SÉRIE DES COMMELINES.

Dans cette série et en particulier dans les *Commelina*[1] (fig. 141-143), la fleur est irrégulière, par le périanthe d'abord, puis surtout par l'androcée; elle l'est souvent même par le gynécée. Les sépales sont au nombre de trois et dissemblables. Le médian est plus petit, vert ou moins coloré que les deux autres, par lui recouverts dans la préfloraison imbriquée. Ces deux autres, parfois connés à la base, sont un peu irréguliers, symétriques l'un de l'autre et plus souvent subpétaloïdes. Les trois folioles intérieures du périanthe, alternes avec les précédentes, sont plus grandes et colorées, imbriquées. L'une d'elles est régulière et diffère des deux autres qui sont aussi symétriques l'une de l'autre et souvent onguiculées. Des six étamines, il y en a trois fertiles. L'une d'elles, située sur la ligne médiane, est superposée à

1. PLUM. — L., *Gen.*, ed. I, n. 30; ed. VI, n. 62. — ADANS., *Fam. des pl.*, II, 47. — J., *Gen.*, 45 (Joncées). — GÆRTN., *Fruct.*, t. 15. — K., *Syn.*, I, 267; *Enum.*, IV, 35. — ENDL., *Gen.*, n. 1028 (*Commelyna*). — C.-B. CLKE, *Comm.*, 138. — B. H., *Gen.*, III, 847, n. 4. — SCHŒNL., *Pflanzenfam.*, 63, fig. 30, B; 32, A-H. — *Erxlebia* MEDIC. — *Hedwigia* MEDIC., in *Rœm. et Ust. Mag.*, X, 124. — *Ananthopus* RAFIN., *Fl. lud.*, 20. — ? *Lechea* LOUR., *Fl. cochinch.*, 60 (ex K.). — *Heterocarpus* WIGHT, *Ic.*, t. 2067. — *Dissecocarpus* HASSK., in *Flora* (1866), 211. — *Trithyrocarpus* HASSK., *loc. cit.* — *Spathodithyros* HASSK., *loc. cit.* — *Omphalotheca* HASSK., in *Bull. Congr. bot.* (1865) 13.

l'un des pétales; les deux autres, aux deux sépales voisins. Elles ont toutes des filets recourbés et des anthères biloculaires, un peu différentes dans les latérales et dans la médiane, qui a le connectif souvent plus large, compliqué, et les deux loges marginales, à déhiscence latérale ou extrorse, tandis que les latérales ont les loges souvent introrses et rapprochées l'une de l'autre. Les trois autres étamines sont stériles; l'une d'elles, qui fait parfois défaut, est superposée au sépale médian et peut être réduite à un filet, glanduleux ou non à son sommet; elle peut aussi être à peu près semblable aux deux autres, superposées chacune à un pétale et formées d'un filet et d'une anthère stérile, 4-6-lobée et cruciforme. Le gynécée supère est formé d'un ovaire à trois loges superposées aux sépales, et surmonté d'un style arqué dans le bouton, dont la convexité répond au pétale médian, et dont l'extrémité stigmatifère est peu renflée et obtusément trilobulée. L'une des loges, l'antérieure, est souvent peu spacieuse, uniovulée, vide ou même à peu près complètement disparue. Les deux autres, plus développées, sont rarement vides et renferment d'ordinaire un ou deux ovules. Ceux-ci sont orthotropes ou plus moins incomplètement anatropes[1]. Le fruit est une capsule loculicide, dont la loge antérieure, assez souvent nulle ou stérile, peut se séparer des deux autres suivant les cloisons. Les postérieures renferment une ou deux graines, orthotropes ou à peu près, plus ou moins comprimées, hémisphériques ou coniques, à hile vertical linéaire et à micropyle extérieur et latéral, plus ou moins écarté du hile. Sa surface est glabre, rugueuse,

Commelina tuberosa.

Fig. 141. Branche florifère.

1. A double tégument. Le hile n'est pas toujours diamétralement opposé au micropyle.

réticulée ou fovéolée; et le sommet de son albumen est occupé par un embryon latéral, horizontal, que recouvre un embryotège.

Le genre renferme une centaine d'espèces[1]. Ce sont des herbes rameuses, à tige épaisse, ou plus souvent grêles, noueuses, dressées, couchées ou rampantes. Les feuilles alternes sont ovales, lancéolées ou linéaires, avec ou sans pétiole, et à gaine lâche. Les fleurs[2] sont, dans l'aisselle des feuilles supérieures, soutenues par un pédoncule qui porte une bractée spathiforme, acuminée, turbinée ou cucullée, dans

Commelina tuberosa.

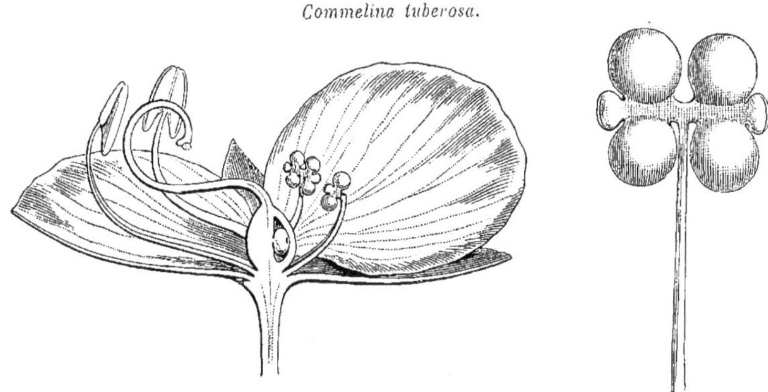

Fig. 142. Fleur, coupe longitudinale. Fig. 143. Staminode.

laquelle est d'abord logé un groupe de cymes unipares, à disposition variée. Souvent l'une des cymes est réduite à un axe stérile. Souvent aussi les fleurs deviennent mâles par avortement du gynécée. Ces plantes appartiennent aux régions chaudes des deux mondes.

Près des *Commelina* se rangent trois genres:

Les *Aneilema*, des deux mondes, qui ont normalement deux ou trois staminodes, et dont les cymes, fasciculées ou portées sur les divisions d'une grappe composée, n'ont pas de bractées spathacées;

1. R. et PAV., *Fl. per. et chil.*, t. 72, 73 *a*. — W., *H. berol.*, t. 87. — JACQ., *Ic. rar.*, t. 293, 294. — RED., *Lil.*, t. 206, 207, 359, 390. — WIGHT, *Ic.*, t. 2065, 2066. — WEBB, *Phyt. canar.*, t. 238, 239. — SEUB., in *Mart. Fl. bras.*, III, t. 36, 37. — SCHLCHTL, *H. hal.*, t. 6. — LINK, KL. et OTT., *Ic. pl. rar.*, t. 30. — LODD., *Bot. Cab.*, t. 1553. — SWEET, *Brit. fl. Gard.*, t. 3. — C.-B. CLKE, *Comm. et Cyrt. beng.*, t. 1-13. — REICHB., *Ic. exot.*, t. 142-144, 151. — SAUND., *Ref. bot.*, t. 166. — REG., *Gartenfl.*, t. 104, 592. — ANDR., *Bot. Rep.*, t. 399. — GRISEB., *Fl. brit. W.-Ind.*, 524; *Symb. Fl. argent.*, 284. — TH. MOR., in *Bull. Torr. Bot. Club*, XX, 469. — FR. et SAV., *En. pl. jap.*, II, 93. — MIQ., *Fl. ind. bat.*, III, 531. — HOOK. F., *Fl. brit. Ind.*, VI, 368. — BENTH., *Fl. austral.*, VII, 82. — HEMSL., *Bot. centr.-amer.*, III, 386. — BOISS., *Fl. or.*, V, 345. — *Bot. Mag.*, t. 1431, 2644, 3047.

2. Blanches, jaunes, bleues ou roses, petites ou moyennes.

Le *Polyspatha*, de l'Afrique tropicale occidentale, dont les fleurs ont deux ou trois staminodes et sont groupées en glomérules sessiles, disposés sur les branches d'une grande inflorescence, dans des spathes compliquées;

Le *Cochliostema*, grande plante de l'Équateur, qui a de larges et belles fleurs irrégulières, disposées en cymes sur les branches d'une vaste grappe composée, avec des sépales pétaloïdes, des pétales ciliés; trois étamines, dont une médiane, à filet chargé de poils jaunes, et deux oppositipétales; le connectif dilaté en une large lame pétaloïde cucullée et involutée. Les loges de l'anthère sont fortement enroulées en spirale, et l'ovaire a trois loges pluriovulées.

III. SÉRIE DES POLLIA.

Les fleurs régulières des *Pollia*[1], fort analogues à celles des Éphémérines, ont, sur un court réceptacle convexe, trois sépales membraneux imbriqués et trois pétales alternes, imbriqués, un peu plus petits. L'androcée est formé de deux verticilles d'étamines hypogynes; les alternipétales parfois plus petites, stériles ou nulles[2]. Les filets sont grêles et nus; et les anthères, elliptiques ou ovales, ont deux loges parallèles qui s'ouvrent vers les bords ou un peu en dehors. L'ovaire à trois loges alternipétales est surmonté d'un style à sommet stigmatifère parfois recourbé, et il renferme, dans chacune de ses loges, deux séries verticales d'ovules orthotropes, construits, de même que les semences, comme ceux des Éphémérines; chaque série pouvant être réduite à un ou deux ovules. Le fruit est une baie, à péricarpe finalement à peu près sec, mince et fragile, mais réellement indéhiscent. Il renferme une ou plusieurs graines orthotropes, plus ou moins anguleuses, aplaties sur le dos, lisses, albuminées, avec un embryon situé sous un embryotège à peu près opposé à l'ombilic. Ce sont des herbes vivaces, des régions chaudes de l'Afrique, de l'Océanie et de l'Asie austro-orientale. Leurs branches aériennes, souvent couchées à leur base, puis redressées, portent des feuilles alternes, munies d'une gaine à la base. L'inflorescence est termi-

1. THUNB., *Gen. nov.*, I, 11. — J., *Gen.*, 45. — ENDL., *Gen.*, n. 1029. — C.-B. CLKE, *Comm.*, 121. — B. H., *Gen.*, III, 846, n. 1. — SCHOENL., *Pflanzenfam.*, 62. — *Lamprocarpus* BL., in *Schult. f. Syst.*, VII, 1615, 1726. — *Aclisia* E. MEY., in *Presl Rel. Hænk.*, I, 138.

2. Dans les *Aclisia* et les espèces de la section *Phæocarpa* C.-B. CLKE, *loc. cit.*, 129.

nale : c'est une grappe composée, lâche ou dense. Son axe porte des cymes unipares-scorpioïdes alternes, à bractées petites ou nulles. Sous l'inflorescence se trouvent parfois des bractées plus grandes, formant une sorte d'involucre. Le genre comprend au moins une douzaine d'espèces[1].

Palisota Barteri.

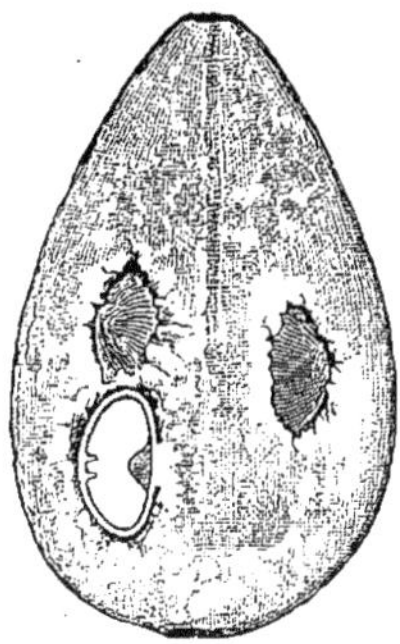

Fig. 144. Fruit, coupe longitudinale.

A côté des *Pollia* se rangent les *Palisota* (fig. 144), de l'Afrique tropicale, qui ont les cymes scorpioïdes disposées en grappe composée lâche ou très contractée, et dont la baie renferme une pulpe abondante dans laquelle sont nichées les semences; et les *Athyrocarpus*, de l'Amérique tropicale, dont les cymes bifides sont enfermées dans une spathe compliquée, et dont les fruits sont, comme ceux des *Pollia*, crustacés, fragiles, mais capsulaires, avec une pulpe peu abondante. Les fleurs sont d'ailleurs légèrement irrégulières.

Cette petite famille a été distinguée par BATSCH[2] dès 1802, sous le nom de *Ephemera*. R. BROWN[3] lui appliqua le nom de Commelinées en 1810; et REICHENBACH[4], celui de Commelinacées en 1828. ADANSON[5] avait bien vu que ce sont des Liliacées, exceptionnelles, sans doute, par l'orthotropie de leurs ovules et les caractères de leurs semences pourvues d'un embryotège[6]. Mais le type floral est au fond le même. Nous verrons d'ailleurs quelles sont les étroites affinités du groupe avec les Phylidracées, Mayacacées, Xyridacées et Rapatéacées. Les feuilles ont en général un caractère particulier, grâce à la largeur relative de leur limbe, avec ou sans pétiole, et à la dilatation de leur gaine qui embrasse les axes et que les inflorescences doivent parfois

1. BAUER, *Ill. pl. N. Holl.*, t. 6 (*Aneilema*). — K., *Enum.*, IV, 74 (*Aclisia*). — WIGHT, *Ic.*, t. 2068 (*Aclisia*). — C.-B. CLKE, *Comm. et Cyrt. beng.*, t. 29 (*Aclisia*), 32, 33. — FR. et SAV., *En. pl. jap.*, II, 94. — HOOK. F., *Fl. brit. Ind.*, VI, 367. — HASSK., *Comm. ind.*, 44; 53 (*Aclisia*); in *Pl. Jungh.*, 150; *Pl. jav. rar.*, 97 (*Aclisia*). — MIQ., *Fl. ind. bat.*, III, 541. — BENTH., *Fl. austral.*, VII, 89. — C.-B. CLKE, in *Journ. Linn. Soc.*, XI, 451.

2. *Tab. affin.*, 125 (Fam.).

3. *Prodr.*, 268 (Ord.). — RICH., in *H. B. K. Nov. gen. et spec.*, I (1815), 258 (Ord.). — J., in *Dict.*, X, 121 (Fam.).

4. *Consp.*, 57 (part.). — BARTL., *Ord.* (1830), 39 (*Juncinarum* Gen.). — LINDL., *Nat. Syst.*, ed. II, 354. — ENDL., *Gen.*, 124, Ord. 48. — C.-B. CLKE, in *DC. Mon. Phaner.*, III, 113 (1881). — B. H., *Gen.*, III, 844, Ord. 183. — SCHŒNL., in *Engl. u. Prantl Pflanzenfam.*, II, 4, p. 60.

5. *Fam. des pl.*, II, 47.

6. « *Enantioblastæ.* »

perforer quand elles sont axillaires[1]. Ailleurs, c'est le limbe condupliqué et plus ou moins modifié qui joue relativement aux fleurs le rôle d'une sorte de spathe. Dans cette famille, qui a été pour lui l'objet d'une étude remarquable et des plus approfondies, M. C.-B. CLARKE a admis les trois séries suivantes, séparées par des caractères qui seraient ailleurs de valeur secondaire :

I. TRADESCANTIÉES[2]. — Fleurs à 5, 6 étamines, toutes fertiles. Fruit capsulaire et loculicide, à 1-3 valves. — 18 genres.

II. COMMELINÉES[3]. — Fleurs à 2, 3 étamines fertiles, avec 1-4 staminodes de forme variable. Fruit capsulaire et loculicide, à 2, 3 valves. — 4 genres.

III. POLLIÉES[4]. — Fleurs à 3-6 étamines fertiles. Fruit charnu ou crustacé, indéhiscent. — 3 genres.

Les vingt-cinq genres admis comprennent un peu plus de trois cents espèces. Ce sont des herbes des régions chaudes[5], surtout des stations humides, ordinairement charnues et fragiles, parfois grimpantes, comme les *Streptolirion*, lesquels, par la forme et la nervation de leur limbe, sont ici les analogues des Discoréées parmi les Liliacées ; ce qui doit aussi nécessairement influer sur leur structure anatomique.

Leurs usages[6] ne sont ni nombreux, ni importants. Leurs portions souterraines, notamment leurs racines quand elles deviennent charnues, sont riches en fécule et en mucilage. De là l'emploi en Asie des *Commelina tuberosa*[7], *cœlestis*, *striata* et *angustifolia* comme herbes potagères. Le *C. Rumphii*[8] passe dans l'Inde pour emménagogue. L'*Aneilema scapiflorum*[9] sert aussi dans la médecine indochinoise. Le *Cyanotis axillaris*[10] est cité dans l'Inde comme remède

1. D'où quelques particularités anatomiques peu tranchées : DE BARY, *Vergl. Anat.*, 279. — SCHŒNL., *loc. cit.*, 60.

2. MEISSN., *Gen.*, 406 (Trib.). — C.-B. CLKE, *loc. cit.*, 119, Trib. 3. — B. H., *Gen.*, III, 845, Trib. 3. — SCHOENL., *loc. cit.*, 65 (III).

3. MART., in *N. Act. Ac. Leop.*, XVII, I, 172. — MEISSN., *Gen.*, 407 (Trib.). — C.-B. CLKE, *loc. cit.*, 119, Trib. 2. — B. H., *Gen.*, III, 845, Trib. 2. — SCHŒNL., *loc. cit.*, 63 (II).

4. C.-B. CLKE, *loc. cit.*, 118, Trib. 1. — B. H., *Gen.*, III, 844, Trib. 1. — SCHŒNL., *loc. cit.*, 62 (I).

5. M. C.-B. CLARKE donne, à la page 118 de sa Monographie, un tableau complet et instructif de la distribution géographique de toutes les Commelinacées connues.

6. ENDL., *Enchirid.*, 71. — LINDL., *Veg. Kingd.*, 188. — ROSENTH., *Syn. pl. diaphor.*, 78.

7. L., *Spec.*, 61. — LAMK, *Ill.*, t. 35, fig. 2. — ANDR., *Bot. Rep.*, t. 399. — SCHNIZL., *Icon.*, t. 48, fig. 1-4. — *C. parviflora* REICHB., *Ic. exot.*, t. 142. — *C. undulata* LODD., *Bot. Cab.*, t. 1553.

8. LINDL., *Veg. Kingd.*, 188. — C.-B. CLKE, *Comm.*, 194.

9. WIGHT, *Ic.*, t. 2073. — C.-B. CLKE, *Comm. beng.*, t. 14. — *A. tuberosum* HAM. — *Commelina scapiflora* ROXB., *Fl. ind.*, I, 175. — *Murdannia tuberosa* ROYL., *Ill. himal.*, t. 95. — *Tradescantia aphylla* HEYN.

10. RŒM. et SCH. F., *Syst.*, VII, 1154. — C.-B. CLKE, *Comm. beng.*, t. 35. — *Commelina axillaris* L. — *Zygomenes axillaris* SALISB.

des tympanites; et l'*Aneilema nudiflorum*[1], bouilli dans l'huile, sert au traitement de la gale et de la lèpre. En Chine, l'*Aneilema medica* R. BR. passe pour guérir les cas de bronchite, d'asthme, de pleurésie, de dysurie. On indique au Brésil un *Tradescantia diuretica* MART., qui aurait les mêmes vertus, et dont les feuilles et les tiges émollientes se donneraient, en bains, en lotions et en lavements, contre les douleurs rhumatismales et les rétentions d'urine dues à un état spasmodique de la vessie. Au Mexique, le *Tinantia fugax*[2] porte le nom de Plante à l'hémorrhagie. En Amérique, on mange le fruit du *Campelia Zanonia* RICH. Le *Tradescantia virginica*[3] (fig. 134-138), si communément cultivé dans nos jardins, peut, dit-on à la Jamaïque, servir de remède contre la morsure des araignées venimeuses. Aucune de ces espèces n'est employée en Europe, où l'on cultive seulement comme plantes ornementales quelques Éphémérines et Commelines, des *Dichorisandra*, des *Zebrina*, le *Spironema*, le *Rhœo discolor* et le magnifique *Cochliostema odoratissima*. Les fleurs sont de peu de durée, presque toujours de petite taille et souvent même sans éclat. Mais les feuilles, panachées de vert, de pourpre ou de blanc de plusieurs espèces, à tige flexible ou presque sarmenteuse, font rechercher ces plantes pour l'ornementation des serres ou même des appartements.

1. R. BR., *Prodr.*, 271. — C.-B. CLKE, *Comm. beng.*, t. 21. — *A. radicans* DON. — *A. diandrum* HAM. — *A. minutum* K. — *Commelina nudiflora* L. — *Prionostachys terminalis* HASSK. (RHEEDE, *H. malab.*, IX, t. 63; X, t. 19).

2. Voy. p. 212, not. 3. On lui donne le nom vulgaire d'Herbe à poulets; elle est assez souvent cultivée chez nous.

3. L., *Spec.*, 411. — GÆRTN., *Fruct.*, I, t. 15, p. 2. — *Bot. Mag.*, t. 3501. — C.-B. CLKE, *Comm.*, 290, n. 1. — *T. ciliata* K., *Enum.*, IV, 81. — *T. subaspera* KER, in *Bot. Mag.*, t. 1597. — *T. caricifolia* HOOK., in *Bot. Mag.*, t. 3546. — *T. cristata* WALT. — *T. cirrifera* MART. — *T. elata* LODD., *Bot. Cab.*, t. 1513. — *T. ohiensis* RAFIN. — *T. barbata* RAFIN. — *T. splendens* KOCH et BOUCH. — *Ephemerum confestum* MŒNCH, *H. marb.*, 238 (*Ephémérine, Ephémère de Virginie, Moly de Virginie, Fleur d'un Jour*).

GENERA

I. TRADESCANTIEÆ.

1. **Tradescantia** L. — Flores hermaphroditi v. raro polygami; receptaculo parvo convexo. Sepala 3, subæqualia concava (viridia v. colorata) plus minus late imbricata, raro subvalvata. Petala alterna 3, majora, obovata v. orbicularia, tenuiter membranacea (colorata) marcescentia imbricata, sæpe corrugata. Stamina 6, hypogyna, aut subæqualia, aut oppositipetala majora; filamentis nudis v. varie barbatis (pilis moniliformibus); antherarum loculis plerumque connectivo lato sejunctis, ad margines obliquis v. arcuatis, nunc demum ob connectivum intus plicatum approximatis, ad margines rimosis. Antheræ nunc heteromorphæ. Germen liberum, 3-loculare; loculis alternipetalis; stylo brevi v. elongato subulato, apice minuto stigmatoso truncato, capitellato v. obscure 3-lobo, nunc plus minus arcuato. Ovula in loculis 2, angulo interno superposite inserta (nunc raro 3-8), sessilia orthotropa; micropyle apicali extrorsum laterali. Fructus capsularis, 3-locularis, loculicidus. Semina in loculo quoque 1, 2, superposita (raro ultra); hilo ventrali lineari; integumento (fuscato) reticulato, rugoso, foveolato v. ab embryostega extus laterali radiatim sulcato; albumine carnoso v. duro; embryone apicali, hilo opposito subque embryostega horizontali trochleari. — Herbæ perennes, sæpe basi radicantes; radicibus crebris nunc tuberosis; ramis aeriis erectis v. diffusis adscendentibus, simplicibus v. superne ramosis; foliis variis alternis vaginatis; petiolo brevi v. 0; floribus in cymas 1-paras umbelliformes secus rachin brevissimam congestis; cymis aut axillaribus, aut in racemum terminalem plus minus compositum dispositis; pedicellis variis v. subnullis, nunc raro in cyma quaque solitariis. (*America trop. et calid. utraque.*) — *Vid. p.* 200.

2. **Tinantia** SCHEIDW.[1] — Flores fere *Tradescantiæ;* staminibus 6, quorum 1-lateralia 3 majora[2], 3 autem minora; nonnullorum filamentis barbatis; antheris ellipsoideis versatilibus, ad margines rimosis. Germen longiusculum; loculis superposite 2-5-ovulatis; stylo primum arcuato. Fructus loculicidus; seminibus 1-seriatis, scabris v. rugosis; embryone sub embryostega extus laterali carnoso horizontali. — Herbæ erectæ; foliis, habitu cæterisque *Tradescantiæ;* cymis scorpioideis in summo pedunculo terminali 2, 3. (*America trop.*[3])

3. **Stickmannia** NECK.[4] — Flores fere *Tradescantiæ;* sepalis (petaloideis v. viridibus) imbricatis. Petala tenuiora sæpiusque latiora imbricata. Stamina 6, v. rarius 5; alternipetalis brevioribus; filamentis erectis; antheris anguste oblongis; loculis parallelis, apice poricidis; rimis longitudinalibus conspicuis, sæpius nihilominus haud solutis. Germen sessile; loculis 3; ovulis in loculo quoque 4-∞, 2-seriatim transversis, orthotropis v. incomplete anatropis. Fructus loculicidus; pericarpio pulposo, demum sicco. Semina in loculo pauca-∞, pulpa involuta, subsphærica v. angulata; hilo lineari; embryone sub embryostega laterali. — Herbæ perennes; caule erecto v. adscendente; foliis vaginatis; limbo nunc amplo sessili v. petiolato; vaginis nunc caulem obtegentibus; floribus[5] in cymas 1-paras dispositis; cymis secus ramos racemi compositi insertis; racemo terminali, laterali v. scapum basilarem aphyllum terminante. (*America trop.*[6])

4. **Floscopa** LOUR.[7] — Flores fere *Tradescantiæ;* sepalis brevibus concavis[8]. Petala sessilia v. breviter unguiculata tenuiter membra-

1. In *Allgem. Gartenzeit.* (1839), 365. — C.-B. CLKE, *Comm.*, 285. — B. H., *Gen.*, III, 853, n. 16. — SCHOENL., *Pflanzenfam.*, 68.

2. Quorum oppositisepala 2; altero autem intermedio oppositipetalo.

3. Spec. ad 3. CAV., *Ic.*, t. 74. — JACQ., *Coll.*, IV, 113; *Ic. rar.*, t. 354. — R. et PAV., *Fl. per. et chil.*, t. 272, a. — RED., *Lil.*, t. 239. — TORR., *Bot. Un.-St. et Mexic. Bound.*, 225. — LODD., *Bot. Cab.*, t. 1300. — *Bot. Reg.*, t. 1403. — *Bot. Mag.*, t. 1340. — WALP., *Ann.*, VI, 154 (pleraq. sub *Tradescantia*). Spec. vulgaris 1, in India et Angola inquilina.

4. *Elem.*, III, 171 (1790). — *Dichorisandra* MIK., *Del. fl. et faun. bras.*, t. 3. — ENDL., *Gen.*, n. 1034. — RŒM. et SCH. F., *Syst.*, VII, 1181. — K., *Enum.*, IV, 109. — C.-B. CLKE, *Comm.*, 272. — B. H., *Gen.*, III, 853, n. 15. — H. BN, in *Bull. Soc. Linn. Par.*, 489. — SCHŒNL., *Pflanzenfam.*, 68, fig. 30, A.

5. Albis, violaceis v. cæruleis, sæpe pulchris.

6. Spec. ad 28. AUBL., *Pl. Guian.*, t. 12 (*Commelina*). — VAHL, *Ecl.*, I, 34 (*Tradescantia*). — NEES et MART., in *N. Act. nat. cur.*, XI, t. 1. — LODD., *Bot. Cab.*, t. 1196, 1440. — SEUB., in *Mart. Fl. bras.*, III, I, t. 32, 33. — REG., *Gartenfl.*, t. 569, 593. — *Fl. serres*, t. 1711. — PRESL, in *Rel. Hænk.*, I, 140. — GRISEB., *Fl. brit. W.-Ind.*, 523. — HEMSL., *Bot. centr.-amer.*, III, 389. — *Bot. Mag.*, t. 2721, 4733, 4760, 6165 (pleraq. sub *Dichorisandra*).

7. *Fl. cochinch.*, 192. — C.-B. CLKE, *Comm.*, 265. — B. H., *Gen.*, III, 852, n. 14. — SCHŒNL., *Pflanzenfam.*, 68. — *Dithyrocarpus* K., *Enum.*, IV, 76.

8. Nunc demum plus minus rubentibus.

nacea imbricata. Stamina 6, v. raro 5; filamentis hypogynis gracilibus glabris; antheris brevibus; loculis parallelis contiguis[1] rimosis. Germen stipitatum, 2-loculare; stylo gracili simplici; ovulis in loculo solitariis orthotropis; micropyle extrorsum laterali. Fructus plus minus longe graciliterque stipitatus, aut 2-dymus, 2-locularis; aut (loculo altero abortiente) hinc valde gibbus; pericarpio crustaceo glabro. Semina hemisphærica v. ovoidea oblonga; integumento lævi v. ab embryostega laterali radiato-striato; embryone extrorsa horizontali. — Herbæ perennes, basi radicantes; ramis aeriis simplicibus; foliis variis vaginatis; floribus[2] in racemum terminalem compositum densum sæpeque villosum dispositis; cymis 1-paris ad ramulos nunc breves insertis. (*Orbis utriusq. reg. calid.*[3])

5. **Forrestia** LESS. et A. RICH.[4] — Flores *Tradescantiæ;* sepalis ovato-lanceolatis membranaceis (subherbaceis v. coloratis), nunc carinatis. Petala subæquilonga obovata imbricata. Stamina perfecta 6; filamentis filiformibus, superne sæpius barbatis, nunc demum valde corrugato-elongatis; antheris ovoideis; loculis contiguis rimosis. Germen sessile; stylo apice capitellato; loculis 2-ovulatis, v. postico 1-ovulato. Fructus oblongus v. subsphæricus membranaceus loculicidus. Semina in loculo 1, 2, oblonga rugosa; hilo lineari; embryone sub embryostega apicali laterali horizontali. — Herbæ sæpe robustæ, basi repentes, mox erectæ, glabræ v. varie villosæ, nunc vaginatæ. Folia alterna; vaginis post limbi lapsum persistentibus. Flores in glomerulos densos 1-paros dispositi spurieque ad axillas capitati. (*Asia, Oceania et Africa trop.*[5])

6. **Buforrestia** C.-B. CLKE[6]. — Flores fere *Forrestiæ;* sepalis lanceolatis rigidulis striatis persistentibus. Petala libera obovata tenuiter membranacea imbricata. Stamina perfecta 6; filamentis gra-

1. Nunc (SEUB.) « connectivo lato sejunctis ».

2. Albis, flavis, roseis v. purpureo-cæruleis, minutis, crebris.

3. Spec. 10, 11. P.-BEAUV., *Fl. owar. et ben.*, t. 93 (*Aneilema*). — ROXB., *Pl. corom.*, t. 109 (*Tradescantia*). — WIGHT, *Ic.*, t. 2079, 2080 (*Dithyrocarpus*). — SPACH, *Suit. à Buff.*, XIII, 122. — K., *Enum.*, IV, 116. — SEUB., in *Mart. Fl. bras.*, III, I, t. 35 (*Dithyrocarpus*). — C.-B. CLKE, *Comm. et Cyrt. beng.*, t. 34. — HOOK. F., *Fl. brit. Ind.*, VI, 390. — HASSK., in *Flora* (1863), 389 (*Lamprodithyros*); *Comm. ind.*, 165. — BENTH., *Fl. austral.*, VII, 88. — BL., *Enum. pl. jav.*, I, 4. — DON, *Prodr. Fl. nepal.*, 45 (*Aneilema*).

4. *Sert. Astrol.*, 1, t. 1. — B. H., *Gen.*, III, 850, n. 9. — SCHOENL., *Pflanzenfam.*, 67. — C.-B. CLKE, *Comm.*, 235. — *Amischolotype* HASSK., in *Flora* (1865), 391.

5. Spec. ad 7. BL., *En. pl. jav.*, I, 7 (*Campelia*). — K., *Enum.*, IV, 109 (*Campelia*). — HASSK., in *Flora* (1864), 625. — HOOK. F., *Fl. brit. Ind.*, VI, 383. — *Bot. Mag.*, t. 5425. — O. K., *Revis.*, 720.

6. *Comm.*, 233, t. 6, 7. — B. H., *Gen.*, III, 850, n. 8. — SCHOENL., *Pflanzenfam.*, 67.

cilibus glabris; antheris ovoideis v. subsphæricis; loculis contiguis parallelis. Germen sessile oblongum; loculis ∞-ovulatis. Fructus oblongus acutus membranaceus loculicidus, ∞-spermus. Semina ∞, 1-seriata quadrata, lævia v. tuberculata; embryone sub embryostega horizontali hilo contrario. — Herbæ robustæ, basi radicantes; ramis erectis simplicibus vaginatis. Folia elliptico-lanceolata. Inflorescentiæ axillares; pedunculo vaginam ad basin perforante cymigero simplici v. parce ramoso; floribus[1] pedicellatis intra bracteas parvas solitariis v. cymosis paucis. (*Africa trop. occid.*, *Guiana*[2].)

7. **Coleotrype** C.-B. CLKE[3]. — Flores fere *Forrestiæ;* sepalis 3, lanceolatis, plus minus carinatis. Corollæ tubus tenuis calyci æqualis v. longior; limbi lobis 3, obovatis, imbricatis, demum patentibus. Stamina 6, fauci affixa, 2-seriata; filamentis gracilibus barbatis; antheræ ovoideæ loculis distinctis marginantibus, arcuatis v. sygmoideis, rimosis. Germen sessile, stylo tenui; loculis 1, 2-ovulatis. Fructus ovoideus v. oblongus, 3-queter, loculicidus; seminibus in loculo 1, v. superpositis 2, oblongis; hilo basilari. — Herbæ basi repentes; ramis aeriis adscendentibus simplicibus; foliis varie vaginatis; floribus pedicellatis in cymas axillares 1-paras dispositis; cymis sessilibus e vaginarum basi erumpentibus; bracteis sæpe flores æquantibus. (*Africa austro-or.*, *Madagascaria*[4].)

8. **Tonningia** NECK.[5] — Flores fere *Tradescantiæ;* sepalis lanceolatis, liberis v. basi connatis, nunc carinatis. Petala æqualia v. subæqualia plus minus alte in tubum connata v. raro exunguiculata aque basi distincta (*Belosynapsis*[6]); lobis obtusis imbricatis demumque patentibus. Stamina perfecta 6, nunc petalorum unguibus adnata; filamentis sæpe barbatis; antheris obovali-oblongis, nunc truncatis; loculis parallelis adnatis rimosis. Germen sessile, 3-loculare. Ovula in loculo 2; altero descendente; altero autem adscendente. Fructus loculicidus. Semina in loculo 1, v. sæpius 2; altero descendente juxta

1. Majusculis, albidis, roseis v. violaceis, nunc purpureo-venosis.
2. Spec. 3.
3. *Comm.*, III, 238, t. 8. — B. H., *Gen.*, III, 851, n. 10. — SCHOENL., *Pflanzenfam.*, 67, fig. 36, B.
4. Spec. 3.
5. *Elem.*, III, 165 (1790). — O. K., *Revis.*, 721. — *Zygomenes* SALISB., in *Trans. Roy. Hort. Soc. lond.*, I, 271 (1812). — *Cyanotis* DON, *Prodr. Fl. nepal.*, 45 (1825). — SPACH, *Suit. à Buff.*, XII, 122. — ENDL., *Gen.*, n. 1032. — C.-B. CLKE, *Comm.*, 240. — SCHOENL., *Pflanzenfam.*, 6, 7, fig. 36, A. — *Dalzellia* HASSK., in *Flora* (1865), 593. — *Cyanopogon* WELW., herb. (ex C.-B. CLKE).
6. HASSK., in *Flora* (1871), 259. — *Erythrotis* HOOK. F., *Bot. Mag.*, t. 6150.

apicem affixo; altero autem adscendente juxta basin affixo; integumento lævi v. sæpius rugoso foveolatove; embryone ab hilo remoto horizontali. — Herbæ ramosæ repentes v. adscendentes; foliis variis; floribus in cymas 1-paras dispositis; cymis densis terminalibus v axillaribus, subsessilibus v. stipitatis. (*Orb. vet. reg. calid.*[1])

9. **Cartonema** R. Br.[2] — Flores regulares; sepalis 3, lanceolatis cuspidatis imbricatis. Petala 3, alterna late orbiculata v. obovata[3] corrugata arcte imbricata. Stamina 6, hypogyna; filamentis erectis brevibus subulatis; antherarum ad basin dorsifixarum erectarum oblongarum loculis parallelis, introrsum superne v. gradatim usque ad basin rimosis. Germen sessile; stylo longe conico; ovulis orthotropis in loculo 2. Fructus loculicidus. Semina superposita laxiuscule reticulata; embryone sub embryostega laterali hiloque contrario. — Herbæ perennes, varie indutæ; rhizomate brevi crasso; foliis basilaribus confertis longe linearibus; caulinis minoribus alternis. Flores in racemum spiciformem terminalem simplicem v. parce ramosum dispositi, dissiti v. approximati; bractea lanceolata-cuspidata sub flore quoque 1, sepalis simili; bracteola in pedicello brevissimo minore 1. (*Australia*[4].)

10. **Streptolirion** Edgew.[5] — Flores fere *Tradescantiæ;* sepalis oblongis navicularibus (subpetaloideis), demum parum auctis. Petala subæquilonga sublinearia angusta. Stamina fertilia 6; filamentis hypogynis plus minus barbatis; antheris subelliptico-transversis; loculis connectivum medio leviter constrictum marginantibus rimosis. Germen 3-loculare; ovulis in loculo quoque superpositis 2. Fructus membranaceus loculicidus. Semina superposita contigua 2; hilo laterali; embryone sub embryostega lateraliter horizontali. — Herba[6] alte scandens ramosa; foliis petiolatis cordato-ovatis acuminatis;

1. Spec. ad 30. Wight, *Ic.*, t. 2082-2089. — A. Rich., *Fl. abyss.*, t. 98. — Jacq., *H. vindob.*, t. 137. — Kotsch., *Pl. Tinn.*, t. 22 (*Zygomenes*). — Dalz., in *Hook. Journ. Bot.* (1851), 226. — Hassk., *Comm. ind.*, 96. — Roem. et Sch., *Syst.*, VII, 1150. — Hook. f., *Fl. brit. Ind.*, VI, 384. — Bak., *Fl. maurit.*, 324. — C.-B. Clke, *Comm. beng.*, t. 35-39. — Benth., *Fl. austral.*, VII, 82. — *Bot. Mag.*, t. 1435, 5471 (pleraque sub *Tradescantia* v. *Cyanotide*).

2. *Prodr.*, 271. — Endl., *Gen.*, n. 1035. — C.-B. Clke, *Comm.*, 262. — Schoenl., *Pflanzenfam.*, 67.

3. Nunc minute apiculata cumque sepalis purpureo-lineata, demum arcte involuta marcescentia.

4. Spec. 4, 5. Schult. f., *Syst.*, VII, 1192. — F. Muell., *Fragm. phyt. Austral.*, I, 62. — Benth., *Fl. austral.*, VII, 90. — Hassk., in *Flora* (1869), 365. — Endl., in *Lehm. Pl. Preiss.*, II, 55. — Bauer, *Ill. Fl. N. Holl.*, t. 7.

5. In *Trans. Linn. Soc.*, XX, 90, t. 2. — C.-B. Clke, *Comm.*, 261. — B. H., *Gen.*, III, 852, n. 12. — Schoenl., *Pflanzenfam.*, 67.

6. *Dioscorearum* nonnullarum v. *Stemonarum* habitu, nunc cirrhifera.

floribus[1] in racemum compositum ad apices ramulorum dispositis; cymis secus axin in axilla bracteæ simplicibus scorpioideo-1-paris; pedicellis brevibus[1]. (*India mont.*[2])

11. **Spironema** LINDL.[3] — Flores fere *Tradescantiæ;* sepalis oblongo-lanceolatis membranaceis v. subscariosis. Petala late oblonga tenuiora. Stamina perfecta 6; filamentis gracillimis flexuosis, demum exsertis; antherarum connectivo late petaloideo cordato-3-angulari; auriculis basalibus loculos inferiores rimosos gerentibus. Germen sessile; stylo apice stigmatoso aspergilliformi-papilloso; ovulis in loculo quoque orthotropis superpositis 2. Fructus membranaceus loculicidus. — Herba perennis; rhizomate repente, nunc stolonifero; ramis aeriis brevibus crassis foliatis; foliis oblongo-lanceolatis vaginatis. Flores[4] in racemum elatum amplum rigidum compositum dispositi; ramis dissite cymigeris; cymis contractis, ∞-floris; bracteis paleaceis; bracteolis scariosis. (*Mexicum*[5].)

12. **Callisia** L.[6] — Flores fere *Spironematis;* sepalis oblongis v. subellipticis, membranaceis, subscariosis v. viridulis. Petala 3, oblonga v. obovata imbricata. Stamina perfecta 1-3; filamentis gracilibus glabris; antherarum loculis contiguis parallelis (*Leptocallisia*[7]) v. connectivum latum membranaceum marginantibus (*Hapalanthus*[8]). Germen sessile, 2, 3-loculare; ovulis in loculo 2. Fructus 2-dymus v. 3-queter, loculicidus. Semina angulato-3-gona rugosa v. lævia, nunc ab embryostega hilo contraria radiatim striata. — Herbæ repentes teneræ; ramis aeriis gracilibus simplicibus v. superne ramulosis; floribus cymosis v. glomerulatis; cymis pedunculatis et in racemum laxum exsertum dispositis v. (*Hapalanthus*) inter folia floralia complicata sessilibus. (*America trop.*[9])

1. Cum bracteis roseis.

2. Spec. 1. *S. cordifolium* O. K., *Revis.*, 722. — *S. volubile* EDGEW. — WIGHT, *Ic.*, t. 2081. — HASSK., *Comm. ind.*, 6. — C.-B. CLKE, *Comm. beng.*, t. 40. — HOOK. F., *Fl. brit. Ind.*, VI, 389. — *S. Griffithii* KURZ. — *Tradescantia cordifolia* GRIFF., *Priv. Journ.*, 208.

3. In *Bot. Reg.* (1840), *Misc.*, 26, t. 47. — C.-B. CLKE, *Comm.*, 313.

4. Minuti creberrimi, suaveolentes.

5. Spec. 1. *S. fragrans* LINDL. — HASSK., *Comm. ind.*, 4. — *S. orthandrum* LINDB., in *Act. Soc. fenn.*, X, 127, t. 4.

6. In *Lœfl. It.*, 305; *Gen.*, ed. VI, n. 63. — J., *Gen.*, 45. — LAMK, *Ill.*, t. 35. — ENDL., *Gen.*, n. 1039. — C.-B. CLKE, *Comm.*, 309. — SCHOENL., *Pflanzenfam.*, 69.

7. B. H., *Gen.*, 854, Sect. 2.

8. JACQ., *St. amer.*, 11, t. 11.

9. Spec. 3, 4. R. et PAV., *Fl. per. et chil.*, t. 73, b. — ROEM. et SCH. F., *Syst.*, I, 346, 527. — GRISEB., *Fl. brit. W.-Ind.*, 524. — SW., *Fl. ind. occid.*, I, 603 (*Tradescantia*). — SAUV., *Fl. cub.*, 158 (*Spironema*). — HEMSL., *Bot. centr.-amer.*, III, 395, t. 95, fig. 12-21. — *Bot. Mag.*, t. 4849 (*Tradescantia*).

13. **Campelia** L.-C. RICH.[1] — Flores fere *Tradescantiæ;* sepalis in pedicellum plus minus incrassatum decurrentibus; extimo sæpe carinato. Petala suborbiculata 3. Stamina 6; connectivi angulati segmentis cylindraceis oblique descendentibus, apice loculiferis. Germinis loculi 2, 3; ovulis orthotropis in quoque 2. Stylus apice stigmatoso capitatus. Fructus calyce oblique aucto carnosulo (colorato) induviatus pedicelloque arcuato carnoso fultus; pericarpio membranaceo loculicido; seminibus 1-paucis, subhemisphæricis; hilo lineari; embryone sub embryostega laterali horizontali. — Herba robusta; foliis oblongo-lanceolatis acuminatis; floribus in summo pedunculo e foliorum inferiorum v. delapsorum vagina emerso pauciramoso-cymosis. Bracteæ ad apicem pedunculi sub cymis contractis 1-paris 2, herbaceæ patentes v. reflexæ, complicatæ. (*America trop.*[2])

14? **Sauvallea** WRIGHT.[3] — « Sepala subæqualia; inferius carinatum. Petala subæqualia. Stamina 6, æqualia; filamentis barbatis; antheris connectivi arcuati apici oblique affixis, longitudinaliter rimosis. Germen 2-loculare; ovulis in loculo 2; altero adscendente; altero descendente. Stylus longus exsertus, apice capitato-2-lobus. — Herba debilis; caulibus ramosis ad nodos radicantibus; foliis sessilibus ovatis subpetiolatis; floribus[4] solitariis e spatha terminali solitaria vix exsertis. (*Cuba*[5].) »

15. **Rhœo** HANCE[6]. — Flores *Tradescantiæ;* sepalis petaloideis[7] imbricatis. Petala paulo majora, imbricata v. torta. Stamina perfecta 6; oppositipetala longiora; filamentis hypogynis subulatis barbatis, primum incurvis; antheris latis; connectivo subsemiorbiculari, apice concavo, paulo supra basin dorsifixo; loculis linearibus marginantibus, longitudinaliter rimosis. Germen sessile; stylo subulato, apice stigmatoso minuto obtuse 3-gono. Ovulum in loculis 1,

1. *Anal. fruit*, 46. — ENDL., *Gen.*, n. 1033. — C.-B. CLKE, *Comm.*, III, 314. — B. H., *Gen.*, III, 855, n. 20. — SCHOENL., *Pflanzenfam.*, 69. — *Zanonia* CRAM., *En.*, 75 (non L.).

2. Spec. 1, variabilis. *C. Zanonia* H. B. K., *Nov. gen. et spec.*, I, 264. — SEUB., in *Mart. Fl. bras.*, III, I, 246. — GRISEB., *Fl. brit. W.-Ind.*, 523. — HEMSL., *Bot. centr.-amer.*, III, 396. — *C. bibracteata* PR. MAX. WIED. — *C. Boucheana* ROEM. et SCH. F. — *C. Pseudozanonia* K. — *C. mexicana* MART. — *C. Fendleri* HASSK. — *C. Hoffmanni* HASSK. — *Commelina Zanonia* L. — *Tradescantia Zanonia* SW. — *T. Gonatandra* SCHLCHTL. — *Zanonia bibracteata* CRAM. — *Gonatandra tradescantioides* SCHLCHTL, in *Linnæa* (1851), 659.

3. In *Sauv. Fl. cub.*, 156. — C.-B. CLKE, *Comm.*, 315. — B. H., *Gen.*, III, 855, n. 21. — SCHOENL., *Pflanzenfam.*, 69.

4. Albis, minutis.

5. Spec. 1. *S. Blainii* WRIGHT. — HASSK., *Comm. ind.*, 61.

6. In *Walp. Ann.*, III, 659. — C.-B. CLKE, *Comm.*, 316. — B. H., *Gen.*, III, 855, n. 22. — SCHOENL., *Pflanzenfam.*, 69.

7. Albis; floribus pulchellis.

orthotropum sessile; micropyle dorsali. Fructus perianthio marcescente stipatus, loculicidus. Semina 1-3, hemisphærica; hilo lineari; embryostega laterali dorsali; cæteris *Tradescantiæ*. — Herba perennis; caulibus brevibus robustis; foliis[1] elongatis confertis; inflorescentia axillari pedunculata, vaginis late bracteiformibus complicatis subcymbiformibus stipata; cymis in summo pedunculo sæpius 2, scorpioideo-1-paris, lateraliter bracteolatis; pedicellis demum recurvis. (*America centr.*[2])

16. **Leptorhœo** HEMSL.[3] — Flores *Tradescantiæ;* sepalis ovatis herbaceis. Petala paulo majora libera ovato-elliptica tenuissima imbricata. Stamina perfecta 6, hypogyna; filamentis gracilibus nudis; antherarum loculis distinctis brevibus connectivum latiusculum marginantibus. Germen sessile; loculis 3, 1-ovulatis. Fructus breviter ovoideus, calyce cinctus, membranaceus loculicidus; seminibus a dorso compressis inæqui-4-dratis rugosis; hilo ventrali; embryone sub embryostega dorsali minuto ellipsoideo. — Herba tenera ramosa; foliis parvis lanceolatis; floribus[4] in cymas laxas terminales axillaresque dispositis; pedicellis gracilibus; bractea sub cyma nunc complicata spathiformi, sæpius autem parva. (*America trop. utraque*[5].)

17. **Zebrina** SCHNITZL.[6] — Flores fere *Tradescantiæ;* calyce gamophyllo, hinc patulo; lobis 2, 3 (pallide viridibus); carinato 1. Corollæ gamopetalæ tubus tenuis; limbi lobis 3, ovatis patentibus subæqualibus. Stamina 6, fauci affixa; oppositipetala majora; filamentis omnium v. nonnullorum barbatis; antherarum connectivo transverso loriformi, nunc medio apiculato, utrinque loculum brevem rimosum gerente. Germen 3-loculare; ovulis in loculo 2 (*Tradescantiæ*). Fructus sphærico-3-queter loculicidus, in summo stipite recurvo e perianthio lateraliter exsertus; seminibus in loculo 1, 2, subhemisphæricis rugosis; embryone sub embryostega laterali.— Herbæ laxe ramosæ, de-

1. Subtus sæpius violaceis.

2. Spec. 1. *R. discolor* HANCE. — *Tradescantia discolor* LHÉR., *Sert. angl.* (1786), t. 12. — RED., *Lil.*, t. 168. — *Bot. Mag.*, t. 1192, 5078. — SAUND., *Ref. bot.*, t. 48. — *T. spathacea* SW. (1788). — *Ephemerum bicolor* MOENCH, *H. marb.*, Suppl., 78 (1794).

3. EX C.-B. CLKE, *Comm.*, 317. — B. H., *Gen.*, III, 856, n. 23. — SCHOENL., *Pflanzenfam.*, 69.

4. Cæruleis, minutis.

5. Spec. 1. *L. floribunda*. — *L. filiformis* C.-B. CLKE, in *Hemsl. Diagn. pl. nov.* (1880). — HEMSL., *Bot. centr.-amer.*, III, 396, t. 96, fig. 1-11. — *Tradescantia filiformis* MART. et GAL., in *Bull. Acad. Brux.* (1842), II, 376. — *Aneilema floribundum* HOOK. et ARN., *Beech. Voy. Bot.*, 311. — BENTH., *Sulph. Bot.* 177.

6. In *Bot. Zeit.* (1849), 870. — C.-B. CLKE, *Comm.*, 317. — SCHOENL., *Pflanzenfam.*, 69.

cumbentes, pendulæ v. scandentes; foliis ovato-lanceolatis[1]; floribus in summo pedunculo terminali intra spathas complicatas latiusculas 2 involucrantes 1-pari-cymosis, paucis v. ∞, raro quoque axillaribus. (*Reg. mexicano-texana*[2].)

18. **Weldenia** SCHULT. F.[3]—Flores subregulares; « calyce tubuloso, hinc superne subspathaceo fisso; limbo 3-fido. Corollæ tubus elongato-linearis, calyce longior; limbi lobis ovatis patentibus 3. Stamina æqualia 6, tubi parti superiori affixa; filamentis linearibus nudis; antheræ loculis oblongis parallelis contiguis. Germen sessile ovoideum, 3-loculare; stylo filiformi, apice stigmatoso penicillato exserto. Ovula in loculo quoque ad 6, 2-seriatim superposita. Fructus...[4] — Herba erecta parum pubescens; rhizomate tuberoso; foliis oblongis integris ad apicem caulis brevis confertis; inferioribus ad vaginas reductis; superioribus cymas florales densissimas subsessiles involucrantibus (*Mexicum*, *America centr.*[5]) »

II. COMMELINEÆ.

19. **Commelina** L. — Flores hermaphroditi v. rarius polygami sepalis 3, inæqualibus imbricatis; extimo sæpius minore crassiore viridiore; intimis latioribus tenuioribus (plus minus coloratis). Petala majora tenuiora (colorata) imbricata v. torta; postico sessili v. anterioribus brevius unguiculato. Stamina hypogyna 6, quorum perfecta sæpius 3, postica; oppositipetalo 1; alternipetalis 2; filamentis gracilibus hinc deflexis; antheris oblongis; postica sæpe majore arcuata subextrorsa; loculis parallelis, in staminibus alternipetalis ad margines v. subintrorsum rimosis. Staminodia antica 3, quorum opposisepalum 1, sæpe minus v. 0; antheris sterilibus v. parce polliniferis heteromorphis; loculorum lobis sæpe distinctis sphæricis v. glandu-

1. In hortis sæpe 2, 3-coloribus.

2. Spec. 2. LINDL., in *Journ. Hort. Soc. lond.*, V, 139 (*Cyanotis*). — DCNE, in *Rev. hort.* (1855), 141, c. ic.—NEES, *Del. sem. H. wrat.* (1830)(*Cyanotis*). — HEMSL., *Bot. centr.-amer.*, III, 397.

3. In *Flora* (1829), 3, t. 1, A. — C.-B. CLKE, *Comm.*, 319. — B. H., *Gen.*, III, 856, n. 25. — SCHŒNL., *Pflanzenfam.*, 69. — *Lampra* BENTH., *Pl. Hartweg.*, 95; in *Hook. Icon.*, t. 1236.

4. « Verisimiliter capsularis » (BENTH.).

5. Spec. 1. *W. candida* SCH. F. — RŒM. et SCH. F., *Syst.*, VII, 1136. — HASSK., *Comm. ind.*, 3. — BAK., in *Journ. Linn. Soc.*, XVII, 454. — HEMSL., *Bot. centr.-amer.*, III, 397. — *W. Schultesii* SCHLCHTL. — *Lampra volcanica* BENTH. — *Rugendalia majalis* EHRENB. (ex C.-B. CLKE). Corollæ albæ tubus dicitur 5 cent. longus et 1 mill. latus, lobi 10-12 mill. longi.

liformibus. Germen sæpius 3-loculare; stylo arcuato, apice stigmatoso; loculis posticis 1, 2-ovulatis; antico autem 1-ovulato, vacuo v. deficiente. Ovula orthotropa v. subhemitropa; micropyle extrorsum laterali. Fructus capsularis loculicidus; loculo antico sæpe vacuo indehiscente v. septicide secedente, nunc omnino abortivo. Semina in loculis fertilibus 1, 2, aut ellipsoidea, aut superposita mutuaque pressione tunc plana, lævia, rugosa, foveolata v. reticulata; hilo lineari; embryone sub embryostega laterali horizontali. — Herbæ ramosæ, erectæ v. varie repentes ascendentesve; foliis ovatis, lanceolatis v. lineari-angustatis, in vagina varia sessilibus v. breviter petiolatis. Inflorescentiæ cymosæ variæ spathaceæ; cymis scorpioideis, nunc ad flores paucos v. 1 reductis; pedicellis sæpe post anthesin recurvis fructumque intra spatham maturescentibus. (*Orbis utriusque reg. calid.*) — *Vid. p.* 204.

20. **Aneilema** R. Br.[1] — Flores fere *Commelinæ;* sepalis 3, viridibus v. petaloideis, imbricatis; extimo nunc cæteris latiore. Petala 3, obovata inæqui-longe unguiculata imbricata. Stamina 2, 3; filamentis gracilibus glabris v. barbatis; antheris ovatis v. oblongis nunc inæqualibus, 2-rimosis. Staminodia 3, v. rarius 4; antheris difformibus sterilibus (raro polliniferis). Germen 2, 3-loculare; stylo vario; loculis 1, 2- v. ∞-ovulatis. Fructus loculicidus; seminibus in loculo 1, 2, v. ∞, 1, 2-seriatim superpositis; testa crassa v. ossea, rugosa v. foveolata; embryone horizontali hilo contrario. — Herbæ perennes, robustæ v. debiles; ramis aeriis erectis v. adscendentibus, simplicibus v. ramulosis; floribus in cymas 1-paras secus axin simplicem v. ramosum, terminalem v. ad folia superiora axillarem, dispositis; inflorescentia bracteisque forma valde variis. (*Orbis utriusq. reg. calid.*[2])

21. **Polyspatha** Benth.[3] — Flores fere *Commelinæ;* sepalis 3, na-

1. *Prodr.*, 270. — Endl., *Gen.*, n. 1028 *b*. — C.-B. Clke, *Comm.*, 195. — B. H., *Gen.*, III, 849, n. 6. — Schoenl., *Pflanzenfam.*, 64, fig. 32, J-L. — *Aphylax* Salisb., in *Trans. Hort. Soc. lond.*, I, 271. — *Anilema* K., *Enum.*, IV, 64. — *Murdannia* Royl., *Ill. himal.*, 403, t. 95, fig. 3. — *Dichæspermum* Wight, *Ic.*, VI, 31, t. 2078. — *Dictyospermum* Wight, *loc. cit.*, t. 2069-2071. — *Rhopalephora* Hassk., in *Bot. Zeit.* (1864), 58. — *Piletocarpus* Hassk., in *Flora* (1866), 212. — *Lamprodithyros* Hassk., in *Pet. Moss. Bot.*, 529. — *Bauschia* Seub., in *Vid. Medd. Nat. Foren. Kjob.* (1872), 123. — *Prionostachys* Hassk., in *Flora*, *loc. cit.* — *Amelina* C.-B. Clke, *Comm. beng.*, t. 26.

2. Spec. ad 60. Wight, *Ic.*, t. 2072-2077. — Reichb., *Ic. exot.*, t. 136 (*Commelina*). — Hook., *Exot. Fl.*, t. 204. — Seem., *Fl. vit.*, t. 96. — Pal.-Beauv., *Fl. owar. et ben.*, t. 38, 87 (*Commelina*). — R. Br., *Prodr.*, 270 (part.). — Benth., *Fl. austral.*, VII, 85. — Fr. et Sav., *En. pl. jap.*, II, 94. — Hook. f., *Fl. brit. Ind.*, VI, 374.

3. In *Hook. Niger Fl.*, 543. — C.-B. Clke, *Comm.*, 104, t. 3. — B. H., *Gen.*, III, 849, n. 5. — Schoenl., *Pflanzenfam.*, 64.

vicularibus; extimo majore. Petala longiora inæqui-unguiculata imbricata. Stamina perfecta 3; filamentis gracillimis; antherarum æqualium v. inæqualium loculis contiguis parallelis; 3 autem ad staminodia filiformia reducta; antheris sterilibus minutis. Germen sessile, 2-loculare; stylo longo gracili; ovulis in loculo solitariis orthotropis. Fructus ellipsoideus obtusus compressiusculus nitidus, 2-locularis, loculicidus. Semina[1] elliptica, intus subplana; hilo lineari; embryone sub embryostega extrorsum laterali; integumento ab embryostega radiatim sulcato. — Herba debilis; ramis basi reptantibus moxque erectis simplicibus; foliis majusculis vaginatis breviter petiolatis. Inflorescentia terminalis parce ramosa; cymis subsessilibus secundum ramos elongatos numerosis dissitis contractis, 1-paris, arcte reflexis; bracteis parvis latis. (*Africa trop. occid.*[2])

22. **Cochliostema** LEME[3]. — Flores irregulares; sepalis 3, petaloideis, imbricatis. Petala 3, alterna, fimbriato-ciliata, imbricata. Stamina fertilia 3, quorum 1, sepalo medio superpositum; filamento brevi incurvo, basi extus pilis flavis aucto; 2 autem (verticilli interioris) petalis superposita; connectivo in laminam petaloideam elongatam involutam basique cucullatam dilatato; antheris omnium 2-locularibus; loculis spiraliter pluries tortis. Staminodia 2, opposisepala brevia, penicillio pilorum moniliformium coalita. Germen 3-loculare; stylo longe subulato, apice integro minute stigmatoso. Ovula in loculis 8-14, 2-seriata, incomplete hemitropa; micropyle extrorsa. Fructus anguste oblongus capsularis, loculicide 3-valvis. Semina ∞, 2-seriatim superposita quadrata; embryone sub embryostega laterali parvo. — Herba subacaulis robusta; foliis rosulatis amplis oblongo-lanceolatis vaginantibus; floribus[4] in racemos cymigeros dispositis; bracteis amplis coloratis 2-4, verticillatis; cymis 1-paris; flore terminali sæpe sterili bracteiformi sulcato. (*Ecuadoria andin.*[5])

1. « Albidis. »
2. Spec. 1. *P. paniculata* BENTH.
3. *Ill. hort.*, VI (1859), *Misc.*, 70, t. 217. — C.-B. CLKE, *Comm.*, 231. — B. H., *Gen.*, III, 850, n. 7. — SCHOENL., *Pflanzenfam.*, 65, fig. 34, 35.
4. Roseis; corolla cærulescente.
5. Spec. 1. *C. odoratissimum* LEME. — *Bot. Mag.*, t. 5705. — *C. Jacobianum* K. KOCH et LIND., in *Wochenschr.* (1867), 322. — MAST., in *Gardn. Chron.* (1868), 265, 323, c. tab.; in *Journ. Linn. Soc.*, XIII, 204, t. 4. — *Fl. serres*, XVIII, 33, t. 1837-1839.

III. POLLIEÆ.

23. **Pollia** THUNB. — Flores hermaphroditi; sepalis 3, membranaceis latiusculis imbricatis persistentibus. Petala 3, minora obovata subæqualia imbricata. Stamina 3-6, aut fertilia omnia; filamentis declinatis gracilibus glabris; antherarum ovatarum loculis parallelis rimosis; aut 3 ad staminodia antica reducta; filamentis brevioribus anthera parva sterili terminatis. Germen liberum, 3-loculare; stylo simplici, apico stigmatoso; ovulis orthotropis in loculo quoque 2-∞. Fructus sphæricus v. ovoideus siccus indehiscens, intus parce pulposus; pericarpio fragili (sæpius cyanescente) nitido. Semina 1-∞, angulata, dorso plana, lævia (fuscata) albuminosa; embryone sub embryostega laterali hilo subcontrario. — Herbæ perennes; rhizomate brevi; ramis aeriis e basi repente adscendentibus v. erectis, sæpe robustis; foliis majusculis vaginatis; floribus in racemum terminalem laxe compositum v. brevem compactum contractumque dispositis; ramis cymigeris; cymis 1-paris sparsis, subsessilibus v. stipitatis, demum rectis; pedicellis brevibus; bracteis parvis v. 0, sub cymis nunc majoribus subfoliaceis. (*Asia et Oceania calid.*) — *Vid. p.* 207.

24. **Palisota** REICHB.[1] — Flores fere *Polliæ;* sepalis subæqualibus petaloideis imbricatis; extimo nunc paulo majore. Petala subsimilia imbricato-conniventia, sæpius demum patentia. Stamina antherigera 3, oppositipetala; filamentis linearibus nudis; antheris inæqualibus, quarum angustiores 2, nunc steriles; majore autem tertia petalo extimo opposita; filamentis sub medio dorsifixis; loculis introrsum rimosis. Staminodia alternipetala 3, v. nunc 2; antheris minimis v. 0; filamento pilis longis moniliformibus instructo. Germen sessile; styli ramis brevibus v. lobis stigmatosis 3; loculis germinis 3 (quorum minor v. vacuus anticus 1). Ovula in loculo quoque 2-8, suborthotropa. Fructus ovoideus, baccatus v. carnosulus. Semina pauca, 1, 2-seriatim superposita, quadrata v. subpyramidata, lævia v. rugosa; embryone (Ordinis) horizontali. — Herbæ perennes; caule brevi v. elongato valido; foliis confertis vaginantibus imbricatis; floribus[2] in

1. *Consp.*, 59. — SPACH, *Suit. à Buff.*, XIII, 122. — MEISSN., *Gen.*, 407 (311). — ENDL., *Gen.*, 125. — C.-B. CLKE, *Comm.*, 130, t. 5, fig. 3, 4. — B. H., *Gen.*, III, 847, n. 2. — SCHOENL., *Pflanzenfam.*, 62, fig. 31.

2. Albis, viridulis v. rarius cæruleis.

racemum terminalem densum, cylindraceum, anguste oblongum v. pyramidatum, dispositis; bracteis alternis; cymis ad bracteas axillaribus scorpioideis; pedicellis gracilibus longiusculis v. subnullis. (*Africa trop.*[1])

25? **Athyrocarpus** SCHLCHTL[2]. — Flores (fere *Commelinæ*) irregulares; sepalis ovatis (viridibus) patentibus imbricatis; extimo sæpius latiore. Petala majora tenuiora late obovata imbricata; majoribus 2, longius unguiculatis. Stamina perfecta oppositipetala 3; filamentis gracilibus; antheris oblongis; loculis subparallelis; intermedia autem majore; loculis basi liberis. Staminodia 2, 3; antheris sterilibus hastatis. Germen 3-loculare; loculis posticis 2-ovulatis; antico autem 1-ovulato. Fructus[3] subsphæricus; pericarpio indehiscente fragili nitido, intus parce pulposo. Semina rugosa v. foveolata; embryone hilo subcontrario extrorsum sub embryostega laterali. — Herbæ ramosæ debiles; cymis scorpioideis intra spatham complicatam 2-fidis; inflorescentia cæterisque *Commelinæ*[4]. (*America trop. utraque*[5].)

1. Spec. ad 8. P.-BEAUV., *Fl. owar. et ben.*, t. 15 (*Commelina*). — BENTH., *Niger Fl.*, 544. — MAST., in *Gardn. Chron.* (1878), 527. — *Bot. Mag.*, t. 5318. — WALP., *Ann.*, III, 658.

2. In *Linnæa*, XXVI, 454 (1853). — B. H., *Gen.*, III, 847, n. 3. — *Phæospherion* HASSK., in *Flora* (1866), 212. — C.-B. CLKE, *Comm.*, 135. — SCHOENL., *Pflanzenfam.*, 63.

3. Cyanei, albidi v. purpurascentes.

4. A qua genus pericarpii indehiscentis indole solum differt.

5. Spec. 4. RED., *Lil.*, t. 479 (*Commelina*). — BENTH., *Sulph. Bot.*, 176 (*Commelina*). — GRISEB., *Fl. brit. W.-Ind.*, 525 (*Commelina*). — SAUV., *Fl. cub.*, 157 (*Commelina*). — SCHLCHTL, in *Linnæa*, XXVI, 454 (*Commelina?*). — HASSK., *Comm. ind.*, 2 (*Phæospherion*). — MEISSN., in *Vid. Medd. Kjob.* (1872), 125 (*Commelina*). — KL., in *Schomb. Faun. et fl. guian.*, 1064, 1117 (*Commelina*). — SEUB., in *Mart. Fl. bras.*, III, I, 262 (*Commelina*). — HEMSL., *Bot. centr.-amer.*, III, 385, t. 95, fig. 1-11.

CXXX

XYRIDACÉES

Le genre *Xyris*[1] (fig. 145-150) est caractérisé par des fleurs herma-

Xyris indica.

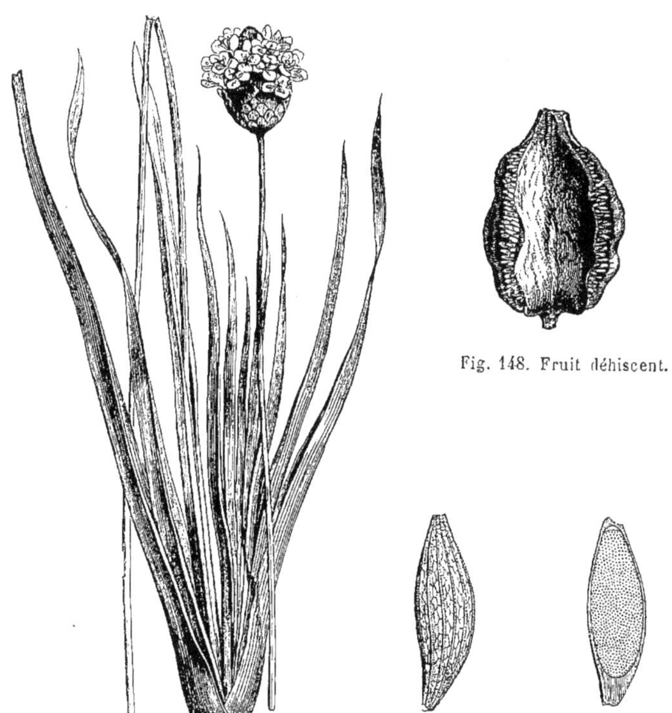

Fig. 145. Port. Fig. 148. Fruit déhiscent. Fig. 149. Graine. Fig. 150. Graine, coupe longitudinale.

phrodites, à court réceptacle convexe. Sa base porte un double

1. L., *Gen.*, ed. I, n. 31; ed. VI, n. 64. — J., *Gen.*, 44. — GÆRTN., *Fruct.*, I, t. 15. — LAMK, *Ill.*, t. 36. — TURP., in *Dict. sc. nat.*, Atl., t. 189. — ENDL., *Gen.*, n. 1025; *Iconogr.*, t. 13. — K., *Enum.*, IV, 2. — B. H., *Gen.*, III, 842, n. 1. — ENGL., *Pflanzenfam.*, II, 4, p. 20, fig. 7-10. — *Schismaxon* STEUD., in *Bot. Zeit.* (1856), 391. — *Kotsjiletti* ADANS., *Fam. des pl.*, II, 544.

périanthe : un calice irrégulier, qui a deux folioles postéro-latérales, relativement assez épaisses, rigides, carénées ou même ailées sur leur ligne médiane dorsale[1]; et une troisième[2], antérieure, enveloppée dans la préfloraison par les précédentes, membraneuse, pétaloïde, enveloppant d'abord elle-même la majeure partie de la corolle. Celle-ci est gamopétale, plus ou moins irrégulière, à tube court ou allongé,

Xyris indica.

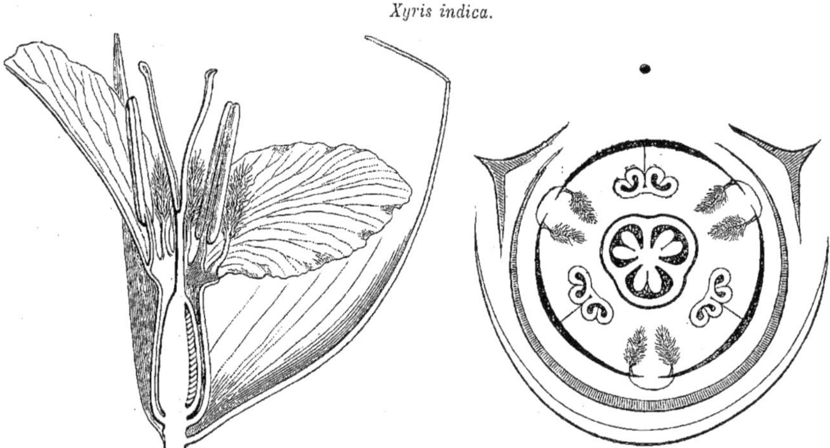

Fig. 146. Fleur, coupe longitudinale. Fig. 147. Diagramme.

parfois très étroit, et à limbe membraneux, d'une grande délicatesse, partagé en trois lobes égaux ou peu inégaux, obtus, subvalvaires ou un peu imbriqués dans la préfloraison, parfois un peu corrugués. Deux d'entre eux sont antérieurs. A la gorge de la corolle s'insèrent six étamines, dont trois oppositipétales, fertiles, plus courtes que la corolle. Elles ont un filet court, grêle ou subulé, et une anthère oblongue, insérée sur le filet par la portion inférieure du dos du connectif, avec deux loges parallèles, plus ou moins larges, parfois libres en bas, déhiscentes par des fentes longitudinales extrorses[3]. Les étamines alternipétales sont stériles et peuvent manquer; elles ont un filet dressé et une anthère sans pollen, à deux lobes membraneux, courts ou plus ou moins saillants, ou réduits à l'état de pinceau.

1. Souvent considérées comme des bractéoles latérales et rappelant l'appendice parinerve postérieur des Cypéracées, Iridacées, etc.
2. Souvent regardée comme une bractée.
3. Le connectif peut s'élargir horizontalement, de façon à ressembler, comme dans plusieurs Commelinacées, à la barre transversale d'un T, avec une loge courte à chacune de ses extrémités. Le pollen est aussi semblable à celui des Commelinacées.

Le gynécée sessile a un ovaire à trois loges alternipétales, complètes ou incomplètes, qui est surmonté d'un style entier ou partagé plus ou moins profondément en trois branches dont le sommet stigmatifère se dilate d'une façon variable. Chaque placenta porte de nombreux ovules, bisériés, obliquement ascendants, orthotropes; le micropyle supérieur. Le fruit est enveloppé du périanthe plus ou moins marcescent; il est capsulaire, loculicide; et les graines, ovoïdes ou allongées-fusiformes, ont un hile basilaire, un sommet souvent un peu renflé, un tégument extérieur strié de côtes longitudinales saillantes, un albumen ordinairement farineux, et un petit embryon apical, surmontant l'albumen, largement turbiné ou lenticulaire, aplati.

Les *Xyris* habitent les régions chaudes des deux mondes. Ce sont des herbes vivaces ou rarement annuelles. Elles ont souvent un rhizome qui peut porter plusieurs sortes d'axes aériens[1] : les uns à feuilles; les autres à fleurs; d'autres encore à la fois foliifères et florifères. Les feuilles sont basilaires, souvent distiques, linéaires ou étroitement lancéolées, entières et rigides. Les fleurs[2] sont portées au sommet d'une hampe dressée : elles y forment un capitule sphérique ou ovoïde, rarement cylindrique, insérées chacune dans l'aisselle d'une bractée coriace ou rigide, imbriquée, sous laquelle se trouve finalement caché le fruit mûr. On compte actuellement plus de cent espèces[3] de *Xyris*.

Les *Abolboda*, de l'Amérique tropicale, sont à peine distincts des *Xyris*. Ils n'ont pas de sépale antérieur; et leur style à sommet stigmatifère trilobé et frangé, est pourvu un peu au-dessus de sa base de trois appendices analogues à ceux des *Pauridia* et des *Dupatya*, linéaires, récurvés ou réfléchis.

C'est SALISBURY qui a créé en 1812 un Ordre des Xyridées[4], nommées Xyridacées[5] par LINDLEY en 1836. C'étaient pour B. DE JUSSIEU

1. A. NILLS., in *Kgl. Svensk. Vet. Akad. Handl.* (1892), XXIV. — TH. HOLM, in *Bot. Gaz.*, XVIII, 313.

2. Bleues, blanches, jaunes ou purpurines, moyennes ou souvent petites, fugaces.

3. W., *Phytogr.*, t. 1. — LABILL., *Pl. N. Holl.*, t. 10. — R. et PAV., *Fl. per. et chil.*, t. 71. — RUDGE, in *Trans. Linn. Soc.*, X, 15. — LODD., *Bot. Cab.*, t. 205. — SEUB., in *Mart. Fl. bras.*, III, I, 211, t. 22-29. — STEUD., *Syn. pl. glum.*, II, 284. — A. NILLS., *loc. cit.*, 25, t. 1-6. — R. BR., *Prodr.*, 256. — F. MUELL., *Fragm. phyt. Austral.*, VIII, 203. — ENDL., in *Pl. Preiss.*, II, 55. — BENTH., *Fl. austral.*, VII, 76. — HOOK. F., *Fl. tasm.*, II, 61; *Fl. brit. Ind.*, VI, 364. — O. K., *Revis.*, 719.

4. In *Trans. Roy. Hort. Soc. lond.*, I, 326. — K., *Enum.*, IV, 1. — DESVX, in *Ann. sc. nat.*, sér. 1, XIII, 49 (Fam.). — LINDL., *Nat. Syst. Clav.* (1830); *Nix. pl.*, 36 (*Glumacearum* Ord.). — ENDL., *Gen.*, 123, Ord. 47. — B. H., *Gen.*, III, 837, Ord. 181.

5. *Nat. Syst.*, ed. II, 288; *Veg. Kingd.*, 187, Ord. 55. — ENGL., *Pflanzenfam.*, 18.

des Joncées; et A.-L. DE JUSSIEU ne savait si elles se rapprochaient plus des Cypéracées que des Iridacées auxquelles ADANSON les avait unies[1], sans tenir compte de la situation supère de leur ovaire. Par celui-ci elles sont voisines des Commelinacées dont elles ont à peu près la corolle et les ovules orthotropes, plus allongés. Mais, par leurs organes végétatifs[2] et leur inflorescence, elles sont plutôt les analogues des Restiacées et des Joncées[3] qui n'ont pas leur corolle gamopétale à texture si délicate. Elles sont originaires des régions les plus chaudes des deux mondes[4] et sont bien peu usitées[5]. On cite seulement le *X. indica*[6] (fig. 145-150) et les *X. americana* VAHL et *vaginata* SPRENG. comme remèdes des affections cutanées, notamment de la lèpre, supprimant promptement, à ce qu'on assure, l'inflammation et le prurit les plus intenses[7].

1. *Fam. des pl.*, II, 58, 60.
2. Sur leur structure, A. NILLS., *loc. cit.*, 6. — POULS., in *Vid. Medd. Kjob.* (1892), c. tab. 2. — V. TIEGH., in *Journ. Morot*, I, 305.
3. Les organes végétatifs et l'ovaire infère distinguent complètement les Hydrocharidacées.
4. Sur leur distribution géographique, détaillée, A NILLS., *loc. cit.*, 19.
5. MART., *Fl. bras.*, fasc. XV, 209.
6. L., *Spec.*, 62. — ROXB., *Fl. ind.*, I, 179. — MART., in *Wall. Pl. as. rar.*, III, 30. — RHEEDE, *H. malab.*, IX, t. 7.
7. Voy. PIS., *Hist. nat. Bras.* (1648), 119 (*Jupicai, Erva d'Empigen*). On emploie généralement ces plantes en applications topiques, acidifiées avec du vinaigre ou cuites dans l'huile. On attribue leurs propriétés à une essence résidant dans le rhizome.

GENERA

1. **Xyris** L. — Flores hermaphroditi parum irregulares; receptaculo minute convexo. Sepala 3, libera, quorum postica 2, bracteiformia rigida carinata v. anguste alata; antico multo latiore petaloideo corollam primum involvente et a posticis operto. Corolla gamopetala; tubo brevi v. elongato, latiusculo v. tenui; limbi lobis subæqualibus tenuissime membranaceis, subvalvatis v. leviter imbricatis, nunc leviter corrugatis. Stamina 6, fauci inserta, quorum oppositipetala 3, fertilia, perianthio breviora; filamentis erectis brevibus, gracilibus v. subulatis; antheris longioribus ad basin dorsifixis, oblongis erectis; loculis contiguis linearibus, nunc basi liberis, extrorsum rimosis, rarius ob connectivum transverse elongatum valde distantibus. Staminodia alternipetala 3, 2, v. 0; filamento brevi; anthera sterili plus minus dilatata, 2-loba, v. lobis linearibus penicillatis. Germen sessile liberum; stylo terminali simplici v. sæpius plus minus longe 3-ramoso; ramis apice stigmatoso varie dilatatis. Ovula in loculis plus minus completis ∞, orthotropa obliqua; micropyle supera. Fructus capsularis loculicidus. Semina ovoidea v. oblongo-fusiformia, extus longitudinaliter costata; hilo basilari; apice tuberculata; albumine farinaceo; embryone apicali late turbinato v. lenticulari. — Herbæ annuæ v. sæpius perennes; rhizomate brevi; foliis basilaribus ensatis rigidis, linearibus v. anguste lanceolatis; floribus in summo scapo capitatis; capitulis sphæricis, ovoideis v. raro cylindraceis; bracteis rigidis v. coriaceis imbricatis, 1-floris, fructum demum occultantibus. (*Orbis utriusque reg. calid.*) — *Vid. p.* 224.

2. **Abolboda** H. B.[1] — Flores[2] fere *Xyridis;* sepalo antico 0.

1. *Pl. æquin.*, II, 109, t. 114. — K., *Syn.*, I, 265; *Enum.*, IV, 25. — Endl., *Gen.*, n. 1026. — B. H., *Gen.*, III, 842, n. 2. — Engl., *Pflanzenfam.*, 19. — *Chloarum* W., ex Link, in *Spr. Jahrb.*, III, 74.

2. Nunc sæpius cærulei, parvi.

Corollæ tubus tenuis; lobi ovati v. elliptici[1]. Staminodia inter lobos 3, tenuiter filiformia glabra, v. sæpius 0. Stamina fertilia 3. Germen[2] apice acutiusculum v. cupulato-6-dentatum; stylo longo, supra basin appendiculis linearibus reflexis v. recurvis 3 instructo, apice stigmatoso fimbriato-3-lobo. Placentæ 3, parietales v. extus ab apice plus minus alte solutæ liberæ adscendentes. Ovula orthotropa ∞, fructus, semina cæteraque *Xyridis*. — Herbæ perennes; foliis basilaribus scapisque *Xyridis*, nunc basi 1-foliatis v. altius 2-6-vaginatis; vaginis per paria suboppositis; capitulis brevibus v. angustis; bracteis 1-floris laxe imbricatis v. appressis. (*America trop.*[3])

1. Imbricati v. torti; ut videtur, cærulei.
2. Ubi notum oblongo-3-quetrum.
3. Spec. ad 7. Seub., in *Mart. Fl. bras.*, III, I, 222, t. 30. — Nilss., *loc. cit.*, 62.

CXXXI

MAYACACÉES

Dans le genre *Mayaca*[1] (fig. 151-156), le seul de cette petite famille, les fleurs sont régulières, hermaphrodites, à réceptacle convexe et à verticilles trimères. Les sépales sont libres et subvalvaires ; l'un d'eux est antérieur. Les pétales, alternes et plus grands, sont d'un tissu beaucoup plus délicat, atténués à la base, orbiculaires ou obovales,

Mayaca fluviatilis.

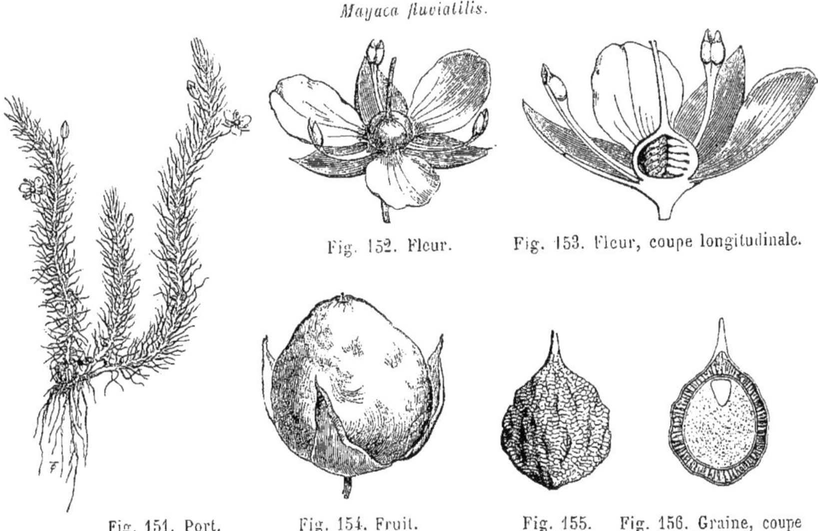

Fig. 151. Port. Fig. 152. Fleur. Fig. 153. Fleur, coupe longitudinale. Fig. 154. Fruit. Fig. 155. Graine. Fig. 156. Graine, coupe longitudinale.

tordus dans la préfloraison. L'androcée est formé de trois étamines alternipétales et hypogynes, à filet dressé, court ou allongé ; à anthère basifixe, biloculaire ; les sillons de déhiscence, presque marginaux, présentant une solution de continuité irrégulière ou tardive, en même

1. AUBL., *Pl. Guian.*, I, 42, t. 15. — J., *Gen.*, 45 (Joncées). — LAMK, *Ill.*, t. 36. — SCHOTT et ENDL., *Melet.*, 23, t. 3. — ENDL., *Gen.*, n. 1027. — K., in *Ber. Berl. Akad.* (1841), 113 ; *Enum.*, IV, 31. — STEUD., *Pl. glum.*, II, 289. — SPACH, *Suit. à Buff.*, XIII, 122. — B. H., *Gen.*, III, 843. — ENGL., *Pflanzenfam.*, II, 4, p. 18, fig. 6. — *Syena* SCHREB., *Gen.*, 39. — *Biaslia* VAND., *Fl. lus. et bras. Spec.*, 4, t. 1, fig. 2. — *Colletia* VELL., *Fl. flum.*, 32 ; Atl., I, t. 79 (non COMM.)

temps que le pollen s'échappe souvent par un tube court, simple ou double, à orifice oblique ou tronqué, qui surmonte l'anthère. L'ovaire, supère et à large base sessile, est surmonté d'un style simple, grêle, à sommet stigmatifère entier ou découpé de trois dents obtuses. Il y a dans l'ovaire trois placentas pariétaux, oppositipétales, chargés d'ovules orthotropes, d'abord bisériés, horizontaux ou obliques. Le fruit est une capsule entourée du périanthe et de l'androcée desséchés. Elle s'ouvre plus ou moins nettement en valves membraneuses, placentifères sur leur ligne médiane. Les graines, ovoïdes ou subsphériques, ont un hile basilaire et un bec apical plus ou moins prononcé. Elles renferment, sous d'épais téguments striés ou tuberculeux, un abondant albumen charnu et plus ou moins farineux, qui entoure un embryon turbiné ou lenticulaire, voisin du micropyle.

Les *Mayaca* sont d'humbles herbes, comparées souvent à des Mousses aquatiques, des régions chaudes des deux Amériques. Leurs tiges[1] grêles et ramifiées, rampantes sur la vase ou flottant dans l'eau, portent des racines adventives et des feuilles alternes, petites, nombreuses, linéaires-filiformes, pressées en spirale sur les axes. Les fleurs[2], petites et délicates, occupent solitaires l'aisselle de certaines feuilles ou forment au sommet des axes une petite cyme capituliforme. La base de leur pédicelle grêle est accompagnée d'une bractée membraneuse, translucide, plus large que deux bractéoles de même consistance qui se trouvent sur ses côtés. On en distingue une demi-douzaine d'espèces[3].

Cette famille a été comparée aux Commelinacées et Xyridacées, à cause de ses ovules orthotropes. Elle rappelle bien les premières par les caractères de son périanthe. Mais ses étamines et ses organes de végétation sont tout particuliers. Elle n'a rien de l'inflorescence des Xyridacées, ni de l'irrégularité de leur périanthe. Nous ne voyons pas bien les ressemblances qu'on lui a supposées[4] avec les Hydrocharidacées, plantes à réceptacle floral concave et à ovaire infère; il n'y a là que des analogies végétatives, et qui, vraisemblablement, sont principalement dues à la station.

1. Sur leur structure, POULSEN, in *K. Dansk. Vid. Selsk. Forh. Kjob.* (1886). — SCHLEID., ex ENGL., *loc. cit.*, 17.

2. Roses ou lilacées.

3. SEUB., in *Mart. Fl. bras.*, III, I, 227, t. 31.

4. ENGL., *loc. cit.*, 18.

CXXXII
PHILYDRACÉES

Nous n'admettons dans cette petite famille que le genre *Philydrum*[1] (fig. 157-163), dont les fleurs irrégulières sont hermaphrodites, à

Philydrum (Hetæria) pygmæum.

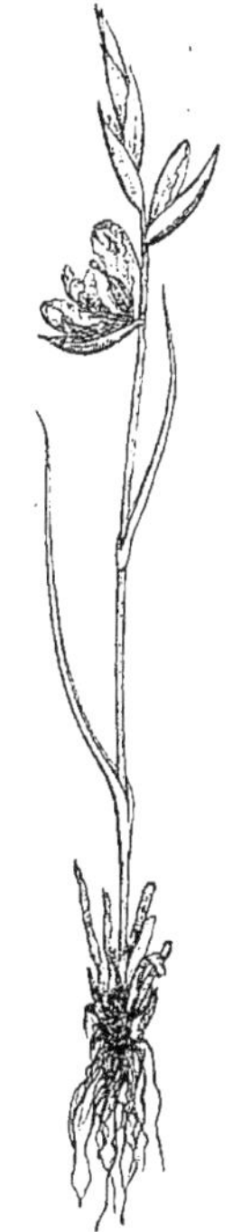

Fig. 157. Port.

Fig. 158. Fleur.

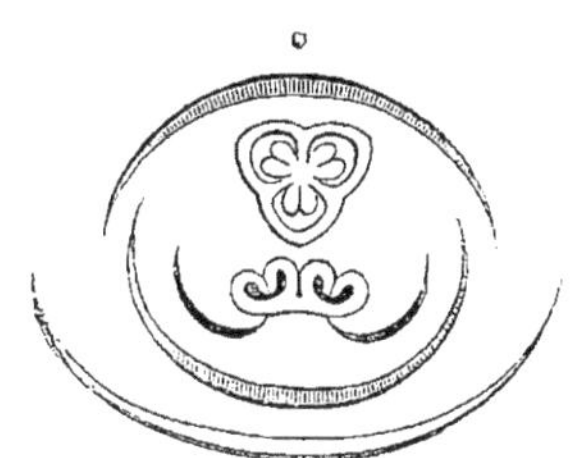

Fig. 159. Diagramme.

réceptacle convexe. Il porte deux sépales indépendants, dont un anté-

1. BANKS, ex GÆRTN., *Fruct.*, I, 62, t. 16, fig. 10. — LAMK, *Ill.*, t. 4. — ENDL., *Gen.*, n. 1061. — B. H., *Gen.*, III, 840, n. 1. — SCHNIZL., *Iconogr.*, I, t. 52. — CAR., *Philydr.*, in *DC. Mon. Phaner.*, III (1881), 2. — ENGL., *Pflanzenfam.*, II, 4, p. 75, fig. 41.

rieur, enveloppé par le postérieur[1] dans le bouton. En dedans d'eux se voient deux pétales, plus petits, plus délicats de tissu et antéro-latéraux, se rapprochant l'un de l'autre ou s'unissant en avant sur la ligne médiane de la fleur. Là, s'insère, en dedans d'eux, une étamine antérieure, formée d'un filet aplati et d'une anthère introrse, biloculaire et déhiscente par deux fentes longitudinales, rectiligne, arquée ou contournée en spirale, suivant les espèces. L'ovaire supère a trois loges complètes ou incomplètes, dont une antérieure; il est trigone, surmonté d'un style droit ou arqué, à sommet stigmatifère renflé. Les ovules sont nombreux sur chaque placenta, orthotropes[2]. Le fruit est sec, loculicide, plus ou moins nettement trivalve ou irrégulièrement déchiré. Les graines nombreuses, sessiles, ont plus ou moins nettement la forme d'un barillet, surmonté d'un petit appendice[3] et inséré par un pied circulaire et concave. Le tégument extérieur est strié en spirale. L'albumen, charnu, plus ou moins farineux, entoure un embryon axile, cylindrique, à radicule tournée vers le micropyle.

On connaît quatre espèces de ce genre, asiatiques et océaniennes. Ce sont des herbes vivaces, humbles ou élevées, à rhizome chargé de racines adventives. Les branches aériennes, glabres ou laineuses, portent des feuilles alternes, distiques, rapprochées en rosette et plus grandes à la base, linéaires ou ensiformes, rectinerves. Les inflorescences sont simples ou ramifiées; elles représentent des épis dont les bractées spathiformes sont uniflores.

Dans le *P. lanuginosum* (fig. 160-163), l'étamine a un filet libre et une anthère deux fois contournée sur elle-même en spirale. Les loges ovariennes sont incomplètes; les feuilles, ensiformes; l'inflorescence, longue et simple. Ce sont là les caractères d'une section *Garciana*[4].

Dans le *P. pygmæum* (fig. 157-159), australien, type d'une section *Pritzelia*[5], les feuilles sont petites, peu nombreuses, linéaires; l'épi simple est pauciflore; l'anthère, fortement arquée; le filet, uni aux deux pétales qui occupent ses côtés; l'ovaire et le fruit, à loges complètes.

Dans la section *Helmholtzia*[6], les feuilles sont ensiformes; l'inflorescence est composée; l'anthère est à peu près rectiligne.

1. Représentant deux folioles.
2. A double tégument.
3. De nature arillaire?
4. LOUR., *Fl. cochinch.*, 14 (antér.?).
5. F. MUELL., *Descr. pap. pl.*, I, 13. — B. H., *Gen.*, III, 840, n. 2. — ENGL., *Pflanzenfam.*, 76. — *Helæria* ENDL., *Gen.*, 138 (non BL.). — K., *Enum.*, III, 380. — *Phylidrella* CAR., in *N. Giorn. bot. ital.*, X, 91; *Philydr.*, 4.
6. F. MUELL., *Fragm. phyt. Austral.*, V, 202. — CAR., *Philydr.*, 5. — B. H., *Gen.*, III, 841, n. 3. — ENGL., *Pflanzenfam.*, 76.

Ainsi composé[1], le genre est formé de plantes terrestres ou subaquatiques[2], petites ou grandes, glabres ou velues, qui habitent les régions chaudes de l'Asie et de l'Océanie.

On peut dire qu'elles représentent une forme amoindrie des Commelinacées, notamment par les *Cartonema*, qui ont la même inflores-

Philydrum (Garciana) lanuginosum.

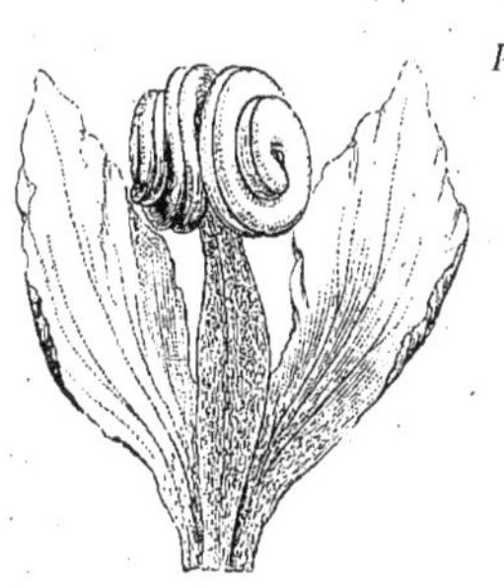

Fig. 160. Pétales et étamine.

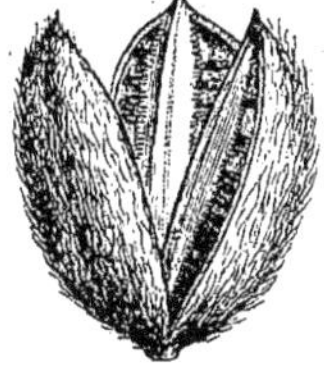

Fig. 161. Fruit déhiscent.

Fig. 162. Graine.

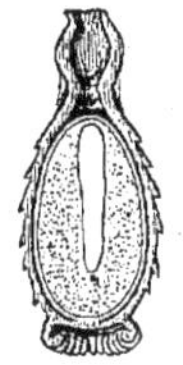

Fig. 163. Graine, coupe longitudinale.

cence. L'ovule et la graine orthotropes sont, en somme, analogues dans les deux groupes, quoique ayant ici le grand axe plus long, et l'embryon plus développé, par suite plus engagé dans l'axe de l'albumen. Le port de certains *Phylidrum* rappelle assez bien celui de quelques Iridacées, et l'irrégularité de la fleur monandre a fait songer à une affinité avec les Orchidacées; mais il n'y a pas ici de véritable labelle en face de l'étamine unique; et le fruit supère est totalement différent, soit par le péricarpe, soit par les semences[3]. Ces différences sont déjà très nettement indiquées dans l'ovaire, surtout quand ses loges sont complètes.

1. *Philydrum* § 3. { 1. *Garciana* (LOUR.). 2. *Pritzelia* (F. MUELL.). 3. *Helmholtzia* (F. MUELL.).

2. R. BR., *Gen. Rem. terr. austr.*, 578; *Prodr.*, 265. — GRIFF., *Ic. pl. asiat.*, t. 269, 270; *Notul.*, III, 230. — GUILLEM., *Ic. pl. austral.*, t. 5. — K., *Enum.*, III, 380. — ENDL., in *Lehm. Pl. Preiss.*, II, 45. — BENTH., *Fl. austral.*, VII, 73; 74 (*Pritzelia*), 75 (*Helmholtzia*). — *Bot. Mag.*, t. 783, 6056.

3. Voy. SCHLEID. et VOG., in *Nov. Act. nat. cur.*, XX, t. 10, fig. 1-6.

CXXXIII

RAPATÉACÉES

I. SÉRIE DES SPATHANTHUS.

Le *Spathanthus*[1] *unilateralis* (fig. 164-170), seule espèce de ce genre, est une plante à fleurs régulières, dont le court réceptacle

Spathanthus unilateralis.

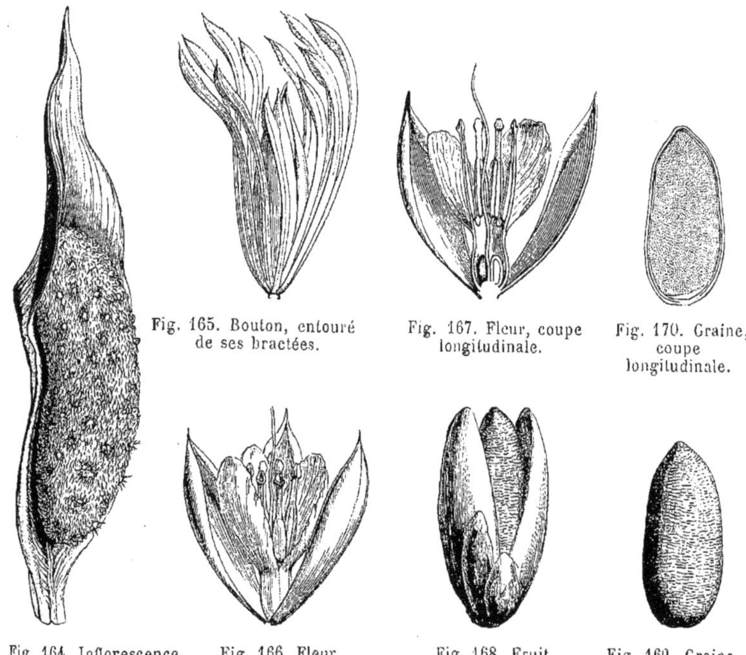

Fig. 164. Inflorescence. Fig. 165. Bouton, entouré de ses bractées. Fig. 166. Fleur. Fig. 167. Fleur, coupe longitudinale. Fig. 168. Fruit. Fig. 169. Graine. Fig. 170. Graine, coupe longitudinale.

porte trois sépales allongés, scarieux, tordus ou imbriqués dans le

1. Desvx, in *Ann. sc. nat.*, sér. 1, XIII, 45, t. 4. — Endl., *Gen.*, n. 1053. — K., *Enum.*, III, 368. — Rob. Schomb., *Rapat. Frid.-Aug. u. Saxo-Frid.* — Krncke, in *Linnæa*, XXXVII 488, t. 1, fig. 30-35. — B. H., *Gen.*, III, 859, n. 6. — Engl., *Pflanzenfam.*, 31, fig. 15, H-J.

bouton. La corolle est gamopétale, à tube court et cylindrique, avec trois lobes alternisépales, membraneux, très minces, translucides, généralement tordus dans la préfloraison. A la gorge de la corolle s'insèrent six étamines, superposées, trois à ses lobes, et trois aux sépales. Elles ont un filet court et une anthère basifixe, étroite, allongée, biloculaire, introrse, déhiscente par un pore oblique près de son sommet obtus. Le gynécée est formé de trois carpelles alternipétales, libres dans une grande portion de leur région ovarienne, unis seulement tout à fait en bas. Au fond des échancrures qui séparent leurs lobes, s'insère un style presque gynobasique, linéaire, à sommet stigmatifère indivis. Dans l'angle interne de chaque ovaire, tout près de la base, s'attachent deux ovules ascendants, collatéraux, anatropes, à micropyle inférieur et extérieur. Le fruit n'est plus formé que d'un seul carpelle fertile; les autres avortent. Il est sec, membraneux et ne s'ouvre que tardivement suivant sa longueur. Il renferme une graine ovoïde-oblongue, dont les téguments, finement striés, enveloppent un abondant albumen farineux, avec un petit embryon déprimé, lenticulaire, appliqué à la base de l'albumen.

C'est une grande herbe vivace[1], des forêts marécageuses de la Guyane. Son rhizome porte de longues feuilles basilaires, distiques, coriaces et rectinerves, atténuées à la base en un pétiole qui se dilate bientôt en une longue gaine compliquée. D'entre les feuilles se dégage une hampe qui supporte une inflorescence rappelant extérieurement celle des Aracées, avec une spathe longuement acuminée. Son épaisse côte porte un grand nombre de fleurs sessiles, dont l'ensemble simule un épi unilatéral, en partie inclus. Chaque fleur est accompagnée de nombreuses bractéoles linéaires, inégales, plus ou moins imbriquées, à peu près de la longueur du périanthe.

II. SÉRIE DES RAPATES.

Les *Rapatea*[2] (fig. 171-173) se distinguent avant tout de la série précédente par la non-indépendance de leurs carpelles. Ils ont des

1. SEUB., in *Mart. Fl. bras.*, III, I, t. 18, fig. 2. — SPACH, *Suit. à Buff.*, XIII, 134. — STEUD., *Syn. pl. glum.*, II, 313. — *R. unilateralis* ROEM. et SCH., *Syst.*, VII, 1149. — *Mnasium unilaterale* RUDG., *Pl. Guian.*, I, 12, t. 11.

2. AUBL., *Pl. Guian.*, I, 305, t. 118. — J., *Gen.*, 44 (Joncs). — DESVX, in *Ann. sc. nat.*, sér. 1, XIII, t. 4. — BARTL., *Ord.*, 40 (Commelinacées). — LINDL., *Veg. Kingd.*, 187 (Xyridacées). — K., *Enum.*, III, 366. — ENDL.,

fleurs régulières, à trois sépales scarieux, lancéolés, concaves, tordus ou imbriqués. La corolle a un tube large et court, hyalin et d'un tissu très délicat, comme ses trois lobes obtus, veinés, un peu corrugués, tordus ou imbriqués, marcescents. Sa gorge porte six étamines, superposées trois aux sépales et trois aux divisions de la corolle. Elles ont un filet court, dressé, et une anthère dressée, allongée, introrse, avec deux loges que parcourent des sillons longitudinaux. La déhiscence se produit en haut et en dedans de ces loges, et l'ouverture oblique se trouve au-dessous d'un appendice à col rétréci et géniculé à sa base. L'ovaire, supère et sessile, obtus ou un peu déprimé

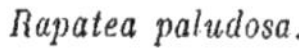
Rapatea paludosa.

Fig. 171. Fleur.

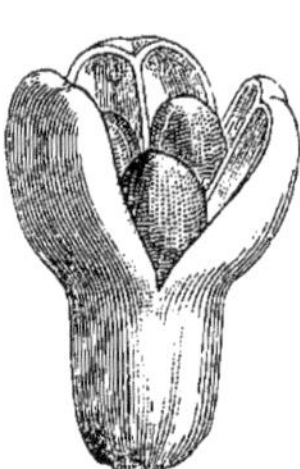
Fig. 173. Fruit déhiscent.

Fig. 172. Fleur, coupe longitudinale.

à son sommet, a trois loges, complètes ou non, superposées aux sépales, et il est surmonté d'un style long, grêle et indivis. Dans chaque loge, un ovule s'attache à la base de l'angle interne, anatrope, à micropyle dirigé en bas et en dehors. Le fruit est obovoïde ou courtement claviforme, capsulaire, et s'ouvre, jusqu'à la moitié de sa hauteur ou même plus bas, en trois valves septifères en dedans. Les graines dressées sont ovoïdes-oblongues, finement striées en travers, sans appendice, à albumen farineux abondant, avec un très petit embryon lenticulaire et basilaire.

Ce sont des herbes vivaces, courtes ou élevées; elles ont un rhizome épais, chargé de racines adventives qui s'enfoncent dans la vase des bois marécageux. Les feuilles basilaires, alternes, rapprochées sur de courts axes aériens, sont allongées ou lancéolées, subfalciformes quelquefois au sommet, pétiolées ou dilatées en gaine compliquée. Les fleurs sont portées au sommet d'une hampe nue, anguleuse, dont le

Gen., n. 1053. — K., *Enum.*, III, 366. — B. H., *Gen.*, III, 858, n. 2. — KRNCKE, in *Linnæa*, XXXVII, 461, t. 1, fig. 15-17. — ENGL., *Pflanzenfam.*, 31, fig. 14; 15, A-G.

sommet un peu dilaté porte un groupe ombelliforme de cymes unipares, entouré de deux grandes bractées herbacées, cordées et longuement acuminées. Les fleurs ont un pédicelle assez long ou très court. Sous le périanthe se voit un nombre indéfini de bractées imbriquées-apprimées, rigides, d'autant plus grandes qu'elles sont situées plus haut. Les six espèces[1] connues du genre sont originaires du Brésil septentrional, de la Guiane et du Vénézuela.

Les quatre genres américains *Saxofridericia*, *Stegolepis*, ?*Schœnocephalium* et *Cephalostemon*, très voisins des *Rapatea*, ne s'en distinguent que par des caractères tout à fait secondaires : la forme et le mode de déhiscence des anthères ; le nombre des ovules dans chaque loge ; la forme, la consistance et le degré de développement des deux grandes bractées involucrales ; la forme de la graine et la présence ou l'absence à sa surface d'un petit arille de la région chalazique.

III? SÉRIE DES MNASIUM.

Rapportés avec doute à une autre famille, les *Mnasium*[2] (fig. 174) ont des fleurs régulières et hermaphrodites, à réceptacle convexe et à double périanthe. Ses six folioles sont égales ou inégales, membraneuses, linéaires ou claviformes, uninerves, sans éclat, imbriquées et persistantes. En dedans de chacune d'elles se trouve une étamine hypogyne, libre ou un peu unie à la foliole correspondante du périanthe, à filet long, exsert, comprimé et flexueux; à anthère basifixe, linéaire-allongée; les deux loges adnées et déhiscentes par une fente marginale. L'ovaire supère, allongé et étroit, a trois loges alternipétales, complètes ou incomplètes, et s'atténue supérieurement en un style à trois branches grêles, obtuses, récurvées, stigmatifères en dedans. Dans chaque loge se voient un ou deux, trois ovules superposés, ascendants, anatropes, à micropyle extérieur et inférieur. Le fruit est une capsule allongée, surmontée du style persistant, loculicide. Chacun de ses panneaux membraneux entoure plus ou moins

1. STEUD., *Syn. pl. glum.*, II, 312. — ROEM. et SCH. F., *Syst.*, VII, n. 544. — ROB. SCHOMB., *Rapat. Frid.-Aug. u. Saxo-Frid.*, 11, t. 1. — SEUB., in *Mart. Fl. bras.*, III, I, 127, t. 17. — WAWR., *Bot. Reis. Maxim.*, 168. — W., *Spec.*, II, 22 (*Mnasium*). — WALP., *Ann.*, I, 880.

2. RUDG., *Pl. Guian. rar.* (1805), 12 (part.), t. 12 (non SCHREB.). — SPRENG., *Anl.*, II, I, 342; *Syst.*, II, 27 (part.). — *Thurnia* HOOK. F., in *Hook. Icon.*, t. 1407, 1408; *Gen.*, III, 862, n. 14 (*Juncaceæ*). — BUCHEN., *Mon. Junc.*, 5, 461.

complètement une graine ascendante, pourvue d'un funicule, fusiforme et trigone. Son tégument extérieur, coriace et rigide, déhiscent en dedans, s'atténue en bas et surtout en haut en une pointe hispide, dont la cavité renferme un tégument interne, libre, sauf dans sa région chalazienne, et enveloppant un albumen farineux, à la base duquel se voit un embryon axile, cylindrique ou fusiforme, entouré seulement dans sa portion supérieure par l'albumen.

Mnasium Jenmani.

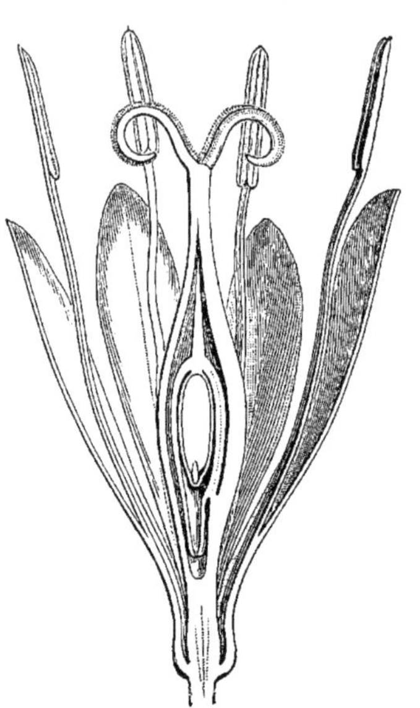

Fig. 174. Fleur, coupe longitudinale.

Les deux *Mnasium* connus[1] sont de grandes herbes glabres et rigides, de la Guiane, qui ont de longues feuilles basilaires de Cypéracée ou de Broméliacée, coriaces, entières ou serrées sur les bords, à large gaine embrassante. Les fleurs sont portées à l'extrémité d'une longue hampe trigone, disposées en faux capitule sphérique ou ovoïde, à nombreuses bractées imbriquées, dont les inférieures, plus longues et inégales, foliiformes, réfléchies, forment une sorte d'involucre irrégulier. Quant aux bractées fertiles, bien plus courtes et moins épaisses, assez semblables aux sépales, elles ont chacune dans leur aisselle une fleur sessile ou supportée par un court et épais pédicelle spongieux.

Cette petite famille n'a pas grande valeur, et il n'y aurait rien d'étonnant à ce qu'on la fît, un jour ou l'autre, rentrer, à titre de série, dans le vaste groupe des Liliacées ou des Commelinacées. Aussi jadis l'avait-on rangée parmi les Joncées. Ses graines rappellent celles des Flagellariées; mais les Rapatéacées diffèrent par leur port, leur mode de végétation, leur inflorescence capituliforme et l'organi-

1. Ce sont le *M. sphærocephalum* RUDG. et le *M. Jenmani* (*Thurnia Jenmani* HOOK. F.).

sation de leur corolle. Celle-ci se rapproche de celle des Xyridacées[1] et de certaines Commelinacées. Mais les Rapatéacées ont des ovules anatropes, un albumen généralement farineux et un embryon très surbaissé, placé à l'extrémité de l'albumen[2]. Par leur inflorescence amentiforme, adnée à une sorte de spathe unilatérale, les *Spathanthus* présentent une certaine analogie avec les Cyclanthées, les Pandanacées, les Aroidacées et même les Palmiers, surtout ceux de petite taille, qui croissent, comme eux, dans les localités marécageuses des bois tropicaux de l'Amérique.

C'est DESVAUX[3] qui le premier a distingué ce groupe, en le laissant toutefois parmi les Joncinées. On lui a appliqué en 1829 le nom de Rapatéacées[4], et en 1837 celui de Rapatéées[5]. Il renferme une vingtaine d'espèces, qui sont toutes du Vénézuela, des Guianes ou du Brésil. Les sept genres sont répartis dans trois séries :

I. SPATHANTHÉES. — Inflorescence allongée et unilatérale, adnée à la nervure médiane d'une grande bractée spathacée, acuminée et compliquée. Corolle gamopétale. Ovaires indépendants, à loge biovulée et style gynobasique, simple. Fruit unicarpellé et uniloculaire. — 1 genre.

II. RAPATÉÉES. — Inflorescence régulière, capituliforme, formée de cymes unipares et involucrée de deux bractées foliacées, rarement peu développées ou nulles. Corolle gamopétale. Ovaires triloculaires, à loges 1-∞-ovulées. Style simple, terminal. Fruits loculicides. — 5 genres.

III? MNASIÉES. — Inflorescence régulière, capituliforme, involucrée de bractées foliiformes réfléchies. Corolle dialypétale, à folioles linéaires, rigides et persistantes. Loges ovariennes à 1-3 ovules ascendants. Style terminal à trois branches stigmatifères. Fruits loculicides. Embryon cylindrique. — 1 genre.

1. Auxquelles LINDLEY (*Veg. Kingd.*, 187) a adjoint les Rapatéacées.
2. Sauf dans le *Mnasium*.
3. In *Ann. sc. nat.*, sér. 1, XIII, 41, 44.
4. DUMORT., *Anal. fam.*, 60, 62 (*Juncariearum* Fam.). — SEUB., in *Mart. Fl. bras.* (1847). — KRNCKE, *Mon. Rapat.*, in *Linnæa*, XXXVII, 417 (1873). — B. H., *Gen.*, III, 857, Ord. 184. — ENGL., *Pflanzenfam.*, 19.
5. ENDL., *Gen.* (1837), 131 (*Genera* Juncaceis *affinia*). — K., *Enum.*, III, 366, 599. — STEUD., *Syn. pl. glum.*, II, 312 (*Juncearum* Fam.).

GENERA

I. SPATHANTHEÆ.

1. **Spathanthus** DESVX. — Flores hermaphroditi regulares v. subregulares; receptaculo minute convexo. Sepala 3, libera v. ima basi connata, late lanceolata, squarrosa, imbricata v. torta. Corollæ tubus cylindraceus latiusculus tenuiter membranaceus; limbi lobis longioribus late ovatis, tortis v. imbricatis subcorrugatis, demum patentibus. Stamina 6, erecta; filamentis brevibus fauci insertis; antheris elongato-angustis, superne nunc incurvis, inappendiculatis, introrsum sulcatis demumque apice poro obliquo hiante dehiscentibus. Germinis carpella 3, alternipetala, libera v. sublibera adscendentia; stylo inter lobos gynobasico erecto gracili, apice simplici stigmatoso. Ovula in carpello quoque 2, adscendentia anatropa; micropyle extrorsum infera. Fructus carpellum fertile 1; cæteris abortivis; styli vestigio basilari; pericarpio membranaceo, ab apice demum 2-valvi. Semen suberectum oblongum obtusum teres, extus tenuissime ruguloso-striatellum; albumine copioso farinaceo; embryone basilari extrario depresse lenticulari. — Herba magna; rhizomate perenni in limo radicante; foliis basilaribus elongatis coriaceis distichis; petiolo basi in vaginam complicatam dilatato. Inflorescentia pedunculata spadiciformis; spatha erecta lanceolata acuminata complicata; floribus dense glomeratis confertis; glomerulis in spicam spuriam 1-lateralem secus costam spathæ intus insertis; singulorum pedicello brevissimo bracteis crebris linearibus calyci subæqualibus onusto. (*Guiana.*) — *Vid. p.* 235.

II. RAPATEEÆ.

2. **Rapatea** AUBL. — Flores regulares hermaphroditi; sepalis 3, lanceolatis acutis rigide paleaceis, imbricatis v. tortis, basi in tubum brevem tenuiter membranaceum connatis. Corollæ tubus cylindraceus latiusculus brevis tenuiter membranaceus; limbi lobis 3, latis, imbricatis v. tortis. Stamina 6; filamentis erectis brevibus fauci insertis; antheris elongatis basifixis, introrsum 2-sulcatis, apice ultra loculos in collum geniculatum productis; collo appendice erecta cochleata superato; loculis poro unico communi ad basin appendiculæ introrsum dehiscentibus. Germen superum sessile; loculis 3, alternipetalis, completis v. incompletis, 1-ovulatis. Ovulum ab anguli interni basi suberectum anatropum; micropyle extrorsum infera. Stylus terminalis, apice integro v. vix diviso stigmatosus. Fructus capsularis subsphæricus, obovoideus v. clavatus, ab apice usque ad medium v. fere ad basin loculicidus; valvis 3 intus septiferis patulis. Semina 1-3, oblonga obtusa subteretia inappendiculata, tenuiter striata; albumine farinaceo; embryone basilari depresse lenticulari. — Herbæ perennes robustæ v. humiles; rhizomate crasso in limo radicante; foliis basilaribus elongatis v. lanceolatis petiolatis, basi in vaginam complicatam dilatatis. Flores in summo scapo brevi v. longo spurie capitati; glomerulis 1-paris crebris v. cymis intra bracteas involucrantes 2, herbaceas, basi lata cordatas longeque acuminatas, congestis; pedicello quoque longiusculo v. brevissimo bracteolis crebris imbricatis appressis ab infimis gradatim longioribus stipato. (*Brasilia*, *Guiana*, *Venezuela*.) — *Vid. p.* 236.

3? **Saxofridericia** SCHOMB.[1] — Flores *Rapateæ*[2]; antheris haud v. vix ultra loculos appendiculatis. Germinis loculi perfecti v. incompleti; ovulis in quoque 2-8, placentæ lateraliter affixis, 2-seriatis. — Herbæ elatæ robustæ; rhizomate crasso; foliis basilaribus longis vaginatis; petiolo vario v. 0; scapo elato, sæpius apice sensim dilatato; floribus sessilibus glomeratis (spurie capitatis); bracteis 2, capitulum involucrantibus magnis membranaceis subherbaceis, basi

1. *Rapat. Fried.-Aug. u. Saxo-Frid. reg.* (1845), 13, t. 2. — KRNCKE, in *Linnæa*, XXXVII, 452, t. 1, fig. 13, 14. — B. H., *Gen.*, III, 858, n. 3. — ENGL., *Pflanzenfam.*, 31. — *Acrotheca* KRNCKE, *loc. cit.*, 456 (subgen.).

2. Cujus forte melius sectio.

dilatatis[1], apice longe acuminatis v. demum facile fissis; bracteis circa florem quemque crebris imbricatis, ab infimis ad supremas majoribus. (*Guiana, Brasilia bor.*[2])

4. **Stegolepis** KL.[3] — Flores fere *Rapateæ;* calycis lobis rigidis. Antheræ oblongo-subulatæ inappendiculatæ, apice intus foramine obovato obliquo introrso dehiscentes. Germen obovoideum v. subsphæricum; ovulis in loculo quoque 2-8, adscendentibus anatropis. Fructus membranaceus loculicidus. — Herbæ perennes; foliis basilaribus longis, basi nunc in vaginam latam conduplicatam dilatatis; vagina nunc angustiore. Flores in summo scapo longo sphærico-capitati; singuli bracteis crebris appressis imbricatis coriaceis ab infimis ovatis gradatim ad supremas longioribus pedicelloque brevi insertis stipati. Involucri bracteæ 2, membranaceæ, mox evanescentes v. nunc 0. (*Guiana*[4].)

5? **Schœnocephalium** SEUB.[5] — Flores fere *Rapateæ;* antheris linearibus, apice cuneato haud appendiculatis, poro obliquo 1 dehiscentibus. Germen obconicum; stylo apice fimbriato; ovulis in loculo 2. Fructus 3-valvis; seminibus in loculo quoque 2, exappendiculatis v. appendice pugioniformi obliqua instructis. — Herbæ perennes; foliis basilaribus distichis linearibus v. lanceolatis; vagina conduplicata. Flores in capitulo spurio sphærico sessiles; bracteolis in pedicello ∞, imbricatis. Involucri bracteæ 2, deflexæ subque floribus pro maxima parte occultæ. (*Brasilia bor.*[6])

6. **Cephalostemon** SCHOMB.[7] — Flores fere *Rapateæ;* calycis tubo tenuiter hyalino; lobis paleaceis 3. Corollæ tubus late cylindraceus hyalinus; lobis latiusculis. Stamina fertilia 6; antheris erectis introrsis inappendiculatis; loculorum dimidio postico ultra anticum producto ibique ab apice rimoso[8]. Germen sessile, 3-loculare, apice obtusum v. retusum; stylo erecto cylindraceo tubuloso. Ovula in

1. *Rapateæ paludosæ.*
2. Spec. 5. STEUD., *Syn. pl. glum.*, II, 313. — WALP., *Ann.*, I, 880. Stylus apice stigmatoso simplex « articulatus » dicitur.
3. KL., ex KRNCKE, in *Linnæa*, XXXVII, 480, t. 1, fig. 22-25. — B. H., *Gen.*, III, 859, n. 4. — ENGL., *Pflanzenfam.*, 30. — *Monotrema* KRNCKE, *loc. cit.*, 475, fig. 20, 21.
4. Spec. 2, 3. K., *Enum.*, III, 367 (*Rapatea*).
5. In *Mart. Fl. bras.*, III, I, 130, t. 18, 19. — KRNCKE, in *Linnæa*, XXXVII, 483, t. 1, fig. 26-29.
6. Spec. 2. STEUD., *Syn. pl. glum.*, II, 313. — WALP., *Ann.*, I, 880.
7. *Rapat. Fried.-Aug. u. Saxo-Frid.*, 9. — KRNCKE, in *Linnæa*, XXXVII, 443, t. 1-12. — ENGL., *Pflanzenfam.*, 31, fig. 14, K, L.
8. Rima nunc fere usque ad basin producta.

loculis solitaria erecta anatropa; micropyle extrorsa. Fructus membranaceus, ab apice fere ad basin loculicidus. Semina 1-3, ovoidea v. obovoidea compressa; chalaza in arillum submitriformem spongioso-cellulosum producta. — Herbæ perennes; foliis basilaribus longe linearibus v. gramineis; floribus ad summum scapum, nunc basi vaginatum, spurie capitatis glomerulatis; pedicello brevissimo bracteis variis crebris imbricatis apiceque subulatis, setaceo-acuminatis v. pungentibus, stipato. Bracteæ sub inflorescentia tota involucrantes 2, foliaceæ, lineari- v. ovato-lanceolatæ. (*Brasilia*, *Guiana*[1].)

III? MNASIEÆ.

7. **Mnasium** RUDGE. — Flores hermaphroditi regulares; receptaculo convexo. Sepala 3, æqualia v. leviter inæqualia membranacea linearia v. claviformia (haud colorata), 1-nervia, imbricata, persistentia. Petala 3, conformia. Stamina 6, hypogyna, perianthio longiora ejusque foliolis opposita, ima basi eorum affixa; filamentis gracilibus compressis; antheris basifixis erectis linearibus; loculis adnatis ad margines rimosis. Germen angustum elongatum, apice attenuatum; styli ramis 3, gracilibus recurvis, apice obtusis, intus stigmatosis; loculis 3, completis v. incompletis alternipetalis, 1-pauciovulatis; ovulis adscendentibus anatropis; micropyle extrorsum infera. Fructus capsularis elongato-oblanceolatus stylo coronatus loculicidus; valvis demum semina involventibus. Semina adscendentia; funiculo fusiformi-3-gono; integumento extimo coriaceo, intus dehiscente, utrinque acuminato-cuspidato; integumento intimo nisi ad chalazam libero; albumine farinaceo; embryone axili ex parte intrario, cylindraceo v. fusiformi. — Herbæ robustæ glabræ; rhizomate perenni; foliis basilaribus elongatis coriaceis, basi vaginantibus, integris v. spinoso-serrulatis; floribus in summo scapo erecto obtuse-3-gono spurie capitatis, glomerulatis, bracteolatis; pedicellis crassis spongiosis; bracteis sub inflorescentia tota majusculis foliiformibus inæqualibus involucrantibus, demum reflexis. (*Guiana*.) — *Vid. p.* 238.

1. Spec. 4. K., *Enum.*, III, 367, 599 (*Rapatea*). — STEUD., *Syn. pl. glum.*, II, 313 (*Rapatea*). — POEPP. et ENDL., *Nov. gen. et spec.*, II, 51, t. 168. — SEUB., in *Mart. Fl. bras.*, III, I, 128 (*Rapatea*). Genus forte melius ad *Rapateæ* sectionem reducendum.

www.ingramcontent.com/pod-product-compliance
Ingram Content Group UK Ltd.
Pitfield, Milton Keynes, MK11 3LW, UK
UKHW012205240726
13966UKWH00002B/590

9 782013 248464